作 者 简 介

程代展　1970 年毕业于清华大学, 1981 年于中国科学院大学获硕士学位, 1985 年于美国华盛顿大学获博士学位. 从 1990 年起, 任中国科学院系统科学研究所研究员. 曾经担任国际自动控制联合会 (International Federation of Automatic Control, IFAC) 理事 (Council Member), IEEE 控制系统协会 (Control Systems Society, CSS) 执委 (Member of Board of Governors), 中国自动化学会控制理论专业委员会主任, IEEE CSS 北京分会主席等, 国际期刊 *Int. J. Math Sys., Est. Contr.* (1991—1993), *Automatica* (1998—2002), *Asia. J. Control.* (1999—2004) 的编委, *International Journal on Robust and Nonlinear Control* 的主题编委, 国内期刊 *J. Control Theory and Application* 主编, 《控制与决策》的副主编及多家学术刊物的编辑. 已经出版了 16 本论著, 发表了 270 多篇期刊论文和 150 多篇会议论文. 他的研究方向包括非线性控制系统、数值方法、复杂系统、布尔网络控制、基于博弈的控制等. 曾两次作为第一完成人获国家自然科学奖二等奖 (2008, 2014), 中国科学院个人杰出科技成就奖 (金质奖章, 2015), 其他省部级一等奖两次、二等奖四次、三等奖一次. 2011 年获国际自动控制联合会 Automatica (2008—2010) 的最佳论文奖. 2006 年入选 IEEE Fellow, 2008 年入选 IFAC Fellow.

程代展是矩阵半张量积理论的首创人.

齐洪胜　中国科学院数学与系统科学研究院副研究员, 中国科学院大学岗位教授. 2008 年于中国科学院数学与系统科学研究院获博士学位. 2008 年 7 月至 2010 年 6 月在中国科学院系统控制重点实验室从事博士后研究工作. 已经出版了 4 本著作, 发表了 60 多篇期刊论文和会议论文. 主要研究兴趣包括逻辑动态系统、博弈与控制、量子网络等. 2011 年获国际自动控制联合会 Automatica (2008—2010) 理论/方法类最佳论文奖, 2014 年获国家自然科学奖二等奖 (排名第二).

矩阵半张量积讲义

卷一: 基本理论与多线性运算

程代展　齐洪胜　著

科学出版社

北京

内 容 简 介

矩阵半张量积是近二十年发展起来的一种新的矩阵理论. 经典矩阵理论的最大弱点是其维数局限, 这极大地限制了矩阵方法的应用. 矩阵半张量积是经典矩阵理论的发展, 它克服了经典矩阵理论对维数的限制, 因此, 被称为穿越维数的矩阵理论.《矩阵半张量积讲义》的目的是对矩阵半张量积理论与应用做一个基础而全面的介绍. 计划出五卷, 卷一: 基本理论与多线性运算; 卷二: 逻辑系统的分析与控制; 卷三: 有限博弈的矩阵方法; 卷四: 泛维数动力系统; 卷五: 矩阵半张量积的其他应用.《矩阵半张量积讲义》是对这个快速发展的学科分支做一个阶段性的小结, 以期为其进一步发展及应用提供一个规范化的基础.

本书是《矩阵半张量积讲义》的第一卷. 本书所需要的预备知识仅为大学本科工科专业的数学知识, 包括: 线性代数、微积分、常微分方程、初等概率论. 相关的线性系统理论及点集拓扑、抽象代数、微分几何等的初步概念在附录中给出. 不感兴趣的读者亦可略过相关部分, 这些不会影响对本书基本内容的理解.

本书可供离散数学、自动控制、计算机、系统生物学、博弈论及相关专业的高年级本科生、硕士研究生、博士研究生、青年教师及科研人员使用.

图书在版编目 (CIP) 数据

矩阵半张量积讲义. 卷一, 基本理论与多线性运算/程代展, 齐洪胜著. —北京: 科学出版社, 2020.11
ISBN 978-7-03-066475-4

Ⅰ. ①矩… Ⅱ. ①程… ②齐… Ⅲ. ①矩阵–乘法 Ⅳ. ①O151.21

中国版本图书馆 CIP 数据核字 (2020) 第 204170 号

责任编辑: 李 欣 李香叶/责任校对: 彭珍珍
责任印制: 吴兆东/封面设计: 无极书装

科学出版社 出版
北京东黄城根北街 16 号
邮政编码: 100717
http://www.sciencep.com

北京虎彩文化传播有限公司 印刷
科学出版社发行 各地新华书店经销
*
2020 年 11 月第 一 版 开本: 720 × 1000 B5
2020 年 11 月第二次印刷 印张: 19 3/4
字数: 396 000
定价: 158.00 元
(如有印装质量问题, 我社负责调换)

前　言

　　矩阵理论是被公认起源于中国的一个数学分支. 在美国哥伦比亚特区大学教授 Katz 的著名数学史著作[82]中指出: "The idea of a matrix has a long history, dated at least from its use by Chinese scholars of the Han period for solving systems of linear equations." (矩阵的思想历史悠久, 它的使用至少可追溯到汉朝, 中国学者用它来解线性方程组.) 英国学者 Crilly 的书[52]中也提到: 矩阵起源于 "公元前 200 年, 中国数学家使用了数字阵列." 矩阵理论是这两本书中唯一提到的始于中国的数学分支, 大概确实是仅见的.

　　从开始不甚清晰的思考到如今形成一个较完整的体系, 矩阵半张量积走过了大约二十个年头. 开始, 人们质疑它的合理性, 有人提到: "华罗庚先生说过, 将矩阵乘法推广到一般情况没有意义." 后来, 又有人质疑它的原创性, 说: "这么简单的东西怎么会没有前人提出或讨论过?" 到如今, 它已经被越来越多的国内外学者所肯定和采用.

　　回顾矩阵半张量积的历史, 催生它的有以下几个因素.

　　(1) 将矩阵乘法与数乘相比, 矩阵乘法的两个明显的弱点是: ① 维数限制, 只有当前因子的列数与后因子的行数相等时, 这两个矩阵才可相乘. ② 无交换性, 一般地说, 即使 AB 和 BA 都有定义, 但 $AB \neq BA$. 因此, 将普通矩阵乘法推广到任意两个矩阵, 并且让矩阵乘法具有某种程度的交换性, 将会大大扩大矩阵方法的应用.

　　(2) 将矩阵加法与数加相比, 虽然矩阵加法也可以交换, 但其时维数的限制更为苛刻, 即行、列两个自由度都必须相等. 有没有办法, 让不同维数的矩阵也能相加? 而这个加法, 必须有物理意义而且有用.

　　(3) 经典的矩阵理论其实只能处理线性函数 (线性方程) 或双线性函数 (二次型). 如果是三阶或更高阶的多线性函数, 譬如张量, 还能用矩阵方法表示并计算它们吗? 当然, 如果矩阵方法能用于处理更一般的非线性函数, 那就更好了.

　　上述这些问题曾被许多人视为矩阵理论几乎无法逾越的障碍. 然而, 让人们吃惊的是, 矩阵半张量积几乎完美地解决了上述这些问题, 从而催生了一套新的矩阵理论, 被我们称为穿越维数的矩阵理论.

　　目前, 它已经被应用于许多领域, 包括:

　　(1) 生物系统与生命科学. 这个方面目前的一些进展包括: 研究了 T 细胞受体布尔控制网络模型, 给出寻找它所有吸引子的有效算法[126]; 关于大肠杆菌乳糖操纵子网络稳定与镇定控制的设计, 文献 [90,91] 分别给出不同的设计方法, 证明了方法的有效性; 对黑色素瘤转移控制, 文献 [44] 给出最优控制的设计与算法; 基因各表现型之间的转移控制, 文献 [62,63] 给出了转移表现型的估计并精确地给出了最短控制序列, 等等.

将布尔网络控制理论用于生物系统是一个非常有希望的交叉方向. 进一步的研究需要跨学科的合作.

(2) 博弈论. 有限博弈本质上也是一个逻辑系统. 因此, 矩阵半张量积是研究有限博弈的一个有效工具. 目前, 矩阵半张量积在博弈论中的一些应用包括: 网络演化博弈的建模和分析[43,71]; 最优策略与纳什均衡的探索[124]; 有限势博弈的检验与势函数计算[42]; 网络演化博弈的演化策略及其稳定性[41]; 有限博弈的向量空间结构[45,72]; 等等.

(3) 图论与队形控制. 这方面的代表性工作包括: 图形着色及其在多自主体控制中的应用[111]; 队形控制的有限值逻辑动态系统表示[127]; 对超图着色及其在存储问题中的应用[97]; 图形着色的稳健性及其在时间排序中的应用[118]; 等等.

(4) 线路设计与故障检测. 这一方面的一些现有研究工作包括: k 值逻辑函数的分解、隐函数存在定理[40]、故障检测的矩阵半张量积方法[14,89,94] 等等.

(5) 模糊控制. 在模糊控制方面的一些初步工作包括: 模糊关系方程的统一解法[39]; 带有偶合输入和/或偶合输出的模糊系统控制[59]; 对二型模糊关系方程的表述和求解[119]; 空调系统的模糊控制器设计[114]; 等等.

(6) 有限自动机与符号动力学. 这方面的部分工作包括: 有限自动机的代数状态空间表示与可达性[115], 并应用于语言识别[120]; 有限自动机的模型匹配[116]; 有限自动机的可观性与观测器设计[117]; 布尔网络的符号动力学方法[76]; 有限自动机的能控性和可镇定性[121]; 等等.

(7) 编码理论与算法实现. 这方面的一些研究包括: 对布尔函数微分计算的研究[125]、布尔函数的神经网络实现[124]、非线性编码[95,128-130] 等等.

(8) 工程应用包括: 电力系统[13]、在并行混合电动汽车控制中的应用[6,113] 等等.

前面所列举的仅为矩阵半张量积理论及其应用研究中的极少一部分相关论文, 难免以偏概全. 在一群中国学者的主导和努力下, 矩阵半张量积正在发展成为一个极具生命力的新学科方向. 同时, 它也吸引了国际上许多学者的重视和加入. 目前, 以矩阵半张量积为主要工具的论文作者, 除中国外, 有意大利、以色列、美国、英国、日本、南非、瑞典、新加坡、德国、俄罗斯、澳大利亚、匈牙利、伊朗、沙特阿拉伯等等. 矩阵半张量积可望成为当代中国学者对矩阵理论的一个重要贡献.

有关矩阵半张量积的书, 算起来也已经有好几本了. 这几本书各有特色. 例如, 文献 [1], 这本书写得比较早, 对矩阵半张量积的普及和推广起到一定的作用. 但当时矩阵半张量积理论还很不成熟, 所以显得很粗糙. 虽然后来出了第 2 版, 但仍然改进不大; 文献 [38], 它力图包括更多的应用, 对工程人员可能有较大帮助, 但是对矩阵理论本身缺乏系统疏理, 不便系统学习; 文献 [2], 它强调用半张量方法统一处理逻辑系统、多值逻辑系统及有限博弈等. 对矩阵半张量积理论自身的讨论不多; 文献 [92], 该书是一本新书, 它对某些控制问题进行了较详尽的剖析, 这是它的贡献. 但它缺少对矩阵半张量积理论全局的把控; 文献 [3], 它是大学本科教材, 内容清晰易懂. 但作为科研参考书显然是不够的; 其他如文献 [37], 它专门讨论布尔网络的控制问题; 文献 [13], 它只关心电力系统的优化控制问题; 文献 [46], 主要考虑泛维系统的建模与控制. 因此, 已有的关于矩阵半张量积的论著, 内容或已过时, 或过于偏重部分内容.

这套书定名为 "矩阵半张量积讲义", 计划出五卷, 卷一: 基本理论与多线性运算; 卷二: 逻辑系统的分析与控制; 卷三: 有限博弈的矩阵方法; 卷四: 泛维数动力系统; 卷五: 矩阵半张量积的其他应用.

本书是第一卷, 内容主要包括两个部分:

第一部分介绍矩阵半张量积的定义、基本性质和主要计算公式, 它们可以看作矩阵半张量积的核心理论. 由于矩阵半张量积理论与方法发展过快, 许多理论结果、计算公式以及综合和归纳方法等被其后的新成果代替. 这给初学者和科研人员均带来一定的不便. 本卷为矩阵半张量积理论提供一个目前为止最完善的理论框架. 让它体系完善、结构清晰、公式简洁、原理准确易懂、方法明确有效、让读者不走弯路, 迅速到达学科前沿. 同时, 内容尽可能增加启发性, 讲清来龙去脉, 给出详尽证明, 以便读者举一反三, 应用自如.

第二部分主要介绍矩阵半张量积在各种多线性映射和离散集映射中的应用. 实际上, 经典的矩阵理论只能解决线性和双线性函数的分析与计算问题, 用它来研究多线性映射是很困难的. 矩阵半张量积突破了这个局限, 它使矩阵方法可方便地应用到多线性映射的分析与计算中. 此外详细介绍了半张量积在此类问题中的应用.

本卷共 11 章. 第 1 章介绍矩阵半张量积的定义和基本性质; 第 2 章讨论矩阵半张量积在一些典型线性映射与离散型映射中的应用, 包括矩阵李代数、张量场、有限值函数等; 第 3 章介绍矩阵等价性, 它揭示了矩阵半张量积的代数本质 —— 一种集合运算; 第 4 章推出广义矩阵半张量积, 介绍了一般矩阵与矩阵, 以及矩阵与向量的矩阵半张量积, 它是泛维动力系统研究的基础; 第 5 章给出逻辑系统的半张量积表示, 它是逻辑系统代数化的基础; 第 6 章讨论多值逻辑系统和混合值逻辑系统的半张量积方法, 是第 5 章的推广. 第 7 章利用矩阵半张量积研究布尔代数与布尔矩阵; 第 8 章是第 7 章的拓展, 它将布尔代数方法推广到具有较松 "补" 条件的泛布尔代数中去; 第 9 章研究基于布尔格的代数, 主要讨论它们的分解与泛代数的基; 第 10 章介绍泛代数的概念, 并利用矩阵半张量积构造有限泛代数的基; 第

11 章讨论域扩张的矩阵表示, 包括扩域和伽罗瓦群的矩阵表示.

第一卷还包括一个附录, 它介绍这套书用到的一些近代数学的基础知识.

总之, 希望这套书为读者搭建一个工作平台, 提供一个基准, 成为一个进一步学习、应用及发展矩阵半张量积的奠基石.

这套书只要求读者具有大学本科生工科所需掌握的数学工具, 但部分内容涉及一些近代数学的初步知识. 为了使本书具有良好的完备性, 以增加可读性, 书末附有附录, 对一些用到的近代数学知识做了简要介绍. 如果仅为阅读本书, 这些知识也就足够了.

笔者才疏学浅, 疏漏在所难免, 敬请读者以及有关专家不吝赐教.

程代展　齐洪胜

于中国科学院数学与系统科学研究院

2019 年 10 月

目　　录

数 学 符 号

$\mathbb{C}$	复数集
$\mathbb{R}$	实数集
$\mathbb{Q}$	有理数集
$\mathbb{Q}_+$	正有理数集
$\mathbb{N}$	自然数 (正整数) 集
$:=$	定义为 $\cdots$
$\mathcal{M}_{m \times n}\ (\mathcal{M}_n)$	$m \times n\ (n \times n)$ 矩阵集合
$\mathcal{M}$	任意维数矩阵集合
$\mathcal{M}_\mu$	满足 $m/n = \mu$ 的 $m \times n$ 矩阵集合
$\mathcal{M}_\mu^i$	$i\mu_y \times i\mu_x$ 矩阵集合, 这里 $\mu = \mu_y/\mu_x$ 且 $\mu_y \wedge \mu_x = 1$
$\mathcal{M}^\mu$	$\bigcup_{i=0}^{\infty} \mathcal{M}_\mu^i$
$\otimes$	矩阵的 Kronecker 积 (张量积)
$\circ_H$	矩阵的 Hadamard 积
$*$	矩阵的 Khatri-Rao 积
$V_c(A)$	矩阵 A 的列堆式
$V_r(A)$	矩阵 A 的行堆式
$\ltimes$	一型矩阵-矩阵左半张量积
$\rtimes$	一型矩阵-矩阵右半张量积
$\circ_\ell$	二型矩阵-矩阵左半张量积
$\circ_r$	二型矩阵-矩阵右半张量积
$\vec{\ltimes}$	一型矩阵-向量左半张量积
$\vec{\rtimes}$	一型矩阵-向量右半张量积
$\vec{\circ}_\ell$	二型矩阵-向量左半张量积
$\vec{\circ}_r$	二型矩阵-向量右半张量积
$\odot_\ell$	广义矩阵-矩阵左半张量积
$\odot_r$	广义矩阵-矩阵右半张量积
$\vec{\odot}_\ell$	广义矩阵-向量左半张量积
$\vec{\odot}_r$	广义矩阵-向量右半张量积
Γ	矩阵乘子
γ	向量乘子

$\mathrm{Col}(A)$	矩阵 A 的列向量集合
$\mathrm{Col}_i(A)$	矩阵 A 的第 i 个列向量
$\mathrm{Row}(A)$	矩阵 A 的行向量集合
$\mathrm{Row}_i(A)$	矩阵 A 的第 i 个行向量
$\mathrm{tr}(A)$	矩阵 A 的迹
$\sigma(A)$	矩阵 A 的特征值集合
$\mathbf{S}_k$	k 阶对称群
$\mathbf{A}_k$	k 阶交错群
$W_{[m,n]}$	(m,n) 换位矩阵
$W_{[n]}$	$W_{[n]} := W_{[n,n]}$
δ_n^k	单位矩阵 I_n 的第 k 列
$\mathbf{1}_k$	$[\underbrace{1,1,\cdots,1}_{k\ \text{个}}]^{\mathrm{T}}$
$m\|n$	m 为 n 的因子
$\mathcal{L}_{m\times n}\ (\mathcal{L}_n)$	$m\times n\ (n\times n)$ 维逻辑矩阵集合
Υ_n	n 维概率向量集合
$\Upsilon_{m\times n}$	$m\times n$ 维概率矩阵集合
Δ_k	$\{\delta_k^1,\delta_k^2,\cdots,\delta_k^k\}$
$\delta_k[i_1,\cdots,i_s]$	一个逻辑矩阵, 其第 j 列为 $\delta_k^{i_j}$
$\delta_k\{i_1,\cdots,i_s\}$	$\{\delta_k^{i_1},\cdots,\delta_k^{i_s}\}\subset\Delta_k$
$\mathcal{B}_{m\times n}$	$m\times n$ 维布尔矩阵集合
$+_\mathcal{B}$	布尔加
$\sum_\mathcal{B}$	布尔连加
$\times_\mathcal{B}$	布尔积
$A^{(k)}$	A 的布尔幂
$\mathrm{span}(\cdots)$	由 $\cdots$ 张成的向量空间
$H < G$	H 为 G 的子群
$H \lhd G$	H 为 G 的正规子群
$\cong$	群同构
$\mathbf{A}$	代数
$\mathrm{GL}(n,\mathbb{R})$	n 阶一般线性群
$\mathrm{gl}(n,\mathbb{R})$	n 阶一般线性代数
$\neg$	(逻辑算子) 非
$\vee$	(逻辑算子) 析取
$\wedge$	(逻辑算子) 合取

$\rightarrow$	(逻辑算子) 蕴涵
$\leftrightarrow$	(逻辑算子) 等价
$\bar{\vee}$	(逻辑算子) 异或
$\uparrow$	(逻辑算子) 与非
$\downarrow$	(逻辑算子) 或非
PR_k	降阶矩阵
$a \vee b$ (或 $\mathrm{lcm}(a,b)$)	a, b 的最小公倍数
$a \wedge b$ (或 $\gcd(a,b)$)	a, b 的最大公因数
$\mathcal{D}$	集合 $\{T,F\}$ 或 $\{1,0\}$
$\mathcal{D}_k$	集合 $\left\{0,\dfrac{1}{k-1},\cdots,\dfrac{k-2}{k-1},1\right\}$ 或 $\{1,2,\cdots,k\}$
$\mathrm{Aut}(\mathbb{F})$	域 $\mathbb{F}$ 上的自同构群

第1章 矩阵半张量积

本章讨论的矩阵半张量积 (semi-tensor product of matrices) 也称一型矩阵-矩阵半张量积, 它是矩阵与矩阵的乘积, 是普通矩阵乘积的推广. 本书的大部分内容只用到这种矩阵半张量积. 但是, 在讨论一些其他问题, 如变维数动力系统等时, 我们也需要其他的矩阵半张量积. 因此, 这里预作说明, 如果不作声明, 本书提到的矩阵半张量积均指本章所定义的, 即一型矩阵-矩阵半张量积.

1.1 矩 阵 运 算

1.1.1 矩阵乘法

记 $\mathcal{M}_{m \times n}$ 为 $m \times n$ 维矩阵集合. 先考虑从线性代数教程中, 我们熟悉的矩阵乘法, 定义如下.

定义 1.1.1 设 $A \in \mathcal{M}_{m \times n}, B \in \mathcal{M}_{n \times s}$, 则其乘积 AB 定义为

$$AB := C = (c_{ij}) \in \mathcal{M}_{m \times s}, \tag{1.1.1}$$

这里

$$c_{ij} = \sum_{k=1}^{n} a_{ik} b_{kj}, \quad i = 1, \cdots, m; j = 1, \cdots, n.$$

今后, 我们将其称为经典矩阵乘法. 经典矩阵乘法无疑是最重要的, 是基础. 但并不是说, 光有经典矩阵乘法就够用了. 下面介绍几种其他常用的矩阵乘法. 它们虽然一般不在线性代数教程中介绍, 但在一些矩阵理论的经典参考书中都有讨论, 例如, 读者可参见文献 [21, 77].

我们之所以要首先介绍这些新的矩阵乘法, 不仅因为本书要使用这些新的工具, 而且, 也希望读者从中体会到, 要扩大矩阵方法的威力, 引进新的运算方法是不可免的. 此外, 还希望通过对这些新算法的探讨, 发现一些规律性的内容, 从而为进一步引入及发展新算法提供基本的原则和思路.

为方便计, 我们规定: 如果没有特别声明, 所讨论的矩阵均为实矩阵, 即矩阵的元素均为实数. 同时, 数乘等也在实数域上进行. 当必须涉及复数或其他数域时, 我们将另作说明.

1. Kronecker 积

矩阵的 Kronecker 积也称张量积 (tensor product), 它可以用于任意两个矩阵, 是除经典矩阵乘积外用得最多的一种矩阵乘法. 本书自始至终都离不开它.

定义 1.1.2　设 $A = [a_{ij}] \in \mathcal{M}_{m \times n}$, $B = [b_{ij}] \in \mathcal{M}_{p \times q}$. 其 Kronecker 积定义为

$$A \otimes B = \begin{bmatrix} a_{11}B & a_{12}B & \cdots & a_{1n}B \\ a_{21}B & a_{22}B & \cdots & a_{2n}B \\ \vdots & \vdots & & \vdots \\ a_{m1}B & a_{m2}B & \cdots & a_{mn}B \end{bmatrix} \in \mathcal{M}_{mp \times nq}. \tag{1.1.2}$$

下面介绍 Kronecker 积的一些基本性质.

命题 1.1.1　(1) (结合律)

$$A \otimes (B \otimes C) = (A \otimes B) \otimes C. \tag{1.1.3}$$

(2) (分配律)

$$\begin{aligned} (\alpha A + \beta B) \otimes C &= \alpha(A \otimes C) + \beta(B \otimes C), \\ A \otimes (\alpha B + \beta C) &= \alpha(A \otimes B) + \beta(A \otimes C), \quad \alpha, \beta \in \mathbb{R}. \end{aligned} \tag{1.1.4}$$

命题 1.1.2　(1)

$$(A \otimes B)^{\mathrm{T}} = A^{\mathrm{T}} \otimes B^{\mathrm{T}}. \tag{1.1.5}$$

(2) 设 A 与 B 均可逆, 则其 Kronecker 积也可逆, 并且

$$(A \otimes B)^{-1} = A^{-1} \otimes B^{-1}. \tag{1.1.6}$$

(3)

$$\mathrm{rank}(A \otimes B) = \mathrm{rank}(A)\mathrm{rank}(B). \tag{1.1.7}$$

(4) 设 $A \in \mathcal{M}_{m \times m}$, $B \in \mathcal{M}_{n \times n}$. 则

$$\det(A \otimes B) = (\det(A))^n (\det(B))^m; \tag{1.1.8}$$

$$\mathrm{tr}(A \otimes B) = \mathrm{tr}(A)\mathrm{tr}(B). \tag{1.1.9}$$

下面这个性质将 Kronecker 积与普通积联系起来了, 它在今后的讨论中极其重要.

命题 1.1.3 设 $A \in \mathcal{M}_{m \times n}, B \in \mathcal{M}_{p \times q}, C \in \mathcal{M}_{n \times r}$, 以及 $D \in \mathcal{M}_{q \times s}$. 那么

$$(A \otimes B)(C \otimes D) = (AC) \otimes (BD). \tag{1.1.10}$$

特别地, 有

$$A \otimes B = (A \otimes I_p)(I_n \otimes B). \tag{1.1.11}$$

下面这条性质是关于矩阵乘积的向量表达, 它与矩阵的 Kronecker 积有关. 先介绍矩阵的向量表达式: 设 $A = (a_{ij}) \in \mathcal{M}_{m \times n}$, 则其列排式 (column stacking form) 为

$$V_c(A) = (a_{11}, \cdots, a_{m1}, a_{12}, \cdots, a_{m2}, \cdots, a_{1n}, \cdots, a_{mn})^{\mathrm{T}}. \tag{1.1.12}$$

其行排式 (row stacking form) 为

$$V_r(A) = (a_{11}, \cdots, a_{1n}, a_{21}, \cdots, a_{2n}, \cdots, a_{m1}, \cdots, a_{mn})^{\mathrm{T}}. \tag{1.1.13}$$

关于矩阵乘积的向量表达, 有如下结论.

命题 1.1.4 (1) 设 $X \in \mathbb{R}^n, Y \in \mathbb{R}^n$ 为两列向量, 则

$$V_c(XY^{\mathrm{T}}) = Y \otimes X. \tag{1.1.14}$$

(2) 设 $A \in \mathcal{M}_{m \times p}, B \in \mathcal{M}_{p \times q}, C \in \mathcal{M}_{q \times n}$, 则

$$V_c(ABC) = (C^{\mathrm{T}} \otimes A)V_c(B). \tag{1.1.15}$$

2. Hadamard 积

矩阵的 Hadamard 积也是比较常用的一种矩阵乘法. 其定义如下.

定义 1.1.3 设 $A = (a_{ij}), B = (b_{ij}) \in \mathcal{M}_{m \times n}$, 则 A 与 B 的 Hadamard 积定义为

$$A \circ_H B = (a_{ij}b_{ij}) \in \mathcal{M}_{m \times n}. \tag{1.1.16}$$

Hadamard 积有如下性质.

命题 1.1.5 (1) (交换律) 设 $A, B \in \mathcal{M}_{m \times n}$, 则

$$A \circ_H B = B \circ_H A. \tag{1.1.17}$$

(2) (结合律) 设 $A, B, C \in \mathcal{M}_{m \times n}$, 则

$$(A \circ_H B) \circ_H C = A \circ_H (B \circ_H C). \tag{1.1.18}$$

(3) (分配律) 设 $A, B, C \in \mathcal{M}_{m \times n}$, 则

$$(\alpha A + \beta B) \circ_H C = \alpha(A \circ_H C) + \beta(B \circ_H C), \quad \alpha, \beta \in \mathbb{R}. \tag{1.1.19}$$

命题 1.1.6　(1)

$$(A \circ_H B)^T = A^T \circ_H B^T. \tag{1.1.20}$$

(2) 设 $A \in \mathcal{M}_n$, $E = \mathbf{1}_n$, 则

$$A \circ_H (EE^T) = A = (EE^T) \circ_H A. \tag{1.1.21}$$

(3) 设 $X, Y \in \mathbb{R}^n$ 为两列向量, 则

$$(XX^T) \circ_H (YY^T) = (X \circ_H Y)(X \circ_H Y)^T. \tag{1.1.22}$$

记

$$H_n = \operatorname{diag}(\delta_n^1, \cdots, \delta_n^n),$$

则有以下结果.

命题 1.1.7　设 $A, B \in \mathcal{M}_{m \times n}$, 则

$$A \circ_H B = H_m^T (A \otimes B) H_n. \tag{1.1.23}$$

命题 1.1.8(Schur 定理)　设 $A, B \in \mathcal{M}_n$ 为对称矩阵.

(i) 如果 $A \geqslant 0$ 且 $B \geqslant 0$, 那么 $A \circ_H B \geqslant 0$;

(ii) 如果 $A > 0$ 且 $B > 0$, 那么 $A \circ_H B > 0$.

命题 1.1.9 (Oppenbeim 定理)　设 $A, B \in \mathcal{M}_n$ 为对称矩阵. 如果 $A \geqslant 0$ 且 $B \geqslant 0$, 那么

$$\det(A \circ_H B) \geqslant \det(A) \det(B). \tag{1.1.24}$$

3. Khatri-Rao 积

最后, 我们介绍 Khatri-Rao 积, 它在本书中有多处应用. 关于 Khatri-Rao 积的更多细节可参见文献 [96] 或文献 [21].

定义 1.1.4　设 $A \in \mathcal{M}_{m \times r}$, $B \in \mathcal{M}_{n \times r}$, 则 A 与 B 的 Khatri-Rao 积定义为

$$A * B = [\operatorname{Col}_1(A) \otimes \operatorname{Col}_1(B), \operatorname{Col}_2(A) \otimes \operatorname{Col}_2(B), \cdots, \operatorname{Col}_r(A) \otimes \operatorname{Col}_r(B)]. \tag{1.1.25}$$

命题 1.1.10　矩阵的 Khatri-Rao 积有如下性质:

(i) (结合律) 设 $A \in \mathcal{M}_{m \times r}$, $B \in \mathcal{M}_{n \times r}$, $C \in \mathcal{M}_{p \times r}$, 则

$$(A * B) * C = A * (B * C). \tag{1.1.26}$$

(ii) (分配律) 设 $A, B \in \mathcal{M}_{m \times r}$ 和 $C \in \mathcal{M}_{n \times r}$, 则

$$(aA + bB) * C = a(A * C) + b(B * C), \quad a, b \in \mathbb{R}. \tag{1.1.27}$$

$$C * (aA + bB) = a(C * A) + b(C * B), \quad a, b \in \mathbb{R}. \tag{1.1.28}$$

注 Khatri-Rao 有一个更一般的定义如下[93]: 设 $A \in \mathcal{M}_{m \times n}$, $B \in \mathcal{M}_{p \times q}$. 将 A 及 B 分成若干子块如下: $A = (A_{ij})$ 及 $B = (B_{ij})$, 这里 $A_{ij} \in \mathcal{M}_{m_i \times n_j}$, $B_{ij} \in \mathcal{M}_{p_i \times q_j}$, $i = 1, \cdots, s$, $j = 1, \cdots, t$, 且有 $\sum_{i=1}^{s} m_i = m$, $\sum_{i=1}^{s} p_i = p$, $\sum_{j=1}^{t} n_j = n$, $\sum_{j=1}^{t} q_j = q$. 于是 A 与 B 的 Khatri-Rao 积定义如下

$$A * B = (A_{ij} \otimes B_{ij} \mid i = 1, \cdots, s; \ j = 1, \cdots, t). \tag{1.1.29}$$

设 $A, B \in \mathcal{M}_{m \times n}$ 为同样大小的矩阵, 且令 $A_{ij} = a_{ij}$, $B_{ij} = b_{ij}$, 即每个块只含一个元素, 则

$$A * B = A \circ B.$$

因此, Khatri-Rao 积可视为 Hadamard 积的一个推广.

注意到由 (1.1.29) 定义的 A 与 B 的 Khatri-Rao 积依赖于 A 与 B 的分块. 分块不同, 乘积也不一样, 因此, 它不是一个定义好的乘积. 下面的例子说明, 分块不同, 甚至连乘积的维数也可能不同.

设 $A, B \in \mathcal{M}_{4 \times 4}$.

(1) 选择 $s = 1$ 及 $t = 1$, 则

$$A * B = A \otimes B \in \mathcal{M}_{16 \times 16}.$$

(2) 选择 $s = 2$ 及 $t = 2$, 且设

$$A = \begin{bmatrix} A_{11} & A_{12} \\ A_{21} & A_{22} \end{bmatrix}, \quad B = \begin{bmatrix} B_{11} & B_{12} \\ B_{21} & B_{22} \end{bmatrix}, \tag{1.1.30}$$

这里每个子块 $A_{ij}, B_{ij} \in \mathcal{M}_{2 \times 2}$, 因此有

$$A * B = \begin{bmatrix} A_{11} \otimes B_{11} & A_{12} \otimes B_{12} \\ A_{21} \otimes B_{21} & A_{22} \otimes B_{22} \end{bmatrix} \in \mathcal{M}_{8 \times 8}.$$

(3) 仍选择 $s = 2$ 及 $t = 2$, 但设 $A_{11} \in \mathcal{M}_{1 \times 1}$, $A_{12} \in \mathcal{M}_{1 \times 3}$, $A_{21} \in \mathcal{M}_{3 \times 1}$, $A_{22} \in \mathcal{M}_{3 \times 3}$ 及 $B_{11} \in \mathcal{M}_{3 \times 3}$, $B_{12} \in \mathcal{M}_{3 \times 1}$, $B_{21} \in \mathcal{M}_{1 \times 3}$, $B_{22} \in \mathcal{M}_{1 \times 1}$. 于是

$$A * B \in \mathcal{M}_{6 \times 6}.$$

为了让推广的 Khatri-Rao 积有唯一性, 我们将其规范如下.

4. 模式 (M-1)

定义 1.1.5 设 $A \in \mathcal{M}_{m \times n}$, $B \in \mathcal{M}_{p \times q}$, 这里 $s = \gcd(m, p)$ 为 m, p 的最大公

因数, $t = \gcd(n, q)$ 为 n, q 的最大公因数. 则将 A 与 B 均分如下

$$A = \begin{bmatrix} A_{11} & A_{12} & \cdots & A_{1t} \\ A_{21} & A_{22} & \cdots & A_{2t} \\ \vdots & \vdots & & \vdots \\ A_{s1} & A_{s2} & \cdots & A_{st} \end{bmatrix}, \quad B = \begin{bmatrix} B_{11} & B_{12} & \cdots & B_{1t} \\ B_{21} & B_{22} & \cdots & B_{2t} \\ \vdots & \vdots & & \vdots \\ B_{s1} & B_{s2} & \cdots & B_{st} \end{bmatrix},$$

这里 $A_{ij} \in \mathcal{M}_{m/s \times n/t}, B_{ij} \in \mathcal{M}_{p/s \times q/t}.$

那么, M-1 型 Khatri-Rao 积定义如下

$$A * B = \begin{bmatrix} A_{11} \otimes B_{11} & A_{12} \otimes B_{12} & \cdots & A_{1t} \otimes B_{1t} \\ A_{21} \otimes B_{21} & A_{22} \otimes B_{22} & \cdots & A_{2t} \otimes B_{2t} \\ \vdots & \vdots & & \vdots \\ A_{s1} \otimes B_{s1} & A_{s2} \otimes B_{s2} & \cdots & A_{st} \otimes B_{st} \end{bmatrix}. \tag{1.1.31}$$

显然, 当 A 与 B 大小一样时, 它们的 M-1 型 Khatri-Rao 积就是它们的 Hadamard 积.

5. 模式 (M-2)

定义 1.1.6 设 $A \in \mathcal{M}_{m \times n}, B \in \mathcal{M}_{p \times q}$, 且 $t = \gcd(n, q)$. 将 A 和 B 均分如下

$$A = \begin{bmatrix} A_1 & A_2 & \cdots & A_t \end{bmatrix}, \quad B = \begin{bmatrix} B_1 & B_2 & \cdots & B_t \end{bmatrix},$$

这里 $A_i \in \mathcal{M}_{m \times n/t}, B_i \in \mathcal{M}_{p \times q/t}, i = 1, 2, \cdots, t.$

那么, M-2 型 Khatri-Rao 积定义如下

$$A * B = \begin{bmatrix} A_1 \otimes B_1 & A_2 \otimes B_2 & \cdots & A_t \otimes B_t \end{bmatrix}. \tag{1.1.32}$$

6. 模式 (M-3)

定义 1.1.7 设 $A \in \mathcal{M}_{m \times n}, B \in \mathcal{M}_{p \times q}$, 且 $s = \gcd(m, p)$. 将 A 和 B 均分如下

$$A = \begin{bmatrix} A^1 \\ A^2 \\ \vdots \\ A^s \end{bmatrix}, \quad B = \begin{bmatrix} B^1 \\ B^2 \\ \vdots \\ B^s \end{bmatrix},$$

这里 $A^j \in \mathcal{M}_{m/s \times n}, B^j \in \mathcal{M}_{p/s \times q}$. 那么, M-3 型 Khatri-Rao 积定义如下

$$A * B = \begin{bmatrix} A^1 \otimes B^1 \\ A^2 \otimes B^2 \\ \vdots \\ A^s \otimes B^s \end{bmatrix}. \tag{1.1.33}$$

根据以上定义, 从 M-1 型到 M-3 型 Khatri-Rao 积对任何两个矩阵都是唯一定义好的. 特别是, 定义 1.1.4 是 M-2 型 Khatri-Rao 积的特例.

1.1.2 矩阵运算的代数特征

为方便计, 令

$$\mathcal{M} := \bigcup_{m=1}^{\infty} \bigcup_{n=1}^{\infty} \mathcal{M}_{m \times n},$$

它是任意维数的矩阵的集合, 包含数与向量作为它的子集. 与矩阵相关的基本运算有三种: 数乘、矩阵加和矩阵乘. 如果要引进新的运算, 离不开这几种类型. 因此, 有必要探索一下它们的代数特征.

1. 数乘

定义 1.1.8 设 $A = (a_{ij}) \in \mathcal{M}_{m \times n} \subset \mathcal{M}$, $r \in \mathbb{R}$, 则

$$r \times A = r \times \begin{bmatrix} a_{11} & \cdots & a_{1n} \\ \vdots & & \vdots \\ a_{m1} & \cdots & a_{mn} \end{bmatrix} := \begin{bmatrix} ra_{11} & \cdots & ra_{1n} \\ \vdots & & \vdots \\ ra_{m1} & \cdots & ra_{mn} \end{bmatrix}, \tag{1.1.34}$$

这里, 数乘 $\times$ 是 $\mathbb{R} \times \mathcal{M} \to \mathcal{M}$ 的一个映射, 它定义于整个乘积集合 $\mathbb{R} \times \mathcal{M}$.

为方便计, 通常将乘号省去. 数乘满足以下两个结论.

命题 1.1.11 设 $a, b \in \mathbb{R}$, $A \in \mathcal{M}$, 则

$$a \times (b \times A) = (ab) \times A; \tag{1.1.35}$$

$$1 \times A = A. \tag{1.1.36}$$

由于数乘既简洁, 又具普遍性 (即对任意 $r \in \mathbb{R}$ 及任意 $A \in \mathcal{M}$ 有定义), 它具有很强的普适性. 本书始终只采用这种数乘. 实际上, 就笔者所知, 除数域可能不同外, 未见有其他数乘.

2. 矩阵加

定义 1.1.9 设 $A = (a_{ij}) \in \mathcal{M}_{m \times n}$, $B = (b_{ij}) \in \mathcal{M}_{m \times n}$, 则

$$A + B := \begin{bmatrix} a_{11} + b_{11} & \cdots & a_{1n} + b_{1n} \\ \vdots & & \vdots \\ a_{m1} + b_{m1} & \cdots & a_{mn} + b_{mn} \end{bmatrix}; \tag{1.1.37}$$

$$A - B := A + (-B). \tag{1.1.38}$$

注 (i) 只要矩阵加法定义好了, 矩阵减法也就依 (1.1.38) 定义好了. (1.1.38) 是一个一般性的定义.

(ii) 容易检验, 由 (1.1.37) 定义的矩阵加法以及由 (1.1.34) 定义的矩阵数乘, 决定了一个向量空间: $M_{m \times n}$ 是一个向量空间.

我们的目标是要发展不受维数限制的矩阵理论, 而矩阵加法在行数与列数两方面均受维数限制, 因此, 推广矩阵加法是不可避免的. 如前所述, 矩阵加法使其所定义的部分矩阵集合 (即 $M_{m \times n}$) 成为一个向量空间. 当把这个集合扩充时, 我们当然希望, 更大范围的矩阵集合, 甚至所有的矩阵 (即 M) 能变成一个向量空间. 后面我们会看到, 在一般情况下, 我们只能得到准线性空间. 这是扩充所必须付出的代价. (关于向量与准向量空间, 参见附录 A.1.)

3. 矩阵乘

矩阵乘法是矩阵集合中最活跃的一种运算, 我们已经在 1.1.1 节给出了几种不同的矩阵乘法. 下面先看这些矩阵乘法有什么共同的性质, 不难发现以下的结论.

命题 1.1.12 设 $\odot$ 或为矩阵的经典乘积, 或 Kronecker 积, 或 Hadamard 积, 或 Khatri-Rao 积, 并且, 相应运算是合法的 (即满足相应的维数要求), 那么, 其共同性质有:

(1) (结合律)

$$(A \odot B) \odot C = A \odot (B \odot C). \tag{1.1.39}$$

(2) (分配律)

$$(aA + bB) \odot C = a(A \odot C) + b(B \odot C), \quad a, b \in \mathbb{R}; \tag{1.1.40}$$

$$C \odot (aA + bB) = a(C \odot A) + b(C \odot B), \quad a, b \in \mathbb{R}. \tag{1.1.41}$$

根据不同的需要, 我们可以定义各种不同的矩阵乘法. 但从命题 1.1.12 看, 为了定义的合理性, 我们不妨把结合律及分配律看作对矩阵乘法的基本要求.

1.2 有限数组的阶与维数

在自然界和科学研究中经常会遇到有限数组, 即一组有限多个数的集合. 为了区分这些数, 人们会用指标来标注这些数. 例如, 一个一维向量通常表示为

$$X = [x_1, x_2, \cdots, x_n], \tag{1.2.1}$$

一个矩阵通常表示为

$$A = \begin{bmatrix} a_{11} & a_{12} & \cdots & a_{1n} \\ a_{21} & a_{22} & \cdots & a_{2n} \\ \vdots & \vdots & & \vdots \\ a_{m1} & a_{m2} & \cdots & a_{mn} \end{bmatrix}. \tag{1.2.2}$$

那么, 向量或矩阵的元素集合就称为数组, 即 X 与 A 的元素构成数组, 记作 S_X 及 S_A, 如下

$$S_X := \{x_i \mid i = 1, 2, \cdots, n\},$$
$$S_A := \{a_{ij} \mid i = 1, 2, \cdots, m; \ j = 1, 2, \cdots, n\}.$$

定义 1.2.1 一个由 k 个指标标注的有限数组称为 k 阶数组 (k-th order of number set). 每个指标所对应的元素个数称为该指标的维数.

注 (i) 根据定义, 一个 k 阶数组有 k 个维数, 例如, (1.2.1) 中的向量 X 是一阶数组, 它的维数是 n; (1.2.2) 中的矩阵 A 是二阶数组, 它的维数是 m, n (或 $m \times n$).

(ii) 这里, 我们假定数组是 "立方体" 形式的, 即假定 $\{\ell_1, \ell_2, \cdots, \ell_k\}$ 为某数组的指标, 则对任何 $1 \leqslant i \leqslant k$, 当指标 $\ell_j (j \neq i)$ 取不同值时, ℓ_i 所取的值的个数是相等的, 即 $\ell_i = 1, 2, \cdots, n_i$. 如果不相等, 则数组没有确定的维数. 这样, 数组中元素个数为 $\prod_{i=1}^{k} n_i$.

由于经典矩阵理论只处理一阶和二阶数组, 数组元素的排序简单明了. 但为了处理高阶数组, 其元素的排序就至关重要了. 下面规定数组的排序规则.

数组中的数是通过指标来排序的, 因此, 我们必须规定指标所对应的数组的排序方法. 给定一个 k 阶数组

$$D = \{x_{i_1, \cdots, i_k} \mid 1 \leqslant i_1 \leqslant n_1, \cdots, 1 \leqslant i_k \leqslant n_k\}, \tag{1.2.3}$$

这里, $\{i_1, i_2, \cdots, i_k\}$ 为指标集合. 引入一个记号, 称为指标序 (index order), 记作 $\mathbf{id}(i_1, \cdots, i_k; n_1, \cdots, n_k)$. 称数组 D 按指标序 $\mathbf{id}(i_1, \cdots, i_k; n_1, \cdots, n_k)$ 排列 (用 $\prec$ 表示前后顺序), 如果存在 $1 \leqslant s \leqslant k$, 使得 $i_\alpha = j_\alpha$, $\alpha < s$, 且 $i_s < j_s$, 则

$$x_{i_1, \cdots, i_k} \prec x_{j_1, \cdots, j_k}.$$

这种排序方法通常称为 "字典序", 就是让最后一个指标 i_k 先从 1 跑到 n_k, 然后让倒数第二个指标 i_{k-1} 往前进一, 再逐次往前递推. 我们用一个简单例子说明.

例 1.2.1 设

$$D = \{x_{ijk} \mid 1 \leqslant i \leqslant 3, 1 \leqslant j \leqslant 5, 1 \leqslant k \leqslant 4\}.$$

(i) 依 $\mathbf{id}(i,j,k;3,5,4)$ 排序有

$$
\begin{aligned}
V_D = [&x_{111}\ x_{112}\ x_{113}\ x_{114}\ x_{121}\ x_{122}\ x_{123}\ x_{124}\\
&x_{131}\ x_{132}\ x_{133}\ x_{134}\ x_{141}\ x_{142}\ x_{143}\ x_{144}\\
&x_{151}\ x_{152}\ x_{153}\ x_{154}\ \cdots\\
&x_{311}\ x_{312}\ x_{313}\ x_{314}\ \cdots\ x_{351}\ x_{352}\ x_{353}\ x_{354}].
\end{aligned}
$$

(ii) 依 $\mathbf{id}(j,k,i;5,4,3)$ 排序有

$$
\begin{aligned}
V_D = [&x_{111}\ x_{211}\ x_{311}\ x_{112}\ x_{212}\ x_{312}\\
&x_{113}\ x_{213}\ x_{313}\ x_{114}\ x_{214}\ x_{314}\ \cdots\\
&x_{151}\ x_{251}\ x_{351}\ x_{152}\ x_{252}\ x_{352}\\
&x_{153}\ x_{253}\ x_{353}\ x_{154}\ x_{254}\ x_{354}].
\end{aligned}
$$

以上的方法可以将一个高阶数组排成一个向量形式. 为了使用上的方便, 我们还常常希望将高阶数组排成一个矩阵形式. 下面讨论高阶数组的矩阵表示.

考察式 (1.2.3) 的数组 D. 设 $\{i_{r_1},i_{r_2},\cdots,i_{r_p}\}$ 和 $\{i_{s_1},i_{s_2},\cdots,i_{s_q}\}$ 为 $\{i_1,\cdots,i_k\}$ 的一个分割. 我们说数组 D 按指标 $\mathbf{id}(i_{r_1},i_{r_2},\cdots,i_{r_p};n_{r_1},n_{r_2},\cdots,n_{r_p}) \times \mathbf{id}(i_{s_1},i_{s_2},\cdots,i_{s_q};n_{s_1},n_{s_2},\cdots,n_{s_q})$ 排成一矩阵, 如果矩阵的行依 $\mathbf{id}(i_{r_1},i_{r_2},\cdots,i_{r_p};n_{r_1},n_{r_2},\cdots,n_{r_p})$ 排列, 而矩阵的列依 $\mathbf{id}(i_{s_1},i_{s_2},\cdots,i_{s_q};n_{s_1},n_{s_2},\cdots,n_{s_q})$ 排列.

例 1.2.2　设

$$D = \{x_{ijkr}|1\leqslant i\leqslant 2, 1\leqslant j\leqslant 3, 1\leqslant k\leqslant 2, 1\leqslant r\leqslant 3\}.$$

(i) 依 $\mathbf{id}(i,j;2,3)\times\mathbf{id}(k,r;2,3)$ 排序有

$$
M_D = \begin{bmatrix}
x_{1111} & x_{1112} & x_{1113} & x_{1121} & x_{1122} & x_{1123}\\
x_{1211} & x_{1212} & x_{1213} & x_{1221} & x_{1222} & x_{1223}\\
x_{1311} & x_{1312} & x_{1313} & x_{1321} & x_{1322} & x_{1323}\\
x_{2111} & x_{2112} & x_{2113} & x_{2121} & x_{2122} & x_{2123}\\
x_{2211} & x_{2212} & x_{2213} & x_{2221} & x_{2222} & x_{2223}\\
x_{2311} & x_{2312} & x_{2313} & x_{2321} & x_{2322} & x_{2323}
\end{bmatrix}.
$$

(ii) 依 $\mathbf{id}(i,k;2,2)\times\mathbf{id}(j,r;3,3)$ 排序有

$$
M_D = \begin{bmatrix}
x_{1111} & x_{1112} & x_{1113} & x_{1211} & x_{1212} & x_{1213} & x_{1311} & x_{1312} & x_{1313}\\
x_{1121} & x_{1122} & x_{1123} & x_{1221} & x_{1222} & x_{1223} & x_{1321} & x_{1322} & x_{1323}\\
x_{2111} & x_{2112} & x_{2113} & x_{2211} & x_{2212} & x_{2213} & x_{2311} & x_{2312} & x_{2313}\\
x_{2121} & x_{2122} & x_{2123} & x_{2221} & x_{2222} & x_{2223} & x_{2321} & x_{2322} & x_{2323}
\end{bmatrix}.
$$

1.3 一型矩阵-矩阵半张量积

在介绍广义矩阵半张量积之前, 本书的前半部分只考虑一型矩阵-矩阵半张量积, 简称为矩阵半张量积.

1.3.1 对高阶数组矩阵方法的探索

矩阵半张量积想法产生的原始动力之一来自对高阶数组矩阵方法的探讨. 从某种意义上讲, 它也揭示了矩阵半张量积的物理内涵.

熟知, 一个线性函数 $f(x_1, \cdots, x_n)$ 很容易用向量积表示

$$f(x_1, \cdots, x_n) = \sum_{i=1}^{n} c_i x_i = cx, \tag{1.3.1}$$

这里, $c = [c_1, \cdots, c_n]$, $x = [x_1, \cdots, x_n]^{\mathrm{T}}$.

一个双线性函数也很容易用矩阵形式表示:

$$g(x_1, \cdots, x_n, y_1, \cdots, y_m) = \sum_{i=1}^{m}\sum_{j=1}^{n} a_{ij} y_i x_j = y^{\mathrm{T}} A x, \tag{1.3.2}$$

这里 $y = [y_1, \cdots, y_m]^{\mathrm{T}}$,

$$A = \begin{bmatrix} a_{11} & a_{12} & \cdots & a_{1n} \\ a_{21} & a_{22} & \cdots & a_{2n} \\ \vdots & \vdots & & \vdots \\ a_{m1} & a_{m2} & \cdots & a_{mn} \end{bmatrix}.$$

在许多科学问题中会出现三线性或更高阶线性函数. 例如, 三线性函数在统计学中大量涉及. 实际上, 经典的矩阵理论一般只能用于处理线性或双线性的情况, 对于三线性或多线性的情况它几乎无能为力.

从 20 世纪 80 年代开始, 国内外一些学者开始探讨用立体积表示三阶数组的运算[25,108]. 他们的想法是很直观的, 即把三阶数组排列成一个立体阵 (cubic matrix), 如图 1.3.1 所示. 然后定义它与不同阶数组的运算规则, 探讨相关运算规则. 文献 [16] 中归纳总结了若干一般结果. 立体阵在统计学中得到一些成功的应用, 显示了它的合理性. 但是, 它的弱点也是显见的. 首先, 它需要许多新的运算公式, 这造成了运算的复杂性. 其次, 它缺少一般性, 很难推广到三阶以上的更高阶数组上去.

随后, 为了将矩阵方法应用于一般高阶数组, 我国学者张应山提出了多边矩阵的概念[20]. 其基本思想是将具体的数组与其框架 (即指标集) 分开进行运算. 它可

以用于进行高阶数组的运算. 多边矩阵理论目前仍在探索之中, 但由于其复杂性和
理论上的若干尚未完善处, 目前还未被广泛接受.

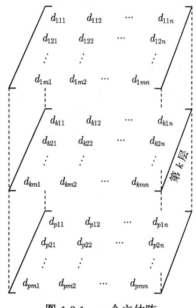

图 1.3.1　一个立体阵

矩阵半张量积的初始思路来自对高阶数组降阶的尝试: 考虑一个三线性函数
$f : \mathbb{R}^p \times \mathbb{R}^m \times \mathbb{R}^n \to \mathbb{R}$. 记 δ_r^s 为单位阵 I_r 的第 s 列. 设

$$f(\delta_p^i, \delta_m^j, \delta_n^k) = d_{ijk}, \quad i = 1, \cdots, p; j = 1, \cdots, m; k = 1, \cdots, n.$$

那么, 对任意 $x \in \mathbb{R}^p$, $y \in \mathbb{R}^m$, $z \in \mathbb{R}^n$, 有

$$f(x, y, z) = \sum_{i=1}^{p} \sum_{j=1}^{m} \sum_{k=1}^{n} d_{ijk} x_i y_j z_k, \tag{1.3.3}$$

这里, x_i 表示向量 x 的第 i 个分量等.

当三阶结构常数 $\{d_{ijk}\}$ 按立体阵方式排成立方体时 (图 1.3.1), 不难看出, 每
一层就是一个普通矩阵

$$A_i := \begin{bmatrix} d_{i11} & d_{i12} & \cdots & d_{i1n} \\ d_{i21} & d_{i22} & \cdots & d_{i2n} \\ \vdots & \vdots & & \vdots \\ d_{im1} & d_{im2} & \cdots & d_{imn} \end{bmatrix}.$$

并且, $A_i x_i$ 就是关于 y, z 的双线性映射的结构矩阵.

因此, 关于 x, y, z 的三线性函数 (1.3.3) 可以降次为关于 y, z 的双线性函数:

$$f(x, y, z) = y^{\mathrm{T}} M(x) z, \tag{1.3.4}$$

这里, 结构矩阵为

$$M(x) = \sum_{i=1}^{p} A_i x_i. \tag{1.3.5}$$

(1.3.5) 能否用矩阵乘积表示呢? 我们不妨形式地把它写成

$$M(x) = [A_1, A_2, \cdots, A_p] * x, \tag{1.3.6}$$

这里的 "乘积" 是一个数 x_i 乘一个矩阵块 A_i, 这与经典的矩阵乘法不同. 它本质上是将维数大的矩阵按维数小的矩阵的个数进行均分, 均分后将维数大的矩阵的一个块与维数小的一个数乘, 乘后再相加. 其实, 这就是矩阵半张量积, 用 $\ltimes$ 表示这种乘法.

通过这种 "数" 与 "块" 的乘积, 矩阵半张量积达到降次的目的. 利用这个道理, 任何高阶数组乘法都可以降到一阶数组与一阶数组的乘积.

现在假定 $f : \prod_{i=1}^{n} V_i \to \mathbb{R}$ 为 n 重线性函数, 这里, V_i 为 r_i 维向量空间, 基底为 $\{\delta_{r_i}^1, \delta_{r_i}^2, \cdots, \delta_{r_i}^{r_i}\}$. 设

$$f\left(\delta_{r_1}^{k_1}, \delta_{r_2}^{k_2}, \cdots, \delta_{r_n}^{k_n}\right) = d_{k_1, k_2, \cdots, k_n}, \quad k_i = 1, \cdots, r_i; \; i = 1, 2, \cdots, n.$$

将所有常数依字母序排列一行:

$$D = [d_{1,1,\cdots,1}, d_{1,1,\cdots,2}, \cdots, d_{1,1,\cdots,r_n}; \cdots; d_{r_1,r_2,\cdots,1}, d_{r_1,r_2,\cdots,2}, \cdots, d_{r_1,r_2,\cdots,r_n}].$$

那么, 类似三重线性函数的情况, 有

$$f(x_1, x_2, \cdots, x_n) = D \ltimes x_1 \ltimes x_2 \ltimes \cdots \ltimes x_n. \tag{1.3.7}$$

根据以上的想法, 我们不难给出矩阵半张量积的一个定义.

定义 1.3.1 (i) 设 X 为一 m 维行向量, Y 为一 n 维列向量, $m = kn$. 记 $X = [X^1, X^2, \cdots, X^n]$, $X^i \in \mathbb{R}^k$, $i = 1, \cdots, n$, 则 X 和 Y 的矩阵半张量积定义为

$$X \ltimes Y := \sum_{i=1}^{n} X^i y_i \in \mathbb{R}^k. \tag{1.3.8}$$

(ii) 设 X 为一 m 维行向量, Y 为一 n 维列向量, $km = n$. 记 $Y = [(Y^1)^{\mathrm{T}}, (Y^2)^{\mathrm{T}}, \cdots, (Y^n)^{\mathrm{T}}]^{\mathrm{T}}$, $Y^i \in \mathbb{R}^k$, $i = 1, \cdots, n$, 则 X 和 Y 的矩阵半张量积定义为

$$X \ltimes Y := \sum_{i=1}^{n} x_i Y^i \in \mathbb{R}^k. \tag{1.3.9}$$

(iii) 设 $A \in \mathcal{M}_{m \times n}, B \in \mathcal{M}_{p \times q}$, 并且 $n|p$ 或 $p|n$, 则 A 和 B 的矩阵半张量积定义为

$$A \ltimes B := C = (C^{ij}), \tag{1.3.10}$$

这里

$$C^{ij} = \mathrm{Row}_i(A) \ltimes \mathrm{Col}_j(B).$$

历史上, 矩阵半张量积最早就是这样定义的.

1.3.2 矩阵半张量积的一般定义

1.3.1 节提到的矩阵半张量积的定义方法, 即式 (1.3.10), 要求前矩阵的列数与后矩阵行数呈倍数关系. 这时, 不难验证, 半张量积有一个更简洁的数字表达: 设 $A \in \mathcal{M}_{m \times n}, B \in \mathcal{M}_{p \times q}$.

(i) 如果 $n = kp$, 那么

$$A \ltimes B = C = A(B \otimes I_k). \tag{1.3.11}$$

(ii) 如果 $nk = p$, 那么

$$A \ltimes B = C = (A \otimes I_k)B. \tag{1.3.12}$$

将上面两个式子与 (1.1.11) 相比, 不难看出将新的乘法称为矩阵半张量积的直观原因. 从前一节讨论可知, 上面定义的矩阵半张量积有很强的物理背景. 但是, 它仍然对维数有限制. 受式 (1.3.11) 与 (1.3.12) 的启发, 下面给出一个更一般的定义.

定义 1.3.2 设 A 为 $m \times n$ 矩阵, B 为 $p \times q$ 矩阵, n 与 p 的最小公倍数为 $t = \mathrm{lcm}(n, p)$, 则 A 与 B 的半张量积定义为

$$A \ltimes B = \left(A \otimes I_{t/n}\right)\left(B \otimes I_{t/p}\right). \tag{1.3.13}$$

不难看出, 当两矩阵呈倍维数关系时, 它与前述分块数乘定义的乘法是一致的. 当然, 当 $n = p$ 时, 它就是经典矩阵乘法. 因此, 矩阵半张量积是经典矩阵乘法的一个推广. 前面已经看到, 它可以方便地用于计算多线性函数. 因此, 它在逻辑系统、有限博弈等与多线性运算有关的物理系统的建模与控制的研究中也得到了广泛应用. 其根本原因是, 它保持了普通矩阵乘法的所有性质. 这样, 在应用时就可以把它当作普通矩阵乘法来推演, 无须什么新知识就可以使用它. 与相关的前期研究 (如立体积或多边矩阵等) 相比, 它在简洁性方面的优势是显而易见的.

前面曾经提到, 结合律及分配律可以看作对矩阵乘法的基本要求. 那么, 上述定义的矩阵半张量积是否满足这两点要求呢? 答案是肯定的.

命题 1.3.1 矩阵半张量积满足以下性质:

(i) (结合律)

$$A \ltimes (B \ltimes C) = (A \ltimes B) \ltimes C. \tag{1.3.14}$$

(ii) (分配律)

$$A \ltimes (B + C) = A \ltimes B + A \ltimes C;$$
$$(B + C) \ltimes A = B \ltimes A + C \ltimes A. \tag{1.3.15}$$

证明 (i) 设 $A \in M_{m \times n}$, $B \in M_{p \times q}$, $C \in M_{r \times s}$, 并且记

$$\mathrm{lcm}(n, p) = nn_1 = pp_1, \qquad \mathrm{lcm}(q, r) = qq_1 = rr_1,$$
$$\mathrm{lcm}(r, qp_1) = rr_2 = qp_1p_2, \quad \mathrm{lcm}(n, pq_1) = nn_2 = pq_1q_2.$$

那么

$$\begin{aligned}
(A \ltimes B) \ltimes C &= ((A \otimes I_{n_1})(B \otimes I_{p_1})) \ltimes C \\
&= (((A \otimes I_{n_1})(B \otimes I_{p_1})) \otimes I_{p_2})(C \otimes I_{r_2}) \\
&= (A \otimes I_{n_1p_2})(B \otimes I_{p_1p_2})(C \otimes I_{r_2}),
\end{aligned}$$

$$\begin{aligned}
A \ltimes (B \ltimes C) &= A \ltimes ((B \otimes I_{q_1})(C \otimes I_{r_1})) \\
&= (A \otimes I_{n_2})(((B \otimes I_{q_1})(C \otimes I_{r_1})) \otimes I_{q_2}) \\
&= (A \otimes I_{n_2})(B \otimes I_{q_1q_2})(C \otimes I_{r_1q_2}).
\end{aligned}$$

于是, 要证明 (1.3.14), 只要证明以下三个等式就足够了

$$n_1p_2 = n_2, \tag{1.3.16a}$$
$$p_1p_2 = q_1q_2, \tag{1.3.16b}$$
$$r_2 = r_1q_2. \tag{1.3.16c}$$

利用最小公倍数 (或最大公因数) 的结合律可知[8]

$$\mathrm{lcm}(i, \mathrm{lcm}(j, k)) = \mathrm{lcm}(\mathrm{lcm}(i, j), k), \quad i, j, k \in \mathbb{N}, \tag{1.3.17}$$

于是, 有

$$\mathrm{lcm}(qn, \mathrm{lcm}(pq, pr)) = \mathrm{lcm}(\mathrm{lcm}(qn, pq), pr). \tag{1.3.18}$$

利用 (1.3.18), 我们知道

$$\begin{aligned}
(1.3.16\mathrm{b}) \text{ 左边} &= \mathrm{lcm}(qn, p\,\mathrm{lcm}(q, r)) \\
&= \mathrm{lcm}(qn, pqq_1) \\
&= q\,\mathrm{lcm}(n, pq_1) \\
&= qpq_1q_2.
\end{aligned}$$

$$(1.3.16\text{b}) \ \text{右边} = \text{lcm}(q \, \text{lcm}(n, p), pr)$$
$$= \text{lcm}(qpp_1, pr)$$
$$= p \, \text{lcm}(qp_1, r)$$
$$= pqp_1p_2.$$

于是 (1.3.16b) 获证.

利用 (1.3.16b), 有

$$n_1p_2 = n_1\frac{q_1q_2}{p_1} = n_1\frac{q_1q_2p}{p_1p}$$
$$= \frac{\text{lcm}(n, p)}{n}\frac{\text{lcm}(n, pq_1)}{pp_1}$$
$$= \frac{\text{lcm}(n, pq_1)}{n} = n_2.$$

这就证明了 (1.3.16a).

类似地讨论可得到

$$r_1q_2 = r_1\frac{p_1p_2}{q_1} = t_1\frac{p_1p_2q}{q_1q}$$
$$= \frac{\text{lcm}(q, r)}{r}\frac{\text{lcm}(r, qp_1)}{q_1q}$$
$$= \frac{\text{lcm}(r, qp_1)}{r} = r_2.$$

这就证明了 (1.3.16c).

(ii) 我们只证 (1.3.15) 第一式, 第二式的证明是类似的. 设 $A \in \mathcal{M}_{m \times n}$, $B, C \in \mathcal{M}_{p \times q}$, $t = \text{lcm}(n, p)$, 则

$$A \ltimes (B + C) = \left(A \otimes I_{t/n}\right)\left((B + C) \otimes I_{t/p}\right)$$
$$= \left(A \otimes I_{t/n}\right)\left((B \otimes I_{t/p}) + (C \otimes I_{t/p})\right)$$
$$= \left(A \otimes I_{t/n}\right)\left(B \otimes I_{t/p}\right) + \left((A \otimes I_{t/n}) \otimes I_{t/p}\right)$$
$$= A \ltimes B + A \ltimes C. \qquad \square$$

从定义 1.3.2 出发, 一个合理的联想就是: 可否在定义式 (1.3.13) 中将 A 和 B 从 Kronecker 积的左边移到右边. 这就自然得到了另一种矩阵乘法, 其定义如下.

定义 1.3.3 设 A 为 $m \times n$ 矩阵, B 为 $p \times q$ 矩阵, n 与 p 的最小公倍数为 $t = \text{lcm}(n, p)$, 则 A 与 B 的右半张量积定义为

$$A \rtimes B = \left(I_{t/n} \otimes A\right)\left(I_{t/p} \otimes B\right). \tag{1.3.19}$$

为了区分这两种矩阵半张量积, 将定义 1.3.2 中的矩阵半张量积称为左半张量积. 与命题 1.3.1 类似的方法可以证明, 矩阵的右半张量积也满足结合律与分配律.

命题 1.3.2 矩阵的右半张量积满足以下性质:

(1) (结合律)

$$A \ltimes (B \ltimes C) = (A \ltimes B) \ltimes C. \tag{1.3.20}$$

(2) (分配律)

$$\begin{aligned} A \ltimes (B+C) &= A \ltimes B + A \ltimes C; \\ (B+C) \ltimes A &= B \ltimes A + C \ltimes A. \end{aligned} \tag{1.3.21}$$

从以上的性质可以看出, 不管是左半张量积, 还是右半张量积, 都满足矩阵乘法的基本要求.

1.3.3 矩阵半张量积的基本性质

本节的一些结果, 因为根据定义, 通过直接计算就可以验证, 我们将证明留给读者. 另外, 如果一个命题对左、右半张量积都成立, 则用记号 $\bowtie$ 表示, 即 $\bowtie$ 可以是 $\ltimes$ 或是 $\rtimes$.

命题 1.3.3 (i)

$$(A \bowtie B)^{\mathrm{T}} = B^{\mathrm{T}} \bowtie A^{\mathrm{T}}. \tag{1.3.22}$$

(ii) 设 A 与 B 均可逆, 则

$$(A \bowtie B)^{-1} = B^{-1} \bowtie A^{-1}. \tag{1.3.23}$$

命题 1.3.4 设 A 与 B 均为方阵, 则

(i) $A \bowtie B$ 与 $B \bowtie A$ 有相同的特征函数;

(ii)

$$\mathrm{tr}(A \bowtie B) = \mathrm{tr}(B \bowtie A); \tag{1.3.24}$$

(iii) 如果 A 或 B 可逆, 则 $A \bowtie B \sim B \bowtie A$, "$\sim$" 表示矩阵相似;

(iv) 如果 A 与 B 均为上三角阵 (下三角阵、对角阵或正交阵), 那么, $A \bowtie B$ 也是上三角阵 (下三角阵、对角阵或正交阵);

(v) 如果 $A \in \mathcal{M}_{m \times m}$ 与 $B \in \mathcal{M}_{n \times n}$, 并且 $t = \mathrm{lcm}(m,n)$, 那么

$$\det(A \bowtie B) = [\det(A)]^{t/m}[\det(B)]^{t/n}. \tag{1.3.25}$$

向量的半张量积与张量积可以互相转化. 这个性质显示了半张量积具有某种张量积的内涵.

命题 1.3.5　(i) 设 $X \in \mathbb{R}^m, Y \in \mathbb{R}^n$ 为两个列向量, 则

$$X \ltimes Y = X \otimes Y; \tag{1.3.26}$$
$$X \rtimes Y = Y \otimes X. \tag{1.3.27}$$

(ii) 设 $\xi \in \mathbb{R}^m, \eta \in \mathbb{R}^n$ 为两个行向量, 则

$$\xi \ltimes \eta = \eta \otimes \xi; \tag{1.3.28}$$
$$\xi \rtimes \eta = \xi \otimes \eta. \tag{1.3.29}$$

经典矩阵乘法可以分块乘, 那么, 矩阵半张量积是否具有分块乘的性质呢? 首先, 引入一个记号: 设 $A \in M_{m \times n}, B \in M_{p \times q}$, 定义 A 与 B 的比例为

$$A : B := n : p.$$

不难看出 A 与 B 的半张量积的定义只与这个比例有关, 而与 m, q 无关.

定义 1.3.4　设 $A : B = n : p$, 分块

$$A = \begin{bmatrix} A^{11} & A^{12} & \cdots & A^{1\ell} \\ A^{21} & A^{22} & \cdots & A^{2\ell} \\ \vdots & \vdots & & \vdots \\ A^{s1} & A^{s2} & \cdots & A^{s\ell} \end{bmatrix}, \quad B = \begin{bmatrix} B^{11} & B^{12} & \cdots & B^{1t} \\ B^{21} & B^{22} & \cdots & A^{2t} \\ \vdots & \vdots & & \vdots \\ B^{\ell 1} & B^{\ell 2} & \cdots & B^{\ell t} \end{bmatrix} \tag{1.3.30}$$

称为一个恰当分割 (proper division), 如果

$$A^{i\alpha} : B^{\alpha j} = n : p, \quad i = 1, 2, \cdots, s; \ j = 1, 2, \cdots, t.$$

我们有如下分块乘法定理.

定理 1.3.1　设 $A : B = n : p$, 分块 (1.3.30) 为一个恰当分割, 则

$$A \ltimes B = \left(C^{ij} \right), \tag{1.3.31}$$

这里

$$C^{ij} = \sum_{k=1}^{\ell} A^{ik} \ltimes B^{kj}.$$

证明 设 $t = \mathrm{lcm}(n, p)$. 注意到

$$
A \otimes I_{t/n} = \begin{bmatrix}
A^{11} \otimes I_{t/n} & A^{12} \otimes I_{t/n} & \cdots & A^{1\ell} \otimes I_{t/n} \\
A^{21} \otimes I_{t/n} & A^{22} \otimes I_{t/n} & \cdots & A^{2\ell} \otimes I_{t/n} \\
\vdots & \vdots & & \vdots \\
A^{s1} \otimes I_{t/n} & A^{s2} \otimes I_{t/n} & \cdots & A^{s\ell} \otimes I_{t/n}
\end{bmatrix}; \tag{1.3.32}
$$

$$
B \otimes I_{t/p} = \begin{bmatrix}
B^{11} \otimes I_{t/p} & B^{12} \otimes I_{t/p} & \cdots & B^{1t} \otimes I_{t/p} \\
B^{21} \otimes I_{t/p} & B^{22} \otimes I_{t/p} & \cdots & B^{2t} \otimes I_{t/p} \\
\vdots & \vdots & & \vdots \\
B^{\ell 1} \otimes I_{t/p} & B^{\ell 2} \otimes I_{t/p} & \cdots & B^{\ell t} \otimes I_{t/p}
\end{bmatrix}. \tag{1.3.33}
$$

现在

$$
A \ltimes B = \left(A \otimes I_{t/n}\right) \left(B \otimes I_{t/p}\right),
$$

上式右边为经典矩阵乘法, 同时, 因为

$$
A^{i\alpha} \otimes I_{t/n} : B^{\alpha j} \otimes I_{t/p} = 1 : 1,
$$

(1.3.32) 及 (1.3.33) 为一普通矩阵乘法下的恰当分割. 根据普通矩阵乘法的分块相乘原理, (1.3.31) 显然成立. $\qquad\square$

平均分割是一种最常用的分块方法, 这里, "平均" 是指将前面矩阵的列均分为 s 份, 将后面矩阵的行也均分为 s 份, 至于前面矩阵的行及后面矩阵的列怎么分, 则无关紧要. 平均分割显然是一种恰当分割.

推论 1.3.1 设在 (1.3.30) 中 A 为列均分, 即 A^{ij} $(j = 1, \cdots, \ell)$ 的列数相等, B 为行均分, 即 B^{ij} $(i = 1, \cdots, \ell)$ 的行数相等, 则该分割为一恰当分割. 因此, 分块乘法成立.

矩阵的左半张量积可以依经典矩阵乘法进行.

推论 1.3.2 设 $A \in \mathcal{M}_{m \times n}$, $B \in \mathcal{M}_{p \times q}$, 则

$$
A \ltimes B := \left(C^{ij} \mid i = 1, \cdots, m;\ j = 1, \cdots, q\right), \tag{1.3.34}
$$

这里

$$
C^{ij} = \mathrm{Row}_i(A) \ltimes \mathrm{Col}_j(B).
$$

证明 考虑分块

$$
A = \begin{bmatrix}
\mathrm{Row}_1(A) \\
\mathrm{Row}_2(A) \\
\vdots \\
\mathrm{Row}_m(A)
\end{bmatrix}, \quad B = \begin{bmatrix} \mathrm{Col}_1(B), \mathrm{Col}_2(B), \cdots, \mathrm{Col}_q(B) \end{bmatrix}.
$$

显然, 这是一个恰当分割. 按分块乘法计算左半张量积, 即得公式 (1.3.34).   □

一个自然的问题就是: 分块乘法对右半张量积是否成立? 答案是否定的. 下面给个反例.

例 1.3.1 设

$$A = \begin{bmatrix} 1 & -1 \\ -1 & 1 \end{bmatrix}, \quad B = \begin{bmatrix} 0 & 1 \\ 1 & -1 \\ 1 & 0 \end{bmatrix}.$$

则

$$A \ltimes B = (I_3 \otimes A)(I_2 \otimes B) = \begin{bmatrix} -1 & 2 & 0 & 0 \\ 1 & -2 & 0 & 0 \\ 1 & 0 & 0 & -1 \\ -1 & 0 & 0 & 1 \\ 0 & 0 & 0 & -1 \\ 0 & 0 & 0 & 1 \end{bmatrix}.$$

如果分块乘法成立, 则可用公式 (1.3.34) 来计算. 但是由

$$\begin{bmatrix} \mathrm{Row}_1(A) \ltimes \mathrm{Col}_1(B) & \mathrm{Row}_1(A) \ltimes \mathrm{Col}_2(B) \\ \mathrm{Row}_2(A) \ltimes \mathrm{Col}_1(B) & \mathrm{Row}_2(A) \ltimes \mathrm{Col}_2(B) \end{bmatrix} = \begin{bmatrix} -1 & 0 & 2 & 0 \\ 1 & 0 & 0 & -1 \\ 0 & 0 & 0 & -1 \\ 1 & 0 & -2 & 0 \\ -1 & 0 & 0 & 1 \\ 0 & 0 & 0 & 1 \end{bmatrix}$$

可见, 对矩阵右半张量积分块乘法不成立.

注 (i) "分块乘法对矩阵左半张量积成立, 但对矩阵右半张量积不成立", 这可能是矩阵左半张量积与右半张量积最大的区别. 这个貌似不起眼的区别其实包含了深刻的结构上的差异. 从而使矩阵左半张量积在应用上有远在右半张量积之上的优越性. 为方便计, 今后将左半张量积作为默认的矩阵半张量积. 如果用到右半张量积就要单独说明.

(ii) 因为矩阵半张量积是经典矩阵乘积的推广, 我们通常把半张量乘法记号略去, 即默认

$$AB := A \ltimes B. \tag{1.3.35}$$

(iii) 因为当两矩阵满足普通矩阵乘法条件时, 半张量积自动转化成普通积了. 换句话说, 普通矩阵乘积可以完全被半张量积取代而不会留下任何遗憾.

多个列向量的半张量积在本书中有大量应用. 设 $X_i \in \mathbb{R}^{k_i} (i=1,\cdots,n)$ 为 n 个列向量. 那么

$$\ltimes_{i=1}^n X_i := X_1 \ltimes X_2 \ltimes \cdots \ltimes X_n \in \mathbb{R}^k, \qquad (1.3.36)$$

这里 $k = \prod_{i=1}^n k_i$. 记

$$\ltimes_{i=1}^n \mathbb{R}^{k_i} := \left\{ \ltimes_{i=1}^n X_i \,|\, X_i \in \mathbb{R}^{k_i}, i=1,\cdots,n \right\} \subset \mathbb{R}^k.$$

那么 $\ltimes_{i=1}^n \mathbb{R}^{k_i}$ 是否等于 $\mathbb{R}^k$ 呢? 答案是否定的, 我们看一个简单例子.

例 1.3.2 考察 $\mathbb{R}^2 \ltimes \mathbb{R}^2$, 令 $X, Y \in \mathbb{R}^2$, $Z = X \ltimes Y \in \mathbb{R}^2 \ltimes \mathbb{R}^2 \subset \mathbb{R}^4$. 则 $Z = (x_1 y_1, x_1 y_2, x_2 y_1, x_2 y_2)^{\mathrm{T}}$. 不难验证

$$\mathbb{R}^2 \ltimes \mathbb{R}^2 = \{ z \in \mathbb{R}^4 \,|\, z_1 z_4 = z_2 z_3 \}.$$

因此, $\mathbb{R}^2 \ltimes \mathbb{R}^2 \neq \mathbb{R}^4$. 并且, $\mathbb{R}^2 \ltimes \mathbb{R}^2$ 也不是 $\mathbb{R}^4$ 的一个子空间.

因为向量的半张量积与张量积本质上是一样的, 这个乘积空间 $\ltimes_{i=1}^n \mathbb{R}^{k_i}$ 也称为张量积空间 (tensor product space). 关于张量积空间的更多知识可见文献 [69].

在 $\mathbb{R}^n$ 中

$$\Delta_n := \left\{ \delta_n^1, \delta_n^2, \cdots, \delta_n^n \right\}$$

称为一组标准基底, 这里 δ_n^i 是单位阵 I_n 的第 i 列. 虽然, 张量积空间

$$\ltimes_{i=1}^n \mathbb{R}^{k_i} \neq \mathbb{R}^k, \qquad (1.3.37)$$

但是, 下面的命题说明: $\mathbb{R}^{k_i}$ 标准基底 Δ_{k_i} 的乘积却构成乘积空间 $\mathbb{R}^k$ 的标准基底.

命题 1.3.6 设 $x_i \in \Delta_{k_i}$, $i=1,\cdots,n$, $k := \prod_{i=1}^n k_i$. 定义映射 $\pi: \prod_{i=1}^n \Delta_{k_i} \to \Delta_k$ 如下

$$\pi(x_1, \cdots, x_n) = \ltimes_{i=1}^n x_i. \qquad (1.3.38)$$

则 π 是一对一且映上的.

证明 定义

$$\eta^j := \prod_{i=j}^n k_i, \quad 1 \leqslant j \leqslant n.$$

首先, 设 $x_i = \delta_{k_i}^{j_i}$, $i=1,\cdots,n$, 直接计算即可知

$$x = \ltimes_{i=1}^n x_i = \delta_k^s \in \Delta_k, \qquad (1.3.39)$$

这里

$$s = (j_1 - 1)\eta^2 + (j_2 - 1)\eta^3 + \cdots + (j_{n-1} - 1)\eta^n + j_n. \qquad (1.3.40)$$

令

$$J := \{(j_1, \cdots, j_n) \,|\, 1 \leqslant j_i \leqslant k_i, \ i = 1, \cdots, n\},$$

$$S := \{s \,|\, 1 \leqslant k\}.$$

在 J 上定义一个序:

$$(j_1, j_2, \cdots, j_n) \prec (j_1', j_2', \cdots, j_n'),$$

当且仅当存在 $1 \leqslant s \leqslant n$, 使得

$$\begin{cases} j_i = j_i', & i < s, \\ j_s < j_s'. \end{cases}$$

那么, 不难看出, (1.3.38) 定义了一个映射 $\pi\colon J \to S$, 它是一个保序映射. 又 $|J| = |S| = k$, 所以 π 是一对一且映上的. □

下面这个结果在本书中反复用到, 它表示张量积空间有时也能起到全空间的作用.

命题 1.3.7　设 $A, B \in \mathcal{M}_{m \times n}$, 这里 $k = \prod_{i=1}^{n} k_i$. 如果

$$A \ltimes_{i=1}^{n} X_i = B \ltimes_{i=1}^{n} X_i, \quad \forall X_i \in \mathbb{R}^{k_i}, \quad i = 1, \cdots, n, \tag{1.3.41}$$

则

$$A = B.$$

证明　由命题 1.3.6 可知 $\delta_k^j \in \ltimes_{i=1}^{n} \mathbb{R}^{k_i}, j = 1, \cdots, n$. 于是

$$\mathrm{Col}_j(A) = A\delta_k^j = B\delta_k^j = \mathrm{Col}_j(B), \quad j = 1, \cdots, n. \qquad \square$$

下面用一个简单例子显示从经典矩阵乘积到矩阵半张量积的这种推广的优越性.

例 1.3.3　设 $X, Y, Z, W \in \mathbb{R}^n$ 为四个列向量. 那么, 因为 $Y^{\mathrm{T}}Z$ 是一个数, 所以有

$$(XY^{\mathrm{T}})(ZW^{\mathrm{T}}) = X(Y^{\mathrm{T}}Z)W^{\mathrm{T}} = (Y^{\mathrm{T}}Z)(XW^{\mathrm{T}}) \in \mathcal{M}_{n \times n}. \tag{1.3.42}$$

对上式继续使用结合律, 可得到

$$(Y^{\mathrm{T}}Z)(XW^{\mathrm{T}}) = Y^{\mathrm{T}}(ZX)W^{\mathrm{T}}. \tag{1.3.43}$$

现在我们有麻烦了. 问题在于什么是 ZX? 这在普通矩阵乘法里是没有定义的. 换句话说, 我们用 "合法" 的矩阵运算得到了 "非法" 的结果. 这或许可以看作普通矩阵乘法的一个 "缺陷".

然而, 当我们把普通矩阵乘法拓宽为矩阵半张量积时, 这个缺陷立即被消除了. 可以按矩阵半张量积计算 (1.3.43), 得到的结果与 (1.3.42) 完全一致. 作为练习, 读者不妨自己算一次.

这或许是对矩阵半张量积合理性的一个支持.

注 其实, 在上面这个例子中, 经典矩阵乘法出现的问题在于: 我们把 "矩阵乘法" 与 "数乘" 混为一谈了. 实际上, 数乘不能看作矩阵乘法, 因为如果把数看作 1×1 矩阵, 它与 $m \times n$ 矩阵在一般情况下是不能相乘的. 而这种一型矩阵-矩阵半张量积, 它可以将数乘看作普通矩阵乘法的一个特例. 因此, 只要符合矩阵乘法规则, 结论一定是对的.

1.4 矩阵半张量积的准交换性

如果将数的乘法与普通矩阵乘法相比较, 矩阵乘法有两个明显的弱点: 一是维数的限制; 二是因子顺序的不可交换性, 即 $AB \neq BA$. 矩阵半张量积彻底取消了维数限制. 同时, 它在可交换性方面也大有作为. 当然, 作为经典矩阵乘法的推广, 它不可能有一般意义下的交换性, 否则立得矛盾. 但由于容许维数的扩充, 它可以在一些附加运算下对因子顺序进行交换. 我们将其称为准交换性 (quasi-commutativity).

1.4.1 向量与矩阵的准交换性

首先, 向量与矩阵的乘积有如下交换性质.

命题 1.4.1 (i) 设 $X \in \mathbb{R}^t$ 为一列向量, A 为一任意矩阵, 则

$$XA = (I_t \otimes A)X. \tag{1.4.1}$$

(ii) 设 $\omega \in \mathbb{R}^t$ 为一行向量, A 为一任意矩阵, 则

$$A\omega = \omega(I_t \otimes A). \tag{1.4.2}$$

证明 (i) 直接计算可得

$$(1.4.1) \text{ 左边} = (1.4.1) \text{ 右边} = \begin{bmatrix} x_1 A \\ x_2 A \\ \vdots \\ x_t A \end{bmatrix}.$$

(ii) 利用 (1.4.1) 可得

$$(A\omega)^{\mathrm{T}} = \omega^{\mathrm{T}} A^{\mathrm{T}} = (I_t \otimes A^{\mathrm{T}})\omega^{\mathrm{T}}.$$

两边取转置得

$$A\omega = \omega(I_t \otimes A^{\mathrm{T}})^{\mathrm{T}} = \omega(I_t \otimes A). \qquad \square$$

粗略地说, (1.4.1) 或 (1.4.2) 将向量与矩阵的顺序作了交换. 在 (1.4.1) 与 (1.4.2) 中, 我们把半张量积乘法符号省去了. 如上节所说, 在今后讨论中, 约定的矩阵乘法都是矩阵半张量积. 公式 (1.4.1) 或 (1.4.2) 在后面讨论中极其有用.

1.4.2　换位矩阵

为了进一步实现因子顺序的交换, 我们定义换位矩阵 (swap matrix).

定义 1.4.1　定义 (m,n) 维换位矩阵如下

$$W_{[m,n]} := \left[I_n \otimes \delta_m^1, I_n \otimes \delta_m^2, \cdots, I_n \otimes \delta_m^m \right]. \tag{1.4.3}$$

直接计算即可检验换位矩阵的如下命题.

命题 1.4.2　(i)

$$W_{[m,n]}^{\mathrm{T}} := W_{[n,m]}. \tag{1.4.4}$$

(ii)

$$W_{[m,n]}^{-1} := W_{[m,n]}^{\mathrm{T}}. \tag{1.4.5}$$

换位矩阵的作用是交换两个向量因子的顺序.

命题 1.4.3　(i) 设 $X \in \mathbb{R}^m$, $Y \in \mathbb{R}^n$ 为两个列向量, 则

$$W_{[m,n]}X \ltimes Y = Y \ltimes X. \tag{1.4.6}$$

(ii) 设 $\xi \in \mathbb{R}^m$, $\eta \in \mathbb{R}^n$ 为两个行向量, 则

$$\xi \ltimes \eta W_{[m,n]} = \eta \ltimes \xi. \tag{1.4.7}$$

证明　(i) 先设 $X = \delta_m^i$, $Y = \delta_n^j$, 那么, 直接计算可知

$$X \ltimes Y = \delta_{mn}^{(i-1)n+j}.$$

因此

$$W_{[m,n]}XY = \mathrm{Col}_{(i-1)n+j}\left(W_{[m,n]} \right).$$

$W_{[m,n]}$ 的第 $(i-1)n+j$ 列就是它的第 i 块的第 j 列. $W_{[m,n]}$ 的第 i 块为

$$I_n \otimes \delta_m^i = [\delta_n^1 \otimes \delta_m^i, \delta_n^2 \otimes \delta_m^i, \cdots, \delta_n^n \otimes \delta_m^i].$$

它的第 j 列为

$$\delta_n^j \otimes \delta_m^i = \delta_n^j \ltimes \delta_m^i.$$

于是可知

$$W_{[m,n]}\delta_m^i \ltimes \delta_n^j = \delta_n^j \ltimes \delta_m^i. \tag{1.4.8}$$

记 $X = (x_1, \cdots, x_m)^{\mathrm{T}}$, $Y = (y_1, \cdots, y_n)^{\mathrm{T}}$. 利用 (1.4.8) 可知

$$
\begin{aligned}
W_{[m,n]}X \ltimes Y &= W_{[m,n]} \left(\sum_{i=1}^{m} x_i \delta_m^i \right) \ltimes \left(\sum_{j=1}^{n} y_j \delta_n^j \right) \\
&= W_{[m,n]} \left[\sum_{i=1}^{m} \sum_{j=1}^{n} x_i y_j (\delta_m^i \ltimes \delta_n^j) \right] \\
&= \sum_{i=1}^{m} \sum_{j=1}^{n} x_i y_j \left[W_{[m,n]}(\delta_m^i \ltimes \delta_n^j) \right] \\
&= \sum_{i=1}^{m} \sum_{j=1}^{n} x_i y_j (\delta_n^j \ltimes \delta_m^i) \\
&= Y \ltimes X.
\end{aligned}
$$

(ii) 因为

$$\left[(\xi \ltimes \eta) W_{[m,n]} \right]^{\mathrm{T}} = W_{[n,m]}(\eta^{\mathrm{T}} \ltimes \xi^{\mathrm{T}}) = \xi^{\mathrm{T}} \ltimes \eta^{\mathrm{T}},$$

两边取转置即得 (1.4.7). □

作为直接推论, 有如下结论.

推论 1.4.1 设 $A \in M_{m \times n}$. 则

$$
\begin{cases}
W_{[m,n]}V_r(A) = V_c(A), \\
W_{[n,m]}V_c(A) = V_r(A).
\end{cases} \tag{1.4.9}
$$

证明 注意到两个列向量 $X = (x_1, \cdots, x_m)^{\mathrm{T}} \in \mathbb{R}^m$ 及 $Y = (y_1, \cdots, y_n)^{\mathrm{T}} \in \mathbb{R}^n$ 的半张量积 $X \ltimes Y$ 可以看作是

$$D := \{x_i y_j \,|\, i = 1, \cdots, m; \, j = 1, \cdots, n\}.$$

依指标 $\mathbf{id}(i,j;m,n)$ 排列, 半张量积 $Y \ltimes X$ 可以看作是 D 依指标 $\mathbf{id}(j,i;n,m)$ 排列. 因此, 命题 1.4.3 也就是说: 一个按 $\mathbf{id}(i,j;m,n)$ 排列的 2 阶列数组乘以 $W_{[m,n]}$ 则可变为以 $\mathbf{id}(j,i;n,m)$ 排列的 2 阶列数组.

$V_r(A)$ 就是数组 $D := \{a_{ij} \mid i = 1, \cdots, m; \ j = 1, \cdots, n\}$ 按 $\mathbf{id}(i,j;m,n)$ 排列的 2 阶列数组, 而 $V_c(A)$ 则是数组 D 以 $\mathbf{id}(j,i;n,m)$ 排列的 2 阶列数组, 结论显见. □

换位矩阵有一些等价的表示形式. 这些形式在不同问题中选择使用会带来许多便利.

命题 1.4.4　换位矩阵 $W_{[m,n]}$ 有如下两种等价表达式

(i)

$$W_{[m,n]} = \begin{bmatrix} \delta_n^1 \ltimes \delta_m^1 & \cdots & \delta_n^n \ltimes \delta_m^1 & \cdots & \delta_n^1 \ltimes \delta_m^m & \cdots & \delta_n^n \ltimes \delta_m^m \end{bmatrix}. \tag{1.4.10}$$

(ii)

$$W_{[m,n]} = \begin{bmatrix} I_m \otimes \delta_n^{1\,\mathrm{T}} \\ I_m \otimes \delta_n^{2\,\mathrm{T}} \\ \vdots \\ I_m \otimes \delta_n^{n\,\mathrm{T}} \end{bmatrix}. \tag{1.4.11}$$

证明　(i) 注意到, 设 A 有 n 列, 则

$$A \otimes B = \begin{bmatrix} \mathrm{Col}_1(A) \otimes B & \mathrm{Col}_2(A) \otimes B & \cdots & \mathrm{Col}_n(A) \otimes B \end{bmatrix},$$

(1.4.10) 由 (1.4.3) 即得.

(ii)

$$\begin{aligned} W_{[m,n]} &= W_{[n,m]}^{\mathrm{T}} \\ &= [I_m \otimes \delta_n^1, I_m \otimes \delta_n^2, \cdots, I_m \otimes \delta_n^n]^{\mathrm{T}} \\ &= \begin{bmatrix} I_m \otimes \delta_n^{1\,\mathrm{T}} \\ I_m \otimes \delta_n^{2\,\mathrm{T}} \\ \vdots \\ I_m \otimes \delta_n^{n\,\mathrm{T}} \end{bmatrix}. \end{aligned}$$

□

换位矩阵也可交换连乘向量中两个相邻因子的位置.

命题 1.4.5　设 $x_i \in \mathbb{R}^{d_i}$, $i = 1, \cdots, n$. 记 $p = \prod_{i=1}^{j-1} d_i$ 及 $q = \prod_{i=j+2}^{n} d_i$. 定义

$$I_p \otimes W_{[d_j, d_{j+1}]} \otimes I_q. \tag{1.4.12}$$

那么, 有

$$(I_p \otimes W_{[d_j, d_{j+1}]} \otimes I_q) \ltimes_{i=1}^{n} x_i = x_1 x_2 \cdots x_{j+1} x_j \cdots x_n. \tag{1.4.13}$$

证明

$$(I_p \otimes W_{[d_j,d_{j+1}]} \otimes I_q) \ltimes_{i=1}^n x_i = (I_p \otimes W_{[d_j,d_{j+1}]} \otimes I_q)(x_1 \otimes x_2 \otimes \cdots \otimes x_n)$$
$$= \left(I_p(\ltimes_{i=1}^{j-1} x_i)\right) \otimes \left(W_{[d_j,d_{j+1}]}(x_j \otimes x_{j+1})\right) \otimes \left(I_q(\ltimes_{i=j+2}^n x_i)\right)$$
$$= x_1 x_2 \cdots x_{j+1} x_j \cdots x_n. \qquad \square$$

利用命题 1.3.7 和命题 1.4.5 可证明换位矩阵如下的分解定理.

命题 1.4.6 换位矩阵有如下的两类因子分解式:

$$W_{[p,qr]} = (I_q \otimes W_{[p,r]})(W_{[p,q]} \otimes I_r),$$
$$W_{[p,qr]} = (I_r \otimes W_{[p,q]})(W_{[p,r]} \otimes I_q); \qquad (1.4.14)$$
$$W_{[pq,r]} = (W_{[p,r]} \otimes I_q)(I_p \otimes W_{[q,r]}),$$
$$W_{[pq,r]} = (W_{[q,r]} \otimes I_p)(I_q \otimes W_{[p,r]}). \qquad (1.4.15)$$

证明 只证明第一个等式, 其他各式证明类似. 设 $X \in \mathbb{R}^p$, $Y \in \mathbb{R}^q$, $Z \in \mathbb{R}^r$, 则 $YZ \in \mathbb{R}^{qr}$. 于是有

$$W_{[p,qr]} XYZ = W_{[p,qr]} X(YZ) = YZX.$$

将 YZX 换回到原来顺序. 利用命题 1.4.5, 可先交换 Z 与 X, 再交换 Y 与 X, 这个过程可表示如下

$$YZX = (I_q \otimes W_{[p,r]})YXZ$$
$$= (I_q \otimes W_{[p,r]})(W_{[p,q]} \otimes I_r)XYZ.$$

于是可得

$$W_{[p,qr]} XYZ = (I_q \otimes W_{[p,r]})(W_{[p,q]} \otimes I_r)XYZ.$$

根据命题 1.3.7 即得结论. $\qquad \square$

1.4.3 置换矩阵

考虑一组向量的乘积, 比两因子对换更一般的变换是因子顺序的一个置换. 设 $x^i \in \mathbb{R}^{k_i}$, $i = 1, \cdots, n$, 令 $x = \ltimes_{i=1}^n x^i$, 那么, X 就是数组

$$D_x = \left\{ x_{j_1}^1 x_{j_2}^2 \cdots x_{j_n}^n \mid j_i = 1, \cdots, n_i; \ i = 1, \cdots, n \right\}$$

按指标 $\mathbf{id}(j_1, j_2, \cdots, j_n; k_1, k_2, \cdots, k_n)$ 排列的一个向量.

设 $\sigma \in \mathbf{S}_n$ 为一置换, 令 $y = \ltimes_{i=1}^n x^{\sigma(i)}$, 那么, y 就是上述数组 D_x 按指标 $\mathbf{id}(j_{\sigma(1)}, j_{\sigma(2)}, \cdots, j_{\sigma(n)}; k_{\sigma(1)}, k_{\sigma(2)}, \cdots, k_{\sigma(n)})$ 排列的一个向量.

定义 1.4.2 设 $\sigma \in \mathbf{S}_n$. 矩阵 W_σ 称为 σ 置换矩阵, 如果对列向量 $x^i \in \mathbb{R}^{k_i}$, $i = 1, \cdots, n$, 有

$$W_\sigma \ltimes_{i=1}^n x^i = \ltimes_{i=1}^n x_{\sigma(i)}. \tag{1.4.16}$$

仿照换位矩阵的构造, 我们可构造如下置换矩阵. 显然, $W_\sigma \in \mathcal{M}_{k \times k}$ (这里 $k = \prod_{i=1}^n k_i$). 其构造步骤如下.

算法 1.4.1 (i) 构造向量集合 D_x, 其中的每一项元素都是取自 $\Delta_{k_i}(i = 1, \cdots, n)$ 的 n 个不同向量进行半张量积得到的, 并且向量因子的顺序是按照 σ 来排列的, 即

$$D_x := \left\{ \delta_{k_{\sigma(1)}}^{j_1} \delta_{k_{\sigma(2)}}^{j_2} \cdots \delta_{k_{\sigma(n)}}^{j_n} \;\middle|\; j_i = 1, \cdots, k_{\sigma(i)}; i = 1, \cdots, n \right\};$$

(ii) 假设置换 σ 具有以下的大小排序:

$$1 = \sigma(i_1) < \sigma(i_2) < \cdots < \sigma(i_n) = n.$$

换言之

$$i_j = \sigma^{-1}(j), \quad j = 1, \cdots, n.$$

将 D_x 中的向量按照多指标 $\mathbf{id}(j_{i_1}, j_{i_2}, \cdots, j_{i_n}; k_{\sigma(i_1)}, k_{\sigma(i_2)}, \cdots, k_{\sigma(i_n)})$ 进行排列. 由于 $\sigma(i_q) = q, q = 1, 2, \cdots, n$, 即

$$\mathbf{id}(j_{i_1}, j_{i_2}, \cdots, j_{i_n}; k_{\sigma(i_1)}, k_{\sigma(i_2)}, \cdots, k_{\sigma(i_k)})$$
$$= \mathbf{id}(j_{\sigma^{-1}(1)}, j_{\sigma^{-1}(2)}, \cdots, j_{\sigma^{-1}(n)}; k_1, k_2, \cdots, k_n).$$

更确切地说, 首先指标 $j_{\sigma^{-1}(n)}$ 从 1 跑到 k_n, 接着 $j_{\sigma^{-1}(n-1)}$ 从 1 跑到 k_{n-1}, 依次下去直到最后 $j_{\sigma^{-1}(1)}$ 从 1 跑到 k_1. 将 D_x 中的列向量按这种字典序排列构成的矩阵, 记作

$$W_\sigma^{[k_1, \cdots, k_n]} := \Big[\delta_{k_{\sigma(1)}}^{j_1}, \delta_{k_{\sigma(2)}}^{j_2}, \cdots, \delta_{k_{\sigma(n)}}^{j_n}$$
$$\Big| \text{依 } \mathbf{id}(j_{\sigma^{-1}(1)}, j_{\sigma^{-1}(2)}, \cdots, j_{\sigma^{-1}(n)}; k_1, k_2, \cdots, k_n) \text{ 排列} \Big], \tag{1.4.17}$$

称为 σ 置换矩阵, 当 $k_i(i = 1, \cdots, n)$ 确定时, 简单记为 W_σ.

定理 1.4.1 设 $x^i \in \mathbb{R}^{k_i}$, $i = 1, \cdots, n$, $\sigma \in \mathbf{S}_n$. 那么 (1.4.17) 式所定义的 σ 置换矩阵是唯一使得 (1.4.16) 式成立的矩阵.

证明 首先证明 (1.4.17) 式定义的 σ 置换矩阵使 (1.4.16) 式成立.
证明下面的式子成立

$$W_\sigma^{[k_1, \cdots, k_n]} \delta_{k_1}^{j_1} \delta_{k_1}^{j_1} \cdots \delta_{k_n}^{j_k} = \delta_{k_{\sigma(1)}}^{j_{\sigma(1)}} \delta_{k_{\sigma(2)}}^{j_{\sigma(2)}} \cdots \delta_{k_{\sigma(n)}}^{j_{\sigma(n)}}. \tag{1.4.18}$$

记 $\chi(s_1, s_2, \cdots, s_n; k_1, k_2, \cdots, k_n)$ 是数组 $S = \{s_1 s_2 \cdots s_n | s_i = 1, \cdots, k_i;\ i = 1, 2, \cdots, n\}$ 按照指标 $\mathbf{id}(s_1, s_2, \cdots, s_n; k_1, k_2, \cdots, k_n)$ 排列而得的序号 (即数组中的第几个元素). 设 $s = \chi(s_1, s_2, \cdots, s_n; k_1, k_2, \cdots, k_n)$, 由直接验算可知

$$\delta_{k_1}^{s_1} \delta_{k_2}^{s_2} \cdots \delta_{k_n}^{s_n} = \delta_k^s,$$

其中 $k = \prod_{i=1}^{n} k_i$, $s = \sum_{t=1}^{n-1} (s_t - 1) k_{t+1} k_{t+2} \cdots k_n + s_n$. 那么

$$W_\sigma^{[k_1, \cdots, k_n]} \delta_{k_1}^{s_1} \delta_{k_2}^{s_2} \cdots \delta_{k_n}^{s_n} = W_\sigma^{[k_1, \cdots, k_n]} \ltimes \delta_k^s = \mathrm{Col}_s(W_\sigma^{[k_1, \cdots, k_n]}).$$

由于 $W_\sigma^{[k_1, \cdots,\ k_n]}$ 是 D_x 中的所有向量按照索引 $\mathbf{id}(j_{i_1}, j_{i_2}, \cdots, j_{i_n}; k_1, k_2, \cdots, k_n)$ 排列后而得到的, 即矩阵 $W_\sigma^{[k_1, \cdots,\ k_n]}$ 的列序号是由 $s = \chi(j_{i_1}, j_{i_2}, \cdots, j_{i_n}; k_1, k_2, \cdots, k_n)$ 确定的, 因此

$$\delta_{k_1}^{j_{i_1}} \delta_{k_2}^{j_{i_2}} \cdots \delta_{k_n}^{j_{i_n}} = \delta_n^s.$$

根据命题 1.3.6 所描述的向量分解的唯一性, 可知 $j_{i_q} = s_q$, 又 $\sigma(i_q) = q$, 所以

$$j_{i_q} = s_{\sigma(i_q)}, \quad q = 1, 2, \cdots, n,$$

即

$$j_p = s_{\sigma(p)}, \quad p = 1, 2, \cdots, n.$$

由于 $W_\sigma^{[k_1, \cdots, k_n]}$ 的每一列都是取自 $D_\chi := \left\{ \delta_{k_{\sigma(1)}}^{j_1} \cdots \delta_{k_{\sigma(n)}}^{j_n} \;\middle|\; j_i = 1, \cdots, k_{\sigma(i)};\ i = 1, \cdots, n \right\}$ 中的向量, 所以得到

$$\mathrm{Col}_s(W_\sigma^{[k_1, \cdots, k_n]}) = \delta_{k_{\sigma(1)}}^{j_1} \delta_{k_{\sigma(2)}}^{j_2} \cdots \delta_{k_{\sigma(n)}}^{j_n} = \delta_{k_{\sigma(1)}}^{s_{\sigma(1)}} \delta_{k_{\sigma(2)}}^{s_{\sigma(2)}} \cdots \delta_{k_{\sigma(n)}}^{s_{\sigma(n)}}.$$

(1.4.18) 式获证.

注意到, 向量 $x^i \in \mathbb{R}^{n_i}$ 可以表示为线性组合的形式, 即

$$x^i = \sum_{s_i=1}^{k_i} a_{s_i}^i \delta_{k_i}^{s_i}, \quad i = 1, 2, \cdots, n; \quad a_{s_i}^i \in \mathbb{R}.$$

代入 (1.4.16) 式, 可以得到

$$W_\sigma^{[k_1, \cdots,\ k_n]} \ltimes x^1 \ltimes \cdots \ltimes x^n = W_\sigma^{[k_1, \cdots, k_n]} \sum_{s_1=1}^{k_1} a_{s_1}^1 \delta_{k_1}^{s_1} \cdots \sum_{s_n=1}^{k_n} a_{s_n}^n \delta_{k_n}^{s_n}$$

$$= W_\sigma^{[k_1, \cdots, k_n]} \sum_{s_1=1}^{k_1} \cdots \sum_{s_n=1}^{k_n} a_{s_1}^1 \cdots a_{s_n}^n \delta_{k_1}^{s_1} \cdots \delta_{k_n}^{s_n}$$

$$= \sum_{s_1=1}^{k_1} \cdots \sum_{s_n=1}^{k_n} a_{s_1}^1 \cdots a_{s_n}^n W_\sigma^{[k_1,\cdots,k_n]} \delta_{k_1}^{s_1} \cdots \delta_{k_n}^{s_n}$$

$$= \sum_{s_1=1}^{k_1} \cdots \sum_{s_n=1}^{k_n} a_{s_1}^1 \cdots a_{s_n}^n \delta_{k_{\sigma(1)}}^{s_{\sigma(1)}} \cdots \delta_{k_{\sigma(n)}}^{s_{\sigma(n)}}$$

$$= \sum_{s_1=1}^{k_1} \cdots \sum_{s_n=1}^{k_n} a_{s_{\sigma(1)}}^{\sigma(1)} \cdots a_{s_{\sigma(n)}}^{\sigma(n)} \delta_{k_{\sigma(1)}}^{s_{\sigma(1)}} \cdots \delta_{k_{\sigma(n)}}^{s_{\sigma(n)}}$$

$$= x^{\sigma(1)} \ltimes \cdots \ltimes x^{\sigma(n)}.$$

显然, 当 $k = 2$ 时, 换位矩阵是 σ 置换矩阵的特殊情况.

下面证明 σ 置换矩阵的唯一性. 设

$$W_\sigma^1 \ltimes x^1 \ltimes \cdots \ltimes x^n = x^{\sigma(1)} \ltimes \cdots \ltimes x^{\sigma(n)} = W_\sigma^2 \ltimes x^1 \ltimes \cdots \ltimes x^n,$$

由于向量 $x^1, x^2, \cdots, x^n$ 是任意的, 根据命题 1.3.7 有 $W_\sigma^1 = W_\sigma^2$.　　　　□

例 1.4.1　设 $x^1 \in \mathbb{R}^2$, $x^2 \in \mathbb{R}^3$, $x^3 \in \mathbb{R}^5$ 为三个列向量. 并且 $\sigma = (1, 3, 2) \in \mathbf{S}_3$ 是一个置换, 即 $\sigma(1) = 3$, $\sigma(2) = 1$, $\sigma(3) = 2$, $n_{\sigma(1)} = 5$, $n_{\sigma(2)} = 2$, $n_{\sigma(3)} = 3$. 根据 σ 置换矩阵的构造方法, 得到以下的向量集合:

$$D_x := \left\{ \delta_5^i \delta_2^j \delta_3^k \,|\, i = 1, \cdots, 5; j = 1, 2; k = 1, 2, 3 \right\}.$$

由于 $\sigma(1) > \sigma(3) > \sigma(2)$, 将 D_x 中的所有向量按照索引 $\mathbf{id}(j, k, i; 2, 3, 5)$ 排列, 组成 σ 置换矩阵 $W_\sigma^{(2,3,5)}$, 即

$$\begin{aligned}
W_\sigma^{(2,\,3,\,5)} = [&\delta_5^1 \delta_2^1 \delta_3^1,\ \delta_5^2 \delta_2^1 \delta_3^1,\ \delta_5^3 \delta_2^1 \delta_3^1,\ \delta_5^4 \delta_2^1 \delta_3^1,\ \delta_5^5 \delta_2^1 \delta_3^1, \\
&\delta_5^1 \delta_2^1 \delta_3^2,\ \delta_5^2 \delta_2^1 \delta_3^2,\ \delta_5^3 \delta_2^1 \delta_3^2,\ \delta_5^4 \delta_2^1 \delta_3^2,\ \delta_5^5 \delta_2^1 \delta_3^2, \\
&\delta_5^1 \delta_2^1 \delta_3^3,\ \delta_5^2 \delta_2^1 \delta_3^3,\ \delta_5^3 \delta_2^1 \delta_3^3,\ \delta_5^4 \delta_2^1 \delta_3^3,\ \delta_5^5 \delta_2^1 \delta_3^3, \\
&\delta_5^1 \delta_2^2 \delta_3^1,\ \delta_5^2 \delta_2^2 \delta_3^1,\ \delta_5^3 \delta_2^2 \delta_3^1,\ \delta_5^4 \delta_2^2 \delta_3^1,\ \delta_5^5 \delta_2^2 \delta_3^1, \\
&\delta_5^1 \delta_2^2 \delta_3^2,\ \delta_5^2 \delta_2^2 \delta_3^2,\ \delta_5^3 \delta_2^2 \delta_3^2,\ \delta_5^4 \delta_2^2 \delta_3^2,\ \delta_5^5 \delta_2^2 \delta_3^2, \\
&\delta_5^1 \delta_2^2 \delta_3^3,\ \delta_5^2 \delta_2^2 \delta_3^3,\ \delta_5^3 \delta_2^2 \delta_3^3,\ \delta_5^4 \delta_2^2 \delta_3^3,\ \delta_5^5 \delta_2^2 \delta_3^3].
\end{aligned}$$

也就是

$$\begin{aligned}
W_\sigma^{(2,3,5)} = \delta_{30}[&1, 7, 13, 19, 25, 2, 8, 14, 20, 26, 3, 9, 15, 21, 27, 4, \\
&10, 16, 22, 28, 5, 11, 17, 23, 29, 6, 12, 18, 24, 30].
\end{aligned}$$

现在假设三个列向量分别为 $x^1 = \delta_2^1$, $x^2 = \delta_3^2$ 和 $x^3 = \delta_5^1$, 经过简单计算可得

$$W_\sigma \ltimes x^1 \ltimes x^2 \ltimes x^3 = W_\sigma \ltimes \delta_{30}^6 = \delta_{30}^2 = x^3 \ltimes x^1 \ltimes x^2 = x^{\sigma(1)} \ltimes x^{\sigma(2)} \ltimes x^{\sigma(3)}.$$

下面这个结论是换位矩阵的直接推广, 它可由构造方法直接得到.

命题 1.4.7   设 $\sigma, \mu \in \mathbf{S}_n$, 则

(i)
$$W_{\sigma^{-1}} = W_{\sigma}^{-1}. \tag{1.4.19}$$

(ii)
$$W_{\sigma}^{\mathrm{T}} = W_{\sigma}^{-1}. \tag{1.4.20}$$

(iii)
$$W_{\sigma} W_{\mu} = W_{\sigma \circ \mu}. \tag{1.4.21}$$

第2章　多线性运算的矩阵半张量积方法

本章讨论矩阵半张量积在线性及多线性运算中的各种应用. 经典的矩阵理论实际上只能处理线性和双线性函数, 对多线性函数或一般线性空间的映射, 它却无能为力. 本章介绍多线性映射的矩阵半张量积方法. 内容包括: 向量的叉积、四元数、有限维代数、李代数、一般矩阵映射, 以及张量与张量场, 特别是给出张量场缩并的公式.

2.1　多线性映射

定义 2.1.1　设 $W_i(i=0,1,\cdots,n)$ 为一组向量空间, 映射 $F:\prod_{i=1}^{n}W_i\to W_0$ 称为多线性映射, 如果对任意 $1\leqslant i\leqslant n$, 有

$$
F(x_1,\cdots,x_{i-1},\alpha x_i+\beta y_i,\cdots,x_n)=\alpha F(x_1,\cdots,x_{i-1},x_i,\cdots,x_n)
$$
$$
+\beta F(x_1,\cdots,x_{i-1},y_i,\cdots,x_n), \tag{2.1.1}
$$

$x_j\in W_j, 1\leqslant j\leqslant n, y_i\in W_i,\ \alpha,\beta\in\mathbb{R}$.

第 1 章对多线性函数的矩阵表示引进了矩阵半张量积, 容易想象, 半张量积方法对线性及多线性映射也会有效.

如果 $\dim(W_i)=k_i, i=0,1,\cdots,n$, 并且 W_i 的基底为 $\{\delta_{k_i}^1,\delta_{k_i}^2,\cdots,\delta_{k_i}^{k_i}\}$, 记

$$
F(\delta_{k_1}^{j_1},\delta_{k_2}^{j_2},\cdots,\delta_{k_n}^{j_n})=\sum_{s=1}^{k_0}c_s^{j_1,j_2,\cdots,j_n}\delta_{k_0}^s,
$$
$$
j_t=1,\cdots,k_t,\quad t=1,\cdots,n. \tag{2.1.2}
$$

那么

$$
\left\{c_s^{j_1,j_2,\cdots,j_n}\ \middle|\ j_t=1,\cdots,k_t,\ t=1,\cdots,n;\ s=1,\cdots,n_0\right\}
$$

称为 F 的结构常数 (structure constant).

将结构常数依 s 分量分组, 每组按字典序排成一行, 即按指标 $\mathbf{id}(j_1,j_2,\cdots,j_n;k_1,k_2,\cdots,k_n)$ 排列. 再依 s 的顺序将各行排成一个矩阵, 可得

$$
M_F=\begin{bmatrix}
c_1^{11\cdots1} & \cdots & c_1^{11\cdots k_n} & \cdots & c_1^{k_1k_2\cdots k_n}\\
c_2^{11\cdots1} & \cdots & c_2^{11\cdots k_n} & \cdots & c_2^{k_1k_2\cdots k_n}\\
\vdots & & \vdots & & \vdots\\
c_{k_0}^{11\cdots1} & \cdots & c_{k_0}^{11\cdots k_n} & \cdots & c_{k_0}^{k_1k_2\cdots k_n}
\end{bmatrix}.
$$

M_F 称为 F 的结构矩阵 (structure matrix).

类似于多线性函数的矩阵半张量表示, 可以证明如下命题.

命题 2.1.1 设 $x^i = (x_1^i, x_2^i, \cdots, x_{k_i}^i)^T \in \mathbb{R}^{k_i}$, $i = 1, \cdots, n$. 那么

$$F(x^1, x^2, \cdots, x^n) = M_F \ltimes_{i=1}^n x^i. \tag{2.1.3}$$

下面给出一些应用的例子.

1. 向量的叉积

$\mathbb{R}^3$ 中向量的叉积 (cross product) 定义为: 设 $x = x_1 \boldsymbol{i} + x_2 \boldsymbol{j} + x_3 \boldsymbol{k}$, $y = y_1 \boldsymbol{i} + y_2 \boldsymbol{j} + y_3 \boldsymbol{k}$, 则

$$x \times_c y = \det \begin{bmatrix} \boldsymbol{i} & \boldsymbol{j} & \boldsymbol{k} \\ x_1 & x_2 & x_3 \\ y_1 & y_2 & y_3 \end{bmatrix}. \tag{2.1.4}$$

取基底 $\boldsymbol{i} = \delta_3^1$, $\boldsymbol{j} = \delta_3^2$, $\boldsymbol{k} = \delta_3^3$. 则向量 $x = (x_1, x_2, x_3)^T$, $y = (y_1, y_2, y_3)^T$. 利用 (2.1.2), 可得到叉积的结构矩阵为

$$M_c = \begin{bmatrix} 0 & 0 & 0 & 0 & 0 & 1 & 0 & -1 & 0 \\ 0 & 0 & -1 & 0 & 0 & 0 & 1 & 0 & 0 \\ 0 & 1 & 0 & -1 & 0 & 0 & 0 & 0 & 0 \end{bmatrix}. \tag{2.1.5}$$

利用结构矩阵, 两向量的叉积可用矩阵乘法直接表示. 例如, 设 $x = (3, 1, -1)^T$, $y = (1, 2, 1)^T$. 则

$$x \times_c y = M_c \ltimes x \ltimes y = (3, -4, 5)^T.$$

表达形式 (2.1.5), 比起传统的表达式 (2.1.4) 有很大的优势. 例如, 考虑 n 个向量的连乘, 传统的表达式是无能为力的. 利用基于矩阵半张量积的表达式 (2.1.5) 可得

$$x_1 \times_c x_2 \times_c \cdots \times_c x_n = M_c^{n-1} \ltimes_{i=1}^n x_i.$$

2. 四元数

考虑四元数 (quaternion), 它是个四维线性空间, 标准基底是 $\{1, I, J, K\}$, 即

$$Q = \{a + bI + cJ + dK \,|\, a, b, c, d \in \mathbb{R}\}.$$

它的乘法运算规则是

(i) (基底乘积)

$$I * J = K; \quad J * K = I; \quad K * I = J;$$
$$J * I = -K; \quad K * J = -I; \quad I * K = -J;$$
$$I^2 = J^2 = K^2 = -1.$$

(ii) (线性性)

$$(a_1 + b_1 I + c_1 J + d_1 K) * (a_2 + b_2 I + c_2 J + d_2 K)$$
$$= a_1 a_2 + a_1 b_2 I + a_1 c_2 J + a_1 d_2 K + b_1 a_2 I + b_1 b_2 I^2 + b_1 c_2 I * J$$
$$+ b_1 d_2 I * K + c_1 a_2 J + c_1 b_2 J * I + c_1 c_2 J^2 + c_1 d_2 J * K + d_1 a_2 K$$
$$+ d_1 b_2 K * I + d_1 c_2 K * J + d_1 d_2 K^2$$
$$= a_1 a_2 - b_1 b_2 - c_1 c_2 - d_1 d_2 + (a_1 b_2 + b_1 a_2 + c_1 d_2 - d_1 c_2) I$$
$$+ (a_1 c_2 + c_1 a_2 + d_1 b_2 - b_1 d_2) J + (a_1 d_2 + d_1 a_2 + b_1 c_2 - c_1 b_2) K.$$

将基底标准化, 即

$$1 \sim \delta_4^1, \quad I \sim \delta_4^2, \quad J \sim \delta_4^3, \quad K \sim \delta_4^4.$$

这样, 每一个四元数都可以表示成一个列向量

$$x = a + bI + cJ + dK \sim (a, b, c, d)^{\mathrm{T}}.$$

容易算出, 它的结构矩阵是

$$M_Q = \begin{bmatrix} 1 & 0 & 0 & 0 & 0 & -1 & 0 & 0 & 0 & 0 & -1 & 0 & 0 & 0 & 0 & -1 \\ 0 & 1 & 0 & 0 & 1 & 0 & 0 & 0 & 0 & 0 & 0 & 1 & 0 & 0 & -1 & 0 \\ 0 & 0 & 1 & 0 & 0 & 0 & 0 & -1 & 1 & 0 & 0 & 0 & 0 & 1 & 0 & 0 \\ 0 & 0 & 0 & 1 & 0 & 0 & 1 & 0 & 0 & -1 & 0 & 0 & 1 & 0 & 0 & 0 \end{bmatrix}.$$

$$(2.1.6)$$

于是

$$x * y = M_Q \ltimes x \ltimes y.$$

结构矩阵给出一个计算四元数逆元的简单方法.

设 $x = \begin{bmatrix} a & b & c & d \end{bmatrix}^{\mathrm{T}} \neq 0$, 有

$$M_Q x = \begin{bmatrix} a & -b & -c & -d \\ b & a & -d & c \\ c & d & a & -b \\ d & -c & b & a \end{bmatrix},$$

现在 x 的逆满足

$$x * (x^{-1}) = M_Q \ltimes x \ltimes (x^{-1}) = (1, 0, 0, 0)^{\mathrm{T}}.$$

记

$$\begin{aligned}
E : &= \det(M_Q x) \\
&= a^4 + b^4 + c^4 + d^4 + 2(a^2 b^2 + a^2 c^2 + a^2 d^2 + b^2 c^2 + b^2 d^2 + c^2 d^2) \\
&= (a^2 + b^2 + c^2 + d^2)^2 > 0.
\end{aligned} \tag{2.1.7}$$

因此

$$x^{-1} = (M_Q x)^{-1} \begin{bmatrix} 1 \\ 0 \\ 0 \\ 0 \end{bmatrix} := \frac{1}{E} \begin{bmatrix} \alpha \\ \beta \\ \gamma \\ \delta \end{bmatrix}, \tag{2.1.8}$$

其中

$$\alpha = \det \left(\begin{bmatrix} a & -d & c \\ d & a & -b \\ -c & b & a \end{bmatrix} \right) = a^3 + a(b^2 + c^2 + d^2);$$

$$\beta = -\det \left(\begin{bmatrix} b & -d & c \\ c & a & -b \\ d & b & a \end{bmatrix} \right) = -b^3 - b(a^2 + c^2 + d^2);$$

$$\gamma = \det \left(\begin{bmatrix} b & a & c \\ c & d & -b \\ d & -c & a \end{bmatrix} \right) = -c^3 - c(a^2 + b^2 + d^2);$$

$$\delta = -\det \left(\begin{bmatrix} b & a & -d \\ c & d & a \\ d & -c & b \end{bmatrix} \right) = -d^3 - d(a^2 + b^2 + c^2).$$

容易检验 $x^{-1} \times x = 1$.

3. 有限维代数

下面, 我们利用半张量积分析有限维代数 (finite dimensional algebra) 的结构. 首先给出定义.

定义 2.1.2[80]　一个 n 维代数是 $\mathbb{R}$ 上的 n 维向量空间 $\mathbf{A}$, 并且在其上定义一个乘法 $*: \mathbf{A} \times \mathbf{A} \to \mathbf{A}$, 它对向量和满足分配律, 即

$$
\begin{aligned}
(ax + by) * z &= a(x * z) + b(y * z), \\
z * (ax + by) &= a(z * x) + b(z * y), \quad x, y, z \in \mathbf{A}, \quad a, b \in \mathbb{R}.
\end{aligned}
\tag{2.1.9}
$$

下面考虑一个有限维代数的矩阵表示.

定义 2.1.3　设 $\{e_1, \cdots, e_n\}$ 是 $\mathbf{A}$ 的一组基底, 并假设

$$
e_i * e_j = \sum_{k=1}^{n} \alpha_{ij}^k e_k, \quad i, j = 1, \cdots, n,
\tag{2.1.10}
$$

则称 $\{\alpha_{ij}^k\}$ 为 $\mathbf{A}$ 的结构常数.

称矩阵

$$
M_{\mathbf{A}} = \begin{bmatrix}
\alpha_{11}^1 & \cdots & \alpha_{1n}^1 & \cdots & \alpha_{n1}^1 & \cdots & \alpha_{nn}^1 \\
\alpha_{11}^2 & \cdots & \alpha_{1n}^2 & \cdots & \alpha_{n1}^2 & \cdots & \alpha_{nn}^2 \\
\vdots & & \vdots & & \vdots & & \vdots \\
\alpha_{11}^n & \cdots & \alpha_{1n}^n & \cdots & \alpha_{n1}^n & \cdots & \alpha_{nn}^n
\end{bmatrix}
\tag{2.1.11}
$$

为代数 $\mathbf{A}$ (在乘法 $*$ 下) 的结构矩阵.

固定这组基底, 并记 $x = \sum_{i=1}^{n} x_i e_i$, $y = \sum_{i=1}^{n} y_i e_i$ 等, 将它们简化为系数向量 $x = (x_1, \cdots, x_n)^{\mathrm{T}}$, $y = (y_1, \cdots, y_n)^{\mathrm{T}}$ 等, 那么显然有如下命题.

命题 2.1.2　设 $z = x * y$, 则得到系数向量形式的 z 为

$$
z = M_{\mathbf{A}} \ltimes x \ltimes y = M_{\mathbf{A}} xy.
\tag{2.1.12}
$$

注意: 我们前面提过 $\ltimes$ 是普通矩阵乘法的推广, 可以省略乘法符号 $\ltimes$. 在后面的讨论中将省略所有的 $\ltimes$. 因此当两个矩阵不满足等维数条件时, 则一定是左半张量积.

一个代数的所有性质均由它的结构矩阵决定. 下面研究一些基本的性质.

定义 2.1.4　给定一个代数 $\mathbf{A}$.

(i) $\mathbf{A}$ 称为对称的, 如果

$$
x * y = y * x, \quad \forall x, y \in \mathbf{A};
\tag{2.1.13}
$$

(ii) $\mathbf{A}$ 称为反对称的, 如果

$$
x * y = -y * x, \quad \forall x, y \in \mathbf{A};
\tag{2.1.14}
$$

(iii) **A** 满足结合律, 如果

$$(x * y) * z = x * (y * z), \quad \forall x, y, z \in \mathbf{A}. \tag{2.1.15}$$

命题 2.1.3 给定一个 n 维代数 **A**.

(i) **A** 对称, 当且仅当

$$M_{\mathbf{A}}(W_{[n]} - I_{n^2}) = 0; \tag{2.1.16}$$

(ii) **A** 反对称, 当且仅当

$$M_{\mathbf{A}}(W_{[n]} + I_{n^2}) = 0; \tag{2.1.17}$$

(iii) **A** 满足结合律, 当且仅当

$$M_{\mathbf{A}}(M_{\mathbf{A}} \otimes I_n - I_n \otimes M_{\mathbf{A}}) = 0. \tag{2.1.18}$$

证明 我们只证明 (2.1.18). (2.1.16) 和 (2.1.17) 的证明类似. 利用 (2.1.12), (2.1.18) 可以写成矩阵形式

$$M_{\mathbf{A}}M_{\mathbf{A}}(xy)z = M_{\mathbf{A}}x(M_{\mathbf{A}}yz), \quad \forall x, y, z \in \mathbf{A}.$$

由结合律有

$$M_{\mathbf{A}}^2 xyz = M_{\mathbf{A}}(xM_{\mathbf{A}})yz = M_{\mathbf{A}}(I_n \otimes M_{\mathbf{A}})xyz, \quad \forall x, y, z \in \mathbf{A}.$$

于是

$$(M_{\mathbf{A}}^2 - M_{\mathbf{A}}(I_n \otimes M_{\mathbf{A}}))xyz = 0, \quad \forall x, y, z \in \mathbf{A}. \tag{2.1.19}$$

注意到尽管集合

$$S = \{xyz \,|\, x, y, z \in \mathbf{A}\}$$

不是向量空间, 由命题 1.3.7 可知, (2.1.18) 成立. □

最后, 我们考虑代数的可逆性.

定义 2.1.5 给定一个代数 **A**, 它的乘法是 $*$. **A** 是可逆的, 如果

(i) 存在一个单位元 e, 使得

$$e * x = x \quad \text{且} \quad x * e = x, \quad \forall x \in \mathbf{A}; \tag{2.1.20}$$

(ii) 对任意的 $x \neq 0$, 存在唯一的 $x^{-1} \in \mathbf{A}$ 使得

$$x * x^{-1} = e. \tag{2.1.21}$$

此外, 如果 **A** 对称 (即 $*$ 可交换), 则称之为数字域 (numerical field).

设 $\dim(\mathbf{A}) = n$, 注意到由于 $0 \neq e \in \mathbf{A}$, 它可以作为基底的一个元素. 实际上, 由 e 张成的一维子空间是 $\mathbb{R}$. 为了方便, 当存在单位元时, 我们总是按将 e 作为基底的第一个分量方式选择 $\mathbf{A}$ 的基底, 即自然基底 $B = \{e, e_2, e_3, \cdots, e_n\}$, 其中 $e := \delta_n^1 = (1, 0, \cdots, 0)^{\mathrm{T}}$.

现在假设基底 B 固定, 于是有相应的结构矩阵 M. 让我们看看如何验证定义 2.1.5 中的条件 (i) 和 (ii). 分解结构矩阵 $M_{\mathbf{A}}$ 为

$$M_{\mathbf{A}} = \begin{bmatrix} M_1 & M_2 & \cdots & M_n \end{bmatrix},$$

其中 M_i 是 $n \times n$ 矩阵. 下面的结果是定义的一个直接结论.

引理 2.1.1　*存在单位元 $e = \delta_n^1$, 当且仅当*

(i) $M_1 = I_n$;

(ii) $\mathrm{Col}_1(M_j) = \delta_n^j, j = 1, \cdots, n$.

证明

$$e * x = M_{\mathbf{A}} e x = [M_1, \cdots, M_n] \delta_n^1 x = M_1 x.$$

因为要求

$$M_1 x = x, \quad \forall x \in \mathbb{R}^n,$$

故 $M_1 = I_n$.

类似地

$$x * e = M_{\mathbf{A}} W_{[n,n]} e x = [\mathrm{Col}_1(M_1), \cdots, \mathrm{Col}_1(M_n)] x = x, \quad \forall x \in \mathbb{R}^n,$$

这说明 $[\mathrm{Col}_1(M_1), \cdots, \mathrm{Col}_1(M_n)] = I_n$. □

下面, 考虑 (ii). 我们需要做的是: 对于任意 $x \neq 0$, 存在唯一的 y 使得

$$M_{\mathbf{A}} x * y = \begin{bmatrix} 1 \\ 0 \\ \vdots \\ 0 \end{bmatrix}. \tag{2.1.22}$$

于是, 不难证明如下结论.

引理 2.1.2　*假设 $\mathbf{A}$ 有单位元 $e = \delta_n^1$, 那么任意的 $x \neq 0$ 都有唯一逆元 X^{-1}, 当且仅当*

$$\det(M_{\mathbf{A}} x) \neq 0, \quad x \neq 0.$$

利用上述两个引理, 有如下结论.

定理 2.1.1 给定代数 $\mathbf{A}$, 设 $\dim(\mathbf{A}) = n$, 且其结构矩阵为

$$M_{\mathbf{A}} = \begin{bmatrix} M_1 & M_2 & \cdots & M_n \end{bmatrix}.$$

则 $\mathbf{A}$ 为数字域, 当且仅当:

(i) (对称性)

$$M_{\mathbf{A}} W_{[n,n]} = M_{\mathbf{A}}. \tag{2.1.23}$$

(ii) (单位元)

$$\begin{cases} M_1 = I_n, \\ \mathrm{Col}_1(M_j) = \delta_n^j, & j = 1, \cdots, n. \end{cases} \tag{2.1.24}$$

(iii) (逆元)

$$\det(M_{\mathbf{A}} x) \neq 0, \quad x \neq 0. \tag{2.1.25}$$

下面, 给出一些例子来说明.

例 2.1.1 考虑复数集合 $\mathbb{C}$, 它的基底是 $\{1, i\}$, 那么它的结构矩阵是

$$M_{\mathbb{C}} = \begin{bmatrix} 1 & 0 & 0 & -1 \\ 0 & 1 & 1 & 0 \end{bmatrix}.$$

我们检验对称性、单位元和逆元.

(i) (对称性) 注意到

$$W_{[2,2]} = \begin{bmatrix} 1 & 0 & 0 & 0 \\ 0 & 0 & 1 & 0 \\ 0 & 1 & 0 & 0 \\ 0 & 0 & 0 & 1 \end{bmatrix}.$$

容易验证

$$M_{\mathbb{C}} W_{[2,2]} = M_{\mathbb{C}}.$$

(ii) (单位元) 任给 $x = (\alpha, \beta)^{\mathrm{T}}$, 则

$$x * e = M_{\mathbb{C}} x e = \begin{bmatrix} 1 & 0 & 0 & -1 \\ 0 & 1 & 1 & 0 \end{bmatrix} \begin{bmatrix} \alpha \\ \beta \end{bmatrix} \begin{bmatrix} 1 \\ 0 \end{bmatrix}$$

$$= \begin{bmatrix} \alpha & -\beta \\ \beta & \alpha \end{bmatrix} \begin{bmatrix} 1 \\ 0 \end{bmatrix} = \begin{bmatrix} \alpha \\ \beta \end{bmatrix}.$$

(iii) (逆元)

$$\det(M_{\mathbb{C}}x) = \det\left(\begin{bmatrix} \alpha & -\beta \\ \beta & \alpha \end{bmatrix}\right) = \alpha^2 + \beta^2.$$

因此行列式是 0, 当且仅当 $x = 0$.

下面给出一个左右逆存在且相等的较弱的要求.

命题 2.1.4　如果 **A** 是一个有右 (左) 单位元的结合代数, 它的每个非零元均有右 (左) 逆元, 则右 (左) 单位元也是左 (右) 单位元, 每个非零元的右 (左) 逆元也是其左 (右) 逆元.

证明　显见, 这里所有非零元对乘法构成群, 而本命题来自群的基本性质. □

由上述命题引出的一个自然问题是, 什么时候一个代数是结合代数? 我们有下述条件.

命题 2.1.5　n 维代数 **A** 是一个结合代数, 当且仅当, 它的结构矩阵满足如下条件

$$M_{\mathbf{A}}^2 = M_{\mathbf{A}}(I_n \otimes M_{\mathbf{A}}). \tag{2.1.26}$$

证明　因为

$$(x * y) * z = M_{\mathbf{A}}(M_{\mathbf{A}}xy)z = M_{\mathbf{A}}^2 xyz,$$

并且

$$x * (y * z) = M_{\mathbf{A}}x(M_{\mathbf{A}}yz) = M_{\mathbf{A}}xM_{\mathbf{A}}yz = M_{\mathbf{A}}(I_n \otimes M_{\mathbf{A}})xyz.$$

显见, (2.1.26) 是结合律成立的充要条件.　　　　　　　　　　　　　□

例 2.1.2　考虑四元数. 容易验证, 其结构矩阵 M_Q 满足 (2.1.26), 因此, (2.1.7) 中得到的逆元既是左逆的也是右逆的.

验证已知结果不是这个一般描述的主要目的, 问题是: 我们可以找到其他的满足这个一般描述的数字域吗? 下面进一步讨论这个问题.

首先, 我们考虑维数是 2 的情形. 假设 $\{1, \xi\}$ 是一组基底, 它使得

$$\mathbf{A}_2 := \{a + b\xi \,|\, a, b \in \mathbb{R}\}$$

是一个数字域. 我们需要定义乘法, 显然它要满足对称性条件 (2.1.23) 和单位元条件 (2.1.24), 结构矩阵应该是

$$M_{\mathbf{A}_2} = \begin{bmatrix} 1 & 0 & 0 & \alpha \\ 0 & 1 & 1 & \beta \end{bmatrix}. \tag{2.1.27}$$

考虑逆元条件 (2.1.25), 对于任意的 $w = (x, y)^{\mathrm{T}}$ 有

$$\det(M_{\mathbf{A}_2}w) = x^2 + \beta xy - \alpha y^2.$$

为了保证 $\det(M_{\mathbf{A}_2}w) > 0, \forall\, w \neq 0$, 需要

$$\Delta = \beta^2 + 4\alpha < 0. \tag{2.1.28}$$

于是有下面的定理.

定理 2.1.2 一个 $\mathbb{R}$ 上的 2 维代数 $\mathbf{A}_2$ 是数字域, 当且仅当对于一个标准基底 $(1, \xi)$, 它的结构矩阵形如 (2.1.27), 其中 $\alpha, \beta \in \mathbb{R}$, 且满足

$$|\beta| < 2\sqrt{-\alpha}.$$

注 由 (2.1.27) 可以看出下面两个事实:

(i)

$$\xi^2 = \alpha + \beta\xi. \tag{2.1.29}$$

(ii) 只要 $X = (x, y)^{\mathrm{T}} \neq 0$, 它的逆元是

$$(x + y\xi)^{-1} = \frac{1}{x^2 + \beta xy - \alpha y^2}\left[(x + \beta y) - y\xi\right]. \tag{2.1.30}$$

例 2.1.3 定义一个 2 维代数 $\mathbf{J}$ 为

$$\mathbf{J} = \{a + b\mathbf{j} \mid a, b \in \mathbb{R}\},$$

设它的乘法的结构矩阵是

$$M_{\mathbf{J}} = \begin{bmatrix} 1 & 0 & 0 & -1 \\ 0 & 1 & 1 & 1 \end{bmatrix}. \tag{2.1.31}$$

根据定理 2.1.1, 它是数字域. 利用 (2.1.29) 有

$$\mathbf{j}^2 = -1 + \mathbf{j}.$$

现在 $\mathbf{J}$ 中两个数的乘积, 例如

$$(3 + 2\mathbf{j})(2 - \mathbf{j}) = 6 + \mathbf{j} - 2\mathbf{j}^2 = 8 - \mathbf{j}.$$

考虑除式 $(3 + 2\mathbf{j})/(2 - \mathbf{j})$, 利用 (2.1.30) 有

$$\frac{1}{2 - \mathbf{j}} = \frac{1}{3}(1 + \mathbf{j}).$$

因此

$$\frac{3 + 2\mathbf{j}}{2 - \mathbf{j}} = \frac{1}{3} + \frac{7}{3}\mathbf{j}.$$

命题 2.1.6 任意两个 2 维域同构.

证明 设 $\mathbf{J} = \{a + b\mathbf{j} \mid a, b \in \mathbb{R}\}$ 是一个 2 维域, 并且它的结构矩阵是

$$M_{\mathbf{J}} = \begin{bmatrix} 1 & 0 & 0 & \alpha \\ 0 & 1 & 1 & \beta \end{bmatrix}.$$

定义线性映射 $\Phi : \mathbf{J} \to \mathbb{C}$ 为

$$\begin{cases} \Phi(1) = 1, \\ \Phi(\mathbf{j}) = \dfrac{\beta}{2} + \dfrac{\mathbf{i}}{2}\sqrt{-(4\alpha + \beta^2)}. \end{cases}$$

容易验证 Φ 是同构. 因此, 任何一个 2 维域均与复数域同构. $\square$

例 2.1.4 给定一个 3 维代数 $\mathbf{A}_3$. 假设它是一个数字域, 那么对于一个标准基底 $\{e, I, J\}$, 其中 e 是单位元, 并且考虑对称性, 它的结构矩阵应该是

$$M_{\mathbf{A}_3} = \begin{bmatrix} 1 & 0 & 0 & 0 & a & d & 0 & d & g \\ 0 & 1 & 0 & 1 & b & e & 0 & e & h \\ 0 & 0 & 1 & 0 & c & f & 1 & f & i \end{bmatrix}. \tag{2.1.32}$$

现在只需检验它何时满足逆元条件 (2.1.25). 设 $w = (x, y, z)^{\mathrm{T}} \in \mathcal{V}$, 则

$$\det(M_{\mathbf{A}_3} w) = \det\left(\begin{bmatrix} x & ay + dz & dy + gz \\ y & x + by + ez & ey + hz \\ z & cy + fz & z + fy + iz \end{bmatrix}\right) = x^3 + LDT(x),$$

其中 $LDT(x)$ 表示 x 中的低次项. 显然, 它不是正定的. 于是我们得出结论, 没有 3 维的数字域.

实际上, 魏尔斯特拉斯在 1861 年证明了: 实系数的线性结合代数, 如果要求它对乘法交换, 则只有实数与复数两种. 我们有下面这个几乎可逆的满足乘法结合律和交换律的四元代数.

例 2.1.5 设 $\mathbf{A}$ 是一个具有单位元的 4 维可交换代数, 它的结构矩阵是

$$M_{\mathbf{A}} = \begin{bmatrix} 1 & 0 & 0 & 0 & 0 & -1 & 0 & 0 & 0 & 0 & 1 & 0 & 0 & 0 & 0 & -1 \\ 0 & 1 & 0 & 0 & 1 & 0 & 0 & 0 & 0 & 0 & 0 & -1 & 0 & 0 & -1 & 0 \\ 0 & 0 & 1 & 0 & 0 & 0 & 0 & 1 & 1 & 0 & 0 & 0 & 0 & 1 & 0 & 0 \\ 0 & 0 & 0 & 1 & 0 & 0 & -1 & 0 & 0 & -1 & 0 & 0 & 1 & 0 & 0 & 0 \end{bmatrix}. \tag{2.1.33}$$

设 $w = (x, y, z, u)^{\mathrm{T}} \in \mathbb{R}^4$, 直接计算有

$$\det(M_{\mathbf{A}} w) = (x^2 - z^2)^2 + (y^2 - u^2)^2 + 2(xy + zu)^2 + 2(xu + yz)^2.$$

因此, $x + iy + jz + ku$ 可逆, 当且仅当

$$\begin{bmatrix} x \\ y \end{bmatrix} \neq \pm \begin{bmatrix} z \\ -u \end{bmatrix}.$$

A 除零测集 Ω 外可逆, 这里

$$\Omega = \left\{ (x, y, z, u)^{\mathrm{T}} \in \mathbb{R}^4 \,\middle|\, (x, y) = \pm(z, -u) \right\}.$$

2.2 矩阵映射

从向量空间 V 到向量空间 W 的线性映射 $\phi: V \to W$ 是指满足线性条件的映射, 即

$$\phi(\alpha v_1 + \beta v_2) = \alpha \phi(v_1) + \beta \phi(v_2), \quad v_1, v_2 \in V, \quad \alpha, \beta \in \mathbb{R}.$$

为方便计, 记 $L(V, W)$ 为由向量空间 V 到向量空间 W 的线性映射全体. 作为特例, $p \times q$ 矩阵集合到 $m \times n$ 矩阵集合的线性映射的全体记作 $L(\mathcal{M}_{p \times q}, \mathcal{M}_{m \times n})$.

矩阵映射的求解通常会把它转化为经典的线性方程组再求解. 我们从几个例子开始.

例 2.2.1 (i) (李雅普诺夫映射 (Lyapunov mapping)) 给出一个方阵 $A \in \mathcal{M}_{n \times n}$. 考虑如下映射 $L_A: \mathcal{M}_n \to \mathcal{M}_n$, 定义为

$$L_A(X) = AX + XA^{\mathrm{T}}. \tag{2.2.1}$$

一个矩阵称为 Hurwitz 阵, 如果它的所有特征值都具有负实部. 熟知[112]: A 是一个 Hurwitz 阵, 当且仅当, 对于任意一个负定矩阵 $Q < 0$, $L_A(X) = Q$ 有一个正定解. 作为向量空间 $\mathcal{M}_{n \times n}$ 上的线性映射, L_A 有一个矩阵表示[99]

$$M_{L_A}^c = A \otimes I + I \otimes A. \tag{2.2.2}$$

这种矩阵表示的确切含义就是

$$V_c(L_A(X)) = M_{L_A}^c V_c(X). \tag{2.2.3}$$

因此, 如果 A 是一个 Hurwitz 阵, 任给一个负定的 Q, 解线性方程组

$$M_{L_A}^c Z = V_c(Q),$$

即可得到 Z, 并且 $P = V_c^{-1}(Z) > 0$, 即 P 为正定矩阵.

(ii) (辛映射 (Symplectic mapping)) 定义辛映射 $\Pi_{sp} : \mathcal{M}_{2n \times 2n} \to \mathcal{M}_{2n \times 2n}$ 如下:

$$\Pi_{sp}(X) := JX + X^{\mathrm{T}}J, \tag{2.2.4}$$

其中

$$J = \begin{bmatrix} 0 & I_n \\ -I_n & 0 \end{bmatrix}.$$

矩阵 $X \in \mathcal{M}_{2n \times 2n}$ 称为一个辛矩阵, 记作 $X \in \mathrm{sp}(2n, \mathbb{R})$, 当且仅当

$$\Pi_{\mathrm{sp}}(X) = 0.$$

类似于 (2.2.3), 我们希望找到辛映射的一个矩阵表示 M_{sp}^c, 使得

$$V_c(\Pi_{\mathrm{sp}}(X)) = M_{\mathrm{sp}}^c V_c(X). \tag{2.2.5}$$

这个问题的解答将在稍后给出.

在 (2.2.3) (或 (2.2.5)) 中, 矩阵表示成列展开形式, 使用上标 c 来表示. 同样当矩阵表示成行展开时, 使用上标 r 来表示, 即

$$V_r(L_A(X)) = M_{L_A}^r V_r(X). \tag{2.2.6}$$

下面的命题表明, 上述两种矩阵表示可以很容易地互相转换, 即其中一种矩阵表示可由另一种得到.

命题 2.2.1　设 $\rho \in L(\mathcal{M}_{p \times q}, \mathcal{M}_{m \times n})$, 那么

$$\begin{cases} M_\rho^r = W_{[n,m]} M_\rho^c W_{[p,q]}, \\ M_\rho^c = W_{[m,n]} M_\rho^r W_{[q,p]}. \end{cases} \tag{2.2.7}$$

特别地, 如果 $\rho \in L(\mathcal{M}_{n \times n}, \mathcal{M}_{n \times n})$, 那么 (2.2.7) 就变成

$$\begin{cases} M_\rho^r = W_{[n]} M_\rho^c W_{[n]}, \\ M_\rho^c = W_{[n]} M_\rho^r W_{[n]}. \end{cases} \tag{2.2.8}$$

证明　回忆推论 1.4.1, 利用公式 (1.4.9), 列排式可立即转为行排式, 反之亦然. □

下面考虑未知矩阵在一般线性映射下的线性方程组表示.

先对已知与未知矩阵维数做一约定如下.

(i) 已知矩阵:

$$A \in \mathcal{M}_{m\times n}; \quad B \in \mathcal{M}_{p\times q}; \quad C \in \mathcal{M}_{m\times p}; \quad D \in \mathcal{M}_{n\times q}. \tag{2.2.9}$$

(ii) 未知矩阵:

$$Z \in \mathcal{M}_{n\times p}. \tag{2.2.10}$$

先考虑简单映射, 下面的引理可以通过直接计算验证.

引理 2.2.1 设以下矩阵维数满足式 (2.2.9)—(2.2.10). Π 为一线性映射: $Z \mapsto \Pi(Z)$, 记 Π 的矩阵表示为 M_{Π}^c, 则

$$V^c(\Pi(Z)) = M_{\Pi}^c V^c(Z).$$

(i) 设 $\Pi : Z \mapsto AZ$, 则

$$M_{\Pi}^c = I_p \otimes A. \tag{2.2.11}$$

(ii) 设 $\Pi : Z \mapsto ZB$, 则

$$M_{\Pi}^c = B^{\mathrm{T}} \otimes I_n. \tag{2.2.12}$$

(iii) 设 $\Pi : Z \mapsto CZ^{\mathrm{T}}$, 则

$$M_{\Pi}^c = (I_n \otimes C)W_{[p,n]}. \tag{2.2.13}$$

(iv) 设 $\Pi : Z \mapsto Z^{\mathrm{T}}D$, 则

$$M_{\Pi}^c = (D^{\mathrm{T}} \otimes I_p)W_{[p,n]}. \tag{2.2.14}$$

下面给出一般情况的表示.

命题 2.2.2 设以下矩阵维数满足式 (2.2.9)—(2.2.10),

$$\Pi : Z \mapsto AZB + CZ^{\mathrm{T}}D, \tag{2.2.15}$$

则 Π 的矩阵表示

$$M_{\Pi}^c = (B^{\mathrm{T}} \otimes A) + (D^{\mathrm{T}} \otimes C)W_{[p,n]}. \tag{2.2.16}$$

证明 只给出证明 (2.2.16) 的前半部分, 后半部分证明类似. 利用 (2.2.11) 及 (2.2.12) 有

$$V_c(AZB) = (I_q \otimes A)V_c(ZB)$$
$$= (I_q \otimes A)(B^{\mathrm{T}} \otimes I_n)V_c(Z)$$
$$= (B^{\mathrm{T}} \otimes A)V_c(Z).$$

结论显见. □

下面考虑行展开表示.

引理 2.2.2 设以下矩阵维数满足式 (2.2.9)—(2.2.10). 记 Π 的矩阵表示为 M_Π^r, 则

$$V^r(\Pi(Z)) = M_\Pi^r V^r(Z).$$

(i) 设 $\Pi : Z \mapsto AZ$, 则

$$M_\Pi^r = A \otimes I_p. \tag{2.2.17}$$

(ii) 设 $\Pi : Z \mapsto ZB$, 则

$$M_\Pi^r = I_n \otimes B^{\mathrm{T}}. \tag{2.2.18}$$

(iii) 设 $\Pi : Z \mapsto CZ^{\mathrm{T}}$, 则

$$M_\Pi^r = (C \otimes I_n)W_{[n,p]}. \tag{2.2.19}$$

(iv) 设 $\Pi : Z \mapsto Z^{\mathrm{T}}D$, 则

$$M_\Pi^r = (I_p \otimes D^{\mathrm{T}})W_{[n,p]}. \tag{2.2.20}$$

下面给出一般情况的表示.

命题 2.2.3 设以下矩阵维数如 (2.2.9),

$$\Pi : Z \mapsto AZB + CZ^{\mathrm{T}}D, \tag{2.2.21}$$

则 Π 的矩阵表示是

$$M_\Pi^r = (A \otimes B^{\mathrm{T}}) + (C \otimes D^{\mathrm{T}})W_{[n,p]}. \tag{2.2.22}$$

例 2.2.2 考察辛映射 (2.2.4).

(i) 利用 (2.2.11) 和 (2.2.14), 可得

$$M_{sp}^c = (I_{2n} \otimes J) + (J^{\mathrm{T}} \otimes I_{2n})W_{[2n,2n]}. \tag{2.2.23}$$

(ii) 利用 (2.2.17) 和 (2.2.20), 可得

$$M_{sp}^r = (J \otimes I_{2n}) + (I_{2n} \otimes J^{\mathrm{T}})W_{[2n,2n]}. \tag{2.2.24}$$

利用上面的矩阵表示, 我们可以得到一些有用的公式.

命题 2.2.4 设 $A \in \mathcal{M}_{m \times n}$, $B \in \mathcal{M}_{p \times q}$, 那么

$$(I_p \otimes A)W_{[n,p]} = W_{[m,p]}(A \otimes I_p);$$ (2.2.25)

$$W_{[m,p]}(A \otimes B)W_{[q,n]} = (B \otimes A).$$ (2.2.26)

证明 设 $Z \in M_{p \times n}$, 考虑表示 $Z \mapsto AZ^{\mathrm{T}}$, 它可以通过以下两种方式实现:

(i) $Z \mapsto Z^{\mathrm{T}} \mapsto AZ^{\mathrm{T}}$: 注意到首先是用 $W_{[n,p]}$ 作用, 然后是 $I_p \otimes A$. 因此它的矩阵表示是: $(I_p \otimes A)W_{[n,p]}$.

(ii) $Z \mapsto ZA^{\mathrm{T}} \mapsto (ZA^{\mathrm{T}})^{\mathrm{T}} = AZ^{\mathrm{T}}$: 先用 $A \otimes I_p$, 再用 $W_{[m,p]}$. 因此, 同样的映射也可以表示成: $W_{[m,p]}(A \otimes I_p)$.

于是 (2.2.25) 成立.

对于 (2.2.26), 设 $Z \in \mathcal{M}_{q \times n}$, 考虑表示 $Z \mapsto AZ^{\mathrm{T}}B^{\mathrm{T}}$, 也可以通过以下两种方式实现:

(i) $Z \mapsto ZA^{\mathrm{T}} \mapsto BZA^{\mathrm{T}} \mapsto (BZA^{\mathrm{T}})^{\mathrm{T}}$: 它由 $W_{[m,p]}(I_m \otimes B)(A \otimes I_q)$ 实现, 也就是 $W_{[m,p]}(A \otimes B)$.

(ii) $Z \mapsto Z^{\mathrm{T}} \mapsto AZ^{\mathrm{T}} \mapsto AZ^{\mathrm{T}}B^{\mathrm{T}}$: 它由 $(B \otimes I_m)(I_q \otimes A)W_{[n,q]}$ 实现, 也就是 $(B \otimes A)W_{[n,q]}$.

于是有

$$W_{[m,p]}(A \otimes B) = (B \otimes A)W_{[n,q]}.$$

用 $W_{[q,n]}$ 右乘等式两边就得到 (2.2.26). $\square$

作为应用, 我们考虑 Hautus 方程. 设 $A_i \in \mathcal{M}_{n \times m}$, $q_i(t)(i = 1, \cdots, k)$ 是一些多项式, $S \in \mathcal{M}_{p \times p}$, $R \in \mathcal{M}_{n \times p}$, $X \in \mathcal{M}_{m \times p}$. 称下面的关于未知量 X 的矩阵方程是 Hautus 方程:

$$A_1 X q_1(S) + \cdots + A_k X q_k(S) = R.$$ (2.2.27)

为了说明 Hautus 方程的重要性, 我们考虑它的一些特殊情形.

设 $A \in \mathcal{M}_{n \times n}$, $S \in \mathcal{M}_{p \times p}$, $R \in \mathcal{M}_{n \times p}$. 称下面的方程是 Sylvester 方程, 它在控制理论中很重要:

$$AX - XS = R.$$ (2.2.28)

可以看出, 它是 (2.2.27) 在 $A_1 = A$, $A_2 = I$, $q_1(t) = 1$, $q_2(t) = -t$ 时的特殊情形.

设 A 和 S 都是方阵, 并且 B, P, C, Q 都是具有合适维数的矩阵. 称下面的方程是调节方程 (regulation equation), 它在研究控制系统输出调节问题时起着关键作用.

$$\Pi S = A\Pi + B\Gamma + P,$$
$$0 = C\Pi + Q.$$ (2.2.29)

(2.2.29) 可以转化为一个 Hautus 方程:

$$A_1 X - A_2 X S = R,$$

其中

$$A_1 = \begin{bmatrix} A & B \\ C & 0 \end{bmatrix}, \quad A_2 = \begin{bmatrix} I & 0 \\ 0 & 0 \end{bmatrix}, \quad R = \begin{bmatrix} -P \\ -Q \end{bmatrix}, \quad X = \begin{bmatrix} \Pi \\ \Gamma \end{bmatrix}.$$

定理 2.2.1　Hautus 方程对于每个 R 都有解, 当且仅当矩阵

$$A(\lambda) = A_1 q_1(\lambda) + \cdots + A_k q_k(\lambda) \tag{2.2.30}$$

的 n 个行对于 S 的每个特征值, 即对每一个 $\lambda \in \sigma(S)$ 均是线性无关的. 而且, 如果 $n = m$, 则解是唯一的.

证明　设 $T \in O(p, \mathbb{R})$, 且令

$$\tilde{X} = XT, \quad \tilde{S} = T^{-1}ST, \quad \tilde{R} = R.$$

则方程 (2.2.27) 可以转化为

$$A_1 \tilde{X} q_1(\tilde{S}) + \cdots + A_k \tilde{X} q_k(\tilde{S}) = \tilde{R}. \tag{2.2.31}$$

显然, 对于每个 R, 都存在解 X, 与对于 $\tilde{R}$ 存在解 $\tilde{X}$ 等价, 并且有 $X = \tilde{X} T^{-1}$. 因此, 不失一般性, 我们可以假设, S 就是它的若尔当标准形 (Jordan canonical form).

利用命题 2.2.2, (2.2.27) 可以转化为

$$\left[q_1(S^{\mathrm{T}}) \otimes A_1 + \cdots + q_k(S^{\mathrm{T}}) \otimes A_k \right] x = r, \tag{2.2.32}$$

其中 $x = V_c(X)$, $r = V_c(R)$. 由于 S 具有若尔当标准形

$$S = \begin{bmatrix} \lambda_1 & * & \cdots & * \\ 0 & \lambda_2 & \cdots & * \\ \vdots & \vdots & & \vdots \\ 0 & 0 & \cdots & \lambda_p \end{bmatrix},$$

于是 (2.2.32) 可以表示成 $Ex = r$, 这里

$$E = \begin{bmatrix} Q(\lambda_1) & 0 & \cdots & 0 \\ * & Q(\lambda_2) & \cdots & 0 \\ \vdots & \vdots & & \vdots \\ * & * & \cdots & Q(\lambda_p) \end{bmatrix},$$

其中

$$Q(t) = q_1(t) A_1 + \cdots + q_k(t) A_k.$$

于是立即就可以看出结论成立.　　　　　　　　　　　　　　　　　　　　□

推论 2.2.1　Sylvester 方程 (2.2.28) 对于每个 R 都有解, 当且仅当, A 和 S 没有相同的特征值. 而且, 这时的解是唯一的.

证明　对于 Sylvester 方程, 有

$$A(\lambda) = A - I\lambda.$$

对于任意的 $\lambda \in \sigma(S)$, $A(\lambda)$ 非奇异等价于 A 和 S 没有相同的特征值.　□

2.3　矩阵的李代数

定义 2.3.1　一个代数 $\mathbf{A}$ 称为李代数, 如果它满足
(i) (反对称)

$$X * Y = -Y * X, \quad X, Y \in \mathbf{A}. \tag{2.3.1}$$

(ii) (Jacobi 等式)

$$(X * Y) * Z + (Y * Z) * X + (Z * X) * Y = 0, \quad X, Y, Z \in \mathbf{A}. \tag{2.3.2}$$

注意, 代数的概念在定义 2.1.2 中给出. 李代数上的乘法, 通常用李括号表示, 即

$$X * Y := [X, Y], \quad X, Y \in \mathbf{A}.$$

下面考虑 $n \times n$ 的实方阵集合 $\mathcal{M}_{n \times n}$. 在 $\mathcal{M}_{n \times n}$ 上定义李括号如下

$$[A, B] := AB - BA, \quad A, B \in \mathcal{M}_{n \times n}. \tag{2.3.3}$$

命题 2.3.1[29]　向量空间 $\mathcal{M}_{n \times n}$ 带上由 (2.3.3) 定义的李括号为一李代数, 这个李代数称为一般线性代数, 记作 $\mathrm{gl}(n, \mathbb{R})$.

下面, 考虑向量空间是李代数时的情形.

命题 2.3.2　设 $\mathbf{A} = (\mathbb{R}^n, *)$ 为一向量代数, 其结构矩阵为 $M_\mathbf{A}$. $\mathbf{A}$ 是李代数, 当且仅当, 它的结构矩阵满足

(i)
$$M_\mathbf{A}\left(I_{n^2} + W_{[n, n]}\right) = 0. \tag{2.3.4}$$

(ii)
$$M_\mathbf{A}^2(I_{n^2} + W_{[n, n^2]} + W_{[n^2, n]}) = 0. \tag{2.3.5}$$

证明　一个代数是李代数, 当且仅当, 它是反对称的, 并且满足 Jacobi 等式 (2.3.2).

(i) 来自命题 2.1.3.

利用结构矩阵, (2.3.2) 可以表示成

$$M_\mathbf{A}^2(XYZ + YZX + ZXY) = 0. \tag{2.3.6}$$

利用换位矩阵的性质, 有

$$W_{[n,\,n^2]}XYZ = YZX, \quad W_{[n^2,\,n]}XYZ = ZXY.$$

将它们代入 (2.3.6) 可知, (2.3.2) 与 (2.3.5) 等价. □

例 2.3.1 考察 $\mathbb{R}^3$ 中的叉乘. 它的结构矩阵 M_c 为 (2.1.5).
容易验证

$$M_c\left(I_9 + W_{[3,3]}\right) = 0,$$

且

$$M_c^2\left(I_{27} + W_{[3,9]} + W_{[9,3]}\right) = 0.$$

因此 $\mathbb{R}^3$ 及其上的叉乘构成一个李代数.

为构造 $\mathrm{gl}(n,\mathbb{R})$ 的结构矩阵, 先给出两个矩阵乘积的列展开的公式, 它本身也很有用.

引理 2.3.1 设 $A \in \mathcal{M}_{m\times n}, B \in \mathcal{M}_{n\times p}$, 则

$$V_c(AB) = \Psi_{mnp}V_c(A)V_c(B), \tag{2.3.7}$$

其中

$$\Psi_{mnp} = \begin{bmatrix} I_m \otimes (\delta_p^1\delta_n^1)^{\mathrm{T}} & I_m \otimes (\delta_p^1\delta_n^2)^{\mathrm{T}} & \cdots & I_m \otimes (\delta_p^1\delta_n^n)^{\mathrm{T}} \\ I_m \otimes (\delta_p^2\delta_n^1)^{\mathrm{T}} & I_m \otimes (\delta_p^2\delta_n^2)^{\mathrm{T}} & \cdots & I_m \otimes (\delta_p^2\delta_n^n)^{\mathrm{T}} \\ \vdots & \vdots & & \vdots \\ I_m \otimes (\delta_p^p\delta_n^1)^{\mathrm{T}} & I_m \otimes (\delta_p^p\delta_n^2)^{\mathrm{T}} & \cdots & I_m \otimes (\delta_p^p\delta_n^n)^{\mathrm{T}} \end{bmatrix}. \tag{2.3.8}$$

证明 由引理 2.2.1 可知

$$V_c(AB) = (I_p \otimes A)V_c(B).$$

因此需要算出 $I_p \otimes A$. 直接计算有

$$I_p \otimes A = \Psi_{mnp}V_c(A).$$
□

下面的例子考虑 $\mathrm{gl}(n,\mathbb{R})$ 的结构矩阵, 为了方便书写, 记 $\Psi_n := \Psi_{nnn}$.

例 2.3.2 考虑 $\mathrm{gl}(n,\mathbb{R})$. 选择 $\{M_{IJ}|I=1,\cdots,n;\ J=1,\cdots,n\}$ 作为一组基底, 其中 M_{IJ} 的元素定义为

$$(M_{IJ})_{ij} = \begin{cases} 1, & i=I \text{ 且 } j=J, \\ 0, & \text{其他}. \end{cases}$$

现在构造李括号

$$[A,B] = AB - BA$$

的结构矩阵, 于是有

$$V_c(AB) = \Psi_n V_c(A) V_c(B),$$

且

$$V_c(BA) = \Psi_n V_c(B) V_c(A) = \Psi_n W_{[n^2]} V_c(A) V_c(B),$$

因此

$$V_c([A,B]) = (\Psi_n - \Psi_n W_{[n^2]}) V_c(A) V_c(B),$$

这表示 $\mathrm{gl}(n,\mathbb{R})$ 的结构矩阵是

$$M_{\mathrm{gl}(n,\mathbb{R})} = \Psi_n(I_{n^4} - W_{[n^2]}). \tag{2.3.9}$$

可以检验 $M_{\mathrm{gl}(n,\mathbb{R})}$ 满足 (2.3.4) 和 (2.3.5).

现在考虑李代数的集合. 首先, 我们考虑 $n = 2$ 时的情形. 为了保证反对称性, 一个 2 维李代数的结构矩阵是

$$M_{\mathbf{A}_2} = \begin{bmatrix} 0 & a & -a & 0 \\ 0 & b & -b & 0 \end{bmatrix}. \tag{2.3.10}$$

直接计算有

$$M_{\mathbf{A}_2}^2 = \begin{bmatrix} 0 & 0 & -ab & a^2 & ab & -a^2 & 0 & 0 \\ 0 & 0 & -b^2 & ab & b^2 & -ab & 0 & 0 \end{bmatrix}. \tag{2.3.11}$$

$$I_8 + W_{[2,4]} + W_{[4,2]} = \begin{bmatrix} 3 & 0 & 0 & 0 & 0 & 0 & 0 & 0 \\ 0 & 1 & 1 & 0 & 1 & 0 & 0 & 0 \\ 0 & 1 & 1 & 0 & 1 & 0 & 0 & 0 \\ 0 & 0 & 0 & 1 & 0 & 1 & 1 & 0 \\ 0 & 1 & 1 & 0 & 1 & 0 & 0 & 0 \\ 0 & 0 & 0 & 1 & 0 & 1 & 1 & 0 \\ 0 & 0 & 0 & 1 & 0 & 1 & 1 & 0 \\ 0 & 0 & 0 & 0 & 0 & 0 & 0 & 3 \end{bmatrix}. \tag{2.3.12}$$

于是

$$M_{\mathbf{A}_2}^2(I_8 + W_{[2,4]} + W_{[4,2]}) = 0.$$

这样有下面的命题.

命题 2.3.3 任意 2 维反对称代数是李代数.

我们接着考虑 3 维的情形. 为了保证反对称, 它的结构矩阵必须是

$$M_{\mathbf{A}_3} = \begin{bmatrix} 0 & a & d & -a & 0 & g & -d & -g & 0 \\ 0 & b & e & -b & 0 & h & -e & -h & 0 \\ 0 & c & f & -c & 0 & i & -f & -i & 0 \end{bmatrix}. \tag{2.3.13}$$

通过计算机可以算出

$$M_{\mathbf{A}_3}^2 (I_{27} + W_{[3,9]} + W_{[9,3]}),$$

它是一个 3×27 矩阵. 幸运的是, 它只有很少几个不同的非零元素, 它们是

$$m_{1,6} = m_{1,16} = m_{1,22} = -m_{1,8} = -m_{1,12} = -m_{1,20} = bg + gf - ah - di;$$
$$m_{2,6} = m_{2,16} = m_{2,22} = -m_{2,8} = -m_{2,12} = -m_{2,20} = ae - bd + hf - ei;$$
$$m_{3,6} = m_{3,16} = m_{3,22} = -m_{3,8} = -m_{3,12} = -m_{3,20} = af + bi - cd - ch.$$

于是得出如下结论.

定理 2.3.1　一个 3 维代数是李代数, 当且仅当它的结构矩阵如 (2.3.13) 所示, 并且其元素满足下列方程组:

$$\begin{cases} bg + gf - ah - di = 0, \\ ae - bd + hf - ei = 0, \\ af + bi - cd - ch = 0. \end{cases} \tag{2.3.14}$$

例 2.3.3　根据定理 2.3.1, 可以构造很多 3 维李代数.

(i) 设

$$a = b = d = f = h = i = 0, \quad c = g = 1, \quad e = -1.$$

容易检验这是 (2.3.14) 的一个解. 实际上, 这个结构生成了 $\mathbb{R}^3$ 上的标准叉乘形成的李代数.

(ii) 为了看看如何轻松地得到 (2.3.14) 的一些非零特解, 可以将它转化成矩阵形式:

$$\begin{bmatrix} -h & g & 0 \\ e & -d & 0 \\ f & i & -d-h \end{bmatrix} \begin{bmatrix} a \\ b \\ c \end{bmatrix} = \begin{bmatrix} di - gf \\ ei - hf \\ 0 \end{bmatrix}. \tag{2.3.15}$$

找到 (2.3.14) 非零解的一个 (不是必要的) 方法是选择 d, e, f, g, h, i, 使得 (2.3.15) 的系数矩阵是非奇异的. 然后解出相应的解 a, b, c 就可以了. 例如, 如果选择 $d = -e = 1$, $f = -g = 2$, $h = -i = 3$, 那么, 有

$$\begin{bmatrix} -3 & -2 & 0 \\ -1 & -1 & 0 \\ 2 & -3 & -4 \end{bmatrix} \begin{bmatrix} a \\ b \\ c \end{bmatrix} = \begin{bmatrix} 1 \\ -3 \\ 0 \end{bmatrix}.$$

它的解是 $a = -7$, $b = 10$, $c = -11$, 即有下面的李代数

$$\mathbf{A}_3 = \{\alpha I + \beta J + \gamma K \mid \alpha, \beta, \gamma \in \mathbb{R}\}.$$

它的乘法 $*$ 满足

$$I * I = J * J = K * K = 0,$$
$$I * J = -J * I = -7I + 10J - 11K,$$
$$I * K = -K * I = I - J + 2K,$$
$$J * K = -K * J = -2I + 3J - 3K.$$

下面, 考虑 4 维的情形. 为了保证反对称, 它的 4×16 的结构矩阵 $M_{\mathbf{A}_4} = (m_{ij})$ 要满足

$$
\begin{cases}
m_{ij} = 0, \quad j = 1, 6, 11, 16, \\
m_{i2} = -m_{i5} := x_i, \\
m_{i3} = -m_{i9} := x_{4+i}, \\
m_{i4} = -m_{i13} := x_{8+i}, \\
m_{i7} = -m_{i10} := x_{12+i}, \\
m_{i8} = -m_{i14} := x_{16+i}, \\
m_{i12} = -m_{i15} := x_{20+i}, \\
i = 1, 2, 3, 4.
\end{cases}
\tag{2.3.16}
$$

使用 MATLAB, 一个合适的程序可以将 (2.3.16) 转化为

$$
\begin{cases}
-x_1 x_{14} + x_2 x_{13} - x_4 x_{21} - x_5 x_{15} + x_7 x_{13} + x_8 x_{17} - x_9 x_{16} = 0, \\
x_1 x_6 - x_2 x_5 - x_4 x_{22} - x_6 x_{15} + x_7 x_{14} + x_8 x_{18} - x_{10} x_{16} = 0, \\
x_1 x_7 + x_2 x_{15} - x_3 x_5 - x_3 x_{14} - x_4 x_{23} + x_8 x_{19} - x_{11} x_{16} = 0, \\
x_1 x_8 + x_2 x_{16} - x_4 x_5 - x_4 x_{14} - x_4 x_{24} + x_7 x_{16} - x_8 x_{15} + x_8 x_{20} - x_{12} x_{16} = 0, \\
-x_1 x_{18} + x_2 x_{17} + x_3 x_{21} - x_5 x_{19} - x_9 x_{20} + x_{11} x_{13} + x_{12} x_{17} = 0, \\
x_1 x_{10} - x_2 x_9 + x_3 x_{22} - x_6 x_{19} - x_{10} x_{20} + x_{11} x_{14} + x_{12} x_{18} = 0, \\
x_1 x_{11} + x_2 x_{19} - x_3 x_9 - x_3 x_{18} + x_3 x_{23} - x_7 x_{19} + x_{11} x_{15} - x_{11} x_{20} + x_{12} x_{19} = 0, \\
x_1 x_{12} + x_2 x_{20} + x_3 x_{24} - x_4 x_9 - x_4 x_{18} - x_8 x_{19} + x_{11} x_{16} = 0, \\
-x_1 x_{22} - x_5 x_{23} + x_6 x_{17} + x_7 x_{21} - x_9 x_{24} - x_{10} x_{13} + x_{12} x_{21} = 0, \\
-x_2 x_{22} + x_5 x_{10} - x_6 x_9 + x_6 x_{18} - x_6 x_{23} + x_7 x_{22} - x_{10} x_{14} - x_{10} x_{24} + x_{12} x_{22} = 0, \\
-x_3 x_{22} + x_5 x_{11} + x_6 x_{19} - x_7 x_9 - x_{10} x_{15} - x_{11} x_{24} + x_{12} x_{23} = 0, \\
-x_4 x_{22} + x_5 x_{12} + x_6 x_{20} + x_7 x_{24} - x_8 x_9 - x_8 x_{23} - x_{10} x_{16} = 0, \\
x_1 x_{21} - x_5 x_{17} + x_9 x_{13} - x_{13} x_{18} - x_{13} x_{23} + x_{14} x_{17} + x_{15} x_{21} - x_{17} x_{24} + x_{20} x_{21} = 0, \\
x_2 x_{21} - x_6 x_{17} + x_{10} x_{13} - x_{14} x_{23} + x_{15} x_{22} - x18 x_{24} + x_{20} x_{22} = 0, \\
x_3 x_{21} - x_7 x_{17} + x_{11} x_{13} + x_{14} x_{19} - x_{15} x_{18} - x_{19} x_{24} + x_{20} x_{23} = 0, \\
x_4 x_{21} - x_8 x_{17} + x_{12} x_{13} + x_{14} x_{20} + x_{15} x_{24} - x_{16} x_{18} - x_{16} x_{23} = 0.
\end{cases}
$$

$$
\tag{2.3.17}
$$

定理 2.3.2　一个 4 维代数是李代数, 当且仅当它的结构矩阵满足 (2.3.16), 并且 $x_1, \cdots, x_{24}$ 满足方程组 (2.3.17).

例 2.3.4　(i) 考虑 gl$(2, \mathbb{R})$, 它是一个 4 维李代数. 根据例 2.3.2, 选择 $\{e_1, e_2, e_3, e_4\}$ 作为基底, 这里

$$e_1 = \begin{bmatrix} 1 & 0 \\ 0 & 0 \end{bmatrix}, \quad e_2 = \begin{bmatrix} 0 & 0 \\ 1 & 0 \end{bmatrix}, \quad e_3 = \begin{bmatrix} 0 & 1 \\ 0 & 0 \end{bmatrix}, \quad e_4 = \begin{bmatrix} 0 & 0 \\ 0 & 1 \end{bmatrix}.$$

于是由简单计算即可得到它的结构矩阵为

$$M = \begin{bmatrix} 0 & 0 & 0 & 0 & 0 & 0 & -1 & 0 & 0 & 1 & 0 & 0 & 0 & 0 & 0 & 0 \\ 0 & -1 & 0 & 0 & 1 & 0 & 0 & -1 & 0 & 0 & 0 & 0 & 0 & 1 & 0 & 0 \\ 0 & 0 & 1 & 0 & 0 & 0 & 0 & 0 & -1 & 0 & 0 & 1 & 0 & 0 & -1 & 0 \\ 0 & 0 & 0 & 0 & 0 & 0 & 1 & 0 & 0 & -1 & 0 & 0 & 0 & 0 & 0 & 0 \end{bmatrix}.$$

(ii) 考虑 $\mathcal{M}_{2\times 2}$, 因为 (2.3.17) 有很多非零解, 实际上除 gl$(2, \mathbb{R})$ 外, $\mathcal{M}_{2\times 2}$ 还可以有许多其他李代数结构. 例如, 令

$$x_i = 0, \quad i > 8,$$

于是 (2.3.17) 变成

$$\begin{cases} x_1 x_6 - x_2 x_5 = 0, \\ x_1 x_7 - x_3 x_5 = 0, \\ x_1 x_8 - x_4 x_5 = 0. \end{cases}$$

因此它是解, 当且仅当

$$x_1 : x_2 : x_3 : x_4 = x_5 : x_6 : x_7 : x_8.$$

例如, $x_1 = 1$, $x_2 = -1$, $x_3 = 2$, $x_4 = -2$, $x_5 = -1$, $x_6 = 1$, $x_7 = -2$, $x_8 = 2$. 根据这组解, 可构造一个李代数如下

$$\mathbf{A} = \{aI + bJ + cK + dH \mid a, b, c, d \in \mathbb{R}\},$$

这里 $\{I, J, K, H\} = \{e_1, e_2, e_3, e_4\}$, 并且它的乘法 $*$ 满足

$$\begin{cases} I * I = J * J = K * K + H * H = 0, \\ I * J = -J * I = -I + J - 2K + 2H, \\ I * K = -K * J = I - J + 2K - 2H, \\ I * H = -H * I = J * K = -K * J = J * H \\ \qquad = -H * J = K * H = -H * K = 0. \end{cases}$$

2.4 流形上的张量场

2.4.1 从张量到张量场

定义 2.4.1 设 V 为一个 n 维向量空间, V^* 为其对偶空间, 一个多线性映射 $\phi : V^r \times V^{*s} \to \mathbb{R}$ 称为协变阶 r 逆变阶 s 的一个张量. 协变阶为 r 逆变阶为 s 的所有张量集合记作 $\mathbf{T}_s^r(V)$.

设 $x_1, \cdots, x_r \in V, \omega_1, \cdots, \omega_s \in V^*$, 则 ϕ 满足

$$\begin{aligned}
&\phi(x_1, \cdots, ax_i + bx_i', \cdots, x_r; \omega_1, \cdots, \omega_s) \\
&= a\phi(x_1, \cdots, x_i, \cdots, x_r; \omega_1, \cdots, \omega_s) \\
&\quad + b\phi(x_1, \cdots, x_i', \cdots, x_r; \omega_1, \cdots, \omega_s)
\end{aligned} \tag{2.4.1}$$

及

$$\begin{aligned}
&\phi(x_1, \cdots, x_r; \omega_1, \cdots, c\omega_j + d\omega_j', \cdots, \omega_s) \\
&= c\phi(x_1, \cdots, x_r; \omega_1, \cdots, \omega_j, \cdots, \omega_s) \\
&\quad + d\phi(x_1, \cdots, x_r; \omega_1, \cdots, \omega_j', \cdots, \omega_s).
\end{aligned} \tag{2.4.2}$$

设 $\{d_1, \cdots, d_n\}$ 为 V 的基底, $\{e_1, \cdots, e_n\}$ 为其对偶基底, 即它是 V^* 的基底, 且满足

$$e_i(d_j) = \begin{cases} 1, & i = j, \\ 0, & i \neq j, \end{cases}$$

$$\begin{aligned}
&\mu_{j_1, \cdots, j_s}^{i_1, \cdots, i_r} := \phi(d_{i_1}, \cdots, d_{i_r}; e_{j_1}, \cdots, e_{j_s}), \\
&1 \leqslant i_\alpha \leqslant n, \ 1 \leqslant \alpha \leqslant r, \quad 1 \leqslant j_\beta \leqslant n, \ 1 \leqslant \beta \leqslant s,
\end{aligned} \tag{2.4.3}$$

称为 ϕ 的结构常数. 将结构常数按指标 $\mathbf{id}(i_1, \cdots, i_r; \underbrace{n, \cdots, n}_{r}) \times \mathbf{id}(j_1, \cdots, j_s; \underbrace{n, \cdots, n}_{s})$ 排成一个矩阵, 称为 ϕ 的结构矩阵, 记作 M_ϕ 如下

$$M_\phi = \begin{bmatrix} \mu_{1,\cdots,1}^{1,\cdots,1} & \cdots & \mu_{1,\cdots,1}^{1,\cdots,n} & \cdots & \mu_{1,\cdots,1}^{n,\cdots,1} & \cdots & \mu_{1,\cdots,1}^{n,\cdots,n} \\ \vdots & & \vdots & & \vdots & & \vdots \\ \mu_{n,\cdots,1}^{1,\cdots,1} & \cdots & \mu_{n,\cdots,1}^{1,\cdots,n} & \cdots & \mu_{n,\cdots,1}^{n,\cdots,1} & \cdots & \mu_{n,\cdots,1}^{n,\cdots,n} \\ \vdots & & \vdots & & \vdots & & \vdots \\ \mu_{n,\cdots,n}^{1,\cdots,1} & \cdots & \mu_{n,\cdots,n}^{1,\cdots,n} & \cdots & \mu_{n,\cdots,n}^{n,\cdots,1} & \cdots & \mu_{n,\cdots,n}^{n,\cdots,n} \end{bmatrix}. \tag{2.4.4}$$

现在将向量 $x \in V$ 表示成列向量形式, 将 $\omega \in V^*$ 表示成行向量形式:

$$x = \sum_{i=1}^{n} a_i d_i := (a_1, \cdots, a_n)^{\mathrm{T}};$$

$$\omega = \sum_{i=1}^{n} b_i e_i := (b_1, \cdots, b_n).$$

那么, 就有如下计算公式.

定理 2.4.1　设 $\phi \in \mathbf{T}_s^r(V)$, 其结构矩阵为 M_ϕ, 则

$$\phi(x_1, \cdots, x_r; \omega_1, \cdots, \omega_s) = \omega_s \cdots \omega_1 M_\phi x_1 \cdots x_r. \tag{2.4.5}$$

定义 2.4.2　设 M 为一 n 维 C^r 流形 (manifold), $x \in M$, 则在 x 点有一个 n 维切空间 (tangent space) $T_x(M)$ 及其对偶空间 (称为余切空间 (cotangent space))$T_x^*(M)$. 设 ϕ_x 为一个依赖于 x 的张量, 即 $\phi_x \in \mathbf{T}_s^r(T_x(M))$. $\phi(x)$ 称为 M 上的一个协变阶 r 逆变阶 s 的 C^r 张量场, 如果在每一个坐标卡下, 它的结构矩阵是 C^r 的 (换言之, 每一个结构常数都是坐标的 C^r 函数).

2.4.2　张量场的缩并

张量的半张量积表示为研究张量或张量场的性质带来许多方便. 本小节讨论如何将它用于张量场的缩并. 张量场的缩并在物理中, 特别是在相对论的讨论中起着关键性的作用[61, 104].

定义 2.4.3　设 $\phi \in \mathbf{T}_s^r(V)$ 是 n 维向量空间 V 上的 (r, s) 型张量, 其结构矩阵由 (2.4.4) 式给出. 又给定指标参数 p, q, $1 \leqslant p \leqslant r$, $1 \leqslant q \leqslant s$. 则缩并 $\pi_q^p: \mathbf{T}_s^r(V) \to \mathbf{T}_{s-1}^{r-1}(V)$, 记作 $\phi \mapsto \pi_q^p(\phi)$, 由 $\pi_q^p(\phi)$ 的结构矩阵给出, 这里 $\pi_q^p(\phi)$ 的结构矩阵的元素为

$$\mu_{j_1 \cdots \hat{j}_q \cdots j_s}^{i_1 \cdots \hat{i}_p \cdots i_r} = \sum_{i_p = j_q} \mu_{j_1 \cdots j_q \cdots j_s}^{i_1 \cdots i_p \cdots i_r}. \tag{2.4.6}$$

下面考虑如何计算缩并的结构矩阵. 设 $\xi = n^{s-1}$, $\eta = n^{r-1}$, 那么结构矩阵 M_ϕ 可以写成

$$M_\phi = \begin{bmatrix} M_{11} & \cdots & M_{1\eta} \\ \vdots & & \vdots \\ M_{\xi 1} & \cdots & M_{\xi \eta} \end{bmatrix}, \tag{2.4.7}$$

其中每个块 M_{ij} 是 $n \times n$ 矩阵 $(i = 1, 2, \cdots, \xi; j = 1, 2, \cdots, \eta)$.

下面的引理可由直接计算来验证.

引理 2.4.1 设 $p = r$, $q = s$, 则

$$M_{\pi_s^r(\phi)} = \begin{bmatrix} \operatorname{tr}(M_{11}) & \cdots & \operatorname{tr}(M_{1\eta}) \\ \vdots & & \vdots \\ \operatorname{tr}(M_{\xi 1}) & \cdots & \operatorname{tr}(M_{\xi\eta}) \end{bmatrix} := \operatorname{TR}(M_\phi), \tag{2.4.8}$$

其中算子 TR 用于计算所有块的迹.

对于一般情形, 我们需要交换指标 p 和 r, q 和 s. 任意两个元素的交换可以通过相邻两个元素的交换序列实现. 利用命题 1.4.5, 有交换的结构矩阵

$$\tilde{M}_\phi = \prod_{t=0}^{s-q-1} (I_{n^{s-2-t}} \otimes W_{[n]} \otimes I_{n^t}) M_\sigma \prod_{t=0}^{r-p-1} (I_{n^{r-2-t}} \otimes W_{[n]} \otimes I_{n^t})$$

$$:= \Pi_1 M_\sigma \Pi_2. \tag{2.4.9}$$

类似于 M, 可以将 $\tilde{M}$ 分割成由 $n \times n$ 矩阵组成的 $\xi \times \eta$ 个矩阵块, 记为 $\tilde{M}_{ij}$, 于是有如下命题.

命题 2.4.1 $\pi_q^p(\phi)$ 的结构矩阵是

$$M_{\pi_q^p(\phi)} = \operatorname{TR}(\tilde{M}_\sigma) = \operatorname{TR}(\Pi_1 M_\sigma \Pi_2). \tag{2.4.10}$$

我们给出一个缩并的例子.

例 2.4.1 设 $n = 2$, $r = 2$, $s = 3$. 考虑 $\pi_1^1(\phi)$, 记

$$M_\phi = \begin{bmatrix} a_{111}^{11} & a_{111}^{12} & a_{111}^{21} & a_{111}^{22} \\ a_{112}^{11} & a_{112}^{12} & a_{112}^{21} & a_{112}^{22} \\ a_{121}^{11} & a_{121}^{12} & a_{121}^{21} & a_{121}^{22} \\ a_{122}^{11} & a_{122}^{12} & a_{122}^{21} & a_{122}^{22} \\ a_{211}^{11} & a_{211}^{12} & a_{211}^{21} & a_{211}^{22} \\ a_{212}^{11} & a_{212}^{12} & a_{212}^{21} & a_{212}^{22} \\ a_{221}^{11} & a_{221}^{12} & a_{221}^{21} & a_{221}^{22} \\ a_{222}^{11} & a_{222}^{12} & a_{222}^{21} & a_{222}^{22} \end{bmatrix}.$$

直接计算可知

$$\Pi_1 = \prod_{t=0}^{1} I_{2^{1-t}} \otimes W_{[2]} \otimes I_{2^t} = (I_2 \otimes W_{[2]})(W_{[2]} \otimes I_2)$$

$$
= \begin{bmatrix}
1 & 0 & 0 & 0 & 0 & 0 & 0 & 0 \\
0 & 0 & 0 & 0 & 1 & 0 & 0 & 0 \\
0 & 1 & 0 & 0 & 0 & 0 & 0 & 0 \\
0 & 0 & 0 & 0 & 0 & 1 & 0 & 0 \\
0 & 0 & 1 & 0 & 0 & 0 & 0 & 0 \\
0 & 0 & 0 & 0 & 0 & 0 & 1 & 0 \\
0 & 0 & 0 & 1 & 0 & 0 & 0 & 0 \\
0 & 0 & 0 & 0 & 0 & 0 & 0 & 1
\end{bmatrix}.
$$

$$
\Pi_2 = W_{[2]} = \begin{bmatrix}
1 & 0 & 0 & 0 \\
0 & 0 & 1 & 0 \\
0 & 1 & 0 & 0 \\
0 & 0 & 0 & 1
\end{bmatrix}.
$$

于是

$$
\Pi_1 M_\sigma \Pi_2 = \begin{bmatrix}
a_{111}^{11} & a_{111}^{21} & a_{111}^{12} & a_{111}^{22} \\
a_{211}^{11} & a_{211}^{21} & a_{211}^{12} & a_{211}^{22} \\
a_{112}^{11} & a_{112}^{21} & a_{112}^{12} & a_{112}^{22} \\
a_{212}^{11} & a_{212}^{21} & a_{212}^{12} & a_{212}^{22} \\
a_{121}^{11} & a_{121}^{21} & a_{121}^{12} & a_{121}^{22} \\
a_{221}^{11} & a_{221}^{21} & a_{221}^{12} & a_{221}^{22} \\
a_{122}^{11} & a_{122}^{21} & a_{122}^{12} & a_{122}^{22} \\
a_{222}^{11} & a_{222}^{21} & a_{222}^{12} & a_{222}^{22}
\end{bmatrix}.
$$

利用上式和命题 2.4.1 得到

$$
M_{\pi_1^1(\phi)} = \begin{bmatrix}
a_{111}^{11} + a_{211}^{21} & a_{111}^{12} + a_{211}^{22} \\
a_{112}^{11} + a_{212}^{21} & a_{112}^{12} + a_{212}^{22} \\
a_{121}^{11} + a_{221}^{21} & a_{121}^{12} + a_{221}^{22} \\
a_{122}^{11} + a_{222}^{21} & a_{122}^{12} + a_{222}^{22}
\end{bmatrix}.
$$

　　上面得到的计算公式可否用于张量场呢? 因为流形上的切空间与余切空间的坐标表示均依赖于局部坐标, 或者说, 依赖于坐标卡的选择, 所以我们必须证明 (2.4.10) 所定义的结构矩阵与坐标选择无关.

　　为此目的, 我们先给出一个引理, 它可以通过直接计算验证.

引理 2.4.2　(i) 设 $P \in \mathcal{M}_{s \times m}$, $Q \in \mathcal{M}_{n \times n}$, $A_i \in \mathcal{M}_{n \times rn}$, $i = 1, \cdots, m$. 令

$$\tilde{A} = \begin{bmatrix} \tilde{A}_1 \\ \vdots \\ \tilde{A}_m \end{bmatrix} = (P \otimes Q) \begin{bmatrix} A_1 \\ \vdots \\ A_m \end{bmatrix} = (P \otimes Q)A.$$

则

$$\begin{bmatrix} \tilde{A}_1 \\ \vdots \\ \tilde{A}_m \end{bmatrix} = P \ltimes \begin{bmatrix} QA_1 \\ \vdots \\ QA_m \end{bmatrix},$$

且

$$\mathrm{TR}(\tilde{A}) = P \cdot \mathrm{TR}\left(\begin{bmatrix} QA_1 \\ \vdots \\ QA_m \end{bmatrix} \right).$$

(ii) 设 $P \in \mathcal{M}_{m \times s}$, $Q \in \mathcal{M}_{n \times n}$, $A_i \in \mathcal{M}_{nr \times n}$, $i = 1, \cdots, m$. 令

$$\tilde{A} = [\tilde{A}_1, \cdots, \tilde{A}_m] = [A_1, \cdots, A_m](P \otimes Q) = A(P \otimes Q).$$

则

$$[\tilde{A}_1, \cdots, \tilde{A}_m] = [A_1 Q, \cdots, A_m Q] P,$$

且

$$\mathrm{TR}(\tilde{A}) = \mathrm{TR}(A_1 Q, \cdots, A_m Q) P.$$

现在证明本节的主要结果: 缩并对于向量场也是定义好的. 显然只要证明它与局部坐标无关, 则它是定义好的.

定理 2.4.2 (2.4.10) 所定义的缩并对于向量场也是定义好的, 即它与坐标表示无关.

证明 设

$$M_\phi = \begin{bmatrix} M_{11} & \cdots & M_{1\eta} \\ \vdots & & \vdots \\ M_{\xi 1} & \cdots & M_{\xi \eta} \end{bmatrix}.$$

利用命题 2.4.1, 有

$$M_{\pi_q^p(\phi)} = \mathrm{TR}(\Pi_1 M_\phi \Pi_2).$$

现在考虑坐标变换 $z = z(x)$, 它的 Jacobi 矩阵是 $J = \dfrac{\partial z}{\partial x}$. 于是 M_ϕ 变为

$$\bar{M}_\phi = \underbrace{J^{-1} \otimes \cdots \otimes J^{-1}}_{s} M_\sigma \underbrace{J \otimes \cdots \otimes J}_{t}.$$

注意到 Π_1 与 $\underbrace{J^{-1} \otimes \cdots \otimes J^{-1}}_{s}$ 是可交换的, 同样, Π_2 与 $\underbrace{J \otimes \cdots \otimes J}_{t}$ 是可交换的. 对 $\bar{M}_\phi$ 应用命题 2.4.1, 有

$$
\begin{aligned}
\bar{M}_{\pi_q^p(\phi)} &= \mathrm{TR}\left(\Pi_1(\underbrace{J^{-1} \otimes \cdots \otimes J^{-1}}_{s})M_\sigma(\underbrace{J \otimes \cdots \otimes J}_{t})\Pi_2\right) \\
&= \mathrm{TR}\left((\underbrace{J^{-1} \otimes \cdots \otimes J^{-1}}_{s})(\Pi_1 M_\sigma \Pi_2)(\underbrace{J \otimes \cdots \otimes J}_{t})\right) \\
&= \mathrm{TR}\left(((\underbrace{J^{-1} \otimes \cdots \otimes J^{-1}}_{s-1}) \otimes J^{-1})(\tilde{M}_\sigma)((\underbrace{J \otimes \cdots \otimes J}_{t-1}) \otimes J)\right) \\
&= (\underbrace{J^{-1} \otimes \cdots \otimes J^{-1}}_{s-1})\mathrm{TR}(J^{-1}(\tilde{M}_\sigma)J)(\underbrace{J \otimes \cdots \otimes J}_{t-1}) \\
&= (\underbrace{J^{-1} \otimes \cdots \otimes J^{-1}}_{s-1})\mathrm{TR}(\tilde{M}_\sigma)(\underbrace{J \otimes \cdots \otimes J}_{t-1}) \\
&= (\underbrace{J^{-1} \otimes \cdots \otimes J^{-1}}_{s-1})M_{\pi_q^p(\phi)}(\underbrace{J \otimes \cdots \otimes J}_{t-1}).
\end{aligned}
$$

注意, 最后三个等式可由引理 2.4.2 得到. $\qquad\qquad\square$

2.5 有限值函数的半张量积表示

用 $\mathcal{D}_k$ 表示一个具有 k 个元素的集合. 为方便计, 通常记

$$\mathcal{D}_k = \{1, 2, \cdots, k\}.$$

其实, 如何表示 $\mathcal{D}_k$ 中的元素并不重要, 因为它是代表变量的 "名称", 而非 "大小". 例如, $\mathcal{D}_2$ 通常用 $\mathcal{D}_2 = \{0, 1\}$ 表示. 因为它通常用于表示逻辑变量.

定义 2.5.1 设 $\chi_i \in \mathcal{D}_{k_i}$, $i = 1, \cdots, n$,

(i) $f : \prod_{i=1}^n \mathcal{D}_{k_i} \to \mathcal{D}_{k_0}$ 称为一个逻辑函数 (logical function).

(ii) 一个逻辑函数, 如果 $k_0 = k_1 = \cdots = k_n = 2$, 则称为一个布尔函数 (Boolean function).

(iii) $f : \prod_{i=1}^n \mathcal{D}_{k_i} \to \mathbb{R}$ 称为一个伪逻辑函数 (pseudo-logical function).

(iv) 一个伪逻辑函数, 如果 $k_1 = \cdots = k_n = 2$, 则称为一个伪布尔函数.

将逻辑函数与伪逻辑函数统称为有限值函数, 其自变量 $\chi_i \in \mathcal{D}_{k_i}$, $i = 1, \cdots, n$, 称为逻辑变量 (logical variable). 为了用矩阵方法研究有限值函数, 将逻辑变量表示为向量形式 (vector form).

定义 2.5.2 设 $\chi \in \mathcal{D}_k = \{1, 2, \cdots, k\}$. 令

$$\vec{i} := \delta_k^i, \quad i = 1, \cdots, k. \tag{2.5.1}$$

则 $\chi = i$ 可表示为

$$x := \vec{\chi} = \delta_k^i,$$

称为 χ 的向量表示, 这里 δ_k^i 为单位阵 I_k 的第 i 列.

注 将 $\mathcal{D}_k$ 中的哪个元素与 Δ_k 中的哪个向量对等是无所谓的, 只是一种名字的改变. 例如在经典逻辑中, 布尔变量 $\chi \in \mathcal{D}_2 = \{0, 1\}$. 通常的习惯是 $\vec{0} = \delta_2^2$, $\vec{1} = \delta_2^1$. 又如在 "石头—剪刀—布" 游戏中, 策略作为变量可以取三种值: "石头" "剪刀" "布". 当用向量表示时, 它们可以分别用 $\delta_3^1, \delta_3^2, \delta_3^3$ 表示. 至于哪个表示石头, 哪个表示剪刀, 哪个表示布, 则无所谓. 但一旦定下来, 在此后的讨论中就不可改变.

下面考虑逻辑函数的矩阵表示.

定义 2.5.3 一个矩阵 $L \in \mathcal{M}_{m \times n}$ 称为一个逻辑矩阵 (logical matrix), 如果

$$\mathrm{Col}(L) \subset \Delta_m.$$

$m \times n$ 维逻辑矩阵集合记作 $\mathcal{L}_{m \times n}$.

根据定义, 如果 $L \in \mathcal{L}_{m \times n}$, 则 L 可记作

$$L = \left[\delta_m^{i_1}, \delta_m^{i_2}, \cdots, \delta_m^{i_n} \right].$$

为了方便, 将其简记作

$$L = \delta_m[i_1, i_2, \cdots, i_n].$$

记

$$\xi_{j-1} := \begin{cases} \prod\limits_{i=1}^{j-1} k_i, & 1 < j \leqslant n, \\ 1, & j = 1 \end{cases} \tag{2.5.2}$$

及

$$\eta_{j+1} := \begin{cases} \prod\limits_{i=j+1}^{n} k_i, & 1 \leqslant j < n, \\ 1, & j = n. \end{cases} \tag{2.5.3}$$

命题 1.3.6 指出, 当 $x_i \in \mathcal{D}_{k_i} (i = 1, \cdots, n)$ 时, 这组变量的分量表达式 $\{x_i \mid i = 1, \cdots, n\}$ 与其乘积表达式 $x = \ltimes_{i=1}^n x_i$ 是等价的. 从分量形式 $\{x_i \mid i = 1, \cdots, n\}$ 到

乘积形式 x, 直接作半张量积运算就可以了. 但从乘积形式 x 计算所有分量 $\{x_i \mid i = 1, \cdots, n\}$ 就不那么直接了. 特别是在理论研究中, 一个从 x 到 x_i 的直接表达式是有用的.

命题 2.5.1　设 $x_i \in \Delta_{k_i}$, $i = 1, \cdots, n$, $x = \ltimes_{i=1}^n x_i$. 定义映射

$$\pi_j := \mathbf{1}_{\xi_{j-1}}^{\mathrm{T}} \otimes I_{k_j} \otimes \mathbf{1}_{\eta_{j+1}}^{\mathrm{T}}, \tag{2.5.4}$$

则

$$x_j = \pi_j(x), \quad j = 1, \cdots, n. \tag{2.5.5}$$

证明　注意到列向量的半张量积与张量积是一样的, 于是有

$$\ltimes_{i=1}^n x_i = \left(\ltimes_{i=1}^{j-1} x_i \right) \otimes x_j \otimes \left(\ltimes_{i=j+1}^n x_i \right). \tag{2.5.6}$$

利用表达式 (2.5.4) 与 (2.5.6), 再由公式 (1.1.10) 可知

$$\pi_j(x) = \left[\mathbf{1}_{\xi_{j-1}}^{\mathrm{T}} \left(\ltimes_{i=1}^{j-1} x_i \right) \right] \otimes x_j \otimes \left[\mathbf{1}_{\eta_{j+1}}^{\mathrm{T}} \left(\ltimes_{i=j+1}^n x_i \right) \right]$$
$$= 1 \otimes x_j \otimes 1 = x_j. \qquad \square$$

下面这个结论对于有限值函数的代数方法极其重要.

定理 2.5.1　设 $\chi_i \in \mathcal{D}_{k_i}$, $i = 1, \cdots, n$, $F : \prod_{i=1}^n \mathcal{D}_{k_i} \to \mathcal{D}_{k_0}$ 为一逻辑函数. 则存在唯一逻辑矩阵, $M_F \in \mathcal{L}_{k_0 \times k}$ (这里 $k = \prod_{i=1}^n k_i$), 称为 F 的结构矩阵, 使当逻辑变量表达为代数形式, 即 $x_i = \vec{\chi}_i (i = 1, \cdots, n)$ 时有

$$f(x_1, \cdots, x_n) = M_F \ltimes_{i=1}^n x_i, \tag{2.5.7}$$

这里, $f = \vec{F}$.

证明　设

$$f(\delta_{k_1}^{i_1}, \delta_{k_2}^{i_2}, \cdots, \delta_{k_n}^{i_n}) = \delta_{k_0}^{F(i_1, i_2, \cdots, i_n)},$$

这里 $f(i_1, i_2, \cdots, i_n)$ 是 F 的向量表达式.

设

$$\delta_k^i = \pi \left(\delta_{k_1}^{i_1}, \cdots, \delta_{k_n}^{i_n} \right).$$

令

$$\mathrm{Col}_i(M_F) := \delta_{k_0}^{F(i_1, \cdots, i_n)}, \quad i = 1, \cdots, k.$$

容易验证, 这个 M_F 就是 F 的结构矩阵.　　　　　　　　　　　　　　$\square$

下面给一个有限群的例子.

例 2.5.1 (i) 设 $G = \{g_1, \cdots, g_k\}$ 为一有限群, 且

$$g_i * g_j = g_{s(i,j)}, \quad i,j = 1, \cdots, k.$$

将 G 的元素用向量表示, 即记

$$g_i = \delta_k^i, \quad i = 1, \cdots, k.$$

那么, 在向量表示下, 有

$$g_i * g_j = M_G g_i g_j, \quad i,j = 1, \cdots, k, \tag{2.5.8}$$

这里

$$M_G = \delta_k[s(1,1), s(1,2), \cdots, s(1,k), s(2,1), \cdots, s(k,k)] \tag{2.5.9}$$

称为 G 的结构矩阵.

(ii) 考察 $\mathbf{S}_3$, 记它的六个元素为: $g_1 = \mathrm{id} := \delta_6^1$, $g_2 = (2,3) := \delta_6^2$, $g_3 = (1,2) := \delta_6^3$, $g_4 = (1,2,3) := \delta_6^4$, $g_5 = (1,3,2) := \delta_6^5$, $g_6 = (1,3) := \delta_6^6$. 利用公式 (2.5.9) 容易算出

$$M_{\mathbf{S}_3} = \delta_6[1,2,3,4,5,6,2,1,5,6,3,4,3,4,1,2,6,5,$$
$$4,3,6,5,1,2,5,6,2,1,4,3,6,5,4,3,2,1]. \tag{2.5.10}$$

最后考虑伪逻辑函数. 类似于逻辑函数, 有以下结论.

定理 2.5.2 设 $\chi_i \in \mathcal{D}_{k_i}$, $i = 1, \cdots, n$, $F : \prod_{i=1}^1 \mathcal{D}_{k_i} \to \mathbb{R}$ 为一伪逻辑函数. 则存在唯一行向量 $V_F \in \mathbb{R}^k$ (这里 $k = \prod_{i=1}^n k_i$), 称为 F 的结构矩阵, 使当逻辑变量表达为代数形式时有

$$f(x_1, \cdots, x_n) = V_F \ltimes_{i=1}^n x_i, \tag{2.5.11}$$

这里, $x_i = \vec{\chi}_i$, $i = 1, \cdots, n$, $f = \vec{F}$.

证明 设

$$c_{i_1, i_2, \cdots, i_n} := F(\chi_1 = i_1, \chi_2 = i_2, \cdots, \chi_n = i_n),$$
$$i_j = 1, \cdots, k_j; \quad j = 1, \cdots, n.$$

则不难验证

$$V_F = \left[c_{1, \cdots, 1}, \cdots, c_{1, \cdots, k_n}, \cdots, c_{k_1, \cdots, k_{n-1}, 1}, \cdots, c_{k_1, \cdots, k_{n-1}, k_n} \right]. \qquad \square$$

2.6   张量积的半张量积表示

经典矩阵乘法和矩阵的张量积是两种最常用的矩阵乘法. 矩阵半张量积之所以显示出巨大的应用潜能, 一个重要原因是, 它是这两种乘法的结合. 这一点从它的定义就可看出端倪: 它是由两种乘法混合而成的. 此外, 它既涵盖了普通矩阵乘法作为它的特例, 又具有许多张量积的性质. 例如, 命题 1.3.5 显示, 对于向量因子, 矩阵半张量积与张量积本质上是一样的, 因此, 矩阵半张量积既能起普通积的作用, 又能起张量积的作用.

此外, 矩阵张量积也不难用矩阵半张量积表示. 下面讨论这种表示.

设 $A = (a_{ij}) \in \mathcal{M}_{m \times n}$, $B = (b_{ij}) \in \mathcal{M}_{p \times q}$, 根据张量积的定义详细写出它的表达式以便观察.

$$A \otimes B = \begin{bmatrix} a_{11}b_{11} & \cdots & a_{11}b_{1q} & \cdots & a_{1n}b_{11} & \cdots & a_{1n}b_{1q} \\ \vdots & & \vdots & & \vdots & & \vdots \\ a_{11}b_{p1} & \cdots & a_{11}b_{pq} & \cdots & a_{1n}b_{p1} & \cdots & a_{1n}b_{pq} \\ \vdots & & \vdots & & \vdots & & \vdots \\ a_{m1}b_{11} & \cdots & a_{m1}b_{1q} & \cdots & a_{mn}b_{11} & \cdots & a_{mn}b_{1q} \\ \vdots & & \vdots & & \vdots & & \vdots \\ a_{m1}b_{p1} & \cdots & a_{m1}b_{pq} & \cdots & a_{mn}b_{p1} & \cdots & a_{mn}b_{pq} \end{bmatrix}. \tag{2.6.1}$$

很容易看出, 上面矩阵的每一列都可以表示为 $\mathrm{Col}_i(A) \otimes \mathrm{Col}_j(B)$, 这里 $i \in \{1, 2, \cdots, n\}$ 和 $j \in \{1, 2, \cdots, q\}$. 根据命题 1.3.5, 可以得到如下命题.

命题 2.6.1   设 $A \in \mathcal{M}_{m \times n}$, $B \in \mathcal{M}_{p \times q}$, 矩阵 A, B 的张量积可表示为

$$\begin{aligned} A \otimes B = [&\mathrm{Col}_1(A) \ltimes \mathrm{Col}_1(B), \cdots, \mathrm{Col}_1(A) \ltimes \mathrm{Col}_q(B), \\ &\mathrm{Col}_2(A) \ltimes \mathrm{Col}_1(B), \cdots, \mathrm{Col}_2(A) \ltimes \mathrm{Col}_q(B), \\ &\cdots, \\ &\mathrm{Col}_n(A) \ltimes \mathrm{Col}_1(B), \cdots, \mathrm{Col}_n(A) \ltimes \mathrm{Col}_q(B)] \\ = [&\mathrm{Col}_1(A) \ltimes B, \mathrm{Col}_2(A) \ltimes B, \cdots, \mathrm{Col}_n(A) \ltimes B]. \tag{2.6.2} \end{aligned}$$

(2.6.2) 称为张量积的半张量积列表示.

同理, 也可以得到张量积的半张量积行表示.

命题 2.6.2   设 $A \in \mathcal{M}_{m \times n}$, $B \in \mathcal{M}_{p \times q}$, 矩阵 A, B 的张量积可表示为

$$A \otimes B = \begin{bmatrix} \text{Row}_1(B) \ltimes \text{Row}_1(A) \\ \vdots \\ \text{Row}_p(B) \ltimes \text{Row}_1(A) \\ \vdots \\ \text{Row}_1(B) \ltimes \text{Row}_m(A) \\ \vdots \\ \text{Row}_p(B) \ltimes \text{Row}_m(A) \end{bmatrix} = \begin{bmatrix} B \ltimes \text{Row}_1(A) \\ \vdots \\ B \ltimes \text{Row}_m(A) \end{bmatrix}. \tag{2.6.3}$$

作为张量积的半张量积表示的一个应用, 我们考虑换位矩阵对张量积的换位作用. 使用换位矩阵和张量积的半张量积表示, 很容易得到以下的命题.

命题 2.6.3 设 $A \in \mathcal{M}_{m \times n}$ 和 $B \in \mathcal{M}_{p \times q}$. 则

$$W_{[m,p]}(A \otimes B)W_{[q,n]} = B \otimes A, \tag{2.6.4}$$

其中 $W_{[m,p]} \in \mathcal{M}_{mp \times mp}$ 和 $W_{[q,n]} \in \mathcal{M}_{qn \times qn}$ 是两个换位矩阵. 式 (2.6.4) 称为张量积的换位方程.

下面讨论更为一般的情况. 假设 $A_i \in \mathcal{M}_{m_i \times n_i}$, $i = 1, 2, \cdots, s$. 首先设定如下的指标:

$$m := \prod_{j=1}^{i-1} m_j; \quad p := \prod_{j=1}^{i-1} n_j; \quad n := \prod_{j=i+2}^{s} n_j; \quad q := \prod_{j=i+2}^{s} m_j.$$

然后定义两个矩阵算子:

$$T_f := I_m \otimes W_{[m_i, m_{i+1}]} \otimes I_q; \quad T_r := I_p \otimes W_{[n_{i+1}, n_i]} \otimes I_n. \tag{2.6.5}$$

从而得到以下的结论.

定理 2.6.1 设有两个矩阵分别为

$$A := A_1 \otimes A_2 \otimes \cdots \otimes A_i \otimes A_{i+1} \otimes \cdots \otimes A_s$$

和

$$\widetilde{A} := A_1 \otimes A_2 \otimes \cdots \otimes A_{i+1} \otimes A_i \otimes \cdots \otimes A_s.$$

那么

$$\widetilde{A} = T_f A T_r. \tag{2.6.6}$$

这里 $T_f \in \mathcal{M}_{\prod_{i=1}^{s} m_i \times \prod_{i=1}^{s} m_i}$ 和 $T_r \in \mathcal{M}_{\prod_{i=1}^{s} n_i \times \prod_{i=1}^{s} n_i}$ 如式 (2.6.5) 定义. 式 (2.6.6) 称为换位方程的一般形式.

证明　由 T_f 和 T_r 的定义式 (2.6.5), 可得

$$
\begin{aligned}
T_f A T_r &= T_f (A_1 \otimes \cdots \otimes A_i \otimes A_{i+1} \otimes \cdots \otimes A_s) T_r \\
&= (I_m \otimes W_{[m_i, m_{i+1}]} \otimes I_q)(A_1 \otimes \cdots \otimes A_i \otimes A_{i+1} \otimes \cdots \otimes A_s) \\
&\quad \cdot (I_p \otimes W_{[n_{i+1}, n_i]} \otimes I_n) \\
&= (I_m(A_1 \otimes \cdots \otimes A_{i-1})I_p) \otimes (W_{[m_i, m_{i+1}]}(A_i \otimes A_{i+1})W_{[n_{i+1}, n_i]}) \\
&\quad \otimes (I_q(A_{i+2} \otimes \cdots \otimes A_s)I_n) \\
&= (A_1 \otimes \cdots \otimes A_{i-1}) \otimes (A_{i+1} \otimes A_i) \otimes (A_{i+2} \otimes \cdots \otimes A_s) \\
&= A_1 \otimes \cdots \otimes A_{i-1} \otimes A_{i+1} \otimes A_i \otimes A_{i+2} \otimes \cdots \otimes A_s.
\end{aligned}
$$
□

从定理 2.6.1 可以看出, 在多个矩阵进行张量积相乘时, 经过有限步的换位, 利用换位矩阵可以实现任意两个矩阵因子的位置交换. 例如, 可以利用两步交换得到以下的推论.

推论 2.6.1　设 $A \in \mathcal{M}_{m \times n}$, $B \in \mathcal{M}_{p \times q}$ 和 $C \in \mathcal{M}_{r \times s}$ 为三个矩阵. 那么

$$
T_f^3 (A \otimes B \otimes C) T_r^3 = C \otimes B \otimes A, \tag{2.6.7}
$$

这里

$$
\begin{aligned}
T_f^3 &:= \left(W_{[p,r]} \otimes I_m \right) \left(I_p \otimes W_{[m,r]} \right) \left(W_{[m,p]} \otimes I_r \right); \\
T_r^3 &:= \left(W_{[q,n]} \otimes I_s \right) \left(I_n \otimes W_{[s,q]} \right) \left(W_{[s,n]} \otimes I_q \right).
\end{aligned}
$$

证明　先交换 A 与 B, 根据定理 2.6.1 即得

$$
\left(W_{[m,p]} \otimes I_r \right) (A \otimes B \otimes C) \left(W_{[q,n]} \otimes I_s \right) = B \otimes A \otimes C. \tag{2.6.8}
$$

再将 $B \otimes A$ 与 C 交换, 得

$$
W_{[pm,r]}(B \otimes A \otimes C)W_{[s,nq]} = C \otimes B \otimes A. \tag{2.6.9}
$$

因此

$$
\begin{aligned}
T_f^3 &= W_{[pm,r]} \left(W_{[m,p]} \otimes I_r \right); \\
T_r^3 &= \left(W_{[q,n]} \otimes I_s \right) W_{[s,nq]}.
\end{aligned}
$$

再利用换位矩阵的因子分解公式 (1.4.14) 及 (1.4.15), 立得结论.　　　　□

第3章 矩阵的等价性

矩阵半张量积带来了一种矩阵的等价性. 或者说, 矩阵的这种等价性决定了矩阵半张量积, 因为等价的矩阵在半张量积中起的作用在本质上是一样的, 所以要深入探讨矩阵半张量积的本质和作用, 就必须弄清它所伴生的这种矩阵等价性. 本章的目的就是研究这种矩阵等价性, 以及由此引起的矩阵集合的一些新代数结构. 本章的部分内容来自文献 [47].

3.1 矩阵半张量积与矩阵等价

考虑所有的矩阵集合, 记其为 $\mathcal{M}$, 即

$$\mathcal{M} = \bigcup_{m=1}^{\infty} \bigcup_{n=1}^{\infty} \mathcal{M}_{m \times n}.$$

注意, 这个集合包括了向量、数和任意维数的矩阵, 是一个包罗万象的集合. 而矩阵半张量积则是其上的一个运算, 即 $\ltimes : \mathcal{M} \times \mathcal{M} \to \mathcal{M}$.

仔细考察矩阵半张量积: 设给定矩阵 $A \in \mathcal{M}_{2 \times 3}$, $B_i \in \mathcal{M}_{2i \times 3}$, $i = 1, 2, 3, \cdots$. 根据定义, 有

$$A \ltimes B_i = \begin{cases} (A \otimes I_2)(B_1 \otimes I_3), & i = 1, \\ (A \otimes I_4)(B_2 \otimes I_3), & i = 2, \\ (A \otimes I_8)(B_4 \otimes I_3), & i = 4, \\ \qquad \cdots\cdots \end{cases}$$

不难发现, 当 A 和不同的 B_i 相乘时, 我们是用 A 和不同的单位阵 I_s 作张量积后再与同样作完张量积的 B 作普通积的. 因此, $A \ltimes B$ 本质上是从两类矩阵 $\langle A \rangle$ 与 $\langle B \rangle$ 中找出适当的元素相乘的, 这里

$$\langle A \rangle = \{A, A \otimes I_2, A \otimes I_3, \cdots\}, \quad \langle B \rangle = \{B, B \otimes I_2, B \otimes I_3, \cdots\}.$$

换言之, 矩阵半张量积实质上是两类矩阵相乘, 而非两个矩阵相乘.

受矩阵半张量积的启发, 我们在 $\mathcal{M}$ 上定义一个等价关系.

定义 3.1.1 设 $A, B \in \mathcal{M}$ 为两个矩阵.

(i) A 和 B 称为左一型矩阵 (或 M-1) 等价, 记作 $A \sim_\ell B$, 如果存在两个单位阵 $I_s, I_t, s, t \in \mathbb{N}$, 使得

$$A \otimes I_s = B \otimes I_t. \tag{3.1.1}$$

(ii) A 和 B 称为右一型矩阵等价, 记作 $A \sim_r B$, 如果存在两个单位阵 $I_s, I_t, s, t \in \mathbb{N}$, 使得

$$I_s \otimes A = I_t \otimes B. \tag{3.1.2}$$

注　(i) 一个集合 G 上的等价关系 $\sim$ 应满足以下三个条件: ① 自反性 ($g \sim g$, $\forall g \in G$); ② 对称性 (如果 $g_1 \sim g_2$, 则 $g_2 \sim g_1$); ③ 传递性 (如果 $g_1 \sim g_2$ 及 $g_2 \sim g_3$, 则 $g_1 \sim g_3$)[101].

我们留给读者验证矩阵的左 M-1 等价 ($\sim_\ell$) 及右 M-1 等价 ($\sim_r$) 均为等价关系.

(ii) 本书前半部分只涉及 M-1 等价, 所以在介绍 M-2 等价之前我们将省略 "M-1", 即矩阵等价为 M-1 等价.

定义 3.1.2　给定 $A \in \mathcal{M}$.

(i) A 的左等价类记作

$$\langle A \rangle_\ell := \{B \,|\, B \sim_\ell A\}.$$

(ii) A 的右等价类记作

$$\langle A \rangle_r := \{B \,|\, B \sim_r A\}.$$

(iii) A 称为左可约的, 如果存在 $I_s(s \geqslant 2)$ 及 B 使得 $A = B \otimes I_s$, 否则, 称 A 为左不可约的.

(iv) A 称为右可约的, 如果存在 $I_s(s \geqslant 2)$ 及 B 使得 $A = I_s \otimes B$, 否则, 称 A 为右不可约的.

引理 3.1.1　设 $A \in \mathcal{M}_{\beta \times \beta}$ 及 $B \in \mathcal{M}_{\alpha \times \alpha}$, 这里 $\alpha, \beta \in \mathbb{N}$, 并且 α 与 β 互质, 使得

$$A \otimes I_\alpha = B \otimes I_\beta, \tag{3.1.3}$$

则必存在实数 $\lambda \in \mathbb{R}$ 使得

$$A = \lambda I_\beta, \quad B = \lambda I_\alpha. \tag{3.1.4}$$

证明 将 $A \otimes I_\alpha$ 分割成大小相同的块如下

$$A \otimes I_\alpha = \begin{bmatrix} A_{11} & \cdots & A_{1\alpha} \\ \vdots & & \vdots \\ A_{\alpha 1} & \cdots & A_{\alpha\alpha} \end{bmatrix},$$

这里 $A_{ij} \in \mathcal{M}_{\beta\beta}$, $i, j = 1, \cdots, \beta$. 那么, 由 (3.1.3) 不难得到

$$A_{ij} = b_{ij} I_\beta. \tag{3.1.5}$$

注意到 α 与 β 互质, 比较 (3.1.5) 两边的矩阵元素可知: ① A_{ii} 所有对角元素均相等, 所有其他元素为零; ② 所有非对角块 $(A_{ij}, \, j \neq i)$ 为零. 因此, $A = b_{11} I_\beta$. 同样地, 有 $B = a_{11} I_\alpha$. 但是 (3.1.3) 强迫 $a_{11} = b_{11}$, 这就是我们所需要的 λ. □

定理 3.1.1 (i) 如果 $A \sim_\ell B$, 则存在一个矩阵 Λ 使得

$$A = \Lambda \otimes I_\beta, \quad B = \Lambda \otimes I_\alpha. \tag{3.1.6}$$

(ii) 在等价类 $\langle A \rangle_\ell$ 中存在唯一的 $A_1 \in \langle A \rangle_\ell$, 使得 A_1 为左不可约的.

证明 (i) 设 $A \sim_\ell B$, 即存在 I_α 与 I_β 使得

$$A \otimes I_\alpha = B \otimes I_\beta. \tag{3.1.7}$$

不失一般性, 设 α 与 β 互质. 否则, 记 $r = \alpha \wedge \beta > 1$ 为 α 与 β 的最大公因子, 那么, (3.1.6) 中可将 α 与 β 用 α/r 与 β/r 代替.

设 $A \in \mathcal{M}_{m \times n}$, $B \in \mathcal{M}_{p \times q}$. 那么

$$m\alpha = p\beta, \quad n\alpha = q\beta.$$

因为 α 与 β 互质, 有

$$m = s\beta, \quad n = t\beta, \quad p = s\alpha, \quad q = t\alpha.$$

将 A 与 B 分块为

$$A = \begin{bmatrix} A_{11} & \cdots & A_{1t} \\ \vdots & & \vdots \\ A_{s1} & \cdots & A_{st} \end{bmatrix}, \quad B = \begin{bmatrix} B_{11} & \cdots & B_{1t} \\ \vdots & & \vdots \\ B_{s1} & \cdots & B_{st} \end{bmatrix},$$

这里 $A_{ij} \in \mathcal{M}_{\beta \times \beta}$, $B_{ij} \in \mathcal{M}_{\alpha \times \alpha}$, $i = 1, \cdots, s$, $j = 1, \cdots, t$. 于是, (3.1.7) 等价于

$$A_{ij} \otimes I_\alpha = B_{ij} \otimes I_\beta, \quad \forall i, \, j. \tag{3.1.8}$$

根据引理 3.1.1, 有 $A_{ij} = \lambda_{ij} I_\beta$ 和 $B_{ij} = \lambda_{ij} I_\alpha$. 定义

$$\Lambda := \begin{bmatrix} \lambda_{11} & \cdots & \lambda_{1t} \\ \vdots & & \vdots \\ \lambda_{s1} & \cdots & \lambda_{st} \end{bmatrix},$$

即得等式 (3.1.6).

(ii) 对于每一个 $A \in \langle A \rangle_\ell$ 可以找到一个不可约的 A_0 使得 $A = A_0 \otimes I_s$. 要证明其唯一性, 设 $B \in \langle A \rangle_\ell$ 且 B_0 使得 $B = B_0 \otimes I_t$. 我们证明 $A_0 = B_0$. 因为 $A_0 \sim_\ell B_0$, 存在 Γ 使得

$$A_0 = \Gamma \otimes I_p, \quad B_0 = \Gamma \otimes I_q.$$

由于 A_0 与 B_0 都不可约, 有 $p = q = 1$. 结论获证. □

注 定理 3.1.1 对右等价 $\sim_r$ 也成立只要做如下修改: 等式 (3.1.6) 由下式代替

$$A = I_\beta \otimes \Lambda, \quad B = I_\alpha \otimes \Lambda, \tag{3.1.9}$$

同时, (ii) 改为 "在每个等价类 $\langle A \rangle_r$ 中存在 $A_1 \in \langle A \rangle_r$, 它是右不可约的".

3.2 等价类元素的格结构

为简便, 本节只讨论左一型矩阵等价, 因此, 在本节中 $\langle A \rangle := \langle A \rangle_\ell$. 实际上, 右一型矩阵等价的讨论是完全平行的, 只需在记号上做相应的修正, 读者可自行完成. 在这个意义下, 记号 $\langle A \rangle$ 亦可理解为或者是 $\langle A \rangle_\ell$, 或者是 $\langle A \rangle_r$. 为陈述方便, 引入几个术语.

定义 3.2.1 设 $A, B \in \mathcal{M}$.

(i) 如果 $A = B \otimes I_s$, 则 B 称为 A 的因子 (divisor), 而 A 称为 B 的一个倍子 (multiple).

(ii) 如果 (3.1.7) 成立且 α, β 互质, 那么, 满足 (3.1.6) 的 Λ 称为 A 与 B 的最大公因子, 记作 $\Lambda = \gcd(A, B)$. A 与 B 的最大公因子是唯一的.

如果 (3.1.7) 成立且 α, β 互质, 那么

$$\Theta := A \otimes I_\alpha = B \otimes I_\beta \tag{3.2.1}$$

称为 A 与 B 的最小公倍子 (least common multiple), 记作 $\Theta = \mathrm{lcm}(A, B)$. A 与 B 的最小公倍子是唯一的.

(iii) 考察等价类 $\langle A \rangle$, 记其唯一的不可约元素为 A_1, 则 $\langle A \rangle$ 中其他元素可表示为

$$A_i = A_1 \otimes I_i, \quad i = 1, 2, \cdots. \tag{3.2.2}$$

A_i 称为 $\langle A\rangle$ 中的第 i 个元素. 因此, 一个等价类 $\langle A\rangle$ 是一个矩阵序列:

$$\langle A\rangle = \{A_1, A_2, A_3, \cdots\}.$$

(关于元素 A 与 B 的最大公因子和最小公倍子可参见图 3.2.1.)

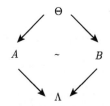

图 3.2.1 $\Theta = \mathrm{lcm}(A, B)$ 与 $\Lambda = \gcd(A, B)$

下面我们考虑等价类 $\langle A\rangle = \{A_1, A_2, \cdots\}$ 中元素的格结构.

定义 3.2.2[30] (1) 集合 S 连同其上的一个序关系 $\leqslant$ 称为一个偏序集 (partial order set), 如果以下条件满足

(i) (自反)$a \leqslant a$;

(ii) (非对称) 如果 $a \leqslant b$ 且 $b \leqslant a$, 则 $a = b$;

(iii) (传递)$a \leqslant b$ 且 $b \leqslant c$, 则 $a \leqslant c$.

(2) 一个偏序集 S, 如果对任意 $a, b \in S$ 都有 $a \leqslant b$ 或 $b \leqslant a$, 那么, S 就称为全序集 (total order set).

定义 3.2.3[30] (i) 设 S 为一偏序集, $A \subset S$ 为一子集, $p \in S$ 称为 A 的上界, 如果 $a \leqslant p$, $\forall a \in A$.

(ii) p 为 A 的一个上界. p 称为 A 的最小上界 (least upper boundary), 记作 $p = \sup(A)$, 如果 p 小于 A 的其他任何上界.

(iii) $q \in S$ 称为 A 的下界, 如果 $a \geqslant p$, $\forall a \in A$.

(iv) q 为 A 的一个下界. q 称为 A 的最大下界 (greatest lower boundary), 记作 $q = \inf(A)$, 如果 q 大于 A 的其他任何下界.

定义 3.2.4[30] 一个偏序集 S 称为一个格, 如果对任何两个元素 $a, b \in S$ 均有 $\sup\{a, b\}$ 以及 $\inf\{a, b\}$.

要说明 $\langle A\rangle$ 是一个格, 首先要在 $\langle A\rangle$ 上建立一个序关系. 设 $A, B \in \langle A\rangle$. 如果 B 是 A 的一个因子 (倍子), 则称 B 先于 (后于) A, 记作 $B \prec A$ ($B \succ A$). 于是, $\prec$ 即 $\langle A\rangle$ 上的一个序.

定理 3.2.1 ($\langle A\rangle$, $\prec$) 为一个格.

证明 设 $A, B \in \langle A\rangle$. 只要证明由 (3.1.6) 定义的 $\Lambda = \gcd(A, B)$ 满足 $\Lambda = \inf(A, B)$, 以及由 (3.2.1) 定义的 $\Theta = \mathrm{lcm}(A, B)$ 满足 $\Theta = \sup(A, B)$ 就足够了.

要证明 $\Lambda = \inf(A, B)$, 设 $C \prec A$ 且 $C \prec B$, 则只需证明 $C \prec \Lambda$ 即可. 因为 $C \prec A$ 且 $C \prec B$, 所以存在 I_p 及 I_q 使得 $C \otimes I_p = A$ 且 $C \otimes I_q = B$. 于是有

$$C \otimes I_p = A = \Lambda \otimes I_\beta,$$
$$C \otimes I_q = B = \Lambda \otimes I_\alpha.$$

因此

$$C \otimes I_p \otimes I_q = \Lambda \otimes I_\beta \otimes I_q$$
$$= \Lambda \otimes I_\alpha \otimes I_p.$$

由此可得

$$\beta q = \alpha p.$$

因为 α 和 β 是互质的, 所以有 $p = m\beta$ 和 $q = n\alpha$, 这里 $m, n \in \mathbb{N}$. 从而可得

$$C \otimes I_p = C \otimes I_m \otimes I_\beta = \Lambda \otimes I_\beta,$$

即

$$C \otimes I_m = \Lambda.$$

因此, $C \prec \Lambda$.

要证明 $\Theta = \sup(A, B)$, 设 $D \succ A$ 且 $D \succ B$. 类似上面的方法可证 $D \succ \Theta$. □

定义 3.2.5　设 $(L, \prec)$ 为一格且 $H \subset L$, H 称为 L 的一个子格 (sub-lattice), 如果 $(H, \prec)$ 也是一个格.

例 3.2.1　定义

$$\langle A \rangle \otimes I_k := \{A \otimes I_k \mid A \in \langle A \rangle\} \subset \langle A \rangle_\ell.$$

那么, $\langle A \rangle \otimes I_k$ 是 $\langle A \rangle_\ell$ 的一个子格. 要证明这一点, 设 $A, B \in \langle A \rangle_\ell$, 则有 Λ 和 Θ, 它们分别由 (3.1.6) 以及 (3.2.1) 定义, 使得

$$\inf(A, B) = \Lambda; \quad \sup(A, B) = \Theta. \tag{3.2.3}$$

那么, 不难证明, 在 $\langle A \rangle \otimes I_k$ 中

$$\inf(A \otimes I_k, B \otimes I_k) = \Lambda \otimes I_k; \quad \sup(A \otimes I_k, B \otimes I_k) = \Theta \otimes I_k. \tag{3.2.4}$$

类似可证, $I_k \otimes \langle A \rangle$ 是 $\langle A \rangle_r$ 的一个子格.

定义 3.2.6[5]　设 $(L, \prec)$ 和 $(M, \sqsubset)$ 为两个格.

(1) 一个映射 $\varphi: L \to M$ 称为保序映射 (order preserving mapping), 如果 $\ell_1 \prec \ell_2$, 则 $\varphi(\ell_1) \sqsubset \varphi(\ell_2)$.

(2) 一个映射 $\varphi : L \to M$ 称为格同态 (lattice homomorphism), 并且 $(L, \prec)$ 和 $(M, \sqsubset)$ 称为同态格 (homomorphic lattices), 记作 $(L, \prec) \simeq (M, \sqsubset)$, 如果 φ 满足以下条件:

(i) $$\varphi \sup(\ell_1, \ell_2) = \sup(\varphi(\ell_1), \varphi(\ell_2)) ; \qquad (3.2.5)$$

(ii) $$\varphi \inf(\ell_1, \ell_2) = \inf(\varphi(\ell_1), \varphi(\ell_2)) . \qquad (3.2.6)$$

(3) 一个 $\varphi : L \to M$ 称为格同构 (lattice isomorphism), 并且 $(L, \prec)$ 和 $(M, \sqsubset)$ 称为同构格 (isomorphic lattice), 记作 $(L, \prec) \cong (M, \sqsubset)$, 如果 φ 是一对一且映上的.

例 3.2.2 考察一个左 M-1 等价类 $\langle A \rangle_\ell$ 与一个右 M-1 等价类 $\langle A \rangle_r$. 设 $A_1 \in \langle A \rangle_\ell$ 及 $A_1' \in \langle A \rangle_r$ 分别为 $\langle A \rangle_\ell$ 和 $\langle A \rangle_r$ 中不可约元素. 定义 $\phi : \langle A \rangle_\ell \to \langle A \rangle_r$ 为

$$\phi : A_1 \otimes I_k \mapsto I_k \otimes A_1'.$$

那么, 不难检验 ϕ 是一个同构映射. 因此, $\langle A \rangle_\ell$ 和 $\langle A \rangle_r$ 为同构格.

例 3.2.3 (i) 定义 $\pi : \langle A \rangle \to \langle A \rangle \otimes I_k$ 为 $A \mapsto A \otimes I_k$. 观察 (3.2.3) 及 (3.2.4), 不难看出 π 是一个格同态. 而且, π 是一对一且映上的. 因此, π 是一个格同构, 即

$$\langle A \rangle \otimes I_k \cong \langle A \rangle .$$

(ii) 对任何两个正整数 $k > 0$ 及 $s > 0$, 不难检验

$$\langle A \rangle \otimes I_k \cong \langle A \rangle \otimes I_s.$$

最后, 考虑自然数集合: 令 $a, b \in \mathbb{N}$. 在 $\mathbb{N}$ 上定义一个序, 即 $a \prec b$, 当且仅当 $a | b$. 那么显然

$$\sup(a, b) = a \vee b, \quad \inf(a, b) = a \wedge b.$$

容易验证以下结论.

命题 3.2.1 $(\mathbb{N}, \prec)$ 是一个格.

定义 3.2.7 (i) $(\mathbb{N}, \prec)$ 称为一个自然格.

(ii) 如果一个格 $(L, \prec)$ 与自然格 $(\mathbb{N}, \prec)$ 同构, 则称 $(L, \prec)$ 具有自然格结构.

显然, 所有具有自然格结构的格均两两同构.

例 3.2.4 $(\langle A \rangle, \prec)$ 具有自然格结构. 为证明这一点, 设 $A_1 \in \langle A \rangle$ 为 $\langle A \rangle$ 的不可约元素. 定义 $\phi : \langle A \rangle \to \mathbb{N}$ 如下: $A_k = A_1 \otimes I_k \mapsto k$. 不难验证 ϕ 是一个格同构.

3.3 等价类的性质

设 S 为一集合, $\sim$ 为 S 上的一个等价关系, 则等价类集合记作 $S/\sim$.

本节中 $\langle A \rangle$ 可理解为 $\langle A \rangle_\ell$ 或 $\langle A \rangle_r$.

我们首先对几个经典矩阵函数进行一些小改动, 使其适合等价类.

定义 3.3.1 (i) 设 $A \in \mathcal{M}_{n \times n}$. 其准行列式值 (quasi-determinant) 定义为

$$\mathrm{Dt}(A) = [|\det(A)|]^{1/n}. \tag{3.3.1}$$

(ii) 设 $\langle A \rangle$ 为一个方阵的等价类, 则其准行列式值定义为

$$\mathrm{Dt}(\langle A \rangle) = \mathrm{Dt}(A), \quad A \in \langle A \rangle. \tag{3.3.2}$$

命题 3.3.1 (3.3.2) 是定义好的, 即它不依赖于代表元 A 的选择.

证明 要证明 (3.3.2) 是定义好的, 只需证明: 如果 $A \sim B$, 那么 $\mathrm{Dt}(A) = \mathrm{Dt}(B)$. 设 $A = \Lambda \otimes I_\beta, B = \Lambda \otimes I_\alpha$ 且 $\Lambda \in \mathcal{M}_{k \times k}$, 那么

$$\mathrm{Dt}(A) = [|\det(\Lambda \otimes I_\beta)|]^{1/(k\beta)} = [|\det(\Lambda)|]^{1/k},$$
$$\mathrm{Dt}(B) = [|\det(\Lambda \otimes I_\alpha)|]^{1/(k\alpha)} = [|\det(\Lambda)|]^{1/k}.$$

因此 (3.3.2) 是定义好的. $\square$

注 (i) 直观地说 $\mathrm{Dt}(\langle A \rangle)$ 只是定义了等价类 $\langle A \rangle$ 的 "行列式的绝对值". 因为在等价类 $\langle A \rangle$ 中可能有元素 $A \in \langle A \rangle$ 使 $\det(A) < 0$, 然后有 $\det(A \otimes I_2) > 0$. 于是无法定义等价类的行列式值.

(ii) 当 $\det(A) = s, \forall A \in \langle A \rangle$ 时, 方可使用记号 $\det(\langle A \rangle) = s$. 实际上, $\det(\langle A \rangle) = 1, \det(\langle A \rangle) > 0$ 等都是合理的.

定义 3.3.2 (i) 设 $A \in \mathcal{M}_{n \times n}$, 那么, A 的准迹 (pseudo trace) 定义为

$$\mathrm{tr}(A) = \frac{1}{n}\mathrm{tr}(A). \tag{3.3.3}$$

(ii) 设 $\langle A \rangle$ 为一方阵的等价类, 那么, $\langle A \rangle$ 的准迹定义为

$$\mathrm{tr}(\langle A \rangle) = \mathrm{Tr}(A), \quad A \in \langle A \rangle. \tag{3.3.4}$$

类似于定义 3.3.1, 可以证明定义 3.3.2 是定义好的. 这个证明留给读者.

这两个函数以后会常用到.

定义 3.3.3 称 $\langle A \rangle$ 具有某种性质, 如果每一个 $A \in \langle A \rangle$ 都具有这种性质. 也称这种性质与等价性相容.

下面给出一些与等价性相容的性质.

命题 3.3.2 (1) 设 $A \in \mathcal{M}$ 为一方阵, 矩阵等价为 $\sim_\ell$ 或 $\sim_r$:

(i) A 是正交阵, 即 $A^{-1} = A^{\mathrm{T}}$;

(ii) $\det(A) = 1$;

(iii) $\mathrm{tr}(A) = 0$;

(iv) A 是上 (下) 三角矩阵;

(v) A 是严格上 (下) 三角矩阵;

(vi) A 是对称 (反对称) 矩阵;

(vii) A 是对角矩阵.

(2) 设 $A \in \mathcal{M}_{2n \times 2n}$, $n = 1, 2, \cdots$, 且

$$J = \begin{bmatrix} 0 & 1 \\ -1 & 0 \end{bmatrix}. \tag{3.3.5}$$

以下性质与等价性相容:

$$J \ltimes A + A^{\mathrm{T}} \ltimes J = 0. \tag{3.3.6}$$

注 如果一个性质与等价性相容, 那么我们就可以说一个等价类是否具有该性质. 例如, 根据命题 3.3.2, $\langle A \rangle$ 是正交阵, $\det(\langle A \rangle) = 1$ 等均为有效的命题.

定义 3.3.4 一个解析函数 f 称为在等价类 $\mathcal{M}/\sim$ 定义好的, 如果对任何 $A \sim B$ 均有

$$f(A) \sim f(B). \tag{3.3.7}$$

于是, 可以定义

$$f(\langle A \rangle) := \langle f(A) \rangle. \tag{3.3.8}$$

下面这个例子很有用, 它表明指数函数在矩阵等价类上是定义好的.

例 3.3.1 指数函数 $\exp$ 在等价类 $\mathcal{M}/\sim$ 上是定义好的. 这里, $\sim = \sim_\ell$ 或 $\sim = \sim_r$. 为方便计, 下面设 $\sim = \sim_\ell$, 于是, 只要证明以下的等式就够了.

$$e^{A \otimes I_k} = e^A \otimes I_k. \tag{3.3.9}$$

设 $A \in \mathcal{M}_{n \times n}$ 为一方阵, 且 $B = A \otimes I_k$. 利用公式 (2.2.26), 有

$$W(A \otimes I_k)W^{-1} = I_k \otimes A = \mathrm{diag}(\underbrace{A, A, \cdots, A}_{k}),$$

这里 $W = W_{[n,k]}$. 于是可知

$$\begin{aligned}
e^B &= e^{W^{-1}(I_k \otimes A)W} \\
&= W^{-1} e^{\operatorname{diag}(A, A, \cdots, A)} W \\
&= W^{-1} \operatorname{diag}(e^A, e^A, \cdots, e^A) W \\
&= W^{-1} \left[I_k \otimes e^A \right] W = e^A \otimes I_k.
\end{aligned}$$

3.4　矩阵半群

定义 3.4.1　(i) 一个集合 G 连同一个二元算子 $*: G \times G \to G$ 称为一个半群 (semi group), 如果它满足结合律, 即

$$(g_1 * g_2) * g_3 = g_1 * (g_2 * g_3), \quad g_1, g_2, g_3 \in G. \tag{3.4.1}$$

(ii) 一个半群 $(G, *)$ 称为一个么半群 (monoid), 如果存在一个单位元 $e \in G$ 使得

$$e * g = g * e = g, \quad g \in G. \tag{3.4.2}$$

(iii) 一个么半群 $(G, *)$ 称为一个群 (group), 如果对任何 $g \in G$ 都存在它的逆元 $g^{-1} \in G$ 使得

$$g^{-1} * g = g * g^{-1} = e, \quad g \in G. \tag{3.4.3}$$

下面考虑矩阵集合

$$\mathcal{M} := \bigcup_{m \in \mathbb{N}} \bigcup_{n \in \mathbb{N}} \mathcal{M}_{m \times n}.$$

它有如下的代数结构.

命题 3.4.1　$(\mathcal{M}, \ltimes)$ 是一个么半群.

证明　结合律来自 $\ltimes$ 的结合律 (见 (1.3.14)). 单位元是 1. □

请注意, 这个么半群包括了数、向量和任意维数的矩阵. 一个有趣的事实是, 这个群运算包括了数乘, 或者说, 它与数乘一致, 即

$$r \times A = r \ltimes A, \quad r \in \mathbb{R}. \tag{3.4.4}$$

这件事并不 "平凡". 考察 $n \times n$ 矩阵集合 $\mathcal{M}_{n \times n}$. 在经典矩阵乘法下它也是一个么半群 (单位元为 I_n). 但数乘并不满足两矩阵相乘的维数要求, 因此, 要单定义数乘.

定义 3.4.2　设 $(G, *)$ 为一么半群, $H \subset G$ 为一子集. 如果 $(H, *)$ 也是一个么半群, 则称其为 $(G, *)$ 的子么半群, 记作 $S < G$.

下面的命题可用于检验子幺半群.

命题 3.4.2 设 $(G, *)$ 为一幺半群, $H \subset G$ 为一子集. H 为 G 的子幺半群, 当且仅当

(i) 如果 $h_1, h_2 \in H$, 那么 $h_1 * h_2 \in H$;

(ii) $e \in H$, 这里 e 是 G 的单位元.

下面列举 $\mathcal{M}$ 的一些有用的子幺半群:

(i) $\mathcal{M}(k)$:

$$\mathcal{M}(k) := \bigcup_{\alpha \in \mathbb{N}} \bigcup_{\beta \in \mathbb{N}} \mathcal{M}_{k^\alpha \times k^\beta},$$

这里 $k \in \mathbb{N}$ 且 $k > 1$.

显然, $\mathcal{M}(k) < \mathcal{M}$. (在本节 $A < B$ 表示 A 为 B 的子幺半群.) 这个子幺半群在计算 k 维向量空间上的张量时要用到[29]. 它在计算 k 值逻辑动态系统动力学性质时也不可或缺[37,38]. 当 $k = 2$ 时, 逻辑动态系统变为布尔动态系统.

在这个子幺半群上, 矩阵半张量积可定义如下.

定义 3.4.3 (1) 设 $X \in \mathbb{R}^n$ 为一列向量, $Y \in \mathbb{R}^m$ 为一行向量.

(i) 设 $n = pm$ (记为 $X \succ_p Y$): 将 X 等分为 m 块如下

$$X = \left[X_1^{\mathrm{T}}, X_2^{\mathrm{T}}, \cdots, X_m^{\mathrm{T}} \right]^{\mathrm{T}},$$

这里 $X_i \in \mathbb{F}^p, \forall i$. 定义

$$X \ltimes Y := \sum_{s=1}^{m} X_s y_s \in \mathbb{F}^p.$$

(ii) 设 $np = m$ (记为 $X \prec_p Y$): 将 Y 等分为 n 块如下

$$Y = [Y_1, Y_2, \cdots, Y_n],$$

这里 $Y_i \in \mathbb{F}^p, \forall i$. 定义

$$X \ltimes Y := \sum_{s=1}^{m} x_s Y_s \in \mathbb{F}^p.$$

(2) 设 $A \in \mathcal{M}_{m \times n}, B \in \mathcal{M}_{p \times q}$, 这里, 或 $n = tp$ (记为 $A \succ_t B$), 或 $nt = p$ (记为 $A \prec_t B$). 定义

$$A \ltimes B := C = (c_{ij}),$$

这里

$$c_{ij} = \mathrm{Row}_i(A) \ltimes \mathrm{Col}_j(B),$$

其中, 两个向量半张量积定义如前.

注　(i) 由直接计算即可验证: 当 $A \prec_t B$ 或 $B \prec_t A$ $(t \in \mathbb{N})$ 时, 这个定义与定义 1.3.2 一致. 虽然这个定义不像定义 1.3.2 那么一般, 但它有明确的物理意义. 特别是, 多数实际应用的矩阵半张量积均属这一类.

(ii) 不幸的是, 这种定义方法对矩阵右半张量积 $\ltimes$ 不适用. 这是矩阵左半张量积与右半张量积的最大不同.

继续讨论 $\mathcal{M}$ 的子幺半群.

1. $\mathcal{V}$

$$\mathcal{V} := \bigcup_{k \in \mathbb{N}} \mathcal{M}_{k \times 1}.$$

显然 $\mathcal{V} < \mathcal{M}$.

这个子幺半群由所有的列向量组成. 在这个子幺半群上矩阵左半张量积与 Kronecker 积一致.

记由行向量组成的集合为 $\mathcal{V}^{\mathrm{T}}$, 显然 $\mathcal{V}^{\mathrm{T}} < \mathcal{M}$.

下面考察一些 $\mathcal{M}$ 的子半群, 它们不是子幺半群, 因为它们不包含单位元 $e = 1$.

2. $\mathcal{L}$

$$\mathcal{L} := \{A \in \mathcal{M} \,|\, \mathrm{Col}(A) \subset \Delta_s, \, s \in \mathbb{N}\}.$$

显然, $\mathcal{L} < \mathcal{M}$. 这个子半群由所有的逻辑矩阵组成. 它用于表示逻辑映射的复合.

3. $\mathcal{P}$

$$\mathcal{P} := \{A \in \mathcal{M} \,|\, \mathrm{Col}(A) \subset \Upsilon_s, \, s \in \mathbb{N}\},$$

这里 Υ_s 是 s 维概率向量集合. 这个子半群由所有的概率矩阵组成. 它用于表示概率逻辑映射.

显然, $\mathcal{P} < \mathcal{M}$.

注　(i) $x \in \mathbb{R}^s$ 称为一个概率向量 (probabilistic vector), 如果 $x = (x_1, \cdots, x_s)^{\mathrm{T}}$, 这里 $x_i \geq 0$, $i = 1, \cdots, s$, 并且 $\sum_{i=1}^s x_i = 1$.

(ii) s 维概率向量集合记作 Υ_s.

(iii) $A \in \mathcal{M}_{m \times n}$ 称为一个概率矩阵 (probabilistic matrix), 如果

$$\mathrm{Col}(A) \subset \Upsilon_m.$$

(iv) $m \times n$ 维概率矩阵集合记作 $\Upsilon_{m \times n}$.

4. $\mathcal{L}(k)$

$$\mathcal{L}(k) := \mathcal{L} \cap \mathcal{M}(k).$$

显然, $\mathcal{L}(k) < \mathcal{L} < \mathcal{M}$. 这个子么半群用于表示 k 值逻辑映射.

下面定义 "矮矩阵"

$$\mathcal{S} := \{A \in \mathcal{M}_{m \times n} \,|\, m \leqslant n\},$$

以及它的子集: 行满秩阵

$$\mathcal{S}^r := \{A \in \mathcal{M} \,|\, A \text{ 行满秩}\}.$$

我们有以下结论.

命题 3.4.3

$$\mathcal{S}^r < \mathcal{S} < \mathcal{M}. \tag{3.4.5}$$

证明 设 $A \in \mathcal{M}_{m \times n}$, $B \in \mathcal{M}_{p \times q}$ 且 $A, B \in \mathcal{S}$, 则 $m \leqslant n$ 且 $p \leqslant q$. 记 $t = \text{lcm}(n, p)$. 那么, $AB \in \mathcal{M}_{\frac{mt}{n} \times \frac{tq}{p}}$.

易知, $\dfrac{mt}{n} \leqslant \dfrac{tq}{p}$, 故 $AB \in \mathcal{S}$. 后半部分获证.

至于前半部分, 设 $A, B \in \mathcal{S}^r$. 于是

$$\begin{aligned}
\text{rank}(AB) &= \text{rank}\left[\left(A \otimes I_{t/n}\right)\left(B \otimes I_{t/p}\right)\right] \\
&\geqslant \text{rank}\left[\left(A \otimes I_{t/n}\right)\left(B \otimes I_{t/p}\right)\left(B^{\text{T}}(BB^{\text{T}})^{-1} \otimes I_{t/p}\right)\right] \\
&= \text{rank}\left[\left(A \otimes I_{t/n}\right)\left(I_p \otimes I_{t/p}\right)\right] \\
&= \text{rank}\left(A \otimes I_{t/n}\right) = mt/n.
\end{aligned}$$

因此, $AB \in \mathcal{S}^r$. $\qquad\square$

类似地可以定义 "高" 矩阵集合, 记作 $\mathcal{H}$, 以及列满秩矩阵集合, 记作 $\mathcal{H}^c$. 同样可以证明

$$\mathcal{H}^c < \mathcal{H} < \mathcal{M}. \tag{3.4.6}$$

注 本节得到的所有结果对右半张量积均成立, 只要对记号作一点相应的改动就行了.

3.5 矩阵的半张量和

矩阵的基本运算有两种: 乘法与加法. 矩阵半张量积将普通矩阵乘法推广到任

意两个矩阵. 那么, 我们能否将矩阵的加法也加以推广呢? 直观地说, 经典矩阵乘法对因子维数只有一个要求, 即前矩阵的列数与后矩阵的行数相等. 通过乘以不同维数的单位阵, 则可让放大了的两矩阵满足这个条件. 而矩阵的经典加法则要求两个加项矩阵的列数和行数都必须相等. 这相当于两个条件. 因此, 类似的处理难以满足这两个条件. 对整体矩阵集合推广加法是很困难的. 我们先对其一类子集进行推广. 下面考虑这类子类:

定义

$$\mathcal{M}_\mu := \left\{ A \in \mathcal{M}_{m \times n} \,\middle|\, m/n = \mu \right\}, \quad \mu \in \mathbb{Q}_+, \tag{3.5.1}$$

这里 $\mathbb{Q}_+$ 是正有理数集, μ 是一个正有理数. 那么, 显然, 有如下分割:

$$\mathcal{M} = \bigcup_{\mu \in \mathbb{Q}_+} \mathcal{M}_\mu. \tag{3.5.2}$$

注 为避免混淆, 我们假定 $\mathbb{Q}_+$ 中的分数都是既约的, 即对每个 $\mu \in \mathbb{Q}_+$, 存在唯一的互质正整数对 (μ_y, μ_x), 使得

$$\mu = \frac{\mu_y}{\mu_x}.$$

定义 3.5.1 (i) 设 $\mu \in \mathbb{Q}_+$, p 与 q 互质, 且 $p/q = \mu$, 则 $\mu_y = p$ 及 $\mu_x = q$ 分别称为 μ 的 y 分量与 x 分量.

(ii) 将 $\mathcal{M}_\mu$ 所包含的不同维数的子空间记为

$$\mathcal{M}_\mu^i := \mathcal{M}_{i\mu_y \times i\mu_x}, \quad i = 1, 2, \cdots.$$

注意

$$\mathcal{M}_\mu^i \neq \mathcal{M}_{\mu^i}.$$

定义 3.5.2 设 $A, B \in \mathcal{M}_\mu$. 准确地说, 令 $A \in \mathcal{M}_{m \times n}$, $B \in \mathcal{M}_{p \times q}$, 并且, $m/n = p/q = \mu$. 记 $t = \mathrm{lcm}\{m, p\}$, 那么:

(i) A 和 B 的左一型矩阵加法 (left type-1 matrix addition) (简称左 M-1 加法), 记作 $\Vdash$, 定义为

$$A \Vdash B := \left(A \otimes I_{t/m}\right) + \left(B \otimes I_{t/p}\right). \tag{3.5.3}$$

(ii) 相应地, A 和 B 的左一型矩阵减法 (left type-1 matrix subtraction) (简称左 M-1 减法), 记作 $\vdash$, 定义为

$$A \vdash B := A \Vdash (-B). \tag{3.5.4}$$

(iii) A 和 B 的右一型矩阵加法 (简称右 M-1 加法), 记作 $\mathbin{+\!\!\!\!\dashv}$, 定义为

$$A \mathbin{+\!\!\!\!\dashv} B := \left(I_{t/m} \otimes A\right) + \left(I_{t/p} \otimes B\right). \tag{3.5.5}$$

(iv) 相应地, A 和 B 的右一型矩阵减法 (right type-1 matrix subtraction) (简称右 M-1 减法), 记作 $\dashv$, 定义为

$$A \dashv B := A \mathbin{+\!\!\!\!\dashv} (-B). \tag{3.5.6}$$

注 设 $\sigma \in \{\mathbin{\vdash\!\!\!\!+}, \vdash, \mathbin{+\!\!\!\!\dashv}, \dashv\}$ 为以上四个二元算子中的一个, 那么, 容易验证以下的结果:

(i) 如果 $A, B \in \mathcal{M}_\mu$, 那么 $A\sigma B \in \mathcal{M}_\mu$;

(ii) 如果 A 和 B 如定义 3.5.2 所述, 那么 $A\sigma B \in \mathcal{M}_{t\times \frac{nt}{m}}$;

(iii) 令 $s = \operatorname{lcm}(n, q)$, 且 $s/n = t/m$ 及 $s/q = t/p$. 那么 σ 也可以用相应的列数来定义, 例如

$$A \mathbin{\vdash\!\!\!\!+} B := \left(A \otimes I_{s/n}\right) + \left(B \otimes I_{s/q}\right) \text{ 等.}$$

下面继续考察 $\mathcal{M}_\mu$. 首先, 定义零元

$$Z := \left\{\mathbf{0}_{k\mu_y \times k\mu_x} \mid k = 1, 2, \cdots\right\}. \tag{3.5.7}$$

换言之, 将 $\mathcal{M}_\mu$ 中所有零矩阵放到一起, 称为 $\mathcal{M}_\mu$ 中的零. 那么, 得到一个商空间 $\mathcal{M}_\mu/Z$. 为避免使用过多符号, 这个商空间仍记作 $\mathcal{M}_\mu$. 关于 Z, 定义运算

$$\begin{aligned}
&aZ = Z, \quad a \in \mathbb{R},\\
&Z \ltimes A = Z \rtimes A = A \ltimes Z = A \rtimes Z = Z, \quad A \in \mathcal{M},\\
&Z \mathbin{\vdash\!\!\!\!+} A = A \mathbin{\vdash\!\!\!\!+} Z = A, \quad A \in \mathcal{M}_\mu,\\
&Z \mathbin{+\!\!\!\!\dashv} A = A \mathbin{+\!\!\!\!\dashv} Z = A, \quad A \in \mathcal{M}_\mu.
\end{aligned}$$

下面回顾向量空间并将其推广到准向量空间.

定义 3.5.3[101] 设 X 为一集合, X 称为 $\mathbb{R}$ 上的一个向量空间, 如果存在一个从 $X \times X$ 到 X 的映射, 称为加法, 记作 $(x, y) \mapsto x + y$, 一个从 $\mathbb{R} \times X$ 到 X 的映射, 称为数乘, 记作 $(a, x) \mapsto ax$, 使以下条件成立 ($x, y, z \in X$, $a, b \in \mathbb{R}$) :

(1) $(x + y) + z = z + (y + z)$.

(2) $x + y = y + x$.

(3) 存在唯一元素 $0 \in X$, 使得 $x + 0 = x$, $\forall x \in X$.

(4) 对每一个 $x \in X$, 存在唯一 $z = -x \in X$ 使得 $x + z = 0$.

(5) $a(x + y) = ax + ay$.

(6) $(a + b)x = ax + bx$.

(7) $a(bx) = (ab)x$.

(8) $1x = x$.

定义 3.5.4   设 X 及其上定义的加法 $+$ 和数乘 $\cdot$ 满足上述向量空间的几乎所有要求, 只是 0 是一个集合 Z, 从而对每个 $x \in X$ 其逆 $-x$ 也不唯一, 那么称 X 为一个准向量空间 (quasi-vector space).

根据定义, 可直接验证以下结论.

命题 3.5.1 $\mathcal{M}_\mu$ 在左 (右) M-1 加法和普通数乘不是一个向量空间, 只是一个准向量空间, 这里, 对每一个 $x \in \mathcal{M}_\mu$, 其逆为

$$-x := \{y \,|\, x + y \in Z\}, \tag{3.5.8}$$

故它不唯一.

3.6   矩阵子集上的代数结构

1. **群结构**

定义

$$\mathcal{M}^\mu := \bigcup_{i=1}^{\infty} \mathcal{M}_{\mu^i}.$$

由定义可得如下命题.

命题 3.6.1   设 $A \in \mathcal{M}_{\mu_1}$, $B \in \mathcal{M}_{\mu_2}$, $\bowtie \in \{\ltimes, \rtimes\}$, 那么

$$A \bowtie B \in \mathcal{M}_{\mu_1 \mu_2}. \tag{3.6.1}$$

基于命题 3.6.1, 定义 $\mathcal{M}^\mu$ 上的一个算子 $\bowtie$ 如下

$$\mathcal{M}_{\mu^m} \bowtie \mathcal{M}_{\mu^n} := \mathcal{M}_{\mu^{m+n}}. \tag{3.6.2}$$

注意, (3.6.2) 只表示

$$\mathcal{M}_{\mu^m} \ltimes \mathcal{M}_{\mu^n} \subset \mathcal{M}_{\mu^{m+n}}.$$

当然也有

$$\mathcal{M}_{\mu^m} \rtimes \mathcal{M}_{\mu^n} \subset \mathcal{M}_{\mu^{m+n}}.$$

因此, 有如下的群结构.

定理 3.6.1   (i) $(\mathcal{M}^\mu, \bowtie)$ 是一个阿贝尔群, 其元素为 $\{\mathcal{M}_{\mu^n} \,|\, n \in \mathbb{Z}\}$.

(ii) 定义映射 $\varphi : \mathcal{M}^\mu \to \mathbb{Z}$ 如下

$$\varphi(\mathcal{M}_{\mu^n}) := n,$$

那么, φ 是从 $(\mathcal{M}^\mu, \bowtie)$ 到 $(\mathbb{Z}, +)$ 的一个群同构.

2. 格结构

回顾 (3.5.1), 即

$$\mathcal{M}_\mu := \left\{ A \in M_{m \times n} \,\middle|\, m/n = \mu \right\}.$$

设 $A_\alpha \in \mathcal{M}_\mu^\alpha$, $A_\beta \in \mathcal{M}_\mu^\beta$, $A_\alpha \sim A_\beta$, 并且 $\alpha|\beta$, 那么 $A_\alpha \otimes I_k = A_\beta$, 这里 $k = \beta/\alpha$. 因此, 可以定义一个浸入映射 (embedding mapping) $\mathrm{bd}_k : \mathcal{M}_\mu^\alpha \to \mathcal{M}_\mu^\beta$ 如下.

$$\mathrm{bd}_k(A) := A \otimes I_k. \tag{3.6.3}$$

这样, $\mathcal{M}_\mu^\alpha$ 可以看作 $\mathcal{M}_\mu^\beta$ 的一个子空间. 这个空间-子空间关系决定了一个序

$$\mathcal{M}_\mu^\alpha \sqsubset \mathcal{M}_\mu^\beta. \tag{3.6.4}$$

如果 (3.6.4) 成立, 则称 $\mathcal{M}_\mu^\alpha$ 为 $\mathcal{M}_\mu^\beta$ 的因子空间 (divisor space), 或 $\mathcal{M}_\mu^\beta$ 为 $\mathcal{M}_\mu^\alpha$ 的乘子空间 (multiplier space).

记 $i \wedge j = \gcd(i, j)$ 及 $i \vee j = \mathrm{lcm}(i, j)$. 利用由 (3.6.4) 所定义的序, 则 $\mathcal{M}_\mu$ 有如下结构.

定理 3.6.2 (i) 给定 $\mathcal{M}_\mu^i$ 及 $\mathcal{M}_\mu^j$, 其最大公因子为 $\mathcal{M}_\mu^{i \wedge j}$, 其最小公倍子为 $\mathcal{M}_\mu^{i \vee j}$ (图 3.6.1).

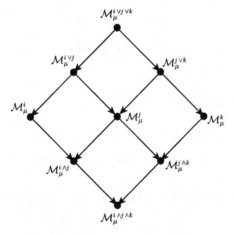

图 3.6.1 $\mathcal{M}_\mu$ 上的格结构

(ii) 设 $A \sim B$, 其中 $A \in \mathcal{M}_\mu^i$ 及 $B \in \mathcal{M}_\mu^j$. 那么, 它们的最大公因子为 $\Lambda = \gcd(A, B) \in \mathcal{M}_\mu^{i \wedge j}$, 其最小公倍子为 $\Theta = \mathrm{lcm}(A, B) \in \mathcal{M}_\mu^{i \vee j}$.

证明 子空间之间的序关系与 $(\langle A \rangle, \prec)$ 中元素的序关系相同, 结论显见. $\square$

定义

$$\begin{aligned}
\mathcal{M}_\mu^i \wedge \mathcal{M}_\mu^j &= \mathcal{M}_\mu^{i \wedge j}, \\
\mathcal{M}_\mu^i \vee \mathcal{M}_\mu^j &= \mathcal{M}_\mu^{i \vee j}.
\end{aligned} \tag{3.6.5}$$

从前面的讨论可立即得到下面的结论.

命题 3.6.2 考察 $\mathcal{M}_\mu$. 以下几个命题等价:

(i) $\mathcal{M}_\mu^\alpha \sqsubset \mathcal{M}_\mu^\beta$;

(ii) $\mathcal{M}_\mu^\alpha$ 是 $\mathcal{M}_\mu^\beta$ 的因子空间;

(iii) α 是 β 的因子, 即 $\alpha|\beta$;

(iv) $\mathcal{M}_\mu^\alpha \wedge \mathcal{M}_\mu^\beta = \mathcal{M}_\mu^\alpha$;

(v) $\mathcal{M}_\mu^\alpha \vee \mathcal{M}_\mu^\beta = \mathcal{M}_\mu^\beta$.

由 (3.6.4) 定义的序 $\sqsubset$ 不难看出, $\mathcal{M}_\mu^i(i=1,2,\cdots)$ 形成一个格.

命题 3.6.3 $(\mathcal{M}_\mu, \sqsubset)$ 是一个格, 这里

$$\sup\left(\mathcal{M}_\mu^\alpha, \mathcal{M}_\mu^\beta\right) = \mathcal{M}_\mu^{\alpha\vee\beta},$$
$$\inf\left(\mathcal{M}_\mu^\alpha, \mathcal{M}_\mu^\beta\right) = \mathcal{M}_\mu^{\alpha\wedge\beta}. \tag{3.6.6}$$

容易验证以下性质.

命题 3.6.4 考察格 $(\mathcal{M}_\mu, \sqsubset)$.

(1) 它具有一个最小因子空间 $\mathcal{M}_\mu^1 = \mathcal{M}_{p\times q}$, 这里 p, q 互质, 且 $p/q = \mu$, 即

$$\mathcal{M}_\mu^i \wedge \mathcal{M}_\mu^1 = \mathcal{M}_\mu^1,$$
$$\mathcal{M}_\mu^i \vee \mathcal{M}_\mu^1 = \mathcal{M}_\mu^i.$$

但它没有最大元.

(2) 这个格是分配格 (distributive lattice), 即

$$\mathcal{M}_\mu^i \wedge \left(\mathcal{M}_\mu^j \vee \mathcal{M}_\mu^k\right) = \left(\mathcal{M}_\mu^i \wedge \mathcal{M}_\mu^j\right) \vee \left(\mathcal{M}_\mu^i \wedge \mathcal{M}_\mu^k\right),$$
$$\mathcal{M}_\mu^i \vee \left(\mathcal{M}_\mu^j \wedge \mathcal{M}_\mu^k\right) = \left(\mathcal{M}_\mu^i \vee \mathcal{M}_\mu^j\right) \wedge \left(\mathcal{M}_\mu^i \vee \mathcal{M}_\mu^k\right).$$

(3) 对任何有限个子空间集合 $\mathcal{M}_\mu^{i_s}$, $s = 1, 2, \cdots, r$, 存在一个最小上限 $\mathcal{M}_\mu^u$, $u = \vee_{s=1}^r i_s$, 使得

(i)

$$\mathcal{M}_\mu^{i_s} \sqsubset \mathcal{M}_\mu^u, \quad s = 1, 2, \cdots, r;$$

(ii) 如果

$$\mathcal{M}_\mu^{i_s} \sqsubset \mathcal{M}_\mu^v, \quad s = 1, 2, \cdots, r,$$

那么

$$\mathcal{M}_\mu^u \sqsubset \mathcal{M}_\mu^v.$$

下面考虑格 $\mathcal{M}_\mu$ 与其子格间的同构.

设 $\mu = \mu_x/\mu_y$ 且 $\mu_x \wedge \mu_y = 1$. 定义

$$\mathcal{M}_{\mu(k)} := \{\mathcal{M}_{\ell\mu_x \times \ell\mu_y} \mid k|\ell\}.$$

显见 $\mathcal{M}_{\mu(k)}$ 是 $\mathcal{M}_\mu$ 的一个子格.

并且, 如果定义一个映射 $\pi: \mathcal{M}_\mu \to \mathcal{M}_{\mu(k)}$ 如下

$$\pi: A \mapsto A \otimes I_k, A \in \mathcal{M}_{\alpha\mu_x \times \alpha\mu_y},$$

那么显见 π 是一个格同构, 即不难验证

$$\mathcal{M}_{\mu(k)} \cong \mathcal{M}_\mu.$$

注 (i) 实际上, 不难验证 $(\mathcal{M}_\mu, \sqsubset)$ 具有一个自然格结构. 相应的同构为 $\pi: \mathcal{M}_\mu^i \mapsto i$.

(ii) 考察 $(\mathbb{N}, \prec)$. 令 $\mathbb{N} \times k := \{s \in \mathbb{N} \mid k|s\}$. 那么, $(\mathbb{N} \times k, \prec) \subset (\mathbb{N}, \prec)$ 为一个子格. 并且, $(\mathbb{N} \times k, \prec) \cong (\mathbb{N}, \prec)$, 其同构映射为 $rk \mapsto r$.

下面考察子空间格与等价类格之间的关系.

设 $A \in \mathcal{M}_\mu^i$ 是不可约的, 定义映射 $\varphi: \langle A \rangle \to \mathcal{M}_\mu$ 如下

$$\varphi(A_j) := \mathcal{M}_\mu^{ij}, \quad j = 1, 2, \cdots, \tag{3.6.7}$$

这里 $A_j = A \otimes I_j$, 则有如下结论.

命题 3.6.5 由 (3.6.7) 定义的映射 $\varphi: \langle A \rangle \to \mathcal{M}_\mu$ 是从 $(\langle A \rangle, \prec)$ 到 $(\mathcal{M}_\mu, \sqsubset)$ 的一个格同态.

下面考察不同 μ 对应的 $\mathcal{M}_\mu$. 以下的关系也是显见的.

命题 3.6.6 定义一个映射 $\varphi: \mathcal{M}_\mu \to \mathcal{M}_\lambda$ 如下

$$\varphi(\mathcal{M}_\mu^i) := \mathcal{M}_\lambda^i.$$

映射 $\varphi: (\mathcal{M}_\mu, \sqsubset) \to (\mathcal{M}_\lambda, \sqsubset)$ 是一个格同构.

例 3.6.1 根据命题 3.6.6, 如果仍假定 $A \in \mathcal{M}_\mu^i$ 而将 (3.6.7) 中的 μ 用任意 $\alpha \in \mathbb{Q}_+$ 来代替, 即定义

$$\varphi(A_j) := \mathcal{M}_\alpha^{ij}, \quad j = 1, 2, \cdots,$$

那么, 不难看出 $\varphi: (\langle A \rangle, \prec) \to (\mathcal{M}_\alpha, \sqsubset)$ 是一个格同态.

设 $\varphi: (H, \prec) \to (M, \sqsubset)$ 为一个一对一的格同态. 那么, $\varphi: H \to \varphi(H)$ 是一个格同构. 因此, $\varphi(H)$ 是 $(M, \sqsubset)$ 的一个子格. 如果将 H 等同于 $\varphi(H)$, 那么, 就可以简单地称 H 为 M 的一个子格.

定义 3.6.1 设 $(L, \prec)$ 和 $(M, \sqsubset)$ 为两个格. 在乘积集合

$$L \times M := \{(\ell, m) \mid \ell \in L, m \in M\}$$

上定义一个乘积序 $\sqsubset := \prec \times \sqsubset$ 如下: $(\ell_1, m_1) \sqsubset (\ell_2, m_2)$, 当且仅当 $\ell_1 \prec \ell_2$ 且 $m_1 \sqsubset m_2$.

定理 3.6.3 设 $(L, \prec)$ 和 $(M, \sqsubset)$ 为两个格. 那么, $(L \times M, \prec \times \sqsubset)$ 也是一个格, 称为 $(L, \prec)$ 和 $(M, \sqsubset)$ 的乘积格.

证明 设 (ℓ_1, m_1) 和 (ℓ_2, m_2) 为 $L \times M$ 中的两个元素. $\ell_s = \sup(\ell_1, \ell_2)$, $m_s = \sup(m_1, m_2)$, 那么, $(\ell_s, m_s) \supset (\ell_j, m_j)$, $j = 1, 2$. 要证 $(\ell_s, m_s) = \sup((\ell_1, m_1), (\ell_2, m_2))$. 令 $(\ell, m) \supset (\ell_j, m_j)$, $j = 1, 2$. 那么, $\ell \succ \ell_j$ 且 $m \sqsupset m_j$, $j = 1, 2$. 于是有 $\ell \succ \ell_s$ 及 $m \sqsupset m_s$. 所以, $(\ell, m) \supset (\ell_s, m_s)$. 于是可知

$$(\ell_s, m_s) = \sup\left((\ell_1, m_1), (\ell_2, m_2)\right).$$

类似地, 设 $\ell_i = \inf(\ell_1, \ell_2)$ 及 $m_i = \inf(m_1, m_2)$, 那么, 可以证明

$$(\ell_i, m_i) = \inf\left((\ell_1, m_1), (\ell_2, m_2)\right). \qquad \square$$

显然, 一个格同态是一个保序映射. 下面的例子说明, 一个保序映射未必是一个格同态.

例 3.6.2 考虑两个格 $(\mathcal{M}_\mu, \sqsubset)$ 和 $(\mathcal{M}_\lambda, \sqsubset)$ 的乘积. 定义映射

$$\varphi : (\mathcal{M}_\mu, \sqsubset) \times (\mathcal{M}_\lambda, \sqsubset) \to (\mathcal{M}_{\mu\lambda}, \sqsubset)$$

为

$$\varphi\left(\mathcal{M}_\mu^p \times \mathcal{M}_\lambda^q\right) := \mathcal{M}_{\mu\lambda}^{pq}.$$

设 $\mathcal{M}_\mu^i \sqsubset \mathcal{M}_\mu^j$ 且 $\mathcal{M}_\lambda^s \sqsubset \mathcal{M}_\lambda^t$, 那么, $i|j$ 且 $s|t$. 依乘积格的定义, 有

$$\mathcal{M}_\mu^i \times \mathcal{M}_\lambda^s \sqsubset \times \sqsubset \mathcal{M}_\mu^j \times \mathcal{M}_\lambda^t.$$

因为 $is|jt$, 有

$$\varphi\left(\mathcal{M}_\mu^i \times \mathcal{M}_\lambda^s\right) = \mathcal{M}_{\mu\lambda}^{is} \sqsubset \mathcal{M}_{\mu\lambda}^{jt} = \varphi\left(\mathcal{M}_\mu^j \times \mathcal{M}_\lambda^t\right). \tag{3.6.8}$$

所以, φ 是一个保序映射.

考察乘积空间中的两个元素 $\alpha = \mathcal{M}_\mu^p \times \mathcal{M}_\lambda^s$ 和 $\beta = \mathcal{M}_\mu^q \times \mathcal{M}_\lambda^t$. 依照定理 3.6.3 中的讨论, 不难看出

$$\mathrm{lcm}(\alpha, \beta) = \mathcal{M}_\mu^{p \vee q} \times \mathcal{M}_\lambda^{s \vee t}, \quad \gcd(\alpha, \beta) = \mathcal{M}_\mu^{p \wedge q} \times \mathcal{M}_\lambda^{s \wedge t}.$$

于是

$$\varphi(\operatorname{lcm}(\alpha,\beta)) = \mathcal{M}_{\mu\lambda}^{(p\vee q)(s\vee t)}, \quad \varphi(\gcd(\alpha,\beta)) = \mathcal{M}_{\mu\lambda}^{(p\wedge q)(s\wedge t)}.$$

考察

$$\varphi(\alpha) = \mathcal{M}_{\mu\lambda}^{ps}, \quad \varphi(\beta) = \mathcal{M}_{\mu\lambda}^{qt}.$$

现在有

$$\operatorname{lcm}(\varphi(\alpha),\varphi(\beta)) = \mathcal{M}_{\mu\lambda}^{(ps)\vee(qt)}, \quad \gcd(\varphi(\alpha),\varphi(\beta)) = \mathcal{M}_{\mu\lambda}^{(ps)\wedge(qt)}.$$

显然, 在一般情况下

$$(p \vee q)(s \vee t) \neq (ps) \vee (qt),$$

同样

$$(p \wedge q)(s \wedge t) \neq (ps) \wedge (qt).$$

因此, φ 不是一个格同态.

下面考虑右等价下的格关系.

设 $A_\alpha \in \mathcal{M}_\mu^\alpha$, $A_\beta \in \mathcal{M}_\mu^\beta$, $A_\alpha \sim_r A_\beta$, 且 $\alpha|\beta$, 那么, $I_k \otimes A_\alpha = A_\beta$, 这里 $k = \beta/\alpha$. 类似于左等价, 可以定义一个右浸入映射: $\operatorname{bd}_k^r : \mathcal{M}_\mu^\alpha \to \mathcal{M}_\mu^\beta$ 如下

$$\operatorname{bd}_k^r(A) := I_k \otimes A. \tag{3.6.9}$$

利用这个空间-子空间关系 (3.6.9), 可以定义一个序关系如下

$$\mathcal{M}_\mu^\alpha \sqsubset_r \mathcal{M}_\mu^\beta. \tag{3.6.10}$$

由重复对 $(\mathcal{M}_\mu, \sqsubset)$ 的讨论可知如下结论.

定理 3.6.4 (i) $(\mathcal{M}_\mu, \sqsubset_r)$ 是一个格;

(ii) $\mathcal{M}_\mu$ 上的恒等映射 $\operatorname{id} : (\mathcal{M}_\mu, \sqsubset) \to (\mathcal{M}_\mu, \sqsubset_r)$ 是一个格同构.

考察 $\langle A \rangle_r$, 利用 (3.6.7) 所定义的 φ, 可以得到与命题 3.6.5 平行的命题.

命题 3.6.7 由 (3.6.7) 所定义的 $\varphi : \langle A \rangle_r \to \mathcal{M}_\mu$ 是一个从 $(\langle A \rangle_r, \prec_r)$ 到 $(\mathcal{M}_\mu, \sqsubset_r)$ 的格同态.

3.7 商空间及其代数结构

3.7.1 商空间的幺半群结构

回忆 $\mathcal{M}$ 上的两种 M-1 等价, 即由 (3.1.1) 定义的左 M-1 等价与由 (3.1.2) 定义的右 M-1 等价. 利用它们可以定义相应的商空间.

定义 3.7.1   设 $\sim \in \{\sim_\ell, \sim_r\}$ 矩阵集的商空间定义为

$$\Sigma := \mathcal{M}/\sim . \tag{3.7.1}$$

为讨论方便, 以下假定约定的等价为 $\sim = \sim_\ell$. 稍做修正, 即可知以下结论对 $\sim_r$ 也是对的.

定义 3.7.2[101]   (i) 一个非空集合 S 与其上的一个二元映射 $\sigma : S \times S \to S$ 称为一个代数系统 (algebraic system).

(ii) 设 $\sim$ 是代数系统 (S, σ) 上的一个等价关系. 这个等价关系称为恰当关系 (congruence relation), 如果对任何 $A, B, C, D \in S$, $A \sim C$ 且 $B \sim D$, 则

$$A \,\sigma B \sim C \sigma D. \tag{3.7.2}$$

命题 3.7.1   考察代数系统 $(\mathcal{M}, \ltimes)$ 及其上的等价关系 $\sim = \sim_\ell$. 则 $\sim$ 是一个恰当关系.

证明   设 $A \sim \tilde{A}$ 及 $B \sim \tilde{B}$. 根据定理 3.1.1, 存在 $U \in \mathcal{M}_{m \times n}$ 及 $V \in \mathcal{M}_{p \times q}$, 使得

$$A = U \otimes I_s, \quad \tilde{A} = U \otimes I_t;$$
$$B = V \otimes I_\alpha, \quad \tilde{B} = V \otimes I_\beta.$$

记

$$n \vee p = r, \quad ns \vee \alpha p = r\xi, \quad nt \vee \beta p = r\eta.$$

则有

$$A \ltimes B = \left(U \otimes I_s \otimes I_{r\xi/ns}\right)\left(V \otimes I_\alpha \otimes I_{r\xi/\alpha p}\right)$$
$$= \left[\left(U \otimes I_{r/n}\right)\left(V \otimes I_{r/p}\right)\right] \otimes I_\xi.$$

同样可得

$$\tilde{A} \ltimes \tilde{B} = \left[\left(U \otimes I_{r/n}\right)\left(V \otimes I_{r/p}\right)\right] \otimes I_\eta.$$

于是可知 $A \ltimes B \sim \tilde{A} \ltimes \tilde{B}$.   □

显然, 命题 3.7.1 对右等价关系 $\sim_r$ 也成立.

命题 3.7.1 可以在等价类上定义 MM-1 半张量积.

定义 3.7.3   设 $\langle A \rangle, \langle B \rangle \in \Sigma$. 那么, 其半张量积定义为

$$\langle A \rangle \ltimes \langle B \rangle := \langle A \ltimes B \rangle . \tag{3.7.3}$$

由命题 3.7.1 可知, $\ltimes$ 在商空间 Σ 上是定义好的. 下面的命题是定义的直接推论.

命题 3.7.2 (i) $(\Sigma, \ltimes)$ 是一个么半群.

(ii) 设 $\mathcal{S} < \mathcal{M}$ 为一子 (么) 半群, 那么, $\mathcal{S}/\sim$ 也是 Σ 的一个子 (么) 半群, 即

$$\mathcal{S}/\sim \;<\; \Sigma.$$

因为在命题 3.7.2 中 $\mathcal{S}$ 可以是 $\mathcal{M}$ 的任一子 (么) 半群, 所有以前讨论过的 $\mathcal{M}$ 的子 (么) 半群都有它们对应的 Σ 的子 (么) 半群, 例如, $\mathcal{V}/\sim$, $\mathcal{L}/\sim$ 等均为 Σ 的子 (么) 半群.

记 $\mathcal{M}_1 := \mathcal{M}_{\mu=1}$ 为方阵集合, $\Sigma_1 := \mathcal{M}_1/\sim$, 则 Σ_1 为 Σ 的子么半群. 它有特殊的重要性.

下面的例子给出 Σ 的一些重要的子么半群.

例 3.7.1 (i) 定义

$$\mathcal{O}_\Sigma := \{\langle A \rangle \,|\, A \text{ 可逆}, \text{且} A^{-1} = A^{\mathrm{T}}\}. \tag{3.7.4}$$

$\mathcal{O}_\Sigma$ 是 Σ 的子么半群. 首先, 根据命题 3.3.2, $\mathcal{O}_\Sigma$ 是定义好的集合. 其次, 直接计算可知: 如果 $\langle A \rangle, \langle B \rangle \in \mathcal{O}_\Sigma$, 那么 $\langle A \rangle \ltimes \langle B \rangle \in \mathcal{O}_\Sigma$, 并且单位元 $1 \in \mathcal{O}_\Sigma$. 根据命题 3.7.2, $\mathcal{O}_\Sigma < \Sigma$ 是一个子么半群.

(ii) 定义

$$\mathcal{S}_\Sigma := \{\langle A \rangle \,|\, \mathrm{Dt}(\langle A \rangle) = 1\}. \tag{3.7.5}$$

那么 $\mathcal{S}_\Sigma < \Sigma$ 是一个子么半群. (我们将验证留给读者.)

(iii) 定义

$$\mathcal{S}_0 := \{\langle A \rangle \,|\, \det(\langle A \rangle) = 1\}. \tag{3.7.6}$$

那么 $\mathcal{S}_0 < \mathcal{S}_\Sigma$ 是一个子么半群.

(iv)

$$\mathcal{T}_0 := \{\langle A \rangle \,|\, \mathrm{Tr}(\langle A \rangle) = 0\} < \Sigma. \tag{3.7.7}$$

(v)

$$\mathcal{U} := \{\langle A \rangle \,|\, \langle A \rangle \text{ 为上三角}\} < \Sigma. \tag{3.7.8}$$

(vi)

$$\mathcal{L} := \{\langle A \rangle \,|\, \langle A \rangle \text{ 为下三角}\} < \Sigma. \tag{3.7.9}$$

(vii) 定义

$$\mathcal{D} := \{\langle A \rangle \,|\, \langle A \rangle \text{ 为对角}\} < \Sigma. \tag{3.7.10}$$

3.7.2　商空间上的 M-1 加法

本小节的目的是将由定义 3.5.2 给出的 $\mathcal{M}_\mu$ 上的加法推广到 Σ_μ 上去. 为此目的, 我们需要下述结果.

定理 3.7.1　考察代数系统 $(\mathcal{M}_\mu, \sigma)$, 这里 $\sigma \in \{\Vdash, \vdash\}$ 并且 $\sim = \sim_\ell$ (或 $\sigma \in \{\Vdash, \dashv\}$ 以及 $\sim = \sim_r$). 那么, 等价关系 $\sim$ 与 σ 是恰当关系.

证明　我们证明第一种情况: $\sigma = \Vdash$ 以及 $\sim = \sim_\ell$. 第二种情况的证明类似.

设 $\tilde{A} \sim_\ell A$, $\tilde{B} \sim_\ell B$. 定义 $P = \gcd(\tilde{A}, A)$, $Q = \gcd(\tilde{B}, B)$, 那么

$$\tilde{A} = P \otimes I_\beta, \quad A = P \otimes I_\alpha; \tag{3.7.11}$$

$$\tilde{B} = Q \otimes I_\gamma, \quad B = Q \otimes I_\delta, \tag{3.7.12}$$

这里 $P \in \mathcal{M}_{x\mu \times x}$, $Q \in \mathcal{M}_{y\mu \times y}$, $x, y \in \mathbb{N}$.

考虑 $\tilde{A} \Vdash \tilde{B}$. 设 $\eta = \mathrm{lcm}(x, y)$, $t = \mathrm{lcm}(x\beta, y\gamma) = \eta\xi$, $s = \mathrm{lcm}(x\alpha, y\delta) = \eta\zeta$. 于是有

$$\begin{aligned}
\tilde{A} \Vdash \tilde{B} &= P \otimes I_\beta \otimes I_{t/x\beta} + Q \otimes I_\gamma \otimes I_{t/y\gamma} \\
&= [(P \otimes I_{\eta/x}) + (Q \otimes I_{\eta/y})] \otimes I_\xi.
\end{aligned} \tag{3.7.13}$$

同理, 有

$$A \Vdash B = [(P \otimes I_{\eta/x}) + (Q \otimes I_{\eta/y})] \otimes I_\zeta. \tag{3.7.14}$$

(3.7.13) 及 (3.7.14) 证明了 $\tilde{A} \Vdash \tilde{B} \sim A \Vdash B$.　　　　　　　　　□

定义左商空间 Σ_μ^ℓ 及右商空间 Σ_μ^r 分别为

$$\Sigma_\mu^\ell := \mathcal{M}_\mu / \sim_\ell; \tag{3.7.15}$$

$$\Sigma_\mu^r := \mathcal{M}_\mu / \sim_r. \tag{3.7.16}$$

根据定理 3.7.1, 算子 $\Vdash$ (或 $\vdash$) 可以被推广到商空间 Σ_μ^ℓ 如下

$$\begin{aligned}
\langle A \rangle_\ell \Vdash \langle B \rangle_\ell &:= \langle A \Vdash B \rangle_\ell, \\
\langle A \rangle_\ell \vdash \langle B \rangle_\ell &:= \langle A \vdash B \rangle_\ell, \quad \langle A \rangle_\ell, \langle B \rangle_\ell \in \Sigma_\mu^\ell.
\end{aligned} \tag{3.7.17}$$

类似地, 也可以在商空间 Σ_μ^r 上定义 $\Vdash$ (或 $\dashv$) 如下

$$\begin{aligned}
\langle A \rangle_r \Vdash \langle B \rangle_r &:= \langle A \Vdash B \rangle_r, \\
\langle A \rangle_r \dashv \langle B \rangle_r &:= \langle A \dashv B \rangle_r, \quad \langle A \rangle_r, \langle B \rangle_r \in \Sigma_\mu^r.
\end{aligned} \tag{3.7.18}$$

例 3.7.2 给定 $\langle A \rangle, \langle B \rangle \in \mathcal{M}_{1/2}$, 这里

$$A = \begin{bmatrix} 1 & -1 \end{bmatrix}; \quad B = \begin{bmatrix} 1 & 2 & -2 & 0 \\ 0 & -1 & 1 & 1 \end{bmatrix}.$$

那么:

(i) $\langle A \rangle \vdash \langle B \rangle = \langle C \rangle$, 这里

$$C = A \otimes I_2 + B = \begin{bmatrix} 2 & 2 & -3 & 0 \\ 0 & 0 & 1 & 0 \end{bmatrix}.$$

(ii) $\langle A \rangle \dashv \langle B \rangle = \langle D \rangle$, 这里

$$D = I_2 \otimes A + B = \begin{bmatrix} 2 & 1 & -2 & 0 \\ 0 & -1 & -2 & 0 \end{bmatrix}.$$

3.7.3 商空间上的向量空间结构

命题 3.5.1 指出 $\mathcal{M}_\mu$ 及其上的加法 $\vdash$ (含减法 $\dashv$) 构成一个准向量空间. 它不是一个向量空间因为零不唯一. 例如, 考虑 $A, B \in \mathcal{M}_{1/2}$ 如下

$$A = \begin{bmatrix} 1 & -1 \end{bmatrix}; \quad B = \begin{bmatrix} 1 & 2 & -2 & 0 \\ 0 & -1 & 1 & 1 \end{bmatrix}.$$

对于 A 我们需要 $Z_1 = \begin{bmatrix} 0 & 0 \end{bmatrix}$ 使得 $A \vdash Z_1 = Z_1 \vdash A = A$. 对于 B 我们需要

$$Z_2 = \begin{bmatrix} 0 & 0 & 0 & 0 \\ 0 & 0 & 0 & 0 \end{bmatrix}.$$

一般地, 我们需要一个零集合

$$Z = \{ \mathbb{Z}_1 \otimes I_k \,|\, k = 1, 2, \cdots \}.$$

因此, 对每个 $x \in \mathcal{M}_{1/2}$, 它的逆不唯一. 例如

$$A \vdash (-A \otimes I_k) \in Z.$$

因此, $(\mathcal{M}_\mu, \vdash)$ 只能是一个准向量空间.

基于上述讨论不难看出 $(\Sigma_\mu, \vdash)$ 是一个向量空间. 因为所有 $\mathcal{M}_\mu$ 中的零元素正好变为一个等价类, 所以, 对给定的 x 它所有的逆也成了一个等价类. 于是有如下结论.

定理 3.7.2   由 (3.7.15) 定义的左商空间 $(\Sigma_\mu^\ell, \boxplus)$ 和由 (3.7.16) 定义的右商空间 $(\Sigma_\mu^r, \boxplus)$ 均为向量空间.

注   (i) 作为一个推论可知, $(\Sigma_\mu^\ell, \boxplus)$ (或 $(\Sigma_\mu^r, \boxplus)$) 是一个阿贝尔群.

(ii) 回忆例 3.3.1, 它说明指数函数 exp 在商空间 Σ_1 上是定义好的.

因为每一个 $\langle A \rangle \in \Sigma$ 都有一个唯一的一个左 (或右) 不可约元素, 记作 A_1 (或 B_1), 使得 $A \sim_\ell A_1$ (或 $A \sim_r B_1$), 通常可以用这个不可约元素 (也称根元素 (root element)) 作为等价类的代表元. 但这不是必要的.

为了记号和讨论的方便, 将 Σ_μ^ℓ 作为约定的商空间, 即当上标 ("ℓ" 或 "r") 不出现时, 默认其为 ℓ, 因此, $\Sigma_\mu = \Sigma_\mu^\ell$, $\sim = \sim_\ell$, $\langle A \rangle = \langle A \rangle_\ell$ 等.

注意到

$$\ltimes : \Sigma_\mu \times \Sigma_\mu \to \Sigma_{\mu^2},$$

因此, 一般情况下 Σ_μ 对矩阵半张量积不封闭, 除非 $\mu = 1$. 因此, Σ_1 在理论上和应用中特别重要.

定义 3.7.4[80]   设 V 为 $\mathbb{R}$ 上的一个向量空间.

(i) V 称为一个代数, 如果其上有一个乘法 $* : V \times V \to V$, 使分配律成立, 即

$$\begin{aligned} &(av_1 + bv_2) * w = a(v_1 * w) + b(v_2 * w), \\ &w * (av_1 + bv_2) = a(w * v_1) + b(w * v_2), \quad a, b \in \mathbb{R}; \ v_1, v_2, w \in V. \end{aligned} \tag{3.7.19}$$

(ii) 一个代数, 如果乘法满足结合律, 即

$$v_1 * (v_2 * w) = (v_1 * v_2) * w, \tag{3.7.20}$$

则称其为结合代数.

(iii) 一个代数, 如果乘法满足交换律, 即

$$v_1 * v_2 = v_2 * v_1, \tag{3.7.21}$$

则称其为交换代数.

根据上述定义可得如下命题.

命题 3.7.3 $\left(\Sigma_1, \vec{\boxplus}, \ltimes \right)$ 是一个结合代数.

第4章 广义矩阵半张量积

至今在文献中出现的矩阵半张量积大体上都是本书第1章所定义的一型矩阵-矩阵半张量积. 不妨将其称为狭义矩阵半张量积. 本章介绍更一般的矩阵半张量积, 称为广义矩阵半张量积. 本章的内容来自文献 [46, 48].

4.1 依赖于矩阵乘子的矩阵半张量积

考虑 (狭义) 矩阵左半张量积: 设 $A \in \mathcal{M}_{m \times n}$, $B \in \mathcal{M}_{p \times q}$, $t = n \vee p$, 则

$$A \ltimes B := (A \otimes I_{t/n})(B \otimes I_{t/p}). \tag{4.1.1}$$

一个自然的问题是, 我们能否用别的什么矩阵 (序列) 来代替单位阵, 以探讨新的矩阵半张量积呢?

设有方阵序列

$$\Gamma_n \in \mathcal{M}_{n \times n}, \quad n = 1, 2, \cdots.$$

利用它, 可以形式地定义一个新的 "矩阵半张量积" 如下

$$A \ltimes_\Gamma B := (A \otimes \Gamma_{t/n})(B \otimes \Gamma_{t/p}).$$

要使这个定义有意义, 我们需要有一些基本要求:

(i) 它必须与矩阵普通积相容, 即当两矩阵维数符合普通矩阵乘法要求时, 新矩阵乘法应与普通矩阵乘法一致.

(ii) 它必须满足矩阵乘法的两个基本要求: 结合律与分配律.

根据相容性要求应有 $\Gamma_1 = 1$. 另外, 为了满足结合律, 我们还要求: $\Gamma_n^2 = \Gamma_n$ 及 $\Gamma_p \otimes \Gamma_q = \Gamma_{pq}$. 于是, 定义一族矩阵如下.

定义 4.1.1 一族方阵

$$\Gamma := \{\Gamma_n \in \mathcal{M}_{n \times n} \,|\, n \geqslant 1\}$$

称为矩阵乘子, 如果它满足

(i) $\Gamma_1 = 1;$ (4.1.2)

(ii) $\Gamma_n \Gamma_n = \Gamma_n;$ (4.1.3)

(iii) $\Gamma_p \otimes \Gamma_q = \Gamma_{pq}.$ (4.1.4)

注　实际上, 不难证明, (i) 可由 (ii) 推出, 因此, 上述定义中 (i) 亦可略去.

定义 4.1.2　设 $\Gamma = \{\Gamma_n \,|\, n \geqslant 1\}$ 为一矩阵乘子, $A \in \mathcal{M}_{m \times n}$, $B \in \mathcal{M}_{p \times q}$. 那么, A 与 B 基于乘子 Γ 的矩阵-矩阵左半张量积定义如下

$$A \ltimes_\Gamma B := \left(A \otimes \Gamma_{t/n} \right) \left(B \otimes \Gamma_{t/p} \right), \tag{4.1.5}$$

这里 $t = n \vee p$.

A 与 B 基于乘子 Γ 的矩阵-矩阵右半张量积定义如下

$$A \rtimes_\Gamma B := \left(\Gamma_{t/n} \otimes A \right) \left(\Gamma_{t/p} \otimes B \right). \tag{4.1.6}$$

它们具有以下的基本性质.

命题 4.1.1　以下, $\bowtie \in \{\ltimes, \rtimes\}$.

(1) (结合律)

$$(A \bowtie_\Gamma B) \bowtie_\Gamma C = A \bowtie_\Gamma (B \bowtie_\Gamma C). \tag{4.1.7}$$

(2) (分配律)

$$\begin{aligned}
(A + B) \bowtie_\Gamma C &= A \bowtie_\Gamma C + B \bowtie_\Gamma C \\
A \bowtie_\Gamma (B + C) &= A \bowtie_\Gamma B + A \bowtie_\Gamma C.
\end{aligned} \tag{4.1.8}$$

(3) (转置)

$$(A \bowtie_\Gamma B)^{\mathrm{T}} = B^{\mathrm{T}} \bowtie_\Gamma A^{\mathrm{T}}. \tag{4.1.9}$$

(4) (逆) 设 Γ_n $(n \geqslant 1)$ 可逆. 如果 A 和 B 均可逆, 则 $A \bowtie_\Gamma B$ 可逆. 并且

$$(A \bowtie_\Gamma B)^{-1} = B^{-1} \bowtie_\Gamma A^{-1}. \tag{4.1.10}$$

证明　只证 $\ltimes_\Gamma$ 的结合律, 其余的类似或显见, 留给读者.

设 $A \in \mathcal{M}_{m \times n}$, $B \in \mathcal{M}_{p \times q}$, $C \in \mathcal{M}_{r \times s}$, 并记

$$\begin{aligned}
n \vee p = nn_1 = pp_1, &\qquad q \vee r = qq_1 = rr_1, \\
r \vee qp_1 = rr_2 = qp_1p_2, &\qquad n \vee pq_1 = nn_2 = pq_1q_2.
\end{aligned} \tag{4.1.11}$$

利用 (4.1.3) 及 (4.1.4), 有

$$\Gamma_p \otimes \Gamma_q = \Gamma_{pq}.$$

则式 (4.1.7) 的左边变换为

$$\begin{aligned}
(A \ltimes_\Gamma B) \ltimes_\Gamma C &= ((A \otimes \Gamma_{n_1})(B \otimes \Gamma_{p_1})) \ltimes_\Gamma C \\
&= (((A \otimes \Gamma_{n_1})(B \otimes \Gamma_{p_1})) \otimes \Gamma_{p_2})(C \otimes \Gamma_{r_2}) \\
&= (((A \otimes \Gamma_{n_1})(B \otimes \Gamma_{p_1})) \otimes (\Gamma_{p_2}\Gamma_{p_2}))(C \otimes \Gamma_{r_2}) \\
&= (A \otimes \Gamma_{n_1p_2})(B \otimes \Gamma_{p_1p_2})(C \otimes \Gamma_{r_2}).
\end{aligned}$$

而式 (4.1.7) 的右边变换为

$$A \ltimes_\Gamma (B \ltimes_\Gamma C) = A \ltimes_\Gamma ((B \otimes \Gamma_{q_1})(C \otimes \Gamma_{r_1}))$$
$$\cdot (A \otimes \Gamma_{n_2})\left(((B \otimes \Gamma_{q_1})(C \otimes \Gamma_{r_1})) \otimes \Gamma_{q_2}\right)$$
$$\cdot (A \otimes \Gamma_{n_2})(B \otimes \Gamma_{q_1 q_2})(C \otimes \Gamma_{r_1 q_2}).$$

因此, 要证明 (4.1.7) 只要以下三个式子成立就够了

$$n_1 p_2 = n_2, \tag{4.1.12a}$$

$$p_1 p_2 = q_1 q_2, \tag{4.1.12b}$$

$$r_2 = r_1 q_2, \tag{4.1.12c}$$

而这就是 (1.3.16), 它在第 1 章已证明过. □

例 4.1.1 (i) 设 $\Gamma = I := \{I_n\}$. 显然, 它是一个矩阵乘子. 实际上

$$\ltimes_\Gamma = \ltimes; \quad \rtimes_\Gamma = \rtimes.$$

(ii) 定义

$$J_n := \frac{1}{n} 1_{n \times n}, \quad n = 1, 2, \cdots. \tag{4.1.13}$$

容易检验, $\Gamma = J := \{J_n \,|\, n = 1, 2, \cdots\}$ 满足 (4.1.2)—(4.1.4), 因此, 它是一个矩阵乘子, 可用于定义新的矩阵半张量积.

(iii) 定义 $\Delta_n^U \in \mathcal{M}_{n \times n}$ 如下

$$\left(\Delta_n^U\right)_{i,j} = \begin{cases} 1, & i = 1, \text{且 } j = 1, \\ 0, & \text{其他.} \end{cases} \tag{4.1.14}$$

容易检验, $\Delta^U := \{\Delta_n^U \,|\, n = 1, 2, \cdots\}$ 满足 (4.1.2)—(4.1.4), 因此, 它是一个矩阵乘子.

(iv) 定义 $\Delta_n^D \in \mathcal{M}_{n \times n}$ 如下

$$\left(\Delta_n^D\right)_{i,j} = \begin{cases} 1, & i = n, \text{且 } j = n, \\ 0, & \text{其他.} \end{cases} \tag{4.1.15}$$

容易检验, $\Delta^D := \{\Delta_n^D \,|\, n = 1, 2, \cdots\}$ 满足 (4.1.2)—(4.1.4), 因此, 它是一个矩阵乘子.

利用 (4.1.13) 定义的矩阵乘子 J, 定义二型矩阵-矩阵半张量积.

定义 4.1.3 利用矩阵乘子 $\Gamma = J = \{J_n \,|\, n = 1, 2, \cdots\}$, 所得到的矩阵半张量积称为二型矩阵-矩阵半张量积. 准确地说, 设 $A \in \mathcal{M}_{m \times n}, B \in \mathcal{M}_{p \times q}, t = n \vee p$, 那么定义

(i) 二型矩阵-矩阵左半张量积为

$$A \circ_\ell B := \left(A \otimes J_{t/n}\right) \left(B \otimes J_{t/p}\right). \tag{4.1.16}$$

(ii) 二型矩阵-矩阵右半张量积为

$$A \circ_r B := \left(J_{t/n} \otimes A\right) \left(J_{t/p} \otimes B\right). \tag{4.1.17}$$

二型矩阵-矩阵半张量积简称为 MM-2 STP. 相应地, 二型矩阵-矩阵左 (右) 半张量积简称为 "左 (右) MM-2 STP".

4.2　依赖于向量乘子的矩阵半张量积

首先定义向量乘子.

定义 4.2.1　一个列向量序列

$$\gamma := \{\gamma_r \in \mathbb{R}^n \,|\, r \geqslant 1\}$$

称为向量乘子, 如果它满足以下条件:

(i)　　　　　　　　　　　　　　$\gamma_1 = 1;$ 　　　　　　　　　　　　　　 (4.2.1)

(ii)　　　　　　　　　　$\gamma_p \otimes \gamma_q = \gamma_{pq}.$ 　　　　　　　　　　 (4.2.2)

下面给出几个向量乘子, 读者可自行检验它们的合法性.

例 4.2.1

(i)　　　　　　　　$\gamma = \mathbf{1} := \{\mathbf{1}_n \,|\, n = 1, 2, \cdots\}.$ 　　　　　　　 (4.2.3)

(ii)　　　　　　　$\gamma = \delta^U := \left\{\delta_n^1 \,|\, n = 1, 2, \cdots\right\}.$ 　　　　　　 (4.2.4)

(iii)　　　　　　$\gamma = \delta^D := \left\{\delta_n^n \,|\, n = 1, 2, \cdots\right\}.$ 　　　　　　 (4.2.5)

命题 4.2.1　如果 $\gamma = \{\gamma_n \,|\, n = 1, 2, \cdots\}$ 是一个向量乘子, 那么, $\gamma' = \{\gamma_n' \,|\, n = 1, 2, \cdots\}$ 也是一个向量乘子, 这里

$$\gamma_n' = n^k \gamma_n, \quad n = 1, 2, \cdots.$$

下面定义矩阵-向量半张量积.

定义 4.2.2　设 Γ 为一矩阵乘子, γ 为一向量乘子, $A \in \mathcal{M}_{m \times n}, x \in \mathbb{R}^r, t = n \vee r$. 那么, A 与 x 的关于 Γ 与 γ 的矩阵-向量半张量积 (简称为 MV-STP), 记作 $\vec{\ltimes}$, 定义如下:

(1) 左 MV-STP:

$$A \vec{\times}_\ell x := \left(A \otimes \Gamma_{t/p}\right) \left(x \otimes \gamma_{t/r}\right). \tag{4.2.6}$$

(2) 右 MV-STP:

$$A \vec{\times}_r x := \left(\Gamma_{t/p} \otimes A\right) \left(\gamma_{t/r} \otimes x\right). \tag{4.2.7}$$

注 (i) 由《线性代数》可知: 一个矩阵 $A \in M_{m \times n}$ 可以看作一个从 $\mathbb{R}^n$ 到 $\mathbb{R}^m$ 的线性映射. 因此, 矩阵与矩阵的乘积是两个线性映射的复合, 而矩阵与向量的乘积, 则是矩阵作为线性映射的实现. 幸运的是, 普通矩阵乘法可以同时实现这两种功能.

(ii) 当我们去掉对矩阵及向量的维数限制后, 这两种功能无法再用同一个乘法来实现. 因为一般情况下将矩阵-矩阵半张量积用于矩阵与向量, 其结果不再是一个向量, 所以矩阵-矩阵半张量积不可能实现线性映射的功能. 因此, 我们需要定义矩阵-矩阵半张量积及矩阵-向量半张量积来分别实现这两种功能.

(iii) 矩阵-向量半张量积用于两个矩阵是允许的: 设 $A \in M_{m \times n}$, $B \in M_{p \times q}$. 那么, 矩阵 A 与矩阵 B 的矩阵-向量 (左) 半张量积可定义如下

$$A \vec{\times}_\ell B := \left(A \otimes \Gamma_{t/n}\right) \left(B \otimes \gamma_{t/p}\right), \tag{4.2.8}$$

这里 $t = n \vee p$. 它的物理意义是: 我们将 B 看作以 B 的列张成的 $\mathbb{R}^p$ 的子空间. 而乘积看作由线性映射 A 作用在 B 的列张成的子空间上.

下面给出两个重要的矩阵-向量半张量积.

定义 4.2.3 (1) 一型矩阵-向量半张量积 (MV-1 STP).

令

$$\Gamma = \{I_n \,|\, n = 1, 2, \cdots\}, \quad \gamma = \{\mathbf{1}_n \,|\, n = 1, 2, \cdots\},$$

则构成的矩阵-向量半张量积称为一型矩阵-向量半张量积, 记作 $\vec{\ltimes}$ (左半张量积) 及 $\vec{\rtimes}$ (右半张量积). 严格地说, 设 $A \in M_{m \times n}$, $x \in \mathbb{R}^r$, $t = n \vee r$. 那么

(i) 左 MV-1 STP:

$$A \vec{\ltimes} x := \left(A \otimes I_{t/p}\right) \left(x \otimes \mathbf{1}_{t/r}\right). \tag{4.2.9}$$

(ii) 右 MV-1 STP:

$$A \vec{\rtimes} x := \left(I_{t/p} \otimes A\right) \left(\mathbf{1}_{t/r} \otimes x\right). \tag{4.2.10}$$

(2) 二型矩阵-向量半张量积 (MV-1 STP).

令
$$\Gamma = \{J_n \,|\, n = 1, 2, \cdots\}, \quad \gamma = \{\mathbf{1}_n \,|\, n = 1, 2, \cdots\},$$

则构成的矩阵-向量半张量积称为二型矩阵-向量半张量积, 记作 $\vec{\circ}_\ell$ (左半张量积) 及 $\vec{\circ}_r$ (右半张量积). 严格地说, 设 $A \in \mathcal{M}_{m\times n}$, $x \in \mathbb{R}^r$, $t = n \vee r$. 那么

(i) 左 MV-2 STP:
$$A \vec{\circ}_\ell x := \left(A \otimes J_{t/p}\right)\left(x \otimes \mathbf{1}_{t/r}\right). \tag{4.2.11}$$

(ii) 右 MV-2 STP:
$$A \vec{\circ}_r x := \left(J_{t/p} \otimes A\right)\left(\mathbf{1}_{t/r} \otimes x\right). \tag{4.2.12}$$

小结一下广义矩阵半张量积.

注　(1) 给定一个矩阵乘子, 就可以定义一个矩阵-矩阵半张量积; 给定一对矩阵乘子与向量乘子, 就可以定义一个矩阵-向量半张量积.

(2) 所有由矩阵乘子定义的矩阵-矩阵半张量积和由矩阵乘子-向量乘子共同定义的矩阵-向量半张量积都是经典矩阵乘法的推广.

(3) 有两个矩阵-矩阵半张量积在应用上特别重要, 它们是

(i) MM-1 STP: 它由 $\Gamma := \{I_n \,|\, n = 1, 2, \cdots\}$ 生成;

(ii) MM-2 STP: 它由 $\Gamma := \{J_n \,|\, n = 1, 2, \cdots\}$ 生成.

(4) 有两个矩阵-向量半张量积在应用上特别重要, 它们是

(i) MV-1 STP: 它由 $\Gamma := \{I_n \,|\, n = 1, 2, \cdots\}$ 与 $\gamma : \{\mathbf{1}_n \,|\, n = 1, 2, \cdots\}$ 生成;

(ii) MV-2 STP: 它由 $\Gamma := \{J_n \,|\, n = 1, 2, \cdots\}$ 与 $\gamma : \{\mathbf{1}_n \,|\, n = 1, 2, \cdots\}$ 生成.

记
$$\mathcal{M} := \bigcup_{m=1}^{\infty} \bigcup_{n=1}^{\infty} \mathcal{M}_{m\times n}.$$

根据定义, 容易验证以下结果.

命题 4.2.2　设 $\bowtie_\Gamma$ 是由 Γ 生成的矩阵-矩阵半张量积, 则

(1) $(\mathcal{M}, \bowtie_\Gamma)$ 是一个半群;

(2) 如果 Γ 对应 MM-1 STP, 则 $(\mathcal{M}, \bowtie_\Gamma)$ 是一个幺半群, 单位元为 1.

不难验证, 如果 Γ 对应 MM-2 STP, 则 $(\mathcal{M}, \bowtie_\Gamma)$ 不是一个幺半群.

4.3　跨越维数的线性半群系统

定义 4.3.1[10,24]　设 G 为一个幺半群, 单位元为 $e \in G$, X 为一个集合, $\varphi : G \times X \to X$ 为一映射. (G, φ, X) 称为一个半群系统 (或 S 系统), 如果它满足

(i)　　　$\varphi(g_1, \varphi(g_2, x)) = \varphi(g_1 g_2, x), \quad g_1, g_2 \in G; x \in X.$ 　　(4.3.1)

(ii)
$$\varphi(e,\, x) = x, \quad \forall x \in X. \tag{4.3.2}$$

下面考虑一般半群的情况: 设 G 为一个半群, 但不是么半群, 即 G 里没有单位元. 如果存在一个集合 X 和一个映射 $\varphi: G \times X \to X$, 使 (4.3.1) 成立, 那么, 不妨将其称为准半群系统. 那么, 准半群系统与半群系统究竟差多少呢? 下面将显示它们并无实质区别.

设 $(G, *)$ 为一个半群, 但不是么半群. 记 $\bar{G} := \{e\} \cup G$. 定义

$$\begin{cases} e * e = e, \\ e * g = g * e = g, \quad \forall g \in G. \end{cases} \tag{4.3.3}$$

命题 4.3.1 $\bar{G} := \{e\} \cup G$ 依 (4.3.3) 所定义的乘法构成一个么半群, 单位元为 e.

证明 只要证明当 3 个因子 a, b, c 中出现 1—3 个 e 时结合律

$$(a * b) * c = a * (b * c)$$

依然正确就可以了. 这是易证的. □

推论 4.3.1 任何准半群系统均可通过添加单位元而成为半群系统.

证明 只要定义 e 与 $g \in G$ 的乘积满足 (4.3.2) 即可. □

把这个过程称为单点么化.

注 (i) 为方便计, 可把 φ 写成乘 $(*)$ 的形式, 即

$$g * x := \varphi(g, x).$$

于是 (4.3.1) 可写成

$$g_1 * (g_2 * x) = (g_1 g_2) * x.$$

(ii) 如果让这个作用不停地继续下去, 则就有一个离散时间的半群系统

$$x(t+1) = g(t) * x(t), \quad t \geqslant 0. \tag{4.3.4}$$

如果 $g(t) = g$, $\forall t$, 则得到一个定常的离散时间的半群系统

$$x(t+1) = g * x(t), \quad t \geqslant 0. \tag{4.3.5}$$

(iii) 性质 (4.3.1) 也称半群性质 (semi-group property), 它的重要性在于: 有了它, (4.3.3) 的解可写为

$$x(t+1) = \left(\prod_{i=1}^{t} g(i) \right) * x(0),$$

这里, $\prod$ 是半群乘法. 特别是 (4.3.5) 的解可写为

$$x(t+1) = g^t * x(0).$$

下面考虑矩阵与向量构成的半群系统.

对于一个由矩阵乘子构成的半张量积, 由结合律 (4.1.7) 可知, 它使 $\mathcal{M}$ 成一半群.

命题 4.3.2 设 Γ 为一矩阵乘子, $\bowtie_\Gamma \in \{\ltimes_\Gamma, \rtimes_\Gamma\}$, 则 $(\mathcal{M}, \bowtie_\Gamma)$ 为一半群.

下面构造一个跨越维数的状态空间. 记

$$\mathcal{V} := \bigcup_{r=1}^{\infty} \mathbb{R}^r.$$

设 $A \in \mathcal{M}$ 及 $x \in \mathcal{V}$. 映射 $\varphi : \mathcal{M} \times \mathcal{V} \to \mathcal{V}$ 由 A 与 x 的一个 MV-STP ($\vec{\times}$) 确定. 于是, 可得到一个跨越维数的线性系统

$$x(t+1) = A(t) \vec{\times} x(t), \quad x(t) \in \mathcal{V}. \tag{4.3.6}$$

下面一个问题就是: 什么时候 (4.3.6) 是一个半群系统?

定义 4.3.2 (i) 一个矩阵乘子 Γ 与一个向量乘子 γ 称为相容乘子, 如果

$$\Gamma_n \gamma_n = \gamma_n, \quad \forall n \geqslant 1. \tag{4.3.7}$$

(ii) 一个矩阵-向量半张量积 $\vec{\times} \in \{\vec{\times}_\ell, \vec{\times}_r\}$ 称为是恰当的, 如果它是由矩阵乘子 Γ 与向量乘子 γ 所确定的, 而这一对乘子是相容乘子.

下面的定理回答了以上的问题.

定理 4.3.1 考察系统 (4.3.6). 如果 $\vec{\times} \in \{\vec{\times}_\ell, \vec{\times}_r\}$ 是恰当的, 那么, (4.3.6) 就是一个半群系统.

证明 设 $A \in \mathcal{M}_{m\times n}$, $B \in \mathcal{M}_{p\times q}$, $x \in \mathcal{V}_r$, 并且 $\vec{\times}$ 是由相容的矩阵乘子 Γ 与向量乘子 γ 所决定的. 我们要证明 (只证左半张量积的情况)

$$(A \ltimes_\Gamma B) \vec{\times}_\ell x = A \vec{\times}_\ell (B \vec{\times}_\ell x). \tag{4.3.8}$$

利用式 (4.1.11) 定义的常数, 有

$$
\begin{aligned}
(4.3.8) \text{ 左边} &= (A \ltimes_\Gamma B) \vec{\times}_\ell x \\
&= ((A \otimes \Gamma_{n_1})(B \otimes \Gamma_{p_1})) \vec{\times}_\ell x \\
&= (((A \otimes \Gamma_{n_1})(B \otimes \Gamma_{p_1})) \otimes \Gamma_{p_2})(x \otimes \gamma_{r_2}) \\
&= (((A \otimes \Gamma_{n_1})(B \otimes \Gamma_{p_1})) \otimes (\Gamma_{p_2}\Gamma_{p_2}))(x \otimes \gamma_{r_2}) \\
&= (A \otimes \Gamma_{n_1 p_2})(B \otimes \Gamma_{p_1 p_2})(x \otimes \gamma_{r_2}).
\end{aligned}
$$

利用乘子的相容性, (4.3.8) 右边

$$
\begin{aligned}
& A \vec{\times}_\ell (B \vec{\times}_\ell x) \\
&= A \vec{\times}_\ell ((B \otimes \Gamma_{q_1})(x \otimes \gamma_{r_1})) \\
&= (A \otimes \Gamma_{n_2})(((B \otimes \Gamma_{q_1})(x \otimes \gamma_{r_1})) \otimes \gamma_{q_2}) \\
&= (A \otimes \Gamma_{n_2})(((B \otimes \Gamma_{q_1})(x \otimes \gamma_{r_1})) \otimes (\Gamma_{q_2} \gamma_{q_2})) \\
&= (A \otimes \Gamma_{n_2})(B \otimes \Gamma_{q_1 q_2})(x \otimes \gamma_{r_1 q_2}).
\end{aligned}
$$

根据 (4.1.12) 可知 (4.3.8) 成立. $\qquad\square$

下面考察矩阵乘子与向量乘子的相容性. 下面这个命题可由直接计算得到证明, 我们将验证留给读者.

命题 4.3.3 (i) 如果矩阵乘子 $\Gamma = I = \{I_n \mid n = 1, 2, \cdots\}$, 则它和任何向量乘子 γ 相容.

(ii) 如果矩阵乘子 $\Gamma = J = \{J_n \mid n = 1, 2, \cdots\}$, 则它和向量乘子 $\gamma = 1 = \{\mathbf{1}_n \mid n = 1, 2, \cdots\}$ 相容.

(iii) 如果矩阵乘子 $\Gamma = \Delta^U = \{\Delta_n^U \mid n = 1, 2, \cdots\}$, 则它和向量乘子 $\gamma = \delta^U = \{\delta_n^1 \mid n = 1, 2, \cdots\}$ 相容.

(iv) 如果矩阵乘子 $\Gamma = \Delta^D = \{\Delta_n^D \mid n = 1, 2, \cdots\}$, 则它和向量乘子 $\gamma = \delta^D = \{\delta_n^n \mid n = 1, 2, \cdots\}$ 相容.

4.4 广义定常线性系统

定义 4.4.1 设矩阵乘子 Γ 与向量乘子 γ 相容. $\vec{\times}$ 是由这对相容乘子定义的矩阵-向量半张量积, 则

(i)
$$
\begin{cases}
x(t+1) = A(t) \vec{\times} x(t), & A(t) \in \mathcal{M},\ x(t) \in \mathcal{V}, \\
x(0) = x_0 \in \mathcal{V}
\end{cases}
\tag{4.4.1}
$$

称为离散时间广义线性系统.

(ii)
$$
\begin{cases}
\dot{x}(t) = A(t) \vec{\times} x(t), & A(t) \in \mathcal{M},\ x(t) \in \mathcal{V}, \\
x(0) = x_0 \in \mathcal{V}
\end{cases}
\tag{4.4.2}
$$

称为连续时间广义线性系统.

(iii) 在方程 (4.4.1) 中, 若 $A(t) = A$, 则称其为离散时间广义定常系统.

(iv) 在方程 (4.4.2) 中, 若 $A(t) = A$, 则称其为连续时间广义定常系统.

例 4.4.1 (i) 设 $\Gamma = I$, $\gamma = \mathbf{1}$, 则得相应的矩阵-向量半张量积为 ⋉, 这里 ⋉ $\in \{\vec{\ltimes}, \vec{\rtimes}\}$. 以 $\vec{\ltimes}$ 为例, 则相应的离散时间广义定常系统为

$$\begin{cases} x(t+1) = A \vec{\ltimes} x(t), & A \in \mathcal{M}, \ x(t) \in \mathcal{V}, \\ x(0) = x_0 \in \mathcal{V}. \end{cases} \tag{4.4.3}$$

(ii) 设 $\Gamma = I$, $\gamma = \mathbf{1}$, 以 $\vec{\ltimes}$ 为例, 则相应的连续时间广义定常系统为

$$\begin{cases} \dot{x}(t) = A \vec{\ltimes} x(t), & A \in \mathcal{M}, \ x(t) \in \mathcal{V}, \\ x(0) = x_0 \in \mathcal{V}. \end{cases} \tag{4.4.4}$$

(4.4.3) 与 (4.4.4) 称为一型广义定常系统.

(iii) 设 $\Gamma = J$, $\gamma = \mathbf{1}$, 则得相应的矩阵向量半张量积为 $\vec{\sigma}$, 这里 $\vec{\sigma} \in \{\vec{\sigma}_\ell, \vec{\sigma}_r\}$. 以 $\vec{\sigma}_\ell$ 为例, 则相应的离散时间广义定常系统为

$$\begin{cases} x(t+1) = A \vec{\sigma}_\ell x(t), & A \in \mathcal{M}, \ x(t) \in \mathcal{V}, \\ x(0) = x_0 \in \mathcal{V}. \end{cases} \tag{4.4.5}$$

(iv) 设 $\Gamma = J$, $\gamma = \mathbf{1}$, 以 $\vec{\ltimes}$ 为例, 则相应的连续时间广义定常系统为

$$\begin{cases} \dot{x}(t) = A \vec{\sigma}_\ell x(t), & A \in \mathcal{M}, \ x(t) \in \mathcal{V}, \\ x(0) = x_0 \in \mathcal{V}. \end{cases} \tag{4.4.6}$$

(4.4.5) 与 (4.4.6) 称为二型广义定常系统.

注 (i) 对于二型广义线性系统, 因为 $(\mathcal{M}, \circ)$ 不是么半群, 要得到半群系统, 就必须进行单点么化, 即添加 e, 它满足

$$e \circ A = A \circ e = A, \quad \forall A \in \mathcal{M},$$
$$e \, \vec{\sigma} \, x = x, \quad \forall x \in \mathcal{V}.$$

所以, 严格地说, 二型广义线性系统是定义在 $\mathcal{M} \cup \{e\}$ 上的.

(ii) 实际上, 这个 e 是有其物理意义的. 考察系统 (4.4.5), 由半群性质可知

$$x(t) = A^t \, \vec{\sigma} \, x_0, \quad t \geqslant 0.$$

现在, A^0 是什么呢? 它应该是单位阵, 但 $(\mathcal{M}, \circ)$ 中并没有单位阵, 于是, 我们需要 $e := A^0$.

第5章 命题逻辑

本章首先讨论布尔函数的代数表达形式, 它是我们讨论逻辑系统矩阵半张量积方法的出发点. 本章通过对布尔函数逻辑表达式与代数表达式的互换, 揭示了两种表达式的等价性. 同时, 作为副产品, 给出了逻辑范式的算法. 这种转换算法最早是在文献 [36] 中给出的. 关于两种表达式进一步的讨论也可参见文献 [36].

5.1 命题逻辑与逻辑算子

直观地说, 逻辑学中的命题 (proposition), 就是一些可以用 "真" "假" 来判定的陈述. 举例如下.

例 5.1.1 考察下面几个陈述.

(i) 雪是黑的.

(ii) 任何一个大于 2 的偶数都可以表示为两个素数之和.

(iii) 阳光明媚的夏天.

不难判定:

(i) 是一个命题, 它是假的.

(ii) 是一个命题, 它是哥德巴赫猜想. 尽管目前还不知道它是真是假, 但它必居其一, 因此, 是一个命题.

(iii) 不是一个命题, 它不能用真假来判定.

一个命题, 可以用一个逻辑变量 (logical variable) 来描述. 如果命题是真, 就说相应的逻辑变量取值为 1, 否则, 就说相应的逻辑变量取值为 0. 因此, 一个逻辑变量 χ 可以取两个可能的值, 即 $\chi \in \mathcal{D} := \mathcal{D}_2 = \{0, 1\}$.

逻辑变量的运算需要逻辑算子. 逻辑算子通常利用真值表 (truth table) 来刻画[101].

1. 一元逻辑算子

常用的一元逻辑算子是 "非" (negation). 其算子符号为 ¬, 其真值表见表 5.1.1.

表 5.1.1 ¬ 的真值矩阵

χ	$\neg\chi$
1	0
0	1

2. 二元逻辑算子

常用的二元逻辑算子包括: "析取" (disjunction), 其算子符号为 ∨; "合取" (conjunction), 其算子符号为 ∧; "蕴涵" (conditional), 其算子符号为 →; "等价" (biconditional), 其算子符号为 ↔; "异或" (exclusive or), 其算子符号为 $\bar{\vee}$; "与非" (not and), 其算子符号为 ↑; "或非" (not or), 其算子符号为 ↓. 它们的真值表见表 5.1.2.

表 5.1.2   二元逻辑算子的真值矩阵

ξ	η	$\xi \vee \eta$	$\xi \wedge \eta$	$\xi \to \eta$	$\xi \leftrightarrow \eta$	$\xi \bar{\vee} \eta$	$\xi \uparrow \eta$	$\xi \downarrow \eta$
1	1	1	1	1	1	0	0	0
1	0	1	0	0	0	1	1	0
0	1	1	0	1	0	1	1	0
0	0	0	0	1	1	0	1	1

注   (i) 设自变量定义域 $\chi \in X$ 的势为 $|X| = r$, 函数值域 $f(x) \in Y$ 的势为 $|Y| = s$, 那么, 所有函数 $f : X \to Y$ 集合, 记作 $F = \{f \mid f : X \to Y\}$, 其势为 $|F| = s^r$. 因此, 一元逻辑算子共有 $2^2 = 4$ 个. 二元逻辑算子共有 $2^{2^2} = 16$ 个. k 元逻辑算子共有 2^{2^k} 个.

(ii) 通常无须将所有逻辑算子都列出来. 因为其中有许多并不重要. 例如, 对于一元逻辑算子, 除了 "非" 以外, 还有 3 个, 分别是恒等算子、恒为 0 算子、恒为 1 算子. 这些算子都很平凡, 没有很大用处.

(iii) 更重要的是, 其实, 只要少数几个逻辑算子就可以把所有的逻辑关系都表示出来了. 因此, 不常用的逻辑算子不必有特定的符号, 需要时用其他逻辑算子表示就行了.

(iv) 任何一个高于二元的逻辑算子都可以用少数几个一、二元逻辑算子表示. 因此, 通常将高于二元的逻辑关系式称为逻辑函数. 只有少数几个一、二元逻辑关系式被称为逻辑算子.

5.2   布尔函数的矩阵半张量积表示

为了能够用矩阵半张量积来处理逻辑问题, 将逻辑函数 (或曰逻辑关系式) 用矩阵形式表示是一个关键. 首先, 我们将一逻辑变量用向量表示.

定义 5.2.1   设 $\chi \in \mathcal{D}$, 则 χ 的向量表示 (vector form expression), 记作 $\vec{\chi}$, 为

$$x = \vec{\chi} := \begin{bmatrix} \chi \\ 1 - \chi \end{bmatrix}, \quad \chi \in \mathcal{D}. \tag{5.2.1}$$

上述定义实际上是规定了以下的等价关系:

$$1 \sim \delta_2^1, \quad 0 \sim \delta_2^2. \tag{5.2.2}$$

利用逻辑变量的向量表示, 所有的逻辑算子都能用矩阵形式表示. 例如, 对于一元逻辑算子 "非", 它的矩阵表达式为

$$\neg x := \neg \vec{\chi} = \begin{bmatrix} 0 & 1 \\ 1 & 0 \end{bmatrix} x := M_n x, \tag{5.2.3}$$

这里 $x = \vec{\chi}$, M_n 称为 "非" 的结构矩阵.

同样地, 对于二元逻辑算子, 我们也能找出它们的向量表达式.

命题 5.2.1 设 σ 为一二元逻辑算子, 则存在唯一的逻辑矩阵 $M_\sigma \in \mathcal{L}_{2\times4}$, 称为 σ 的结构矩阵, 使得

$$x\sigma y = M_\sigma xy, \quad x, y \in \Delta_2. \tag{5.2.4}$$

证明 根据命题 1.3.6, $\{x, y\}$ 与 xy 是一一对应的. 设 $xy = \delta_4^i$, 则有唯一的一对 $x = \delta_2^p, y = \delta_2^q$ 与之对应. 设 $x\sigma y = \delta_2^s$, 则令

$$\mathrm{Col}_i(M_\sigma) = \delta_2^s, \quad i = 1, 2, 3, 4.$$

由构造可知, (5.2.4) 成立. 由前讨论, 唯一性显见. □

实际上, 如果 ξ, η 为两个逻辑变量, 我们考虑它们的逻辑运算, 譬如 $\xi\sigma\eta$. 矩阵半张量积方法将逻辑变量用它们的向量形式表示, 记 $x = \vec{\xi}, y = \vec{\eta}$. 然后用矩阵-向量形式进行运算, 即设 σ 的结构矩阵为 M_σ, 则

$$\overrightarrow{(\xi\sigma\eta)} = M_\sigma xy.$$

得到 $\xi\sigma\eta$ 的向量形式后, 用等价关系 (5.2.2) 即可得到其逻辑值.

下面给出典型二元逻辑算子的结构矩阵.

合取 ($\wedge$)

$$M_c = \delta_2[1, 2, 2, 2]. \tag{5.2.5}$$

析取 ($\vee$)

$$M_d = \delta_2[1, 1, 1, 2]. \tag{5.2.6}$$

蕴涵 ($\rightarrow$)

$$M_i = \delta_2[1, 2, 1, 1]. \tag{5.2.7}$$

等价 $(\leftrightarrow)$

$$M_e = \delta_2[1, 2, 2, 1]. \tag{5.2.8}$$

异或 $(\bar{\vee})$

$$M_p = \delta_2[2, 1, 1, 2]. \tag{5.2.9}$$

与非 $(\uparrow)$

$$M_t = \delta_2[2, 1, 1, 1]. \tag{5.2.10}$$

或非 $(\downarrow)$

$$M_b = \delta_2[2, 1, 1, 1]. \tag{5.2.11}$$

类似于一元及二元逻辑算子, 一个从 $\mathcal{D}^k$ 到 $\mathcal{D}$ 的映射可以称为 k 元逻辑算子. 但当 $k > 2$ 时通常把这种映射称为布尔函数.

下面可以看到, 每一个布尔函数都可以由一元及二元逻辑算子复合而成. 其实, 每一个一元或二元逻辑算子有它自己的物理意义. 因此, 一个布尔函数, 当它用一元和/或二元逻辑算子表示出来时, 称为其逻辑表达式 (logical expression). 下面给出几个布尔函数的例子.

例 5.2.1 (i)

$$f_1(x_1, x_2) = (x_1 \vee x_2) \uparrow (x_1 \wedge x_2). \tag{5.2.12}$$

它是一个二元布尔函数.

(ii)

$$f_2(x_1, x_2, x_3) = (x_1 \wedge x_3) \rightarrow (x_2 \leftrightarrow \neg x_3). \tag{5.2.13}$$

它是一个三元布尔函数.

(iii)

$$f_3(x_1, x_2, x_3, x_4) = \neg\, x_4 \bar{\vee}\, (x_2 \wedge (x_3 \rightarrow x_1)). \tag{5.2.14}$$

它是一个四元布尔函数.

注　通常我们假定一元逻辑算子在逻辑运算中优先于二元逻辑算子, 如

$$\neg x \vee y := (\neg x) \vee y,$$
$$x \wedge \neg y := x \wedge (\neg y)$$

等. 二元算子在运算顺序上是平等的 (即依序计算), 如

$$x \vee y \wedge z := (x \vee y) \wedge z,$$
$$x \wedge y \leftrightarrow z \to w := [(x \wedge y) \leftrightarrow z] \to w$$

等.

命题 5.2.1 的证明给出构造二元逻辑算子结构矩阵的方法. 显然, 对于一般的布尔函数 $f : \Delta_2^n \to \Delta_2$ 可以用同样的方法构造出它的结构矩阵. 因此, 有一个一般性结论.

命题 5.2.2 设 $F : \Delta_2^n \to \Delta_2$ 为一 n 元布尔函数, 记作 $F(\chi_1, \chi_2, \cdots, \chi_n)$. 记 $x_i = \vec{\chi_i}$, $i = 1, 2, \cdots, n$, 则存在唯一的逻辑矩阵 $M_F \in \mathcal{L}_{2 \times 2^n}$, 称为 F 的结构矩阵, $f = \vec{F}$, 使得

$$f(x_1, x_2, \cdots, x_n) = M_F \ltimes_{i=1}^n x_i, \tag{5.2.15}$$

这里 $\ltimes_{i=1}^n x_i = x_1 \ltimes x_2 \ltimes \cdots \ltimes x_n$.

证明 5.3 节从逻辑表达式到代数表达式的算法, 实际上是给出了一个构造性的证明. □

通常将 F 的结构矩阵 M_F 称为 F 的代数表达式 (algebraic expression).

5.3 表达式的转换

布尔函数的逻辑表达式与代数表达式对于研究布尔函数以至逻辑系统都是至关重要的. 逻辑表达式是其原始态, 它反映了一个布尔函数 (或称逻辑函数) 的逻辑本质. 代数表达式将逻辑形式转化为矩阵形式, 便于经典矩阵理论及其他数学工具的应用, 它也是矩阵半张量积方法的出发点. 一个布尔函数, 它的两种表达形式应该是完全等价的. 因此, 两种表达形式的互换是至关重要的.

1. 从逻辑表达式到代数表达式

我们需要一个工具, 它称为降阶矩阵 (power reducing matrix), 记作 PR_k, 定义如下

$$\mathrm{PR}_k = \mathrm{diag}(\delta_k^1, \delta_k^2, \cdots, \delta_k^k), \quad k = 2, 3, \cdots. \tag{5.3.1}$$

下面的命题说明降阶矩阵可以降低逻辑变量的阶.

命题 5.3.1 设 $x \in \Delta_k$, 那么

$$x^2 = \mathrm{PR}_k\, x. \tag{5.3.2}$$

证明 设 $x = \delta_k^i$, 那么

$$\mathrm{PR}_k\, x = \begin{bmatrix} \delta_k^1 & 0 & \cdots & 0 \\ 0 & \delta_k^2 & \cdots & 0 \\ \vdots & \vdots & \ddots & \vdots \\ 0 & 0 & \cdots & \delta_k^k \end{bmatrix} \delta_k^i = \begin{bmatrix} \mathbf{0}_{(i-1)k} \\ \delta_k^i \\ \mathbf{0}_{(n-i)k} \end{bmatrix} = x^2.$$ □

例 5.3.1 (i) 设 $k = 2$, 则

$$\mathrm{PR}_2 = \mathrm{diag}(\delta_2^1, \delta_2^2) = \delta_4[1, 4]. \tag{5.3.3}$$

(ii) 设 $x \in \Delta_2$ 为一逻辑变量, 则

$$x^2 = \mathrm{PR}_2\, x,$$
$$x^3 = \mathrm{PR}_2\, x^2 = \mathrm{PR}_2^2\, x,$$
$$\cdots\cdots$$
$$x^n = \mathrm{PR}_2^{n-1}\, x.$$

下面将给出一个逻辑表达式转化为代数表达式的基本算法.

算法 5.3.1 第一步, 消去逻辑算子.

将每一个逻辑算子用其代数表达式代替, 使表达式中无逻辑算子.

第二步, 矩阵-变量换序.

如果表达式中有逻辑变量在前, 定常逻辑矩阵在后的因子, 即如 xA 形因子, 则利用公式 (1.4.1) 将其交换顺序, 即成 $(I_t \otimes A)x$.

第三步, 变量-变量换序.

表达式中的逻辑变量, 可以利用换位矩阵使它们按所要求的顺序排列, 例如

$$zxy = W_{[4,2]}xyz.$$

第四步, 变量降阶.

表达式中如果有逻辑变量的高次方项, 则可用降阶矩阵将其降至一次.

注 (i) 在算法中, 第二、三、四步没有顺序问题, 可以随意地进行某一步转换.

(ii) 第二、三、四步一般需要反复多次使用, 例如, 在做第三步或第四步后, 会出现新的定常矩阵, 这时可能又需要第二步进行换序等.

(iii) 经过有限次转换, 表达式即可变为标准代数表达式.

下面给出几个例子.

例 5.3.2 回忆例 5.2.1. 我们将其中的布尔函数从逻辑表达式转换为代数表达式.

(i)
$$\begin{aligned}
f_1(x_1, x_2) &= (x_1 \vee x_2) \uparrow (x_1 \wedge x_2) \\
&= M_u(M_d x_1 x_2)(M_c x_1 x_2) \\
&= M_u M_d (x_1 x_2) M_c (x_1 x_2) \\
&= M_u M_d (I_4 \otimes M_c)(x_1 x_2)^2 \\
&= M_u M_d (I_4 \otimes M_c) \operatorname{PR}_4 x_1 x_2 \\
&= M_{f_1} x_1 x_2,
\end{aligned}$$

于是

$$\begin{aligned}
M_{f_1} &= M_u M_d (I_4 \otimes M_c) \operatorname{PR}_4 \\
&= \delta_2[2, 1, 1, 1].
\end{aligned}$$

(ii)
$$\begin{aligned}
f_2(x_1, x_2, x_3) &= (x_1 \wedge x_3) \rightarrow (x_2 \leftrightarrow \neg x_3) \\
&= M_i M_c x_1 x_3 M_e x_2 M_n x_3 \\
&= M_i M_c (I_4 \otimes M_e) x_1 x_3 x_2 M_n x_3 \\
&= M_i M_c (I_4 \otimes M_e)(I_8 \otimes M_n) x_1 x_3 x_2 x_3 \\
&= M_i M_c (I_4 \otimes M_e)(I_8 \otimes M_n) x_1 W_{[2,2]} x_2 x_3^2 \\
&= M_i M_c (I_4 \otimes M_e)(I_8 \otimes M_n)(I_2 \otimes W_{[2,2]}) x_1 x_2 \operatorname{PR}_2 x_3 \\
&= M_i M_c (I_4 \otimes M_e)(I_8 \otimes M_n)(I_2 \otimes W_{[2,2]})(I_4 \otimes \operatorname{PR}_2) x_1 x_2 x_3 \\
&= M_{f_2} x_1 x_2 x_3,
\end{aligned}$$

于是

$$\begin{aligned}
M_{f_2} &= M_i M_c (I_4 \otimes M_e)(I_8 \otimes M_n)(I_2 \otimes W_{[2,2]})(I_4 \otimes \operatorname{PR}_2) \\
&= \delta_2[2, 1, 1, 1, 1, 1, 1, 1].
\end{aligned}$$

(iii)
$$\begin{aligned}
f_3(x_1, x_2, x_3, x_4) &= \neg x_4 \bar{\vee} (x_2 \wedge (x_3 \rightarrow x_1)) \\
&= M_p M_n x_4 M_c x_2 M_i x_3 x_1 \\
&= M_p M_n (I_2 \otimes M_c) x_4 x_2 M_i x_3 x_1 \\
&= M_p M_n (I_2 \otimes M_c)(I_4 \otimes M_i) x_4 x_2 x_3 x_1 \\
&= M_p M_n (I_2 \otimes M_c)(I_4 \otimes M_i) x_4 W_{[2,4]} x_1 x_2 x_3 \\
&= M_p M_n (I_2 \otimes M_c)(I_4 \otimes M_i)(I_2 \otimes W_{[2,4]}) x_4 x_1 x_2 x_3 \\
&= M_p M_n (I_2 \otimes M_c)(I_4 \otimes M_i)(I_2 \otimes W_{[2,4]}) W_{[8,2]} x_1 x_2 x_3 x_4 \\
&= M_{f_3} x_1 x_2 x_3 x_4,
\end{aligned}$$

于是

$$\begin{aligned}
M_{f_3} &= M_p M_n (I_2 \otimes M_c)(I_4 \otimes M_i)(I_2 \otimes W_{[2,4]}) W_{[8,2]} \\
&= \delta_2[1, 2, 1, 2, 2, 1, 2, 1, 2, 1, 1, 2, 2, 1, 2, 1].
\end{aligned}$$

2. 从代数表达式到逻辑表达式

首先给一个引理.

引理 5.3.1 设 $F(\chi_1, \chi_2, \cdots, \chi_n)$ 的结构矩阵为 $L \in \mathcal{L}_{2 \times 2^n}$. 把 L 分为相等的两个部分: $L = [L_1, L_2]$. 如果存在 $F_1(\chi_2, \cdots, \chi_n)$ 及 $F_2(\chi_2, \cdots, \chi_n)$, 其结构矩阵分别为 L_1, L_2, 则

$$F(\chi_1, \cdots, \chi_n) = [\chi_1 \wedge F_1(\chi_2, \cdots, \chi_n)] \vee [\neg \chi_1 \wedge F_2(\chi_2, \cdots, \chi_n)]. \tag{5.3.4}$$

证明 设 $x_i = \vec{\chi}_i, i = 1, 2, \cdots, n, f = \vec{F}$, 定义

$$\begin{aligned} F_1(\chi_2, \cdots, \chi_n) &:= F(1, \chi_2, \cdots, \chi_n), \\ F_2(\chi_2, \cdots, \chi_n) &:= F(0, \chi_2, \cdots, \chi_n). \end{aligned} \tag{5.3.5}$$

我们先证明: F_i 的结构矩阵为 $L_i, i = 1, 2$. 由定义

$$\begin{aligned} f_1(x_2, \cdots, x_n) &= L(\delta_2^1) \ltimes_{i=2}^n x_i = L_1 \ltimes_{i=2}^n x_i, \\ f_2(x_2, \cdots, x_n) &= L(\delta_2^2) \ltimes_{i=2}^n x_i = L_2 \ltimes_{i=2}^n x_i. \end{aligned}$$

记 $f_j = \vec{F}_j, j = 1, 2$. 对于 (5.3.5) 定义的 F_1 和 F_2, (5.3.4) 成立.

再证明 (5.3.4): 令 $\chi_1 = 1$, 则有

$$\begin{aligned} F(\chi_1, \chi_2, \cdots, \chi_n) &= 1 \wedge F(1, \chi_2, \cdots, \chi_n) \\ &= [\chi_1 \wedge F_1(\chi_2, \cdots, \chi_n)] \vee [\neg \chi_1 \wedge F_2(\chi_2, \cdots, \chi_n)]. \end{aligned}$$

同理可证当 $\chi_1 = 0$, (5.3.4) 也成立. 于是可知, 对于 (5.3.5) 定义的 F_1 和 F_2, (5.3.4) 成立. □

定理 5.3.1 设 $L \in \mathcal{L}_{2 \times 2^n}$. 则存在布尔函数 $F : \mathcal{D}^n \to \mathcal{D}$, 使得其结构矩阵为 $M_F = L$.

证明 使用数学归纳法, 当 $n = 1$ 时, 利用穷举法, 有

$$\begin{aligned} L &= \delta_2[1, 1] \Rightarrow F(x) = 1; \\ L &= \delta_2[1, 2] \Rightarrow F(x) = x; \\ L &= \delta_2[2, 1] \Rightarrow F(x) = \neg x; \\ L &= \delta_2[2, 2] \Rightarrow F(x) = 0. \end{aligned} \tag{5.3.6}$$

于是, 当 $n = 1$ 时断言成立. 设 $n = k$ 成立, 当 $n = k + 1$ 时, 记 $L = [L_1, L_2]$, 利用数学归纳法假定可设, 存在 $F_1(\chi_2, \cdots, \chi_n)$ 及 $F_2(\chi_2, \cdots, \chi_n)$, 其结构矩阵分别为 L_1 及 L_2. 构造

$$F(\chi_1, \cdots, \chi_n) := [\chi_1 \wedge F_1(\chi_2, \cdots, \chi_n)] \vee [\neg \chi_1 \wedge F_2(\chi_2, \cdots, \chi_n)],$$

由引理 5.3.1 可知 F 的结构矩阵为 L.　　　　　　　　　　　　□

我们把上述这种构造逻辑表达式的方法称为对分法.

下面给出几个例子.

例 5.3.3　(i) 设

$$L = \delta_2[2,1,2,2],$$

则

$$F = [\chi_1 \wedge F_1] \vee [\neg\chi_1 \wedge F_2],$$

因为

$$M_{F_1} = \delta_2[2,1],$$
$$F_1 = \neg\chi_2.$$

所以

$$M_{F_2} = \delta_2[2,2],$$
$$F_2 = 0.$$

于是

$$F(\chi_1,\chi_2) = [\chi_1 \wedge \neg\chi_2] \vee [\neg\chi_1 \wedge 0] = \chi_1 \wedge \neg\chi_2.$$

(ii) 设

$$L = \delta_2[2,1,1,1,1,2,2,1],$$

则

$$F = [\chi_1 \wedge F_1] \vee [\neg\chi_1 \wedge F_2],$$

因为

$$M_{F_1} = \delta_2[2,1,1,1],$$
$$F_1 = \chi_2 \uparrow \chi_3.$$

又

$$M_{F_2} = \delta_2[1,2,2,1],$$
$$F_2 = \chi_2 \leftrightarrow \chi_3.$$

于是

$$F(\chi_1,\chi_2,\chi_3) = [\chi_1 \wedge (\chi_2 \uparrow \chi_3)] \vee [\neg\chi_1 \wedge (\chi_2 \leftrightarrow \chi_3)].$$

(iii) 设

$$L = \delta_2[1,2,2,2,1,2,2,1,2,2,2,2,1,1,1,2],$$

则

$$M_{F_1} = \delta_2[1, 2, 2, 2, 1, 2, 2, 1],$$
$$M_{F_{11}} = \delta_2[1, 2, 2, 2],$$
$$F_{11} = \chi_3 \wedge \chi_4,$$
$$M_{F_{12}} = \delta_2[1, 2, 2, 1],$$
$$F_{12} = \chi_3 \leftrightarrow \chi_4.$$
$$M_{F_2} = \delta_2[2, 2, 2, 2, 1, 1, 1, 2],$$
$$M_{F_{21}} = \delta_2[2, 2, 2, 2],$$
$$F_{21} = 0,$$
$$M_{F_{22}} = \delta_2[1, 1, 1, 2],$$
$$F_{22} = \chi_3 \vee \chi_4.$$

于是

$$
\begin{aligned}
F(\chi_1, \chi_2, \chi_3, \chi_4) &= [\chi_1 \wedge \chi_2 \wedge (\chi_3 \wedge \chi_4)] \vee [\chi_1 \wedge \neg\chi_2 \wedge (\chi_3 \leftrightarrow \chi_4)] \\
&\quad \vee [\neg\chi_1 \wedge \chi_2 \wedge (0)] \vee [\neg\chi_1 \wedge \neg\chi_2 \wedge (\chi_3 \vee \chi_4)] \\
&= [\chi_1 \wedge \chi_2 \wedge (\chi_3 \wedge \chi_4)] \vee [\chi_1 \wedge \neg\chi_2 \wedge (\chi_3 \leftrightarrow \chi_4)] \\
&\quad \vee [\neg\chi_1 \wedge \neg\chi_2 \wedge (\chi_3 \vee \chi_4)].
\end{aligned}
$$

5.4　逻辑表达式的性质

下面给出逻辑表达式的一些基本等价公式.

命题 5.4.1　考察算子 $\neg$, $\wedge$, $\vee$, $\rightarrow$, $\leftrightarrow$, 以下关系成立:

(i) (结合律)

$$\xi \vee (\eta \vee \zeta) = (\xi \vee \eta) \vee \zeta; \tag{5.4.1a}$$

$$\xi \wedge (\eta \wedge \zeta) = (\xi \wedge \eta) \wedge \zeta. \tag{5.4.1b}$$

(ii) (交换律)

$$\xi \vee \eta = \eta \vee \xi; \tag{5.4.2a}$$

$$\xi \wedge \eta = \eta \wedge \xi. \tag{5.4.2b}$$

(iii) (分配律)

$$\xi \vee (\eta \wedge \zeta) = (\xi \vee \eta) \wedge (\xi \vee \zeta); \tag{5.4.3a}$$

$$\xi \wedge (\eta \vee \zeta) = (\xi \wedge \eta) \vee (\xi \wedge \zeta). \tag{5.4.3b}$$

(iv) (幂等律)

$$\xi \vee \xi = \xi; \tag{5.4.4a}$$

$$\xi \wedge \xi = \xi. \tag{5.4.4b}$$

(v) (吸收律)

$$\xi \vee (\xi \wedge \eta) = \xi; \tag{5.4.5a}$$
$$\xi \wedge (\xi \vee \eta) = \xi. \tag{5.4.5b}$$

(vi) (同一律)

$$\xi \vee 0 = \xi; \tag{5.4.6a}$$
$$\xi \wedge 1 = \xi. \tag{5.4.6b}$$

(vii) (零律)

$$\xi \vee 1 = 1; \tag{5.4.7a}$$
$$\xi \wedge 0 = 0. \tag{5.4.7b}$$

(viii) (排中律)

$$\xi \vee \neg\xi = 1. \tag{5.4.8}$$

(ix) (矛盾律)

$$\xi \wedge \neg\xi = 0. \tag{5.4.9}$$

(x) (还原律)

$$\neg\neg\xi = \xi. \tag{5.4.10}$$

(xi) (等价式)

$$\xi \leftrightarrow \eta = (\xi \rightarrow \eta) \wedge (\eta \rightarrow \xi). \tag{5.4.11}$$

(viii) (蕴涵式)

$$\xi \rightarrow \eta = \neg\xi \vee \eta. \tag{5.4.12}$$

证明　利用代数表达式, 只要证明两边的结构矩阵一样即可. 例如, 证 (5.4.3a):

$$
\begin{aligned}
左 &= M_d\xi M_c\eta\zeta \\
&= M_d(I_2 \otimes M_c)\xi\eta\zeta \\
&= \delta_2[1,1,1,1,1,2,2,2]\xi\eta\zeta, \\
右 &= M_cM_d\xi\eta M_d\xi\zeta \\
&= M_cM_d(I_4 \otimes M_d)\xi W_{[2,2]}\xi\eta\zeta \\
&= M_cM_d(I_4 \otimes M_d)(I_2 \otimes W_{[2,2]})PR_2\xi\eta\zeta \\
&= \delta_2[1,1,1,1,1,2,2,2]\xi\eta\zeta.
\end{aligned}
$$

结论显见.　　　　　　　　　　　　　　　　　　　　　　　　　　　　　　□

$\neg, \wedge, \vee, \rightarrow, \leftrightarrow$ 是最常用的一些逻辑算子. 下面的命题指出异或 ($\bar\vee$)、与非 ($\uparrow$) 和或非 ($\downarrow$) 可用前面几种算子表出.

命题 5.4.2　考察算子 $\bar\vee, \uparrow, \downarrow$, 以下关系成立:

(i) $\qquad\qquad\qquad\qquad \xi\bar\vee\eta = \neg(\xi \leftrightarrow \eta).$ $\qquad\qquad$ (5.4.13)

(ii) $\qquad\qquad\qquad\qquad \xi \uparrow \eta = \neg(\xi \wedge \eta).$ $\qquad\qquad$ (5.4.14)

(iii) $\qquad\qquad\qquad\qquad \xi \downarrow \eta = \neg(\xi \vee \eta).$ $\qquad\qquad$ (5.4.15)

下面给出异或、与非及或非的一些性质.

命题 5.4.3　(1) 异或的性质:

(i) $\qquad\qquad\qquad\qquad \xi\bar\vee\eta = \eta\bar\vee\xi.$ $\qquad\qquad$ (5.4.16)

(ii) $\qquad\qquad\qquad \xi\bar\vee(\eta\bar\vee\zeta) = (\xi\bar\vee\eta)\bar\vee\zeta.$ $\qquad\qquad$ (5.4.17)

(iii) $\qquad\qquad\qquad\qquad 0\bar\vee\xi = \xi.$ $\qquad\qquad$ (5.4.18)

$\qquad\qquad\qquad\qquad 1\bar\vee\xi = \neg\xi.$ $\qquad\qquad$ (5.4.19)

(2) 与非的性质:

(i) $\qquad\qquad\qquad\qquad \xi \uparrow \eta = \eta \uparrow \xi.$ $\qquad\qquad$ (5.4.20)

(ii) $\qquad\qquad\qquad\qquad \xi \uparrow \xi = \neg\xi.$ $\qquad\qquad$ (5.4.21)

(iii) $\qquad\qquad (\xi \uparrow \eta) \uparrow (\xi \uparrow \eta) = \xi \wedge \eta.$ $\qquad\qquad$ (5.4.22)

$\qquad\qquad (\xi \uparrow \xi) \uparrow (\eta \uparrow \eta) = \xi \vee \eta.$ $\qquad\qquad$ (5.4.23)

(3) 或非的性质:

(i) $\qquad\qquad\qquad\qquad \xi \downarrow \eta = \eta \downarrow \xi.$ $\qquad\qquad$ (5.4.24)

(ii) $\qquad\qquad\qquad\qquad \xi \downarrow \xi = \neg\xi.$ $\qquad\qquad$ (5.4.25)

(iii) $$(\xi \downarrow \eta) \downarrow (\xi \downarrow \eta) = \xi \vee \eta. \qquad (5.4.26)$$

$$(\xi \downarrow \xi) \downarrow (\eta \downarrow \eta) = \xi \wedge \eta. \qquad (5.4.27)$$

命题 5.4.2 指出: 异或、与非、或非可用 $\neg$, $\wedge$, $\vee$, $\leftrightarrow$ 表出. 那么, 是否有一组逻辑算子, 它们可以用来表示任何布尔函数呢?

定义 5.4.1 一组逻辑算子称为**完备集** (complete set), 如果任何布尔函数都可以用这组逻辑算子表示.

下面这组完备集是最常用的一组完备集.

命题 5.4.4 $\{\neg, \vee, \wedge\}$ 是一组完备集.

证明 设 $F(\chi_1, \cdots, \chi_n) : \mathcal{D}^n \to \mathcal{D}$ 是一个 n 元布尔函数, 我们可以用上述方法找出它的结构矩阵 M_F. 然后利用对分法构造 M_F 的逻辑表达式. 它也是 F 的一个等价的逻辑表达式. 这里只用到 $\{\neg, \vee, \wedge\}$, 因此, $\{\neg, \vee, \wedge\}$ 是一组完备集. $\square$

De Morgan 公式揭示了这组完备集元素的内在联系.

定理 5.4.1(De Morgan 公式) 设 $\chi_\lambda \in \mathcal{D}_2$, $\lambda \in \Lambda$, 则

$$\neg \left[\bigvee_{\lambda \in \Lambda} \chi_\lambda \right] = \bigwedge_{\lambda \in \Lambda} \neg \chi_\lambda, \qquad (5.4.28\text{a})$$

$$\neg \left[\bigwedge_{\lambda \in \Lambda} \chi_\lambda \right] = \bigvee_{\lambda \in \Lambda} \neg \chi_\lambda. \qquad (5.4.28\text{b})$$

证明 我们只证明 (5.4.28a). 设 $\chi_\lambda = 0$, $\forall \lambda \in \Lambda$, 则 (5.4.28a) 左边等于 1, 右边也等于 1, 等式成立. 设至少有一个 $\chi_\lambda = 1$, 则 (5.4.28a) 左边等于 0, 右边也等于 0, 等式也成立. (5.4.28b) 的证明类似. $\square$

定义 5.4.2 (i) 一个逻辑变量或其否定称为**文字** (character);

(ii) 有限多个文字的合取式称为**短语** (phrase);

(iii) 有限多个文字的析取式称为**子句** (clause);

(iv) 有限多个短语的析取式称为**析取范式** (disjunctive normal form);

(v) 有限多个子句的合取式称为**合取范式** (conjunctive normal form).

下面用一个简单例子来说明一下.

例 5.4.1 设 x, y, z, w 为逻辑变量.

(i) x, $\neg y$, z, $\neg w$ 均为文字;

(ii) $\neg y$, $x \wedge \neg w$, $\neg z \wedge x \wedge \neg y$ 均为短语;

(iii) x, $x \vee y$, $z \vee y \vee \neg z \vee w$ 均为子句;

(iv) $\neg x$, $y \wedge \neg z$, $(w \wedge x) \vee (\neg y \wedge z) \vee w$ 均为析取范式;

(v) $\neg x$, $y \vee w$, $\neg z \wedge (w \vee x \vee \neg y)$ 均为合取范式.

命题 5.4.5 任何一个逻辑表达式都有其析取范式.

证明 注意到对分法给出的逻辑表达式是析取范式. 于是, 对任一逻辑表达式, 可先求出它的结构矩阵, 再从结构矩阵用对分法构造其逻辑表达式, 即得到原逻辑表达的析取范式. □

下面给出一个算法. 先定义一族逻辑算子如下: 设 $n > 1$ 给定, $i = 1, 2, \cdots, n-1$. 将 2^{n-i} 表示为二进制数, 记作

$$\mathrm{Binary}(2^{n-i}) := (\alpha_1^i, \alpha_2^i, \cdots, \alpha_{n-1}^i).$$

定义

$$\lambda_j^i := \begin{cases} \mathrm{Id}, & \alpha_j^i = 1, \\ \neg, & \alpha_j^i = 0. \end{cases}$$

利用这组算子, 我们有如下算法.

算法 5.4.1   设 $F(\chi_1, \chi_2, \cdots, \chi_n)$ 为一 n 元布尔函数, 其析取范式可计算如下:

第一步, 计算 F 的结构矩阵

$$M_F = \delta_2[a_1, a_2, \cdots, a_{2^n}]. \tag{5.4.29}$$

第二步, 将结构矩阵等分 2^{n-1} 块如下:

$$\begin{aligned} M_F &= [\delta_2[a_1, a_2], \delta_2[a_3, a_4], \cdots, \delta_2[a_{2^n-1}, a_{2^n}]] \\ &:= [L_1, L_2, \cdots, L_{2^{n-1}}], \end{aligned} \tag{5.4.30}$$

这里, 每一块均为逻辑矩阵.

第三步, $F(\chi_1, \chi_2, \cdots, \chi_n)$ 的析取范式可构造如下:

$$F(\chi_1, \cdots, \chi_n) = \bigvee_{j=1}^{2^{n-1}} \left[\left(\bigwedge_{i=1}^{n-1} \lambda_i^j \chi_i \right) \bigwedge \phi_j(\chi_n) \right], \tag{5.4.31}$$

这里, ϕ_j 的结构矩阵为 L_j, 利用式 (5.3.6), 它们可由其结构矩阵直接得出.

例 5.4.2   设

$$F(\chi_1, \chi_2, \chi_3) = (\chi_1 \bar{\vee} \chi_2) \rightarrow (\neg \chi_2 \leftrightarrow \chi_3). \tag{5.4.32}$$

求其析取范式.

容易算得

$$M_F = [1, 1, 1, 2, 2, 1, 1, 1] := [L_1, L_2, L_3, L_4].$$

则

$$F(\chi_1, \chi_2, \chi_3) = [\chi_1 \wedge \chi_2 \wedge \phi_1(\chi_3)]$$
$$\vee [\chi_1 \wedge \neg\chi_2 \wedge \phi_2(\chi_3)]$$
$$\vee [\neg\chi_1 \wedge \chi_2 \wedge \phi_3(\chi_3)]$$
$$\vee [\neg\chi_1 \wedge \neg\chi_2 \wedge \phi_4(\chi_3)].$$

根据 (5.3.6) 可知

$$\phi_1 = \phi_4 = 1; \quad \phi_2 = \chi_3; \quad \phi_3 = \neg\chi_3.$$

代入可得 $F(\chi_1, \chi_2, \chi_3)$ 的析取范式为

$$F(\chi_1, \chi_2, \chi_3) = [\chi_1 \wedge \chi_2] \vee [\chi_1 \wedge \neg\chi_2 \wedge \chi_3] \vee [\neg\chi_1 \wedge \chi_2 \wedge \neg\chi_3] \vee [\neg\chi_1 \wedge \neg\chi_2].$$

推论 5.4.1 任何一个逻辑表达式都有其合取范式.

证明 对于 $F(\chi_1, \cdots, \chi_n)$, 先求 $\neg F(\chi_1, \cdots, \chi_n)$ 的析取范式

$$\neg F(\chi_1, \cdots, \chi_n) = \bigvee_{j=1}^{2^{n-1}} \left[\left(\bigwedge_{i=1}^{n-1} \lambda_i^j \chi_i \right) \bigwedge \phi_j(\chi_n) \right].$$

然后, 两边取 "非", 利用 De Morgan 公式即得 $F(\chi_1, \cdots, \chi_n)$ 的合取范式:

$$F(\chi_1, \cdots, \chi_n) = \bigwedge_{j=1}^{2^{n-1}} \left[\left(\bigvee_{i=1}^{n-1} \neg\lambda_i^j \chi_i \right) \bigvee \neg\phi_j(\chi_n) \right]. \tag{5.4.33}$$

$\square$

例 5.4.3 求例 5.4.2 中 F 的合取范式.

显见

$$M_{\neg F} = [2, 2, 2, 1, 1, 2, 2, 2] := [L_1, L_2, L_3, L_4].$$

则

$$\neg F(\chi_1, \chi_2, \chi_3) = [\chi_1 \wedge \chi_2 \wedge 0]$$
$$\vee [\chi_1 \wedge \neg\chi_2 \wedge \neg\chi_3]$$
$$\vee [\neg\chi_1 \wedge \chi_2 \wedge \chi_3]$$
$$\vee [\neg\chi_1 \wedge \neg\chi_2 \wedge 0]$$
$$= [\chi_1 \wedge \neg\chi_2 \wedge \neg\chi_3] [\neg\chi_1 \wedge \chi_2 \wedge \chi_3].$$

于是, 其合取范式为

$$F(\chi_1, \chi_2, \chi_3) = [\neg\chi_1 \vee \chi_2 \vee \chi_3] \wedge [\chi_1 \vee \neg\chi_2 \vee \neg\chi_3].$$

5.5 逻辑问题的代数解

逻辑的代数表示为逻辑问题的代数解法提供了一个有效的工具. 小学时学应用题, 解起来常颇费劲, 到初中用代数方法列方程求解, 则容易许多. 逻辑问题的代数解法与此类似, 当逻辑问题转化为代数问题时, 解就成了一个简单代数运算. 本节给出一些简单例子来介绍这种方法.

例 5.5.1 一逻辑学家落入某部落, 酋长为判定他是否假冒, 为其设了两个门, 一个生门, 过去就自由了, 另一个死门, 过去就要被杀. 又由两个士兵守门, 一人诚实, 只讲真话, 另一人说谎, 只讲假话. 逻辑学家可向一个士兵问一个问题, 然后择门而过. 逻辑学家沉思片刻, 即向一个士兵发问, 随后从容离去. 问: 他的问题是什么?

这里有两个独立逻辑变量: D: 门, 设 $D = 1$ 为活门, $D = 0$ 为死门; S: 人, $S = 1$ 为诚实的人, $S = 0$ 为说谎的人. 如果你问一个士兵:

(i) Q_1: "请告诉我哪个是活门?" 那么, 他的回答见真值表 (表 5.5.1) 的 A_1, 我们从回答中得不到任何有用的信息.

(ii) Q_2: "他会告诉我哪个是活门?" 那么, 他的回答见真值表 (表 5.5.1) 的 A_2. 可以看出, 士兵告诉他的那个门一定是死门. 因此, 从另一个门出去就可以了.

表 5.5.1 例 5.5.1 的真值表

D	S	A_1	A_2
1	1	1	0
1	0	0	0
0	1	0	1
0	0	1	1

例 5.5.2 甲、乙、丙三人, 甲说乙撒谎, 乙说丙撒谎, 丙说甲和乙都撒谎, 问谁讲真话, 谁撒谎? 设 A: 甲是老实人, B: 乙是老实人, C: 丙是老实人. 那么, 上面的陈述可写成

$$A \leftrightarrow \neg B = 1,$$
$$B \leftrightarrow \neg C = 1,$$
$$C \leftrightarrow (\neg A \wedge \neg B) = 1,$$

即

$$[A \leftrightarrow \neg B] \wedge [B \leftrightarrow \neg C] \wedge [C \leftrightarrow (\neg A \wedge \neg B)] = 1$$

写成代数表达式则有

$$\delta_2[2, 2, 2, 2, 2, 1, 2, 2]ABC = \delta_2^1.$$

唯一解是

$$ABC = \delta_8^6,$$

即 $A = \delta_2^2$, $B = \delta_2^1$, $C = \delta_2^2$, 即甲和丙撒谎. 乙讲真话.

例 5.5.3 某侦探手下有六个线人: A, B, C, D, E, F, 他知道有且仅有一个线人被犯罪团伙收买. 于是告诉他们, 有人被收买, 请提供线索. 六个人提供的线索如下:

A: B 或 C 至少有一个叛变了;

B: C 叛变了;

C: B 和 D 都叛变了;

D: A 和 D 或者都叛变了, 或者都没叛变;

E: D 或 F 至少有一个叛变了;

F: C 和 D 中有且仅有一人叛变了.

侦探知道, 如果一位线人没叛变, 他提供的线索可信, 如果一个线人叛变了, 他提供的线索不可信 (既可能真也可能假). 根据这些线索, 请找出叛徒.

用 A 表示 A 可靠, $\neg A$ 表示 A 为叛徒等. 依据上述线索可得

$$A \to (\neg B \vee \neg C) = 1,$$
$$B \to \neg C = 1,$$
$$C \to (\neg B \wedge \neg D) = 1,$$
$$D \to (A \leftrightarrow D) = 1,$$
$$E \to (\neg D \vee \neg F) = 1,$$
$$F \to (\neg C \leftrightarrow D) = 1.$$

于是可知

$$[A \to (\neg B \vee \neg C)] \wedge [B \to \neg C = 1] \wedge [C \to (\neg D \wedge \neg B)]$$
$$\wedge [D \to (A \leftrightarrow D)] \wedge [E \to (\neg D \vee \neg F)] \wedge [F \to (\neg C \leftrightarrow D)] = 1.$$

写成代数式的形式则有

$$L \ltimes ABCDEF = \delta_2^1, \tag{5.5.1}$$

这里

$$L = \delta_2[2,2,1,2,2,2,2,2,2,1,1,1,2,1,2,1,2,2,1,2,1,1,1,1,2,1,1,1,2,1,2,1,$$
$$2,2,1,2,1,1,1,1,1,2,2,2,2,1,2,1,1,1,2,1,1,1,1,1,1,2,2,2,2,1,2,1].$$

因侦探知道只有一个叛徒, 设为 A, 故

$$ABCDEF = \delta_2^2\delta_2^1\delta_2^1\delta_2^1\delta_2^1\delta_2^1 = \delta_{64}^{33}.$$

但

$$L \ltimes (ABCDEF) = \mathrm{Col}_{33}(L) = \delta_2^2,$$

不满足 (5.5.1). 类似地, 可依次检验 B,C,D,E,F. 最后可知, 只有当 $E = \delta_2^2$ 时 $ABCDEF = \delta_{64}^3$ 且 $\mathrm{Col}_3(L) = \delta_2^1$, 因此, E 是叛徒.

第6章 多值逻辑与混合值逻辑

本章讨论多值逻辑与混合值逻辑. 首先将布尔逻辑的范式推广到 k 值逻辑, 然后找出一组 k 值逻辑函数的生成元. 再通过群和等价类等方法将生成元缩小. 最后, 这些结果还被推广到混合逻辑的情况. 这部分内容参见文献 [49].

6.1 多值逻辑的性质与代数表示

一个陈述, 当它可以用 "真" "假" 来判定时, 就称为一个逻辑命题. 例如, "他是个老人", 这当然是一个逻辑命题. 但这个命题仅仅用 "真" "假"(或 0, 1) 来刻画它显然是不够的. 当 "他" 是一二十岁时, 这命题显然是 "假", 当 "他" 是八九十岁时, 这命题显然是 "真". 但当 "他" 是四五十岁时, 这个命题是 "真" 还是 "假" 呢? 20 世纪六七十年代, Zadeh 提出了模糊逻辑 (fuzzy logic) 理论, 解决了这个问题[122]. 他将一个逻辑变量对概念的隶属度 (membership degree) 作为逻辑变量的取值. 例如, "老" 是一个概念. 一个一二十岁的人跟老不沾边, 于是, 对它的隶属度为 0. 一个八九十岁的人是一个真正的老人, 因此, 对老的隶属度为 1. 而一个四五十岁的人, 他对老的隶属度可能是 0.5. 于是, 一个模糊逻辑变量 x 的取值可以为 $x \in [0,1]$.

实际上, 隶属度有很大的主观性. 很难准确断定隶属度. 因此介于模糊逻辑和二值逻辑之间的多值逻辑就变得合理且有效了.

定义 6.1.1 一个 k 值逻辑变量取值于

$$\mathcal{D}_k := \left\{0, \frac{1}{k-1}, \frac{2}{k-1}, \cdots, \frac{k-2}{k-1}, 1\right\}, \quad k \geqslant 2. \tag{6.1.1}$$

k 值逻辑 $(k > 2)$ 也称多值逻辑. k 值逻辑中有一些通用的逻辑算子.

定义 6.1.2 设 $\xi, \eta \in \mathcal{D}_k$ 为两个 k 值逻辑变量, 则

(i) (非)
$$\neg \xi = 1 - \xi. \tag{6.1.2}$$

(ii) (合取)
$$\xi \wedge \eta = \min\{\xi, \eta\}. \tag{6.1.3}$$

(iii) (析取)
$$\xi \vee \eta = \max\{\xi, \eta\}. \tag{6.1.4}$$

上述三个 k 值逻辑算子的定义是相应 2 值逻辑算子的直接推广. 类似于 2 值逻辑算子, 每个 k 值逻辑算子也有其代数表达式. 设 $\chi = \dfrac{i}{k-1} \in \mathcal{D}_k$, $i =$

$0, 1, \cdots, k - 1.$ 令

$$x = \vec{\chi} = \frac{\vec{i}}{k-1} := \delta_k^{k-i}, \quad i = 0, 1, \cdots, k-1. \tag{6.1.5}$$

则 $\mathcal{D}_k \sim \Delta_k$. 于是, 在向量表达式下, k 值逻辑变量 $x \in \Delta_k$.

注　注意到 (6.1.5), 有

$$\delta_k^i \wedge \delta_k^j = \delta_k^{\max\{i,j\}}; \tag{6.1.6}$$

$$\delta_k^i \vee \delta_k^j = \delta_k^{\min\{i,j\}}. \tag{6.1.7}$$

例 6.1.1　(1) 考察 3 值逻辑, 设 ξ, $\eta \in \mathcal{D}_3$, 则在向量表达式 $x = \vec{\xi}$, $y = \vec{\eta}$ 下

(i) $\neg\xi = M_n x$, 这里 $M_n = \delta_3[3, 2, 1]$.

(ii) $x \wedge y = M_c xy$, 这里 $M_c = \delta_3[1, 2, 3, 2, 2, 3, 3, 3, 3]$.

(iii) $x \vee y = M_d xy$, 这里 $M_d = \delta_3[1, 1, 1, 1, 2, 2, 1, 2, 3]$.

(2) 考察 4 值逻辑, 设 ξ, $\eta \in \mathcal{D}_4$, 则在向量表达式 $x = \vec{\xi}$, $y = \vec{\eta}$ 下

(i) $\neg x = M_n x$, 这里 $M_n = \delta_4[4, 3, 2, 1]$.

(ii) $x \wedge y = M_c xy$, 这里 $M_c = \delta_4[1, 2, 3, 4, 2, 2, 3, 4, 3, 3, 3, 4, 4, 4, 4, 4]$.

(iii) $x \vee y = M_d xy$, 这里 $M_d = \delta_4[1, 1, 1, 1, 1, 2, 2, 2, 1, 2, 3, 3, 1, 2, 3, 4]$.

k 值逻辑有如下性质.

命题 6.1.1　(i) (幂等律)

$$\xi \wedge \xi = \xi; \tag{6.1.8a}$$

$$\xi \vee \xi = \xi. \tag{6.1.8b}$$

(ii) (吸收律)

$$\xi \vee (\xi \wedge \eta) = \xi; \tag{6.1.9a}$$

$$\xi \wedge (\xi \vee \eta) = x. \tag{6.1.9b}$$

(iii) (同一律)

$$\xi \vee 0 = \xi; \tag{6.1.10a}$$

$$\xi \wedge 1 = \xi. \tag{6.1.10b}$$

(iv) (零律)

$$\xi \vee 1 = 1; \tag{6.1.11a}$$

$$\xi \wedge 0 = 0. \tag{6.1.11b}$$

(v) (结合律)

$$(\xi \vee \eta) \vee \zeta = \xi \vee (\eta \vee \zeta); \tag{6.1.12a}$$

$$(\xi \wedge \eta) \wedge \zeta = \xi \wedge (\eta \wedge \zeta). \tag{6.1.12b}$$

(vi) (交换律)

$$\xi \vee \eta = \eta \vee \xi; \tag{6.1.13a}$$

$$\xi \wedge \eta = \eta \wedge \xi. \tag{6.1.13b}$$

(vii) (分配律)

$$(\xi \vee \eta) \wedge \zeta = (\xi \wedge \zeta) \vee (\eta \wedge \zeta); \tag{6.1.14a}$$

$$(\xi \wedge \eta) \vee \zeta = (\xi \vee \zeta) \wedge (\eta \vee \zeta). \tag{6.1.14b}$$

(viii) (De Morgan 公式)

$$\neg(\xi \vee \eta) = \neg\xi \wedge \neg\eta; \tag{6.1.15a}$$

$$\neg(\xi \wedge \eta) = \neg\xi \vee \neg\eta. \tag{6.1.15b}$$

注 (i) 将命题 6.1.1 与命题 5.4.1 相比较, 不难发现, 命题 6.1.1 少了排中律与矛盾律. 不难检验, 对 k 值逻辑 $(k \geqslant 3)$, 排中律与矛盾律不成立.

(ii) 对 k 值逻辑 $(k \geqslant 3)$ $\{\neg, \wedge, \vee\}$ 不是一个完备集.

下面定义 k 值逻辑中的蕴涵和等价. 注意到在 2 值逻辑中有

$$x \rightarrow y = \neg x \vee y; \tag{6.1.16a}$$

$$x \leftrightarrow y = (x \rightarrow y) \wedge (y \rightarrow x). \tag{6.1.16b}$$

可以利用 (6.1.16) 来定义它们.

定义 6.1.3 在 k 值逻辑中, 定义

(i) $\qquad\qquad x \rightarrow y := \neg x \vee y; \tag{6.1.17}$

(ii) $\qquad\qquad x \leftrightarrow y := (x \rightarrow y) \wedge (y \rightarrow x). \tag{6.1.18}$

根据以上定义即可将 k 值逻辑中的蕴涵和等价唯一确定.

例 6.1.2 (1) 考察 3 值逻辑, 设 $\xi, \eta \in \mathcal{D}_3$, 则在向量表达式 $x := \vec{\xi}, y := \vec{\eta}$ 下, 有

(i)
$$x \rightarrow y = M_i xy = M_d M_n xy = \delta_3[1,1,1,1,2,2,1,2,3]\delta_3[3,2,1]xy$$

$$= \delta_3[1,2,3,1,2,2,1,1,1]xy.$$

因此

$$M_i^{(3)} = \delta_3[1, 2, 3, 1, 2, 2, 1, 1, 1].$$

(ii)

$$x \leftrightarrow y = M_e xy = M_c(M_d M_n xy)(M_d M_n yx)$$

$$= M_c M_d M_n (I_9 \otimes M_d M_n) xy^2 x$$

$$= M_c M_d M_n (I_9 \otimes M_d M_n) x \, \mathrm{PR}_3 \, yx$$

$$= M_c M_d M_n (I_9 \otimes M_d M_n)(I_3 \otimes \mathrm{PR}_3) x W_{[3,3]} xy$$

$$= M_c M_d M_n (I_9 \otimes M_d M_n)(I_3 \otimes \mathrm{PR}_3)[I_3 \otimes W_{[3,3]}] \, \mathrm{PR}_3 \, xy,$$

于是

$$M_e^{(3)} = M_c M_d M_n (I_9 \otimes M_d M_n)(I_3 \otimes PR_3)[I_3 \otimes W_{[3,3]}] \, \mathrm{PR}_3$$

$$= \delta_3[1, 2, 3, 2, 2, 2, 3, 2, 1].$$

(2) 考察 4 值逻辑, 则在向量表达式下

(i)

$$x \to y = M_i xy = M_d M_n xy$$

$$= \delta_4[1, 1, 1, 1, 1, 2, 2, 2, 1, 2, 3, 3, 1, 2, 3, 4]\delta_4[4, 3, 2, 1]xy$$

$$= \delta_4[1, 2, 3, 4, 1, 2, 3, 3, 1, 2, 2, 2, 1, 1, 1, 1]xy.$$

因此

$$M_i^{(4)} = \delta_4[1, 2, 3, 4, 1, 2, 3, 3, 1, 2, 2, 2, 1, 1, 1, 1].$$

(ii)

$$x \leftrightarrow y = M_e xy = M_c(M_d M_n xy)(M_d M_n yx)$$

$$= M_c M_d M_n (I_{16} \otimes M_d M_n) xy^2 x$$

$$= M_c M_d M_n (I_{16} \otimes M_d M_n) x \, \mathrm{PR}_4 \, yx$$

$$= M_c M_d M_n (I_{16} \otimes M_d M_n)(I_4 \otimes \mathrm{PR}_4) x W_{[4,4]} xy$$

$$= M_c M_d M_n (I_{16} \otimes M_d M_n)(I_4 \otimes \mathrm{PR}_4)[I_4 \otimes W_{[4,4]}] \, \mathrm{PR}_4 \, xy.$$

于是

$$M_e^{(4)} = M_c M_d M_n (I_{16} \otimes M_d M_n)(I_4 \otimes \mathrm{PR}_4)[I_4 \otimes W_{[4,4]}] \, \mathrm{PR}_4$$

$$= \delta_4[1, 2, 3, 4, 2, 2, 3, 3, 3, 3, 2, 2, 4, 3, 2, 1].$$

注 (1) 其实, k 值逻辑中的蕴涵和等价如何定义并无一定规律. 以 3 值逻辑为例, 根据不同的目的, 就有如下几种常见的定义, 见表 6.1.1—表 6.1.3. 这里, 只有 Kleene-Dienes 3 值逻辑的蕴涵和等价与定义 6.1.3 相符, 其余两个略有差异. 本书只采用定义 6.1.3.

表 6.1.1　Kleene-Dienes 3 值逻辑的蕴涵和等价

x	y	$x \to y$	$x \leftrightarrow y$
1	1	1	1
1	0.5	0.5	0.5
1	0	0	0
0.5	1	1	0.5
0.5	0.5	0.5	0.5
0.5	0	0.5	0.5
0	1	1	0
0	0.5	1	0.5
0	0	1	1

表 6.1.2　Łukasiewicz 3 值逻辑的蕴涵和等价

x	y	$x \to y$	$x \leftrightarrow y$
1	1	1	1
1	0.5	0.5	0.5
1	0	0	0
0.5	1	1	0.5
0.5	0.5	1	1
0.5	0	0.5	0.5
0	1	1	0
0	0.5	1	0.5
0	0	1	1

表 6.1.3　Bochvar 3 值逻辑的蕴涵和等价

x	y	$x \to y$	$x \leftrightarrow y$
1	1	1	1
1	0.5	0.5	0.5
1	0	0	0
0.5	1	0.5	0.5
0.5	0.5	0.5	0.5
0.5	0	0.5	0.5
0	1	1	0
0	0.5	0.5	0.5
0	0	1	1

(2) 2 值逻辑中的所有常用二元算子都可以用完备集 $\{\neg, \vee, \wedge\}$ 表示, 然后利用例 6.1.2 中的方法, 算出其在 k 值逻辑中的结构矩阵, 从而将它们定义到 k 值逻辑中去. 例如, $x \bar{\vee} y = \neg(x \leftrightarrow y)$. 那么就有 $M_p = M_n M_e$. 于是可以定义

$$M_p^{(k)} = M_n M_e^{(k)}.$$

由例 6.1.2 知

$$M_e^{(3)} = \delta_3[1, 2, 3, 2, 2, 2, 3, 2, 1],$$
$$M_e^{(4)} = \delta_4[1, 2, 3, 4, 2, 2, 3, 3, 3, 3, 2, 2, 4, 3, 2, 1].$$

于是有

$$M_p^{(3)} = \delta_3[3, 2, 1, 2, 2, 2, 1, 2, 3],$$
$$M_p^{(4)} = \delta_4[4, 3, 2, 1, 3, 3, 2, 2, 2, 2, 3, 3, 1, 2, 3, 4].$$

6.2　多值逻辑的范式与完备性

文献 [11] 指出: "在多值逻辑理论中, 函数系完备性之判定问题是一个基本而重要的问题, 同时也是自动机理论、多值逻辑网络中必须解决的问题." 就我们所知, 这个问题至今仍是一个未完全解决的问题. 本节利用结构矩阵从构造性角度讨论这个问题.

对于标准逻辑, 容易知道, 一元逻辑算子有 4 个, 二元逻辑算子有 16 个. 对于 k 值逻辑, 不难算得, 其 m 元逻辑算子个数为

$$N_k(m) = k^{k^n}.$$

这是一个很大的数, 即使当 $m = 3$ 时, 一元逻辑算子有 27 个, 二元逻辑算子有 19683 个.

多值逻辑有丰富的一元算子, 它们在多值逻辑中起重要作用. 记 $\mathcal{D}_k$ 上的一元逻辑算子集合为 Φ_k. 由定义可知以下结论.

命题 6.2.1　设 $\sigma \in \Phi_k$,

$$\sigma\left(\frac{k-i}{k-1}\right) = \eta_i, \quad i = 1, \cdots, k,$$

这里

$$\vec{\eta}_i = \delta_k^{j_i}.$$

那么, σ 的结构矩阵为

$$M_\sigma = \delta_k[j_1, j_2, \cdots, j_k].$$

下面举一个简单例子.

例 6.2.1 考虑 3 值逻辑. 那么

$$\alpha_1 = 1 \Leftrightarrow a_1 = \vec{\alpha}_1 = \delta_3^1,$$
$$\alpha_2 = 0.5 \Leftrightarrow a_2 = \vec{\alpha}_2 = \delta_3^2,$$
$$\alpha_3 = 0 \Leftrightarrow a_3 = \vec{\alpha}_3 = \delta_3^3.$$

设 $\sigma \in \Phi_3$, 定义如下

$$\sigma(0) = 1, \quad \sigma(0.5) = 1, \quad \sigma(1) = 0.$$

那么

$$\sigma(\alpha_1) = \alpha_3, \quad \sigma(\alpha_2) = \alpha_1, \quad \sigma(\alpha_3) = \alpha_1.$$

于是

$$M_\sigma = \delta_3[3, 1, 1].$$

某些一元算子有特殊的重要性.

定义 6.2.1 (i) 常值算子:

$\sigma \in \Phi_k$ 称为常值算子, 如果

$$\sigma(\chi) = \mathrm{const}., \quad \forall \chi \in \mathcal{D}_k. \tag{6.2.1}$$

常值算子的结构矩阵为

$$M_\sigma = \delta_k[j, j, \cdots, j],$$

这里, 常值的向量形式为 δ_k^j.

(ii) 非:

$$\neg^{(k)}\chi = 1 - \chi, \quad \chi \in \mathcal{D}_k. \tag{6.2.2}$$

(iii) Dirac 算子: $\triangleright_k^i$ 称为 Dirac 算子. 它由下式定义:

$$\triangleright_k^i(\chi) := \begin{cases} 1, & \vec{\chi} = \delta_k^i, \\ 0, & \text{其他}. \end{cases} \tag{6.2.3}$$

(iv) 对偶 Dirac 算子:

$$\triangleleft_k^i(\chi) := \begin{cases} 0, & \vec{\chi} = \delta_k^i, \\ 1, & \text{其他} \end{cases} \tag{6.2.4}$$

称为对偶 Dirac 算子.

例 6.2.2　考虑 k 值逻辑.

(i) $\neg^{(k)}$ 是一个一元逻辑算子, 它的结构矩阵为

$$M_{\neg^{(k)}} = \delta_k[k, k-1, \cdots, 1]. \tag{6.2.5}$$

(ii) Dirac 算子是一个一元逻辑算子, 它的结构矩阵是

$$M_{\rhd_k^i} = \delta_k[k, k, \cdots, \overset{\text{第}i\text{个}}{\overbrace{1}}, \cdots, k]. \tag{6.2.6}$$

(iii) 对偶 Dirac 算子是一个一元逻辑算子, 它的结构矩阵是

$$M_{\lhd_k^i} = \delta_k[1, 1, \cdots, \overset{\text{第}i\text{个}}{\overbrace{k}}, \cdots, 1]. \tag{6.2.7}$$

下面考虑 k 值逻辑的完备集与范式. 先考虑一元算子集 Φ_k, 在 Φ_k 上定义一个乘法:

$$(\sigma \circ \mu)(\chi) := \sigma(\mu(\chi)), \quad \forall \chi \in \mathcal{D}_k. \tag{6.2.8}$$

即它是两个一元算子作用的复合. 于是, 显见有以下结果.

命题 6.2.2　(i) $(\Phi, \circ)$ 是一个么半群.

(ii) 设 $\sigma, \mu \in \Phi$, 则

$$M_{\sigma \circ \mu} = M_\sigma M_\mu. \tag{6.2.9}$$

根据 (6.2.9), 此后就将乘号 $\circ$ 略去, 即 $\sigma \circ \mu = \sigma\mu$.

定义 6.2.2　考虑 k 值逻辑.

(i) 一个逻辑变量或其一元函数称为文字.

(ii) 有限多个文字的合取式称为短语.

(iii) 有限多个文字的析取式称为子句.

(iv) 有限多个短语的析取式称为析取范式.

(v) 有限多个子句的合取式称为合取范式.

下面考虑 k 值逻辑函数的析取范式与合取范式.

设 $F: \mathcal{D}_k^n \to \mathcal{D}_k$ 为一 n 元 k 值逻辑函数, 其逻辑表达式为

$$F(\chi_1, \chi_2, \cdots, \chi_n), \quad \chi_i \in \mathcal{D}_k, \ i = 1, \cdots, n. \tag{6.2.10}$$

其代数表达式为

$$f(x_1, \cdots, x_n) := M_F \ltimes_{i=1}^n x_i, \tag{6.2.11}$$

这里 $x_i = \vec{\chi}_i, \ i = 1, \cdots, n, \ f = \vec{F}, \ M_F \in \mathcal{L}_{k \times k^n}$ 为 F 的结构矩阵.

类似于 2 值逻辑中的引理 5.3.1, 可以证明以下引理.

引理 6.2.1 将 M_F 分为 k 块如下:

$$M_F := [N_1, N_2, \cdots, N_k], \tag{6.2.12}$$

这里 $N_i \in \mathcal{L}_{k \times k^{n-1}}$, $i = 1, \cdots, k$. 那么

$$
\begin{aligned}
F(\chi_1, \chi_2, \cdots, \chi_n) = &\left[\rhd_k^1(\chi_1) \wedge F_1(\chi_2, \cdots, \chi_n) \right] \\
&\vee \left[\rhd_k^2(\chi_1) \wedge F_2(\chi_2, \cdots, \chi_n) \right] \vee \cdots \\
&\vee \left[\rhd_k^k(\chi_1) \wedge F_k(\chi_2, \cdots, \chi_n) \right],
\end{aligned} \tag{6.2.13}
$$

这里 F_i 是以 N_i 为其结构矩阵的逻辑函数, $i = 1, \cdots, k$.

将 M_F 分为 k^{n-1} 块如下:

$$M_F := [M_1, M_2, \cdots, M_{k^{n-1}}], \tag{6.2.14}$$

这里 $M_i \in \mathcal{L}_{k \times k}$, $i = 1, \cdots, k^{n-1}$.

将 (6.2.14) 式中的 $\{M_i\}$ 依指标 $\mathbf{id}(i_1, \cdots, i_{n-1}; k, \cdots, k)$ 标注, 则得

$$
\begin{aligned}
M_f = [&M^{1, \cdots, 1, 1}, M^{1, \cdots, 1, 2}, \cdots, M^{1, \cdots, 1, k}, \\
&M^{1, \cdots, 2, 1}, M^{1, \cdots, 2, 2}, \cdots, M^{1, \cdots, 2, k}, \\
&\cdots, \\
&M^{k, \cdots, k, 1}, M^{k, \cdots, k, 2}, \cdots, M^{k, \cdots, k, k}].
\end{aligned} \tag{6.2.15}
$$

类似于布尔函数, 可得如下结果.

定理 6.2.1 每一个 k 值逻辑函数有它的析取范式和合取范式.

下面的证明直接构造出相应的范式.

证明 反复使用引理 6.2.1, 可得到析取范式如下:

(1) 析取范式:

$$
\begin{aligned}
F(\chi_1, \cdots, \chi_n) = \bigvee_{i_1=1}^{k} \bigvee_{i_2=1}^{k} \cdots \bigvee_{i_{n-1}=1}^{k} &\left[\rhd_k^{i_1}(\chi_1) \bigwedge \rhd_k^{i_2}(\chi_2) \bigwedge \cdots \right. \\
&\left. \bigwedge \rhd_k^{i_{n-1}}(\chi_{n-1}) \bigwedge \phi^{i_1, i_2, \cdots, i_{n-1}}(\chi_n) \right],
\end{aligned} \tag{6.2.16}
$$

这里 $\phi^{i_1, i_2, \cdots, i_{n-1}} \in \Phi_k$ 以 $M^{i_1, i_2, \cdots, i_{n-1}}$ 为其结构矩阵, $i_j = 1, \cdots, k$, $j = 1, \cdots, n-1$.

(2) 合取范式:

设 $\neg F(\chi_1, \cdots, \chi_n)$ 有形同 (6.2.16) 的析取范式, 那么, 利用 De Morgan 公式, 就可以得到 $F(\chi_1, \cdots, \chi_n)$ 的合取范式如下:

$$F(\chi_1, \cdots, \chi_n) = \bigwedge_{i_1=1}^{k} \bigwedge_{i_2=1}^{k} \cdots \bigwedge_{i_{n-1}=1}^{k} \Big[\lhd_k^{i_1}(\chi_1) \bigvee \lhd_k^{i_2}(\chi_2) \bigvee \cdots$$

$$\bigvee \lhd_k^{i_{n-1}}(\chi_{n-1})(\chi_n) \Big], \tag{6.2.17}$$

这里 $\psi^{i_1, i_2, \cdots, i_{n-1}} \in \Phi_k$ 以 $\neg M^{i_1, i_2, \cdots, i_{n-1}}$ 为其结构矩阵, $i_j = 1, \cdots, k, j = 1, \cdots, n-1$. 这里, 记

$$M = \delta_k[i_1, i_2, \cdots, i_k],$$

则

$$\neg M := \delta_k[k+1-i_1, k+1-i_2, \cdots, k+1-i_k].$$

注意到在 (6.2.16) 及 (6.2.17) 中, $\vee$ 和 $\wedge$ 应分别为 $\vee^{(k)}$ 和 $\wedge^{(k)}$ 的简写形式. □

从标准形不难得到以下的完备集.

推论 6.2.1　*考虑 k 值逻辑,*

$$S_k := \{\wedge^{(k)}, \vee^{(k)}, \Phi_k\} \tag{6.2.18}$$

是一个完备集.

因为 $|\Phi_k| = k^k$, S_k 是一个不小的集合, 特别是当 k 比较大时, 所以, 设法减少其中多余的元素是一项有意义的工作.

考察 Φ_k, 定义

$$\Psi_k^n := \{\sigma \in \Phi_k \mid \det(M_\sigma) \neq 0\};$$
$$\Psi_k^s := \{\sigma \in \Phi_k \mid \det(M_\sigma) = 0\}.$$

先考虑 Ψ_k^n, 有如下命题.

命题 6.2.3　$(\Phi_k^n, \circ)$ *是一个群, 并且*

$$(\Phi_k^s, \circ) \simeq \mathbf{S}_k, \tag{6.2.19}$$

即 $(\Phi_k^s, \circ)$ *与* $\mathbf{S}_k$ *同构. 这里* $\mathbf{S}_k$ *是 k 阶对称群.*

证明　显然, $(\Phi_k^n, \circ)$ 是一个群, 因为每个元都可逆. 我们证明群同构. 定义映射 $\pi : \mathbf{S}_k \to \Psi_k^n$ 如下

$$\pi(\sigma) = \delta_k[\sigma(1), \sigma(2), \cdots, \sigma(k)],$$

这里 $M_\sigma = \delta_k[\sigma(1), \sigma(2), \cdots, \sigma(k)]$ 是 $\pi(\sigma) \in \Psi_k^n$ 的结构矩阵, 即

$$M_{\pi(\sigma)} = M_\sigma.$$

根据乘法定义直接可验证 π 是一个群同构. □

熟知, $B_k = \{(1, t) \mid t = 2, \cdots, k\}$ 是 $\mathbf{S}_k$ 的一个生成集 (见例 A.2.1), 则 Ψ_k^n 有一个相应的生成集

$$G_k^n := \pi(B_k) = \{\pi(\sigma_t) \mid \sigma_t = (1, t), \ t = 2, \cdots, k\}.$$

注意到 $|\Phi_k^s| = k!$ 而 $|G_k^s| = k - 1$, 因此, 完备集中非奇异一元算子个数从 $k!$ 降到了 $k - 1$.

例 6.2.3 在 Ψ_3^n 中可找到一个生成集 $\{M_{(1,2)}, M_{(1,3)}\}$, 这里

$$M_{(1,2)} = \delta_3[2, 1, 3], \qquad M_{(1,3)} = \delta_3[3, 2, 1].$$

下面考虑 Ψ_k^s. 在 Ψ_k^s 上定义一组等价关系如下.

定义 6.2.3 两个一元算子 σ_1, $\sigma_2 \in \Phi_k^n$ 称为等价的, 如果存在 μ_1, $\mu_2 \in \Psi_k^n$, 使得

$$\sigma_1 \circ \mu_1 = \mu_2 \circ \sigma_2. \tag{6.2.20}$$

因为 Ψ_k^n 已经由 G_k^n 生成, 如果 Ψ_k^s 中两个算子等价, 那么, 其中一个就能由另一个生成. 所以, 在完备集里只要保留一个即可. 由每个等价类中选出一个代表元组成的集合记作 G_k^s, 它可以作为 Ψ_k^s 的生成集. 由 (6.2.20) 可知, M_σ 的等价类是它作任意行变换及列变换所得到的所有逻辑矩阵. 于是, 显见有如下结论.

引理 6.2.2 M_1, $M_2 \in \Psi_k^s$ 等价当且仅当 1 元素在不同行的分布 (不计顺序) 是一样的.

例 6.2.4 考察以下几个矩阵:

$$\delta_3[1, 1, 2] \sim \delta_3[1, 2, 1] \sim \delta_3[2, 3, 3] \sim \cdots.$$

它们都是等价的, 因为 1 在各矩阵三行的分布均为: "两个" "一个" "零个".

记 Ψ_k^s 中等价类的个数为 $s(k)$, 从每个等价类中任选一个代表元, 作成 Ψ_k^s 的生成集 G_k^s. 于是有 $|G_k^s| = s(k)$.

下面计算 $s(k)$. 问题变成: 把 k 个 1 放入 $k - 1$ 个 "行", 问有多少种放法? 首先, 根据等价性, 各行没有区别. 其次, 之所以是 $k - 1$ 行是因为 G_k^s 中元素的结构矩阵是奇异的. 注意, 因为某些行可以不放, 所以, 它包括了所有奇异逻辑矩阵.

这问题可转化如下: 设有 k 只鸽子, 放入 $k - 1$ 个笼子, 这些笼子没有区别, 问有多少种放法?

设 $N(m, s)(m > 0, s > 0)$ 为 m 只鸽子, 放入至多 $k - 1$ 个笼子, 每个笼子最多有 s 只的放法个数. 将 m 分成一个单调下降序列

$$S(m, s) = \left\{ a_1 \geqslant a_2 \geqslant \cdots \ \middle| \ a_1 \leqslant s, \ \sum_{i=1}^{m} a_i = m \right\}.$$

下面考虑 $s(k)$. 设将 k 只鸽子, 放入至多 $k-1$ 个笼子, 每个笼子最多有 i 只, 那么, i 可以从 2 到 k (i 不能为 1, 否则放不下). 因此有

$$s(k) = \sum_{i=2}^{k} N(k-i, \min\{i, k-i\}). \tag{6.2.21}$$

为计算 $N(m, s)$, 设 $t = \left[\dfrac{n}{s}\right]$, 这里 $[a]$ 是 $a \geqslant 0$ 的整数部分. t 表示序列中至多可以有多少个 s. 于是, 不难得到如下的递推公式:

$$N(n, s) = \begin{cases} 1, & \min\{n, s\} \leqslant 1, \\ \displaystyle\sum_{j=0}^{t} N(n-js, s-1), & n > 1, s > 1. \end{cases} \tag{6.2.22}$$

例 6.2.5 设 $m = 5$, $s = 3$, 计算 $N(5, 3)$. 由于 $t = \left[\dfrac{5}{3}\right] = 1$, 有

$$N(5, 3) = N(5, 2) + N(2, 2).$$

同样可知

$$N(5, 2) = N(5, 1) + N(3, 1) + N(1, 1) = 3,$$
$$N(2, 2) = N(2, 1) + N(0, 1) = 2,$$

即 $N(5, 3) = 5$. 不难验证, 相应序列为

$$Q_1 = \{1, 1, 1, 1, 1, 0, \cdots\},$$
$$Q_2 = \{2, 1, 1, 1, 0, \cdots\},$$
$$Q_3 = \{2, 2, 1, 0, \cdots\},$$
$$Q_4 = \{3, 1, 1, 0, \cdots\},$$
$$Q_5 = \{3, 2, 0, \cdots\}.$$

利用公式 (6.2.21)—(6.2.22), 不难得到

$$s(2) = 1, \quad s(3) = 2, \quad s(4) = 4, \quad s(5) = 6,$$
$$s(6) = 10, \quad s(7) = 14, \quad s(8) = 21, \quad \cdots.$$

注意, 奇异一元算子的个数为: $\tilde{s}(k) := |\Psi_k^s| = k^k - k!$, 于是有

$$\tilde{s}(2) = 2, \quad \tilde{s}(3) = 21, \quad \tilde{s}(4) = 232, \quad \tilde{s}(5) = 3005,$$
$$\tilde{s}(6) = 45936, \quad \tilde{s}(7) = 818503, \quad \tilde{s}(8) = 16736896, \quad \cdots.$$

可见, 等价类的个数远小于奇异一元算子的个数.

记 Const. 为常值映射的等价类. 不必将定常映射放入完备集. 因此, 我们有如下结果.

命题 6.2.4

$$G_k := \{G_k^n, G_k^s \backslash \mathrm{Const.}, \vee^{(k)}, \wedge^{(k)}\} \tag{6.2.23}$$

为 k 值逻辑的一组完备集.

利用 De Morgan 公式, $\vee^{(k)}$ 可以通过 $\wedge^{(k)}$ 及 $\neg^{(k)}$ 表出, $\wedge^{(k)}$ 可以通过 $\vee^{(k)}$ 及 $\neg^{(k)}$ 表出. 因此, 没有必要同时保留 $\wedge^{(k)}$ 及 $\vee^{(k)}$.

例 6.2.6 考虑 3 值逻辑.

(i) 有

$$G_3^s = \{\delta_3[2,1,3], \delta_3[3,2,1]\};$$
$$G_3^n \backslash \mathrm{Const.} = \{\delta_3[1,1,2]\}.$$

(ii) 可构造一个完备集如下:

$$\{\delta_3[2,1,3], \delta_3[3,2,1], \delta_3[1,1,2], \wedge^{(3)}\}. \tag{6.2.24}$$

(iii) 一个显见的问题是: (6.2.24) 是否是一个最小 (元素) 个数的完备集? 实际上, 它不是. 模仿 2 值逻辑的情况, 将 $\wedge^{(3)}$ 换为

$$\uparrow^{(3)}(\xi,\eta) := \neg^{(3)}\left[\wedge^{(3)}(\xi,\eta)\right].$$

设 $\xi = 1$, 则得 $\neg^{(3)}(\eta)$, 即 $\neg^{(3)}$ 可由此生成.

还有

$$\neg\uparrow^{(3)}(\xi,\eta) = \wedge^{(3)}(\xi,\eta).$$

因此

$$\{\delta_3[2,1,3], \delta_3[1,1,2], \uparrow^{(3)}\}$$

也是一个完备集.

(iv) 但在一般情况下 G_k^n 不是 Ψ_k^n 的最小生成集. 同样地, G_k^s 也不是 Ψ_k^s 的最小生成集. 因为 G_k^s 中某些元可由其他不等价的元生成. 例如, 考虑 4 值逻辑. 设 $A = \delta_4[1,1,2,3]$, $B = \delta_4[1,2,2,4]$. 显然, $A \sim B$. 但是 $AB = \delta_4[1,1,1,3]$. 它与 A, B 不等价. 因此, AB 的等价类不必留在完备集中.

因此, 寻找一个最小个数的完备集既困难也没有必要. 只要使用方便就好. 例如, 今后我们多用由 (6.2.23) 定义的 G_k 作为 k 值逻辑的完备集.

在结束本节之前, 我们给出 k 值逻辑代数表达式的一个应用的例子.

例 6.2.7 一个侦探对于一个谋杀案有如下线索:

(i) 80% 可以确定 A 或 B 是凶手;

(ii) 如果 A 是凶手, 很可能案发时间不在午夜之前;

(iii) 如果 B 的供词正确, 那么房间的灯在午夜时仍亮着;

(iv) 如果 B 的供词不正确, 那么很可能案发时间在午夜之前;

(v) 有证据表明房间的灯在午夜时关着.

我们假设 (作为通常的理解) "很可能" 的可能性高于 "80%" 的可能性, 并且量化 6 个逻辑层次如下:

(i) 肯定 (T): $\vec{T} = \delta_6^1$;

(ii) 很可能 (V): $\vec{V} = \delta_6^2$;

(iii) 80% 可能 (P): $\vec{P} = \delta_6^3$;

(iv) 80% 不可能 $(\neg P)$: $\neg\vec{P} = \delta_6^4$;

(v) 很不可能 $(\neg V)$: $\neg\vec{V} = \delta_6^5$;

(vi) 否定 (F): $\vec{F} = \delta_6^6$.

于是我们可以在 6 值逻辑上考虑这个问题. 记命题为

(i) A: A 是凶手;

(ii) B: B 是凶手;

(iii) M: 案发时间在午夜之前;

(iv) S: B 的供词正确;

(v) L: 午夜时房间的灯亮着.

于是有下面的模糊逻辑方程

$$\begin{aligned} A \vee B &= \delta_6^3, \\ A \to \neg M &= \delta_6^2, \\ S \to L &= \delta_6^1, \\ \neg S \to M &= \delta_6^2, \\ \neg L &= \delta_6^1. \end{aligned}$$ (6.2.25)

利用矩阵表示来进行模糊逻辑推理. 首先, 由 $\neg L = \delta_6^1$ 有

$$L = \delta_6^6.$$

再由 $S \to L = \delta_6^1$ 有如下矩阵形式

$$M_i^{(6)} SL = M_i^{(6)} W_{[6,6]} LS := \Psi_1 S = \delta_6^1;$$

容易算出

$$\Psi_1 = M_i^{(6)} W_{[6,6]} L = \delta_6[6,5,4,3,2,1].$$

于是可以解出 $S = \delta_6^6$. 同理, 由 $\neg S \to M = \delta_6^2$ 有

$$M_i^{(6)} M_n^{(6)} SM = \delta_6^2.$$

可以解出

$$M = \delta_6^2.$$

考虑 $A \to \neg M = M_i^{(6)} A M_n^{(6)} M = \delta_6^2$. 利用半张量积的一些性质, 有

$$M_i^{(6)} A M_n^{(6)} M = M_i^{(6)}(I_6 \otimes M_n^{(6)}) AM = M_i^{(6)}(I_6 \otimes M_n^{(6)}) W_{[6,6]} MA := \psi_2 A.$$

容易算出

$$\psi_2 = M_i^{(6)}(I_6 \otimes M_n^{(6)}) W_{[6,6]} M = \delta_6[5,5,4,3,2,1].$$

因此可以解出

$$A = \delta_6^5.$$

最后, 由 $A \vee B = M_d^{(6)} AB = \delta_6^3$ 解出

$$B = \delta_6^3.$$

我们得出结论, A "很不可能" 是凶手, 并且 B 有 80% 的可能是凶手.

6.3 混合值逻辑

定义 6.3.1 设 F 为从 $\prod_{i=1}^n \mathcal{D}_{k_i}$ 到 $\mathcal{D}_{k_0}$ 的一个映射, 则称它为一个混合值逻辑函数.

命题 6.3.1 给定一个混合值逻辑函数 $F : \prod_{i=1}^n \mathcal{D}_{k_i} \to \mathcal{D}_{k_0}$, 记作 $F(\chi_1, \chi_2, \cdots, \chi_n)$, 这里, 每个 $\chi_i \in \mathcal{D}_{k_i}$ 有其向量形式 $x_i = \vec{\chi_i} \in \Delta_{k_i}$, $i = 1, \cdots, n$. 于是, 存在一个唯一的逻辑矩阵 $M_F \in \mathcal{L}_{k_0 \times k}$ ($k = \prod_{i=1}^n k_i$), 称为 F 的结构矩阵, 使得在变量的向量表达式下有

$$f(x_1, \cdots, x_n) = M_f \ltimes_{i=1}^n x_i, \quad x_i \in \Delta_{k_i}, \tag{6.3.1}$$

这里 $f = \vec{F}$.

如果 $\xi \in \mathcal{D}_{k_1}, \eta \in \mathcal{D}_{k_2}$ 而 $k_1 \neq k_2$, 那么 $\vee$ 或 $\wedge$ 不易确定. (准确地说, 如果形式地依 (6.1.3) 及 (6.1.4) 定义为 "取大" "取小", 则逻辑函数的维数无法确定.) 但如果 $\chi_i \in \mathcal{D}_{k_i}(i = 1, \cdots, n)$ 中只有两类变量, $x_i \in \mathcal{D}_s$ 或 $x_i \in \mathcal{D}_2$, 即

$$\chi_i \in \mathcal{D}_s \bigcup \mathcal{D}_2, \quad \forall i,$$

那么, 将 $\mathcal{D}_2$ 嵌入 $\mathcal{D}_s$, 则对这组 $\chi_i(i = 1, 2, \cdots, n)$ 算子 $\vee$ 和 $\wedge$ 都可以唯一定义了. 在以下表达式中仅用到此种情况.

定义 6.3.2 定义 $\phi^{\alpha_1,\alpha_2,\cdots,\alpha_k}$ 为从 $\mathcal{D}_k$ 到 $\mathcal{D}_{k_0}$ 的一元算子, 其结构矩阵为

$$M_{\phi^{\alpha_1,\alpha_2,\cdots,\alpha_k}}=\delta_{k_0}[\alpha_1,\alpha_2,\cdots,\alpha_k].$$

所有从 $\mathcal{D}_k$ 到 $\mathcal{D}_{k_0}$ 的一元算子集合记作 $\Phi_{k_0\times k}$.

考察 $F(\chi_1,\chi_2,\cdots,\chi_n)$, 这里 $\chi_i\in\mathcal{D}_{k_i}$, $i=1,\cdots,n$, $F\in\mathcal{D}_{k_0}$, 记 F 的结构矩阵为 M_F. 现在将 M_F 分成 $t=k/k_n$ 大小相同的块如下:

$$M_F=[L^{1,\cdots,1},\cdots,L^{1,\cdots,k_{n-1}},\cdots,L^{k_1,k_2,\cdots,k_{n-1}}]. \tag{6.3.2}$$

类似于多值逻辑的情况, 可以得到混合值逻辑的如下范式.

定理 6.3.1 设 $F:\prod_{i=1}^n\mathcal{D}_{k_i}\to\mathcal{D}_{k_0}$ 为一个 n 元混合值逻辑函数, 记作 $F(\chi_1,\chi_2,\cdots,\chi_n)$, 其代数表达式为

$$f(x_1,\cdots,x_n):=M_F\ltimes_{i=1}^n x_i, \tag{6.3.3}$$

这里 $x_i=\vec{\chi_i}$, $i=1,\cdots,n$, $M_F\in\mathcal{L}_{k_0\times k}$ 是 F 的结构矩阵, 且其分块如 (6.3.2). 记

$$L^{i_1,\cdots,i_{n-1}}=\delta_{k_0}[\beta^1(i),\beta^2(i),\cdots,\beta^{n-1}(i)],\quad \forall i=(i_1,\cdots,i_{n-1}).$$

则 F 有如下范式:

(i) 析取范式

$$\begin{aligned}F(\chi_1,\cdots,\chi_n)=&\bigvee_{i_1=1}^{k_1}\bigvee_{i_2=1}^{k_2}\cdots\bigvee_{i_{n-1}=1}^{k_{n-1}}\Big[\triangleright_{k_1}^{i_1}(\chi_1)\bigwedge\triangleright_{k_2}^{i_2}(\chi_2)\bigwedge\cdots\\&\bigwedge\triangleright_{k_{n-1}}^{i_{n-1}}(\chi_{n-1})\bigwedge\Phi^{\beta^1(i),\beta^2(i),\cdots,\beta^{n-1}(i)}(\chi_n)\Big].\end{aligned} \tag{6.3.4}$$

(ii) 合取范式.

设 $\neg F(\chi_1,\cdots,\chi_n)$ 有析取范式如 (6.3.4). 则 $F(\chi_1,\cdots,\chi_n)$ 的合取范式为

$$\begin{aligned}F(\chi_1,\cdots,\chi_n)=&\bigwedge_{i_1=1}^{k_1}\bigwedge_{i_2=1}^{k_2}\cdots\bigwedge_{i_{n-1}=1}^{k_{n-1}}\Big[\triangleleft_{k_1}^{i_1}(\chi_1)\bigvee\triangleleft_{k_2}^{i_2}(\chi_2)\bigvee\cdots\\&\bigvee\triangleleft_{k_{n-1}}^{i_{n-1}}(\chi_{n-1})\bigvee\Phi^{k_0+1-\beta^1(i),k_0+1-\beta^2(i),\cdots,k_0+1-\beta^{n-1}(i)}(\chi_n)\Big].\end{aligned} \tag{6.3.5}$$

例 6.3.1 设 $F:\mathcal{D}_3\times\mathcal{D}_2\times\mathcal{D}_3\to\mathcal{D}_2$ 为一混合值逻辑函数, 其结构矩阵为

$$L_F=\delta_2[1,2,1,2,1,2,1,1,2,2,2,2,1,2,2,1,1,1].$$

考虑

(i) 析取范式:

将 L_F 分成 6 块:

$$L_f = [L_1, L_2, L_3, L_4, L_5, L_6],$$

这里

$$L_1 = \delta_2[1,2,1], \quad L_2 = \delta_2[2,1,2], \quad L_3 = \delta_2[1,1,2],$$

$$L_4 = \delta_2[2,2,2], \quad L_5 = \delta_2[1,2,2], \quad L_6 = \delta_2[1,1,1].$$

那么, $F(\chi_1, \chi_2, \chi_3)$ 的析取范式为

$$
\begin{aligned}
F(\chi_1, \chi_2, \chi_3) =\ & \left(\triangleright_3^1(\chi_1) \wedge \triangleright_2^1(\chi_2) \wedge \phi^{1,2,1}(\chi_3) \right) \\
& \vee \left(\triangleright_3^1(\chi_1) \wedge \triangleright_2^2(\chi_2) \wedge \phi^{2,1,2}(\chi_3) \right) \\
& \vee \left(\triangleright_3^2(\chi_1) \wedge \triangleright_2^1(\chi_2) \wedge \phi^{1,1,2}(\chi_3) \right) \\
& \vee \left(\triangleright_3^2(\chi_1) \wedge \triangleright_2^2(\chi_2) \wedge \phi^{2,2,2}(\chi_3) \right) \\
& \vee \left(\triangleright_3^3(\chi_1) \wedge \triangleright_2^1(\chi_2) \wedge \phi^{1,2,2}(\chi_3) \right) \\
& \vee \left(\triangleright_3^3(\chi_1) \wedge \triangleright_2^2(\chi_2) \wedge \phi^{1,1,1}(\chi_3) \right) \\
=\ & \left(\triangleright_3^1(\chi_1) \wedge \triangleright_2^1(\chi_2) \wedge \phi^{1,2,1}(\chi_3) \right) \\
& \vee \left(\triangleright_3^1(\chi_1) \wedge \triangleright_2^2(\chi_2) \wedge \phi^{2,1,2}(\chi_3) \right) \\
& \vee \left(\triangleright_3^2(\chi_1) \wedge \triangleright_2^1(\chi_2) \wedge \phi^{1,1,2}(\chi_3) \right) \\
& \vee \left(\triangleright_3^3(\chi_1) \wedge \triangleright_2^1(\chi_2) \wedge \phi^{1,2,2}(\chi_3) \right) \\
& \vee \left(\triangleright_3^3(\chi_1) \wedge \triangleright_2^2(\chi_2) \right).
\end{aligned}
$$

(ii) 合取范式:

$$L_{\neg F} = \delta_2[2,1,2,1,2,1,2,2,1,1,1,1,2,1,1,2,2,2],$$

则

$$
\begin{aligned}
\neg F(\chi_1, \chi_2, \chi_3) =\ & \left(\triangleright_3^1(\chi_1) \wedge \triangleright_2^1(\chi_2) \wedge \phi^{2,1,2}(\chi_3) \right) \\
& \vee \left(\triangleright_3^1(\chi_1) \wedge \triangleright_2^2(\chi_2) \wedge \phi^{1,2,1}(\chi_3) \right) \\
& \vee \left(\triangleright_3^2(\chi_1) \wedge \triangleright_2^1(\chi_2) \wedge \phi^{2,2,1}(\chi_3) \right) \\
& \vee \left(\triangleright_3^2(\chi_1) \wedge \triangleright_2^2(\chi_2) \wedge \phi^{1,1,1}(x_3) \right) \\
& \vee \left(\triangleright_3^3(\chi_1) \wedge \triangleright_2^1(\chi_2) \wedge \phi^{2,1,1}(\chi_3) \right) \\
& \vee \left(\triangleright_3^3(\chi_1) \wedge \triangleright_2^2(\chi_2) \wedge \phi^{2,2,2}(\chi_3) \right) \\
=\ & \left(\triangleright_3^1(\chi_1) \wedge \triangleright_2^1(\chi_2) \wedge \phi^{2,1,2}(\chi_3) \right)
\end{aligned}
$$

$$\lor \left(\triangleright^1_3(\chi_1) \land \triangleright^2_2(\chi_2) \land \phi^{1,2,1}(\chi_3) \right)$$
$$\lor \left(\triangleright^2_3(\chi_1) \land \triangleright^1_2(\chi_2) \land \phi^{2,2,1}(\chi_3) \right)$$
$$\lor \left(\triangleright^2_3(\chi_1) \land \triangleright^2_2(\chi_2) \right)$$
$$\lor \left(\triangleright^3_3(\chi_1) \land \triangleright^1_2(\chi_2) \land \phi^{2,1,1}(\chi_3) \right).$$

利用 De Morgan 公式, $F(\chi_1, \cdots, \chi_n)$ 的合取范式为

$$F(\chi_1, \chi_2, \chi_3) = \left(\triangleleft^1_3(\chi_1) \lor \triangleleft^1_2(\chi_2) \lor \phi^{1,2,1}(\chi_3) \right)$$
$$\land \left(\triangleleft^1_3(\chi_1) \lor \triangleleft^2_2(\chi_2) \lor \phi^{2,1,2}(\chi_3) \right)$$
$$\land \left(\triangleleft^2_3(\chi_1) \lor \triangleleft^1_2(\chi_2) \lor \phi^{1,1,2}(\chi_3) \right)$$
$$\land \left(\triangleleft^2_3(\chi_1) \lor \triangleleft^2_2(\chi_2) \right)$$
$$\land \left(\triangleleft^3_3(\chi_1) \lor \triangleleft^1_2(\chi_2) \lor \phi^{1,2,2}(\chi_3) \right).$$

第7章 布尔代数与布尔矩阵

布尔代数的基本定律首次发表于 1854 年乔治·布尔的《思维规律研究》一书中[28]. 由于布尔函数只定义在 $\{0,1\}$ 上, 它比起许多纯数学领域来, 似乎简单许多. 然而, 在数学上通常是简单的东西更有生命力, 即 "大道从简". 布尔函数在逻辑、线路设计、密码学以及计算机科学等学科上起着无可取代的作用. 布尔出身贫寒, 他小学毕业就辍学了, 从此全靠自学, 成就了一番事业. 在《数学指南》一书中, 他被称为 "符号逻辑之父和计算机科学的奠基者之一"[68].

文献 [85] 是关于布尔矩阵的一本经典参考书, 内容丰富. 作者在前言中提到: "对于物理科学, 生物科学以及社会科学中出现的许多类离散结构模型的建模和分析, 布尔矩阵理论的应用具有本质的重要性." 布尔矩阵的确有许多应用, 例如文献 [88] 将其用于酶化学中的复杂逻辑问题, 并讨论了其对遗传密码的应用. 文献 [123] 讨论了布尔矩阵在有限自动机方面的应用等. 关于 Ledley 解的部分可见文献 [100]. 即使从今天的观点看, 布尔矩阵理论中仍有许多待完善的地方.

7.1 布 尔 代 数

定义 7.1.1 一个集合 S, 带有两个二元算子: 并: $\sqcup$, 交: $\sqcap$, 一个一元算子: 补: $\bar{}$ 和两个特殊元 $0, 1 \in S, 0 \neq 1$, 称为一个布尔代数, 如果它们满足:

(i) (交换律)

$$x \sqcup y = y \sqcup x; \tag{7.1.1}$$
$$x \sqcap y = y \sqcap x. \tag{7.1.2}$$

(ii) (结合律)

$$x \sqcup (y \sqcup z) = (x \sqcup y) \sqcup z; \tag{7.1.3}$$
$$x \sqcap (y \sqcap z) = (x \sqcap y) \sqcap z. \tag{7.1.4}$$

(iii) (分配律)

$$x \sqcup (y \sqcap z) = (x \sqcup y) \sqcap (x \sqcup z); \tag{7.1.5}$$
$$x \sqcap (y \sqcup z) = (x \sqcap y) \sqcup (x \sqcap z). \tag{7.1.6}$$

(iv) (归一律)

$$x \sqcup \mathbf{0} = x; \tag{7.1.7}$$
$$x \sqcap \mathbf{1} = x. \tag{7.1.8}$$

(v) (补律)

$$x \sqcup \bar{x} = \mathbf{1}; \tag{7.1.9}$$
$$x \sqcap \bar{x} = \mathbf{0}. \tag{7.1.10}$$

由定义, 一个布尔代数可表示成 $(S, \sqcup, \sqcap, \bar{}, \mathbf{1}, \mathbf{0})$.

在一个布尔代数里, 如果将 $\sqcup$ 与 $\sqcap$ 交换, 同时也将 $\mathbf{1}$ 与 $\mathbf{0}$ 交换, 结果还是一个布尔代数. 这个性质称为对偶原理.

下面举几个布尔代数的例子.

例 7.1.1　(i) (经典逻辑) $S = \mathcal{D} = \{1, 0\}$, $\sqcup = \vee$, $\sqcap = \wedge$, $\bar{} = \neg$, $\mathbf{1} = 1$, $\mathbf{0} = 0$. 容易检验, 它是一个布尔代数.

(ii) (集合运算) 设 W 为一非空集合, 考察它的子集族. 令 $S = \mathcal{P}(W)$ (通常用 $\mathcal{P}(W)$ 或 2^W 表示 W 的子集族). 定义 $\sqcup = \cup$, $\sqcap = \cap$, $\bar{} = c$ (A^c 表示集合 A 的余集), $\mathbf{1} = W$, $\mathbf{0} = \varnothing$. 那么, 集合运算构成一个布尔代数.

(iii) (布尔矩阵) 设 $S = \mathcal{B}_{m \times n}$ 为 $m \times n$ 的布尔矩阵集合, $A = (a_{ij})$, $B = (b_{ij}) \in S$, 有

$$A \sqcup B = (a_{ij} \vee b_{ij});$$
$$A \sqcap B = (a_{ij} \wedge b_{ij});$$
$$A' = (a'_{ij});$$

$\mathbf{1}$ 为元素全为 1 的矩阵, 即 $\mathbf{1}_{m \times n}$, $\mathbf{0}$ 为元素全为 0 的矩阵, 即 $\mathbf{0}_{m \times n}$. 容易验证 $S = \mathcal{B}_{m \times n}$ 为一布尔代数.

下面讨论布尔代数的一些基本性质.

定理 7.1.1　给定布尔代数. 则

(i) (幂等律)

$$x \sqcup x = x; \tag{7.1.11}$$
$$x \sqcap x = x. \tag{7.1.12}$$

(ii) (第二归一律)

$$x \sqcup \mathbf{1} = \mathbf{1}; \tag{7.1.13}$$

$$x \sqcap \mathbf{0} = \mathbf{0}. \tag{7.1.14}$$

(iii) (吸收律)

$$(x \sqcap y) \sqcup x = x; \tag{7.1.15}$$
$$(x \sqcup y) \sqcap x = x. \tag{7.1.16}$$

证明　我们只证 (7.1.11), 其余的留给读者.

$$
\begin{aligned}
x \sqcup x &= (x \sqcup x) \sqcap \mathbf{1} && \text{(根据 (7.1.8))}\\
&= (x \sqcup x) \sqcap (x \sqcup \bar{x}) && \text{(根据 (7.1.9))}\\
&= x \sqcap (x \sqcup \bar{x}) && \text{(根据 (7.1.6))}\\
&= x \sqcup \mathbf{0} && \text{(根据 (7.1.10))}\\
&= x. && \text{(根据 (7.1.7))} \qquad \square
\end{aligned}
$$

引理 7.1.1　给定布尔代数. 如果 $x \sqcup y = \mathbf{1}$ 且 $x \sqcap y = \mathbf{0}$, 那么

$$y = \bar{x}.$$

证明

$$
\begin{aligned}
y &= y \sqcup \mathbf{0} && \text{(根据 (7.1.7))}\\
&= y \sqcup (x \sqcap \bar{x}) && \text{(根据 (7.1.10))}\\
&= (y \sqcup x) \sqcap (y \sqcup \bar{x}) && \text{(根据 (7.1.5))}\\
&= (x \sqcup y) \sqcap (\bar{x} \sqcup y) && \text{(根据 (7.1.1))}\\
&= \mathbf{1} \sqcap (\bar{x} \sqcup y) && \text{(根据假设)}\\
&= (x \sqcup \bar{x}) \sqcap (\bar{x} \sqcup y) && \text{(根据 (7.1.9))}\\
&= (\bar{x} \sqcup x) \sqcap (\bar{x} \sqcup y) && \text{(根据 (7.1.1))}\\
&= \bar{x} \sqcup (x \sqcap y) && \text{(根据 (7.1.5))}\\
&= \bar{x} \sqcup \mathbf{0} && \text{(根据假设)}\\
&= \bar{x}. && \text{(根据 (7.1.7))} \qquad \square
\end{aligned}
$$

推论 7.1.1　给定布尔代数. 则

$$\bar{\bar{x}} = x, \quad \forall x \in D. \tag{7.1.17}$$

证明　设 $y = \bar{x}$. 则 $y \sqcup x = \bar{x} \sqcup x = \mathbf{1}$ 且 $y \sqcap x = \bar{x} \sqcap x = \mathbf{0}$. 由引理 7.1.1, 可得

$$x = \bar{y} = \bar{\bar{x}}. \qquad \square$$

定理 7.1.2　布尔代数满足 De Morgan 定律, 即

$$\overline{x \sqcup y} = \bar{x} \sqcap \bar{y}; \tag{7.1.18}$$

$$\overline{x \sqcap y} = \bar{x} \sqcup \bar{y}. \tag{7.1.19}$$

证明　直接计算可得

$$(x \sqcup y) \sqcup (\bar{x} \sqcap \bar{y}) = \mathbf{1},$$
$$(x \sqcup y) \sqcap (\bar{x} \sqcap \bar{y}) = \mathbf{0}.$$

由引理 7.1.1 即得 (7.1.18). 利用 (7.1.18), 并分别用 x 与 y 代替 $\bar{x}$ 与 $\bar{y}$, 则得

$$x \sqcap y = \overline{\bar{x} \sqcup \bar{y}}.$$

两边取补, 即得 (7.1.19).   □

7.2　布尔代数的合成与分解

先考虑布尔代数的合成. 设 $B_1 := (S_1,\ \sqcup_1,\ \sqcap_1,\ ^{-1},\ \mathbf{1}_1,\ \mathbf{0}_1)$ 及 $B_2 := (S_2,\ \sqcup_2,\ \sqcap_2,\ ^{-2},\ \mathbf{1}_2,\ \mathbf{0}_2)$ 为两个布尔代数, 考察它们的笛卡儿积

$$S_1 \times S_2 = \{(s_1, s_2) | s_1 \in S_1,\ s_2 \in S_2\}.$$

定义运算 $\sqcup = \sqcup_1 \times \sqcup_2$, 即

$$(s_1, s_2) \sqcup (t_1, t_2) := (s_1 \sqcup_1 t_1, s_2 \sqcup_1 t_2), \quad (s_1, s_2), (t_1, t_2) \in S_1 \times S_2.$$

类似定义 $\sqcap = \sqcap_1 \times \sqcap_2$, $^- = ^{-1} \times ^{-2}$, $\mathbf{1} = (\mathbf{1}_1, \mathbf{1}_2)$, $\mathbf{0} = (\mathbf{0}_1, \mathbf{0}_2)$. 那么, 容易验证

$$B_1 \times B_2 := \left(S_1 \times S_2,\ \sqcup_1 \times \sqcup_2,\ \sqcap_1 \times \sqcap_2,\ ^{-1} \times ^{-2},\ (\mathbf{1}_1, \mathbf{1}_2),\ (\mathbf{0}_1, \mathbf{0}_2)\right)$$

是一个布尔代数, 称为 B_1 和 B_2 的乘积布尔代数.

显见, 这可以推广到多个布尔代数的情况的.

下面给布尔代数中的元素定义一个序.

定义 7.2.1　设 S 为一布尔代数的元素集. $x, y \in S$.

(i) $x \leqslant y$ (或等价地称 $y \geqslant x$), 当且仅当, $x \sqcup y = y$.

(ii) $x < y$ (或等价地称 $y > x$), 当且仅当, $x \leqslant y$ 且 $x \neq y$.

条件 $x \sqcup y = y$ 可以换成 $x \sqcap y = x$. 这是因为, 容易证明如下命题.

命题 7.2.1　在一个布尔代数中, $x \sqcup y = y$, 当且仅当 $x \sqcap y = x$.

不管是 $\leqslant$ 还是 $<$, 对于一般的布尔代数都是偏序, 或者说 S 在这两个序底下是偏序集. 也就是说, 对任意两个元素 $x, y \in S$, 可能 $x \leqslant y$ 或 $y \leqslant x$ 均不成立. 偏序具有传递性.

命题 7.2.2 在一个布尔代数中,

(i) 如果 $x \leqslant y$ 且 $y \leqslant z$, 则 $x \leqslant z$.

(ii) 如果 $x \leqslant y$ 且 $y \leqslant x$, 则 $x = y$.

证明 只证 (i).

$$
\begin{aligned}
z &= y \sqcup z \\
&= (x \sqcup y) \sqcup z \\
&= x \sqcup (y \sqcup z) \\
&= x \sqcup z.
\end{aligned}
$$

因此, $x \leqslant z$. □

下面的命题是显然的.

命题 7.2.3 在一个布尔代数中,

(i) $$x \sqcap y \leqslant x \leqslant x \sqcup y. \tag{7.2.1}$$

(ii) $$0 \leqslant x \leqslant 1. \tag{7.2.2}$$

命题 7.2.4 根据上面定义的序, 一个布尔代数是一个格, 称为布尔格 (Boolean lattice).

证明 设 B 为布尔代数, 任给 $a, b \in B$, 只要证明 a 与 b 的最小上界与最大下界存在即可.

设 $c \leqslant a$ 且 $c \leqslant b$, 则 $c \sqcap a = c, c \sqcap b = c$. 于是

$$c = c \sqcap c = c \sqcap a \sqcap c \sqcap b \leqslant a \sqcap b.$$

因此, $\inf(a, b) = a \sqcap b$. 同理可证, $\sup(a, b) = a \sqcup b$. □

定义 7.2.2 在一个布尔代数中, 一个非零元素 $a \in S$ 称为一个原子 (atom), 如果 a 不能写成 $a = b \sqcup c$, 这里 $a \neq b$ 且 $a \neq c$.

例 7.2.1 考察例 7.1.1.

(i) (经典逻辑) 这里, 唯一的原子是 1.

(ii) (集合运算) 这里的原子是单元素集 $\{\{s\} \mid s \in S\}$.

(iii) (布尔矩阵) $\mathcal{B}_{m \times n}$ 中的原子是 $A = (a_{ij})$, 满足条件: 存在 (i_0, j_0), 使

$$
a_{ij} = \begin{cases} 1, & i = i_0, \text{ 且 } j = j_0, \\ 0, & \text{其他.} \end{cases}
$$

命题 7.2.5 $a \neq 0$ 是原子, 当且仅当不存在 x 使 $0 < x < a$.

证明 (必要性) 设 a 为原子. 令 $x < a$. 则 $x \sqcup a = a$, 且 $x \sqcap a = x$. 于是

$$a = a \sqcap 1 = (x \sqcup a) \sqcap (x \sqcup \bar{x}) = x \sqcup (a \sqcap \bar{x}).$$

因为 a 是原子, x 与 $(a \sqcap \bar{x})$ 中必有一个为 a. 但 $x < a$, 故 $a = a \sqcap \bar{x}$. 于是

$$x = a \sqcap x = (a \sqcap \bar{x}) \sqcap x = a \sqcap (\bar{x} \sqcap x) = 0.$$

(充分性) 设 a 不是原子, 则 $a = x \sqcup y$, 这里 $x \neq a, y \neq a$. 于是 $0 \leqslant x \leqslant a$. 注意, 这里 $x \neq 0$, 否则 $a = x \sqcup y = 0 \sqcup y = y$, 矛盾. 又 $x \neq a$, 于是

$$0 < x < a. \qquad \square$$

推论 7.2.1 设 a 和 b 为两原子, 如果 $a \sqcap b \neq 0$, 则 $a = b$. 换言之, 如果 $a \neq b$, 则 $a \sqcap b = 0$.

证明 由于 $a \sqcap b \neq 0$, 则有 $0 < a \sqcap b \leqslant a$. 但 a 是原子, 故 $a \sqcap b = a$. 同理 $a \sqcap b = b$. 于是 $a = b$. $\qquad \square$

下面的定理十分重要. (为方便, 也用 B 表示其元素集合, 即 $B = S$.)

定理 7.2.1 设 B 为一有限布尔代数, $A = \{a_1, \cdots, a_n\}$ 为它的原子集. 那么, 每一个 $0 \neq x \in B$ 都可以表示成

$$x = a_{i_1} \sqcup a_{i_2} \sqcup \cdots \sqcup a_{i_k}. \tag{7.2.3}$$

而且, 如果不计排列顺序, 则表达式 (7.2.3) 是唯一的.

证明 先证每一个非零元能写成原子并的形式 (7.2.3). 如果 x 是原子, 那么它属于 (7.2.3) 形式. 记 $N \subset B$ 为 B 中不能写成 (7.2.3) 形式的非零元素, 我们证 $N = \varnothing$. 设 $x \in N$. 因为 x 不是原子, 类似命题 7.2.5 充分性证明可知, 存在 $0 < y < x$ 和 $0 < z < x$, 使得 $x = y \sqcup z$. 那么, y 和 z 中至少有一个属于 N, 否则 $x \notin N$. 设 $y \in N$, 定义 $x_1 = y$, 则 $x > x_1 > 0$. 对 x_1 作同样讨论, 可得 $x_1 > x_2 > 0$. 继续这个过程, 可得一序列 $x_i > 0, i = 1, 2, \cdots$, 使得

$$x > x_1 > x_2 > \cdots .$$

但 S 是有限集, 矛盾.

下面证唯一性. 设 x 有两种原子并:

$$x = a_1 \sqcup a_2 \sqcup \cdots \sqcup a_p = b_1 \sqcup b_2 \sqcup \cdots \sqcup b_q,$$

我们要证明 $P = Q$, 这里

$$P = \{a_1, a_2, \cdots, a_p\}; \quad Q = \{b_1, b_2, \cdots, b_q\}.$$

因为

$$a_1 = a_1 \sqcap x = a_1 \sqcap (b_1 \sqcup b_2 \sqcup \cdots \sqcup b_q)$$
$$= (a_1 \sqcap b_1) \sqcup (a_1 \sqcap b_2) \sqcup \cdots \sqcup (a_1 \sqcap b_q),$$

所以, 至少有一个 i, 使

$$a_1 \sqcap b_i \neq 0 \quad (i = 1, 2, \cdots, q).$$

由推论 7.2.1, $a_1 = b_i$, 即 $a_1 \in Q$, 同理 $a_i \in Q$, $i = 2, \cdots, p$, 故 $P \subset Q$. 同理可证 $Q \subset P$. 故 $P = Q$. $\qquad \square$

推论 7.2.2 设 $A = \{a_1, \cdots, a_n\}$ 为布尔代数 B 的原子集, 则 $1 = a_1 \sqcup a_2 \sqcup \cdots \sqcup a_n$.

证明 设 a_i 不属于 1 的原子并表达式 (7.2.3). 则 $1 \sqcup a_i \neq 1$, 矛盾. $\qquad \square$

现在设 $A = \{a_1, \cdots, a_n\}$ 为布尔代数 B 的原子集, 那么, 每一个 $x \in B$ 可以用一个 n 维向量 $V_x = (v_1, v_2, \cdots, v_n)^{\mathrm{T}} \in \mathcal{B}_{n \times 1}$ 表示, 这里 $v_i = 1$, 如果 a_i 出现在 x 的表达式 (7.2.3) 中, 否则 $v_i = 0$. 因为表达式 (7.2.3) 唯一, 当 $\{a_i\}$ 的顺序确定后 V_x 唯一. 称 $a_i \in x$, 如果 a_i 出现在 x 的表达式 (7.2.3) 中.

现在定义投影

$$\pi_i(x) := \pi_i(V_x) = v_i, \quad x \in B, \quad i = 1, \cdots, n.$$

那么, 如果 $a_i \in x$, 则 $v_i = 1$, 否则 $v_i = 0$. 故 $B_i := \pi_i\{B\} = \{1, 0\}$, $i = 1, \cdots, n$. 在 B_i 上定义

$$\pi_i(x) \sqcup_i \pi_i(y) := \pi_i(x \sqcup y);$$
$$\pi_i(x) \sqcap_i \pi_i(y) := \pi_i(x \sqcap y);$$
$$\overline{\pi_i(x)}^i := \pi_i(\bar{x});$$
$$1_i = \pi_i(1);$$
$$0_i = \pi_i(0).$$

可以证明, 以上的 $\sqcup_i, \sqcap_i, \overline{}^i, \mathbf{1}_i, \mathbf{0}_i$ 是唯一定义好的, 它们使得 $(B_i, \sqcup_i, \sqcap_i, \overline{}^i, \mathbf{1}_i, \mathbf{0}_i)$ 成为一个二元布尔代数. 而且, $B = B_1 \times B_2 \times \cdots \times B_n$. 于是有如下定理.

定理 7.2.2 任何一个有限布尔代数都是由它的原子生成的二元布尔代数的笛卡儿积.

由于任何一个有限布尔代数都是一些二元布尔代数的笛卡儿积. 二元布尔代数的结构就变得十分重要. 本节讨论二元布尔代数的结构. 记 $B = \mathcal{D} = \{1,0\}$. 用向量表示 $1 \sim \delta_2^1,\ 0 \sim \delta_2^2$. 设

$$M_\sqcup = \delta_2[\alpha\ \beta\ \delta\ \gamma];$$
$$M_\sqcap = \delta_2[a\ b\ d\ c];$$
$$M_\prime = \delta_2[p, q].$$

它们需满足定义 7.1.1 中的条件.

由交换律,

$$M_\sqcup xy = M_\sqcup yx = M_\sqcup W_{[2]}xy.$$

于是有

$$M_\sqcup = M_\sqcup W_{[2]},$$

即

$$\delta_2[\alpha\ \beta\ \delta\ \gamma] = \delta_2[\alpha\ \delta\ \beta\ \gamma].$$

故 $\beta = \delta$. 于是

$$M_\sqcup = \delta_2[\alpha\ \beta\ \beta\ \gamma].$$

同理

$$M_\sqcap = \delta_2[a\ b\ b\ c].$$

下面考虑结合律. 由

$$(x \sqcup y) \sqcup z = x \sqcup (y \sqcup z),$$

有

$$M_\sqcup^2 xyz = M_\sqcup x M_\sqcup yz = M_\sqcup (I_2 \otimes M_\sqcup) xyz.$$

于是

$$M_\sqcup^2 = M_\sqcup (I_2 \otimes M_\sqcup). \tag{7.2.4}$$

展开 (7.2.4) 可得

$$\begin{aligned}
M_\sqcup (I_2 \otimes M_\sqcup) &= \delta_2[\alpha,\beta,\beta,\gamma]\delta_4[\alpha,\beta,\beta,\gamma,\alpha+2,\beta+2,\beta+2,\gamma+2]\\
&= M_\sqcup (M_\sqcup \otimes I_2)\\
&= \delta_2[\alpha,\beta,\beta,\gamma]\delta_4[2\alpha-1,2\alpha,2\beta-1,2\beta,2\beta-1,2\beta,2\gamma-1,2\gamma].
\end{aligned} \tag{7.2.5}$$

不难检验 (7.2.5) 成立, 当且仅当

$$(\alpha, \gamma) \neq (2, 1). \tag{7.2.6}$$

下面考虑归一律:

$$0 \sqcup x = x,$$

即

$$M_\sqcup \delta_2^2 x = x,$$

于是有

$$M_\sqcup \delta_2^2 = I_2,$$

即

$$M_\sqcup = \delta_2[\alpha\ 1\ 1\ 2]. \tag{7.2.7}$$

类似地, 由

$$1 \sqcap x = x$$

可得

$$M_\sqcap = \delta_2[1\ 2\ 2\ c]. \tag{7.2.8}$$

再考虑分配律. 由

$$x \sqcup (y \sqcap z) = (x \sqcup y) \sqcap (x \sqcup z)$$

可得

$$M_\sqcup (I_2 \otimes M_\sqcap) = M_\sqcap M_\sqcup (I_4 \otimes M_\sqcup) (I_2 \otimes W_{[2]}) \, \mathrm{PR}_2 . \tag{7.2.9}$$

由

$$x \sqcap (y \sqcup z) = (x \sqcap y) \sqcup (x \sqcap z)$$

可得

$$M_\sqcap (I_2 \otimes M_\sqcup) = M_\sqcup M_\sqcap (I_4 \otimes M_\sqcap) (I_2 \otimes W_{[2]}) \, \mathrm{PR}_2 . \tag{7.2.10}$$

将 (7.2.7) 及 (7.2.8) 代入 (7.2.9) 与 (7.2.10), 最后得到的容许解是 $\alpha = 1$, $c = 2$.
于是有

$$M_\sqcup = \delta_2[1\ 1\ 1\ 2]; \tag{7.2.11}$$
$$M_\sqcap = \delta_2[1\ 2\ 2\ 2]. \tag{7.2.12}$$

最后检验补律. 由

$$x \sqcup \bar{x} = 1$$

可得

$$M_⊔ x M\text{-} x = M_⊔ \left(I_2 \otimes M\text{-} \right) M_r x = \delta_2^1.$$

$$\begin{bmatrix} 1 & q \\ 0 & 1-q \end{bmatrix} x = \delta_2^1.$$

取 $x = \delta_2^2$ 可知 $q = 1$. 由

$$x \sqcap \bar{x} = 0$$

可得

$$M_⊓ x M\text{-} x = M_⊓ \left(I_2 \otimes M\text{-} \right) M_r x = \delta_2^2.$$

$$\begin{bmatrix} p & 0 \\ 1-p & 1 \end{bmatrix} x = \delta_2^2.$$

取 $x = \delta_2^1$ 可知 $p = 1$. 因此

$$M\text{-} = \delta_2[2\ 1]. \tag{7.2.13}$$

综上可知, 可得如下定理.

定理 7.2.3　任何一个二元布尔代数同构于由逻辑 $(\mathcal{D} = \{1, 0\}, \vee, \wedge, \neg, \mathbf{1}, \mathbf{0})$ 生成的布尔代数.

7.3　布尔向量与布尔矩阵

7.3.1　布尔向量空间

定义 7.3.1　给定布尔代数 B.

(i) 集合

$$V_n = \left\{ (a_1\ a_2\ \cdots\ a_n) \big| a_i \in B,\ i = 1, \cdots, n \right\}$$

中的元素称为 n 维布尔向量.

(ii) 在 V_n 上定义加法:

$$(a_1\ \cdots\ a_n) + (b_1\ \cdots\ b_n) := (a_1 + b_1\ \cdots\ a_n + b_n),$$

这里, 每个分量的加法是布尔代数中的加法. V_n 加上其上的这种加法称为 n 维布尔向量空间.

设 $a = (a_1\ a_2\ \cdots\ a_n) \in V_n$, 它的补向量定义为 $a^c = (a_1^c\ a_2^c\ \cdots\ a_n^c)$. 另外, 把零向量 $\mathbf{0}_n$ 简记为 $\mathbf{0}$.

定义 7.3.2 (i) 设 $H \subset V_n, \mathbf{0} \in H$, 且如果 $a, b \in H$, 则 $a + b \in H$, 故 H 称为 V_n 的一个子空间.

(ii) 设 $W \subset V_n$, 包含 W 的所有子空间的交称为由 W 生成的子空间, 记作 $\langle W \rangle$.

为方便计, 设空集为 $\mathbf{0}$. 这样, $\langle W \rangle$ 就是 W 的元素的所有有限和集合.

例 7.3.1 (i) 令

$$W = \{(1\,0\,0), (0\,1\,0), (0\,0\,1)\}.$$

则

$$\langle W \rangle = \{(0\,0\,0),\ (0\,0\,1),\ (0\,1\,0),\ (0\,1\,1),$$
$$(1\,0\,0),\ (1\,0\,1),\ (1\,1\,0),\ (1\,1\,1)\}.$$

它是 V_3 的子空间. 当 $B = \{0, 1\}$ 时, 它就是 V_3.

(ii) 令

$$W = \{(1\,0\,0), (1\,1\,0), (1\,1\,1)\}.$$

则

$$\langle W \rangle = \{(0\,0\,0), (1\,0\,0), (1\,1\,0), (1\,1\,1)\}.$$

定义 7.3.3 设 $W \subset V_n$.

(i) 称 $v \in V_n$ 与 W 无关, 如果 $v \notin \langle W \rangle$.

(ii) W 称为无关子集, 如果对任意 $w \in W, w$ 与 $W \backslash \{w\}$ 无关.

例 7.3.2 设 $W = \{(1\,0\,0), (1\,1\,0)\}$. 容易验证: W 是无关子集. 设 $v = (0\,1\,0)$. 不难证明 v 与 W 无关. (注意: 它与普通向量相关性不同.)

定义 7.3.4 设 $W \subset V_n$ 为一子空间. 如果 B 是无关子集, 且 $W = \langle B \rangle$, 则称 $B \subset V_n$ 为 W 的基底.

定理 7.3.1 设 $W \subset V_n$ 为一子空间. 则存在它的一个基底 B. 并且, 该基底唯一.

证明 记 B 为 W 中的原子集. 我们证明: $W = \langle B \rangle$. 反证法, 设 $W \backslash \langle B \rangle \neq \varnothing$, 则存在 $v \in W \backslash \langle B \rangle$ 为该子集的原子. 但 $v \neq \langle B \rangle$, 故 $v = v_1 + v_2$. 但是, 必然有 $v_1, v_2 \in \langle B \rangle$, 否则, 不妨设 $v_1 \notin \langle B \rangle$. 那么, 存在 $v_1 \in W \backslash \langle B \rangle$, 使 $0 < v_1 < v$, 与 v 为 $W \backslash \langle B \rangle$ 中的原子矛盾. 于是 $v = v_1 + v_2 \in \langle B \rangle$, 矛盾. 这说明 $W \backslash \langle B \rangle = \varnothing$.

下面证唯一性. 设 B' 是另一组基底. 那么 $B \subset B'$. 否则, 存在 $0 \neq v \in B \backslash B'$. $v = v_1 + \cdots + v_s, v_k \in B', k = 1, \cdots, s$, 但 $v \in B$ 是原子, 矛盾. 现在设 $B' \backslash B \neq \varnothing$, 则有 $v \in B' \backslash B$ 为 $B' \backslash B$ 上的原子. 仿前半部分证明可证, v 与 B 相关, 矛盾. 故 $B = B'$. $\qquad\qquad \square$

7.3.2 布尔矩阵

给定一个布尔代数 B. 一个 $m \times n$ 维布尔矩阵 $A = (a_{ij})$, 这里 $a_{ij} \in B$. $m \times n$ 维布尔矩阵集合记作 $\mathcal{B}_{m \times n}$. 我们用普通矩阵乘法规则来定义布尔矩阵的乘积, 只是其中涉及的 "+" 和 "×" 均为布尔代数中的 "并" ($\sqcup$) 和 "交" ($\sqcap$), 记作 $+_{\mathcal{B}}$ 和 $\times_{\mathcal{B}}$.

例 7.3.3 考虑集合运算布尔代数. 设 $B = 2^N$, 这里 $N = \{0,1,2\}$, $\sqcup = \cup$, $\sqcap = \cap$, $\bar{} = ^c$. 那么

$$2^N = \{\varnothing, \{0\}, \{1\}, \{2\}, \{0,1\}, \{0,2\}, \{1,2\}, \{0,1,2\}\}.$$

记 $(1) := \varnothing$, $(2) := \{0\}$, $(3) := \{1\}$, $(4) := \{2\}$, $(5) := \{0,1\}$, $(6) := \{0,2\}$, $(7) := \{1,2\}$, $(8) := \{0,1,2\}$.

设

$$U = \begin{bmatrix} (1) & (2) & (5) \\ (3) & (6) & (8) \end{bmatrix}, \quad V = \begin{bmatrix} (2) & (4) \\ (7) & (5) \\ (8) & (6) \end{bmatrix}.$$

那么

$$U +_{\mathcal{B}} V^{\mathrm{T}} = \begin{bmatrix} (1)+(2) & (2)+(7) & (5)+(8) \\ (3)+(4) & (6)+(5) & (8)+(6) \end{bmatrix} = \begin{bmatrix} (2) & (8) & (8) \\ (7) & (8) & (8) \end{bmatrix},$$

$$U \times_{\mathcal{B}} V = \begin{bmatrix} (5) & (2) \\ (8) & (6) \end{bmatrix}.$$

在以下的讨论中, 我们假定只考虑 $B = \mathcal{D} = \{0,1\}$, $\sqcap = \wedge$, $\sqcup = \vee$.

例 7.3.4 设 $B = \{0,1\}$.

$$A = \begin{bmatrix} 1 & 0 & 1 \\ 0 & 0 & 1 \end{bmatrix}, \quad B = \begin{bmatrix} 0 & 0 & 1 \\ 0 & 1 & 0 \end{bmatrix}, \quad C = \begin{bmatrix} 0 & 1 \\ 1 & 0 \\ 0 & 1 \end{bmatrix}.$$

(i) 数乘:

$$aA = \begin{cases} A, & a = 1, \\ \mathbf{0}_{2 \times 3}, & a = 0. \end{cases}$$

(ii) 和:

$$A +_{\mathcal{B}} B = \begin{bmatrix} 1 & 0 & 1 \\ 0 & 1 & 1 \end{bmatrix}.$$

(iii) 积:

$$A \times_{\mathcal{B}} C = \begin{bmatrix} 0 & 1 \\ 0 & 1 \end{bmatrix}.$$

因为单位阵 I_n 是一个布尔矩阵, 所以, 可以与普通矩阵张量积同样地定义两个布尔矩阵的张量积.

例 7.3.5 设 $\mathcal{B} = \{0,1\}$. A, B 如例 7.3.4, 则

$$A \otimes_{\mathcal{B}} B = \begin{bmatrix} 0 & 0 & 1 & 0 & 0 & 0 & 0 & 0 & 1 \\ 0 & 1 & 0 & 0 & 0 & 0 & 0 & 1 & 0 \\ 0 & 0 & 0 & 0 & 0 & 0 & 0 & 0 & 1 \\ 0 & 0 & 0 & 0 & 0 & 0 & 0 & 1 & 0 \end{bmatrix}.$$

由第 4 章可知, 目前知道的矩阵乘子和向量乘子都是布尔矩阵 (向量), 因此, MM-布尔半张量积和 MV-布尔半张量积都可以同样定义.

例 7.3.6 设 $\mathcal{B} = \{0,1\}$. A, B 如例 7.3.4. $\Gamma = I, \gamma = \mathbf{1}$.

(i) 矩阵-矩阵 (MM)-布尔半张量积:

$$A \ltimes_{\mathcal{B}} B = (A \otimes_{\mathcal{B}} I_2)(B \otimes_{\mathcal{B}} I_3)$$

$$= \begin{bmatrix} 0 & 0 & 0 & 0 & 1 & 0 & 1 & 0 & 0 \\ 0 & 0 & 0 & 0 & 0 & 1 & 0 & 1 & 0 \\ 0 & 0 & 0 & 0 & 1 & 0 & 0 & 0 & 0 \\ 0 & 0 & 0 & 0 & 0 & 1 & 0 & 0 & 0 \end{bmatrix}.$$

(ii) 矩阵-向量 (MV)-布尔半张量积:

设 $V = (1,0)^{\mathrm{T}}$, 则

$$A \vec{\ltimes}_{\mathcal{B}} x = (A \otimes_{\mathcal{B}} I_2)(V \otimes_{\mathcal{B}} \mathbf{1}_3)$$
$$= \begin{bmatrix} 1 & 1 & 0 & 0 \end{bmatrix}^{\mathrm{T}}.$$

在此后的讨论中, 仍然假定 $\mathcal{B} = \mathcal{D}$. 下面讨论一个布尔矩阵的行空间与列空间.

定义 7.3.5 给定布尔矩阵 $A \in \mathcal{B}_{m \times n}$. 它的行空间是由它的行张成的 V_n 的子空间, 记作

$$\mathcal{R}(A) = \langle \mathrm{Row}(A) \rangle.$$

它的列空间是由它的列张成的 V_m 的子空间, 记作

$$\mathcal{C}(A) = \langle \mathrm{Col}(A) \rangle.$$

根据乘法规则, 显然有以下结果.

命题 7.3.1　设 $A \in \mathcal{B}_{m \times n}, B \in \mathcal{B}_{n \times t}$. 那么

$$\mathcal{R}(AB) \subset \mathcal{R}(B); \quad \mathcal{C}(AB) \subset \mathcal{C}(A).$$

例 7.3.7　设

$$A = \begin{bmatrix} 0 & 1 & 0 & 1 \\ 1 & 0 & 0 & 0 \\ 0 & 1 & 1 & 0 \end{bmatrix}.$$

那么, 不难算出

$$\mathcal{C}(A) = \{(0,0,0),\ (0,0,1),\ (0,1,0),\ (1,0,0),$$
$$(0,1,1),\ (1,0,1),\ (1,1,0),\ (1,1,1)\}.$$
$$\mathcal{R}(A) = \{(0,0,0,0),\ (1,0,0,0),\ (0,1,0,1),\ (0,1,1,0),$$
$$(0,1,1,1),\ (1,1,0,1),\ (1,1,1,0),\ (1,1,1,1)\}.$$

从上例看, 有 $|\mathcal{C}(A)| = |\mathcal{R}(A)| = 8$. 这个结论一般都对. 这类似但又不同于一般矩阵的一个性质: 行秩与列秩相等. 但这不是布尔矩阵的秩, 布尔矩阵的秩将在后面定义. 这只是布尔矩阵列空间与行空间中所含向量的个数.

定理 7.3.2　设 $A \in \mathcal{B}_{m \times n}$. 那么

$$|\mathcal{R}(A)| = |\mathcal{C}(A)|. \tag{7.3.1}$$

证明　记 $\xi = \{1, 2, \cdots, m\}$, 我们构造一个映射 $\pi : \mathcal{C}(A) \to \mathcal{R}(A)$ 如下: 设 $v \in \mathcal{C}(A)$, 则存在 $\alpha \subset \xi$, 使得

$$v = \sum_{i \in \alpha} \delta_m^i.$$

记 $\alpha^c = \xi \backslash \alpha$. 定义

$$\pi(v) = \sum_{i \in \alpha^c} \mathrm{Row}_i(A).$$

先证 π 是映上的. 设 $w \in \mathcal{R}(A)$, 则存在 $\beta \subset \xi$, 使 $w = \sum\limits_{i \in \beta} \mathrm{Row}_i(A)$. 令 $\alpha = \beta^c$, $v = \sum\limits_{i \in \alpha} \delta_m^i$. 则 $\pi(v) = w$.

再证 π 是一对一的. 用归谬法, 设 $\alpha \subset \xi, \beta \subset \xi$,

$$u = \sum_{i \in \alpha} \delta_m^i, \quad v = \sum_{i \in \beta} \delta_m^i.$$

假定 $\alpha \neq \beta$, 即 $u \neq v$. 但有 $\pi(u) = \pi(v)$, 即

$$\sum_{i \in \alpha^c} \mathrm{Row}_i(A) = \sum_{i \in \beta^c} \mathrm{Row}_i(A).$$

由于 $\alpha \neq \beta$, 不妨设存在 $p \in \beta \backslash \alpha$. 因为 $v \in \mathcal{C}(A)$, 所以存在 $k \in \xi$, $a_{pk} = 1$, 并且 $\mathrm{Col}_k(A) \leqslant v$. 因为 $p \in \alpha^c$, 所以 $\pi(u) \geqslant \mathrm{Row}_p(A)$, 故 $[\pi(u)]_k = 1$. 于是, $[\pi(v)]_k = 1$. 由定义, 存在某个 $q \in \beta^c$ 使 $a_{qk} = 1$. 但已知 $\mathrm{Col}_k(A) \leqslant v$, 因此, $\delta_m^q \leqslant v$. 但这不可能, 因为 $q \in \beta^c$. 故 $\pi(u) \neq \pi(v)$. $\qquad\square$

推论 7.3.1 $|\mathcal{C}(AB)| \leqslant |\mathcal{C}(A)|$, 且 $|\mathcal{R}(AB)| \leqslant |\mathcal{R}(B)|$.

推论 7.3.2 设 A 和 π 同定理 7.3.2 (及其证明中所设 π). $u, v \in \mathcal{C}(A)$. 则 $u \leqslant v$ 当且仅当 $\pi(u) \geqslant \pi(v)$.

证明 使用定理 7.3.2 的证明中的记号. 必要性是显然的, 因为 $\alpha \subset \beta$ 所以 $\beta^c \subset \alpha^c$. 至于充分性, 设 $\pi(u) \leqslant \pi(v)$, 但反设 $u \not\leqslant v$. 取 $p \in \alpha \backslash \beta$. 利用与定理 7.3.2 的证明中相同的讨论可导出矛盾. $\qquad\square$

定义 7.3.6 给定 $A \in \mathcal{B}_{m \times n}$. 记 $B_r(A)$ $(B_c(A))$ 为 A 的行 (列) 空间的基底. 定义 A 的行 (列) 秩为

$$\rho_r(A) = |B_r(A)| \quad (\rho_c(A) = |B_c(A)|).$$

与普通矩阵秩不同, 布尔矩阵的行秩与列秩未必相等.

例 7.3.8 考虑

$$A = \begin{bmatrix} 0 & 1 & 1 & 0 & 1 \\ 1 & 1 & 0 & 0 & 1 \\ 1 & 0 & 0 & 0 & 1 \\ 1 & 0 & 1 & 0 & 1 \end{bmatrix}.$$

不难验证, $\rho_r(A) = 4$, $\rho_c(A) = 3$.

7.4 检 测 问 题

检测问题可以看作布尔矩阵的一个应用, 具体描述如下: 假定某患者的可能疾病有 $d_1, \cdots, d_n$, 化验手段有 $t_1, \cdots, t_m$. 如果化验手段 t_i 对疾病 d_j 有效 (呈阳性), 则令 $a_{i,j} = 1$, 否则 $a_{ij} = 0$. 这样, 就可以得到一个矩阵 $A = (a_{ij}) \in \mathcal{B}_{m \times n}$, 称为检测矩阵. 这类问题很多, 例如, d_j 可以是矿石可能含有的元素, t_i 为试剂, 检测的目的是测定矿石是否含元素 d_j 等.

对于检测矩阵, 一个典型问题是 Ledley 问题[85]: 要确诊某患者是否患有疾病 d_i, 准确诊断所需要的最少检测数?

下面给出一个算法.

算法 7.4.1 第一步, 将所检测的列 d_i 中的每个零元素 a_{ji} 所在行 j 中的 t_j 改为 t_j^c, 然后将 a_{js} 改为 $\neg a_{js}$, $s = 1, \cdots, n$.

第二步, 寻找零最多的行 α, 做 t_α 检验. 然后检查 $a_{\alpha,\beta}$ ($\forall\beta$). 如果 $a_{\alpha,\beta}=0$ 则将 β 列删去. 最后删除第 α 行.

第三步, 对剩余的矩阵重复第二步, 直到情况 1: 只剩检测列 d_i, 则历次所得 t_α 构成有效检测序列. 情况 2: 剩余多于一列 (检测列) 但已无带零的行, 则检测无法唯一确定疾病.

注　(i) 算法 7.4.1 的合理性在于, 它在每一步出局的疾病数都是最多的, 因此, 它有较少的检测数. 但这仍然不能保证这是最少检验数的, 因为不同路径的每一步出局疾病数不能相比.

(ii) 如果情况 2 发生, 那么说明留下的每一列 (每一种病) 都是有可能的, 但已删去的就不可能了.

用一个例子来说明算法 7.4.1.

例 7.4.1[87]　设检测矩阵 A 如下 (表 7.4.1), 找出尽可能少的检测数确定 d_1.

表 7.4.1　检测表 1

	d_1	d_2	d_3	d_4	d_5
t_1	1	0	0	1	0
t_2	0	1	1	0	0
t_3	1	0	0	0	1
t_4	1	1	0	0	1

第一步, 在本例中, 检测的列为 d_1. 该列中有一个零, 为 $a_{2,1}$. 所以将第二行取 "非". 注意: 在第一步完成后, d_1 列元素全部为 1 (表 7.4.2).

表 7.4.2　检测表 2

	d_1	d_2	d_3	d_4	d_5
t_1	1	0	0	1	0
$\neg t_2$	1	0	0	1	1
t_3	1	0	0	0	1
t_4	1	1	0	0	1

第二步, 取 $\alpha=1$ (由于第 1 行零个数为 3), 做检验 t_1. 然后删去所有 $a_{1,\beta}=0$ 的列 β, 即 $\beta=2,3,5$. 再删去第 1 行. 剩下的矩阵见表 7.4.3.

表 7.4.3　检测表 3

	d_1	d_4
$\neg t_2$	1	1
t_3	1	0
t_4	1	0

第三步, 对矩阵表 7.4.3 选 $\alpha = 2$ 或 $\alpha = 3$, 即做检验 t_3 或 t_4. 然后删去 d_4, 仅余 d_1.

结论: $\{t_1, t_3\}$ 或 $\{t_1, t_4\}$ 均为有效检验.

当然, 在第二步, 也可取 $\alpha = 3$ (由于第 3 行零个数也为 3), 做检验 t_3. 然后删去所有 $a_{3,\beta} = 0$ 的列 β. 即 $\beta = 2, 3, 4$. 再删去第 3 行. 剩下的矩阵见表 7.4.4.

表 7.4.4　检测表 4

	d_1	d_5
t_1	1	0
$\neg t_2$	1	1
t_4	1	1

第三步, 对矩阵表 7.4.4 选 $\alpha = 1$, 即做检验 t_1. 结论: $\{t_3, t_1\}$ 也是有效检验.

下面讨论可检测问题, 即给了一张检测表, 问何时 d_j 是可检测的. 下面这个结论很简单.

命题 7.4.1　给定一个检测表 $A = (a_{ij}) \in \mathcal{B}_{m \times n}$.

(i) d_j 是可检测的, 当且仅当

$$\mathrm{Col}_s(A) \neq \mathrm{Col}_j(A), \quad s \neq j.$$

(ii) $d_j(j = 1, \cdots, n)$ 可检测, 当且仅当

$$\mathrm{Col}_p(A) \neq \mathrm{Col}_q(A), \quad 1 \leqslant p < q \leqslant n.$$

7.5　逻辑关系方程

考察一组逻辑关系式

$$\varphi_i(\xi_1, \cdots, \xi_n) = c_i, \quad i = 1, \cdots, s, \tag{7.5.1}$$

这里 $c_i \in \mathcal{D}$ 为常值.

定义 7.5.1　(i) 逻辑关系式 (7.5.1) 的前提解 (antecedence solution) 是指关于 $\{\xi_1, \cdots, \xi_n\}$ 的逻辑关系, 它保证 (7.5.1) 成立.

(ii) 逻辑关系式 (7.5.1) 的推论解 (consequence solution) 是指当 (7.5.1) 成立时, 强迫 $\{\xi_1, \cdots, \xi_r\}$ 满足的逻辑关系.

以下解法来自文献 [88]: 将逻辑变量分为两组, 即

$$\{\xi_1, \cdots, \xi_n\} = \{x_1, \cdots, x_p\} \cup \{y_1, \cdots, y_q\},$$

然后, 寻找形如

$$y_\ell = f_\ell(x_1, \cdots, x_p), \quad \ell = 1, \cdots, q$$

的解. 为方便计, 称其为 Ledley 型解 (包括 Ledley 型前提解、Ledley 型推论解). 以下只讨论 Ledley 型解. 这时, (7.5.1) 变为

$$\varphi_i(x_1, \cdots, x_p; y_1, \cdots, y_q) = c_i, \quad i = 1, \cdots, s.$$

定义 7.5.2　考虑逻辑表达式 (7.5.1). 将自变量用向量表示, 并记 $x = \ltimes_{i=1}^{p} x_i$, $y = \ltimes_{i=1}^{q} y_i$. (7.5.1) 的真值矩阵, 记为 $T_\varphi^{(X,Y)} \in \mathcal{B}_{2^q \times 2^p}$ 定义如下

$$(T_\varphi^{(X,Y)})_{i,j} = \begin{cases} 1, & \varphi_\mu\left(y = \delta_{2^q}^i, x = \delta_{2^p}^j\right) = c_\mu, \forall \mu, \\ 0, & \text{其他.} \end{cases} \tag{7.5.2}$$

我们用一个例子来说明真值矩阵.

例 7.5.1　考虑逻辑表达式

$$\Sigma: \quad \varphi(\xi_1, \xi_2, \xi_3) = (\xi_1 \wedge \xi_2) \vee (\neg \xi_3) = 1. \tag{7.5.3}$$

约定分割为

$$\Xi = \{\xi_1, \xi_2, \xi_3\} = X \cup Y, \tag{7.5.4}$$

其中 $X := \{\xi_1, \xi_2\}$, $Y = \{\xi_3\}$. 那么, 不难得到表 7.5.1.

表 7.5.1　(7.5.3) 的真值矩阵

y ＼ x	1, 1	1, 0	0, 1	0, 0
1	1	0	0	0
0	1	1	1	1

因此, (i) 如果 $X = \{\xi_1, \xi_2\}$, $Y = \{\xi_3\}$, 那么

$$T_1 = \begin{bmatrix} 1 & 0 & 0 & 0 \\ 1 & 1 & 1 & 1 \end{bmatrix};$$

类似地, (ii) 如果 $X = \{\xi_2, \xi_3\}$, $Y = \{\xi_1\}$, 那么

$$T_2 = \begin{bmatrix} 1 & 1 & 0 & 1 \\ 0 & 1 & 0 & 1 \end{bmatrix};$$

(iii) 如果 $X = \{\xi_1, \xi_3\}$, $Y = \{\xi_2\}$, 那么

$$T_3 = \begin{bmatrix} 1 & 1 & 0 & 1 \\ 0 & 1 & 0 & 1 \end{bmatrix};$$

(iv) 如果 $X = \{\xi_1\}$, $Y = \{\xi_2, \xi_3\}$, 那么

$$T_4 = \begin{bmatrix} 1 & 0 \\ 1 & 1 \\ 0 & 0 \\ 1 & 1 \end{bmatrix};$$

(v) 如果 $X = \{\xi_2\}$, $Y = \{\xi_1, \xi_3\}$, 那么

$$T_5 = \begin{bmatrix} 1 & 0 \\ 1 & 1 \\ 0 & 0 \\ 1 & 1 \end{bmatrix};$$

(vi) 如果 $X = \{\xi_3\}$, $Y = \{\xi_1, \xi_2\}$, 那么

$$T_6 = \begin{bmatrix} 1 & 1 \\ 0 & 1 \\ 0 & 1 \\ 0 & 1 \end{bmatrix}.$$

7.6 逻辑关系方程的 Ledley 解

实际上, 真值矩阵包括了逻辑关系方程的所有信息, 而 Ledley 解即可从中得出. 我们从分析一个例子开始.

例 7.6.1 [85] 考察以下逻辑方程

$$\varphi(\xi_1, \xi_2, \xi_3) = (\neg\xi_1 \wedge \xi_3) \vee (\xi_1 \wedge \xi_2 \wedge \neg\xi_3) = 0. \tag{7.6.1}$$

设分割为: $X = \{\xi_1, \xi_2\}$, $Y = \{\xi_3\}$. 则 (7.6.1) 相应的真值矩阵见表 7.6.2.

表 7.6.1 (7.6.1) 的真值矩阵

ξ_3 \ $\xi_1\xi_2$	δ_4^1	δ_4^2	δ_4^3	δ_4^4
δ_2^1	1	1	0	0
δ_2^2	0	1	1	1

写成矩阵形式, 则有

$$T^{(X,Y)}_{(7.6.1)} = \begin{bmatrix} 1 & 1 & 0 & 0 \\ 0 & 1 & 1 & 1 \end{bmatrix}. \tag{7.6.2}$$

找一个逻辑矩阵 $M \in \mathcal{L}_{2\times 4}$, 使得

$$M \leqslant T^{(X,Y)}_{(7.6.1)}. \tag{7.6.3}$$

这里, 对矩阵 $A = (a_{i,j})$, $B = (b_{i,j}) \in \mathcal{M}_{m\times n}$, $A \leqslant B$ 表示

$$a_{i,j} \leqslant b_{i,j}, \quad i = 1, \cdots, m; \; j = 1, \cdots, n.$$

令

$$\xi_3 = M\xi_1\xi_2. \tag{7.6.4}$$

那么, (7.6.4) 就是 (7.6.1) 的一个前提解. 这是因为, 对每个 $x = \xi_1\xi_2$ 以及相应的 $y = \xi_3$, 由于 (7.6.3) 不难看出 (7.6.1) 总成立. 因此, (7.6.4)→(7.6.1). 反之, (7.6.3) 也是 (7.6.4) 蕴涵 (7.6.1) 的必要条件. 否则, 至少有一个 $(\xi_1, \xi_2) = (\alpha, \beta)$ 和 $\xi_3 = M\alpha\beta$, 它们对应一个位置 (i, j), 使得 $m_{i,j} > t_{i,j}$ (即在 (i, j) 点有 M 为 1 而 T 为 0). 那么, 当 $(\xi_1, \xi_2) = (\alpha, \beta)$ 且 $\xi_3 = M\alpha\beta$ 时, (7.6.1) 不成立.

回到原系统, 则显然有两个 M 满足 (7.6.3), 它们是

$$M_1 = \delta_2[1\,1\,2\,2]; \quad M_2 = \delta_2[1\,2\,2\,2].$$

根据以上讨论可知: 对应于以上的分割, (7.6.1) 有两个 Ledley 型前提解, 它们是

$$\xi_3 = \delta_2[1\,1\,2\,2]\xi_1\xi_2 \tag{7.6.5}$$

和

$$\xi_3 = \delta_2[1\,2\,2\,2]\xi_1\xi_2. \tag{7.6.6}$$

为讨论一般情况, 回忆汉明权重 (Hamming weight): 设 $X = (x_1, \cdots, x_n) \in \mathcal{B}_n$, 则其汉明权重为[31]

$$w_H(X) = \sum_{i=1}^{n} x_i.$$

根据对例 7.6.1 的讨论, 不难得到如下结果.

定理 7.6.1 考察逻辑系统 (7.6.1).

(i) 设 (X, Y) 为未知变量 $\Xi = \{\xi_1, \cdots, \xi_n\}$ 的一组分割. $|X| = p > 0$, $|Y| = q > 0$ $(p + q = n)$. 对应于分割 (X, Y) 的真值矩阵为 $T := T_\varphi^{(X,Y)} \in \mathcal{B}_{2^q \times 2^p}$. 那么, (7.6.1) 有 Ledley 前提解, 当且仅当, T 的每一列的汉明权重均非零, 即

$$w_j := w_H(\mathrm{Col}_j(T)) > 0, \quad j = 1, \cdots, 2^p. \tag{7.6.7}$$

(ii) 设逻辑矩阵 $M \in \mathcal{L}_{2^q \times 2^p}$ 满足 $M \leqslant T$, 则 $y = Mx$ 为 (7.6.1) 的前提解.

(iii) 对应于给定的分割 (X, Y), 有

$$r = \prod_{j=1}^{2^p} w_j \tag{7.6.8}$$

个前提解.

(iv) 设 (X_i, Y_i) $(i = 1, \cdots, \ell)$ 为未知变量集合 Ξ 的所有分割, $|X_i| = p_i \geqslant 1$, $|Y_i| = n - p_i \geqslant 1$. 那么, (7.5.1) 的前提解个数为

$$s_a \leqslant \sum_{i=1}^{\ell} \prod_{j=1}^{2^{p_i}} w_H \left(\mathrm{Col}_j \left(T_\varphi^{(X_i, Y_i)} \right) \right). \tag{7.6.9}$$

注 (i) 这里, 分割 (X, Y) 是有序的, 即

$$(X, Y) \neq (Y, X).$$

这是因为分割的两个部分起的作用是不一样的. 前者为自变量, 后者为因变量.

(ii) (7.6.9) 中之所以出现"小于等于 ($\leqslant$)"号, 是因为不同分割可能出现相同的前提解.

例 7.6.2 回忆例 7.5.1. 那里有 6 个不同的分割, 对应于 6 个不同的真值矩阵 T_i, $i = 1, \cdots, 6$.

(i) 对应于 T_1, (7.5.3) 有 2 个前提解:

$$\xi_3 = \delta_2[1, 2, 2, 2]\xi_1\xi_2 = \xi_1 \wedge \xi_2;$$
$$\xi_3 = \delta_2[2, 2, 2, 2]\xi_1\xi_2 = \delta_2^2.$$

(ii) 对应于 T_2, 因为 $w_H(\mathrm{Col}_3(T_2)) = 0$, 所以 (7.5.3) 没有前提解.

(iii) 对应于 T_3, 因为 $w_H(\mathrm{Col}_3(T_2)) = 0$, 所以 (7.5.3) 没有前提解.

(iv) 对应于 T_4, (7.5.3) 有 6 个前提解:

情形 1 $\xi_2\xi_3 = \delta_4[1, 2]\xi_1$, 则有

$$\xi_2 = \left(I_2 \otimes \mathbf{1}_2^{\mathrm{T}}\right)\delta_4[1, 2]\xi_1 = \delta_2[1, 1]\xi_1 = \delta_2^1;$$

$$\xi_3 = \left(\mathbf{1}_2^{\mathrm{T}} \otimes I_2\right) \delta_4[1,2]\xi_1 = \delta_2[1,2]\xi_1 = \xi_1.$$

于是有解

$$\begin{cases} \xi_2 = \delta_2^1, \\ \xi_3 = \xi_1. \end{cases}$$

同理, 有

情形 2　$\xi_2\xi_3 = \delta_4[1,4]\xi_1$: 此时

$$\begin{cases} \xi_2 = \xi_1, \\ \xi_3 = \xi_1. \end{cases}$$

情形 3　$\xi_2\xi_3 = \delta_4[2,2]\xi_1$: 此时

$$\begin{cases} \xi_2 = \delta_2^1, \\ \xi_3 = \delta_2^2. \end{cases}$$

情形 4　$\xi_2\xi_3 = \delta_4[2,4]\xi_1$: 此时

$$\begin{cases} \xi_2 = \xi_1, \\ \xi_3 = \delta_2^2. \end{cases}$$

情形 5　$\xi_2\xi_3 = \delta_4[4,2]\xi_1$: 此时

$$\begin{cases} \xi_2 = \neg\xi_1, \\ \xi_3 = \delta_2^2. \end{cases}$$

情形 6　$\xi_2\xi_3 = \delta_4[4,4]\xi_1$: 此时

$$\begin{cases} \xi_2 = \delta_2^2, \\ \xi_3 = \delta_2^2. \end{cases}$$

对应于 T_5, (7.5.3) 有 6 个前提解:

$$\begin{cases} \xi_1 = \delta_2^1, \\ \xi_3 = \xi_2; \end{cases} \qquad \begin{cases} \xi_1 = \xi_2, \\ \xi_3 = \xi_2; \end{cases} \qquad \begin{cases} \xi_1 = \delta_2^1, \\ \xi_3 = \delta_2^2; \end{cases}$$

$$\begin{cases} \xi_1 = \xi_2, \\ \xi_3 = \delta_2^2; \end{cases} \qquad \begin{cases} \xi_1 = \neg\xi_2, \\ \xi_3 = \delta_2^2; \end{cases} \qquad \begin{cases} \xi_1 = \delta_2^2, \\ \xi_3 = \delta_2^2. \end{cases}$$

对应于 T_6, (7.5.3) 有 4 个前提解:

$$
\begin{cases} \xi_1 = \delta_2^1, \\ \xi_2 = \delta_2^1; \end{cases} \quad
\begin{cases} \xi_1 = \delta_2^1, \\ \xi_2 = \xi_3; \end{cases} \quad
\begin{cases} \xi_1 = \xi_3, \\ \xi_2 = \delta_2^1; \end{cases} \quad
\begin{cases} \xi_1 = \xi_3, \\ \xi_2 = \xi_3. \end{cases}
$$

考察系统 (7.5.1), 设分割 (X, Y) 给定, 下面考虑推论解. 仔细观察真值矩阵, 类似于前提解的讨论, 不难发现以下结论.

定理 7.6.2 考察逻辑系统 (7.5.1).

(i) 设 (X, Y) 为未知变量 $\Xi = \{\xi_1, \cdots, \xi_n\}$ 的一组分割. $|X| = p > 0$, $|Y| = q > 0$ $(p + q = n)$. 对应于分割 (X, Y) 的真值矩阵为 $T := T_\varphi^{(X,Y)} \in \mathcal{B}_{2^q \times 2^p}$. 那么, (7.5.1) 有 Ledley 推论解, 当且仅当, T 的每一列的汉明权重均满足

$$
w_j := w_H(\mathrm{Col}_j(T)) \leqslant 1, \quad j = 1, \cdots, 2^p. \tag{7.6.10}
$$

(ii) 设逻辑矩阵 $M \in \mathcal{L}_{2^q \times 2^p}$ 满足 $M \geqslant T$, 则 $y = Mx$ 为 (7.5.1) 的推论解.

(iii) 在给定的分割 (X, Y) 下, 设 $|X| = p$, 且 μ 为 T 中元素全为 0 的列的个数, 则 (7.5.1) 的推论解的个数为

$$
s = \begin{cases} 0, & \text{(7.6.10) 不成立,} \\ 2^{\mu p}, & \text{(7.6.10) 成立.} \end{cases} \tag{7.6.11}
$$

(iv) 设 $(X_i, Y_i)(i = 1, \cdots, \ell)$ 为未知变量集合 Ξ 的所有分割, 那么, (7.5.1) 的推论解的总数为

$$
s_c \leqslant \sum_{i=1}^{\ell} s_i, \tag{7.6.12}
$$

其中 s_i 为在给定分割 (X_i, Y_i) 下的推论解的个数.

下面给出一个例子.

例 7.6.3 考察系统

$$
\varphi(\xi_1, \xi_2, \xi_3) = [\xi_1 \wedge (\xi_2 \ \bar{\vee}\ \xi_3)] \vee [\xi_2 \vee \neg(\xi_2 \vee \xi_3)]. \tag{7.6.13}
$$

(i) 设 $X_1 = \{\xi_1, \xi_2\}$, $Y_1 = \{\xi_3\}$, 则在分割 (X_1, Y_1) 下相应真值矩阵为

$$
T_{(7.6.13)}^{(X_1,Y_1)} = \begin{bmatrix} 1 & 0 & 0 & 1 \\ 0 & 1 & 0 & 0 \end{bmatrix}. \tag{7.6.14}
$$

由定理 7.6.2 知, 此时有两个推论解:

$$
\xi_3 = \begin{bmatrix} 1 & 0 & 1 & 1 \\ 0 & 1 & 0 & 0 \end{bmatrix} \xi_1\xi_2; \quad
\xi_3 = \begin{bmatrix} 1 & 0 & 0 & 1 \\ 0 & 1 & 1 & 0 \end{bmatrix} \xi_1\xi_2.
$$

返回逻辑形式有

$$\xi_3 = (\xi_1 \wedge \xi_2) \vee \neg \xi_1 \tag{7.6.15}$$

及

$$\xi_3 = \neg(\xi_1 \bar{\vee} \xi_2). \tag{7.6.16}$$

(ii) 设 $X_2 = \{\xi_1, \xi_3\}$, $Y_2 = \{\xi_2\}$, 则在分割 (X_2, Y_2) 下相应真值矩阵为

$$T^{(X_2,Y_2)}_{(7.6.13)} = \begin{bmatrix} 1 & 0 & 0 & 0 \\ 0 & 1 & 1 & 0 \end{bmatrix}. \tag{7.6.17}$$

由定理 7.6.2 知, 此时有两个推论解:

$$\xi_2 = \begin{bmatrix} 1 & 0 & 0 & 1 \\ 0 & 1 & 1 & 0 \end{bmatrix} \xi_1 \xi_3; \quad \xi_2 = \begin{bmatrix} 1 & 0 & 0 & 0 \\ 0 & 1 & 1 & 1 \end{bmatrix} \xi_1 \xi_3.$$

返回逻辑形式有

$$\xi_2 = \neg(\xi_1 \bar{\vee} \xi_3) \tag{7.6.18}$$

及

$$\xi_2 = \xi_1 \wedge \xi_3. \tag{7.6.19}$$

(iii) 设 $X_3 = \{\xi_2, \xi_3\}$, $Y_3 = \{\xi_1\}$, 则在分割 (X_3, Y_3) 下相应真值矩阵为

$$T^{(X_3,Y_3)}_{(7.6.13)} = \begin{bmatrix} 1 & 0 & 0 & 1 \\ 0 & 0 & 1 & 0 \end{bmatrix}. \tag{7.6.20}$$

由定理 7.6.2 知, 此时有两个推论解:

$$\xi_1 = \begin{bmatrix} 1 & 1 & 0 & 1 \\ 0 & 0 & 1 & 0 \end{bmatrix} \xi_2 \xi_3; \quad \xi_1 = \begin{bmatrix} 1 & 0 & 0 & 1 \\ 0 & 1 & 1 & 0 \end{bmatrix} \xi_2 \xi_3.$$

返回逻辑形式有

$$\xi_1 = \xi_2 \vee \neg(\xi_2 \vee \xi_3) \tag{7.6.21}$$

及

$$\xi_1 = \neg(\xi_2 \bar{\vee} \xi_3). \tag{7.6.22}$$

(iv) 注意到

$$T_\varphi^{(X,Y)} = \left(T_\varphi^{(Y,X)}\right)^{\mathrm{T}},$$

则对分割 (X,Y), 其中 $|X|=1$, $|Y|=2$ 的情况下, 不会存在推论解.

综上, (7.6.13) 共有六个推论解, 分别为 (7.6.15), (7.6.16), (7.6.18), (7.6.19), (7.6.21), 以及 (7.6.22).

下面这个推论是显然的.

推论 7.6.1 考察系统 (7.5.1), 设分割 (X,Y) 给定. 则对应该分割:

(i) 系统既有前提解又有推论解, 当且仅当其真值矩阵 $T_\varphi^{(X,Y)}$ 是逻辑矩阵.

(ii) 这时前提解与推论解唯一且相等, 为

$$y = T_\varphi^{(X,Y)}x. \tag{7.6.23}$$

(iii) (7.6.23) 与原系统 (7.5.1) 等价.

证明 由定理 7.6.1 和定理 7.6.2 可知: 系统既有前提解又有推论解, 则必存在逻辑矩阵 M_1, M_2, 使得 $y = M_1 x$ 为前提解, $y = M_2 x$ 为推论解, 并且

$$M_1 \geqslant T_\varphi^{(X,Y)} \geqslant M_2. \tag{7.6.24}$$

因为 M_1, M_2 为逻辑矩阵, 若 $M_1 \geqslant M_2$, 则 $M_1 = M_2$. 于是 (7.6.23) 既是唯一的前提解, 也是唯一的推论解.

由前提解与推论解的定义可知

$$(7.6.23) \Rightarrow (7.5.1) \Rightarrow (7.6.23).$$

于是, 系统 (7.6.23) 与系统 (7.5.1) 等价. $\square$

最后, 再给一个例子.

例 7.6.4 考察系统 (7.5.1), 设其在向量形式下可表示为

$$\begin{aligned}\varphi_1(\xi_1,\xi_2,\xi_3,\xi_4) &= \delta_2[2,1,2,2,1,2,1,2,1,1,1,2,2,1,2,1]\xi_1\xi_2\xi_3\xi_4 = \delta_2^1;\\ \varphi_2(\xi_1,\xi_2,\xi_3,\xi_4) &= \delta_2[2,2,2,1,2,2,1,2,1,1,2,2,1,2,2,1]\xi_1\xi_2\xi_3\xi_4 = \delta_2^2.\end{aligned} \tag{7.6.25}$$

我们只讨论几个典型的分割, 其他的情形读者可以自行计算.

情形 1 设分割为 $X_1 = \{\xi_1,\xi_2\}$ 及 $Y_1 = \{\xi_3,\xi_4\}$. 令 $x = \xi_1\xi_2$, $y = \xi_3\xi_4$. 真值矩阵见表 7.6.2.

表 7.6.2 (7.6.25) 的真值矩阵

y \ x	δ_4^1	δ_4^2	δ_4^3	δ_4^4
δ_4^1	0	1	0	0
δ_4^2	1	0	0	1
δ_4^3	0	0	1	0
δ_4^4	0	0	0	0

显然, (7.6.25) 在分割 (X_1, Y_1) 下的真值矩阵是一个逻辑矩阵. 根据推论 7.6.1, (7.6.25) 有唯一的推论解, 同时也是唯一的前提解:

$$y = T^{(X_1, Y_1)}_{(7.6.25)} x := T_1 x = \delta_4[2, 1, 3, 1] x, \tag{7.6.26}$$

利用分量算法可得

$$\begin{cases} \xi_3 = \left(I_2 \otimes \mathbf{1}_2^{\mathrm{T}}\right) T^{(X_1, Y_1)}_{(7.6.25)} x = \delta_2[1, 1, 2, 1] x, \\ \xi_4 = \left(\mathbf{1}_2^{\mathrm{T}} \otimes I_2\right) T^{(X_1, Y_1)}_{(7.6.25)} x = \delta_2[2, 1, 1, 1] x. \end{cases} \tag{7.6.27}$$

回到逻辑形式有

$$\begin{cases} \xi_3 = \xi_1 \vee \neg \xi_2, \\ \xi_4 = \xi_1 \bar{\vee} \xi_2. \end{cases} \tag{7.6.28}$$

情形 2   设分割为 $X_2 = \{\xi_1, \xi_3\}$ 及 $Y_2 = \{\xi_2, \xi_4\}$. 令 $x = \xi_1 \xi_3$, $y = \xi_2 \xi_4$. 真值矩阵为

$$T_2 := T^{(X_2, Y_2)}_{(7.6.25)} = \begin{bmatrix} 0 & 0 & 0 & 1 \\ 1 & 0 & 0 & 0 \\ 1 & 0 & 0 & 0 \\ 0 & 0 & 1 & 0 \end{bmatrix}. \tag{7.6.29}$$

根据定理 7.6.1 和定理 7.6.2, (7.6.25) 在分割 (X_2, Y_2) 下既没有前提解, 也没有推论解.

情形 3   设分割为 $X_3 = \{\xi_1\}$ 及 $Y_3 = \{\xi_2, \xi_3, \xi_4\}$. 令 $x = \xi_1$, $y = \xi_2 \xi_3 \xi_4$. 真值矩阵为

$$T_3 := T^{(X_3, Y_3)}_{(7.6.25)} = \begin{bmatrix} 0 & 0 \\ 1 & 0 \\ 0 & 1 \\ 0 & 0 \\ 1 & 0 \\ 0 & 1 \\ 0 & 0 \\ 0 & 0 \end{bmatrix}. \tag{7.6.30}$$

根据定理 7.6.1 和定理 7.6.2, (7.6.25) 在分割 (X_3, Y_3) 下有 4 个前提解, 没有推论解.

情形 4 设分割为 $X_4 = \{\xi_1, \xi_2, \xi_3\}$ 及 $Y_4 = \{\xi_4\}$. 令 $x = \xi_1\xi_2\xi_3$, $y = \xi_2\xi_3\xi_4$. 真值矩阵为

$$T_4 := T_{(7.6.25)}^{(X_4, Y_4)} = \begin{bmatrix} 0 & 0 & 1 & 0 & 0 & 1 & 0 & 0 \\ 1 & 0 & 0 & 0 & 0 & 0 & 1 & 0 \end{bmatrix}. \tag{7.6.31}$$

根据定理 7.6.1 和定理 7.6.2, (7.6.25) 在分割 (X_4, Y_4) 下没有前提解, 有 16 个推论解.

第8章 准布尔代数与准布尔矩阵

布尔代数是符号逻辑和计算机科学的重要理论基础. 但是, 许多重要的代数系统. 例如, 多值逻辑、模糊逻辑、极大极小代数等, 它们从代数结构上看, 极其接近布尔代数. 只是不满足 "补律". 我们将这一类代数系统称为准布尔代数. 准布尔代数具有极其有趣的代数结构和丰富的物理背景, 这些就是本章首先讨论的对象. 利用有限准布尔代数的半张量积结构矩阵表示, 本章首先构造了大量低阶准布尔代数. 然后, 主要讨论了以下几个问题: ① 准布尔代数的同态与同构; ② 乘积准布尔代数; ③ 正规准布尔代数及其正规嵌入子代数; ④ 商准布尔代数. 同时, 研讨了相关准布尔代数之性质.

基于准布尔代数, 我们进而讨论了准布尔矩阵. 半环上的矩阵理论是一个有趣的课题[64]. 准布尔代数是一种特殊的半环, 其上的矩阵称为准布尔矩阵, 它具有许多重要的性质.

8.1 准布尔代数

第 7 章讨论了布尔代数, 它是经典逻辑的数学基础. 经典逻辑的直接推广是多值逻辑, 我们先看看多值逻辑是否有布尔代数结构?

例 8.1.1 (1) 考虑一个 k 值逻辑 (见定义 6.1.1 及定义 6.1.2), 定义

(i) $B := \mathcal{D}_k = \left\{0, \dfrac{1}{k-1}, \dfrac{2}{k-1}, \cdots, \dfrac{k-2}{k-1}, 1\right\}$, $k \geqslant 2$.

(ii) $\sqcap = \wedge; \sqcup = \vee; ^{-} = \neg$.

(iii) $\mathbf{1} = 1, \mathbf{0} = 0$.

于是, 形式上它也构成一个类似布尔代数的元组 $Q := (B, \sqcup, \sqcap, ^{-}, \mathbf{1}, \mathbf{0})$. 那么, Q 是不是一个布尔代数呢? 容易验证 Q 满足: (i) 交换律 (7.1.1); (ii) 结合律 (7.1.3); (iii) 分配律 (7.1.5); (iv) 归一律 (7.1.7). 但是, 它不满足 (v) 补律 (7.1.9). 因此, 它不是一个布尔代数.

(2) 考虑一个闭区间 $[\alpha, \beta]$ $(\alpha < \beta)$, 其上的极大极小代数定义如下:

(i) $S := [\alpha, \beta]$.

(ii) $\sqcap(x, y) = \min(x, y); \sqcup(x, y) = \max(x, y); \bar{x} = \beta + \alpha - x$.

(iii) $\mathbf{1} = \beta, \mathbf{0} = \alpha$.

于是, 形式上它也构成一个类似布尔代数的元组 $Q := (B, \sqcup, \sqcap, \bar{}, \mathbf{1}, \mathbf{0})$. 那么, Q 是不是一个布尔代数呢? 容易验证 Q 满足: (i) 交换律 (7.1.1); (ii) 结合律 (7.1.3); (iii) 分配律 (7.1.5); (iv) 归一律 (7.1.7). 但是, 它不满足 (v) 补律 (7.1.9). 因此, 它不是一个布尔代数.

从上述两例子可知, 它们满足几乎所有布尔代数的要求, 仅补律不满足. 以后, 我们还会看到更多的这类代数系统, 于是, 我们把这类系统称为准布尔代数.

定义 8.1.1 设集合 S 上有两个二元算子: $\sqcap, \sqcup$; 一个一元算子: $\bar{}$, 以及两个特殊元素: $\mathbf{1}, \mathbf{0}$, 记作 $Q := (S, \sqcap, \sqcup, \bar{}, \mathbf{1}, \mathbf{0})$. Q 称为一个准布尔代数, 如果它满足定义 7.1.1 的条件 (i)—(iv) (即交换律、结合律、分配律、归一律), 但条件 (v) (即补律) 被条件 (v′) 和 (v″) 所代替:

(v′) (局部补律)

$$\begin{cases} x \sqcup \bar{x} = \mathbf{1}, \\ x \sqcap \bar{x} = \mathbf{0}, \quad x \in \{\mathbf{0}, \mathbf{1}\}. \end{cases} \tag{8.1.1}$$

(v″) (双补律)

$$\bar{\bar{x}} = x. \tag{8.1.2}$$

注 (8.1.1) 可用下式代替:

$$\bar{\mathbf{1}} = \mathbf{0}; \quad \bar{\mathbf{0}} = \mathbf{1}. \tag{8.1.3}$$

因为利用 (7.1.7) 与 (7.1.8) 容易证明

$$(8.1.1) \Leftrightarrow (8.1.3).$$

下面列举一些代数系统, 它们都是准布尔代数.

例 8.1.2 (i) 多值逻辑: k 值逻辑 ($k > 2$), 这在前面已讨论过.

(ii) 因子集: 设 $P > 0$ 为一整数, $F_P := \{s \mid s > 0,\ 且\ s|P\}$ 为 P 的因子集. 对任何 $x, y \in F_P$, 定义

$$\begin{cases} x \sqcup y := \mathrm{lcm}(x, y), \\ x \sqcap y := \gcd(x, y), \\ \bar{x} := P/x, \\ \mathbf{1} := P, \\ \mathbf{0} := 1. \end{cases} \tag{8.1.4}$$

那么, 容易检验 $Q := (F_P, \sqcup = \mathrm{lcm}, \sqcap = \gcd, ^- = P/\,, \mathbf{1} = P, \mathbf{0} = 1)$ 是一个准布尔代数.

(iii) 极大极小代数: 闭区间上的极大极小代数是一个准布尔代数, 这已在前面讨论过.

(iv) 模糊逻辑: 设 $E = \{e_1, e_2, \cdots, e_n\}$ 为论域, $\mathcal{F}$ 为 E 上的模糊集集合. 令 $A, B \in \mathcal{F}$ 为两个模糊集, 那么, A, B 可表示为

$$A = \alpha_1/e_1 + \alpha_2/e_2 + \cdots + \alpha_n/e_n,$$
$$B = \beta_1/e_1 + \beta_2/e_2 + \cdots + \beta_n/e_n,$$

这里, $0 \leqslant \alpha_i = \mu_A(e_i) \leqslant 1$ 及 $0 \leqslant \beta_i = \mu_B(e_i) \leqslant 1$ 分别为 e_i 在模糊集 A 及 B 中的隶属度.

$\mathcal{F}$ 上的两个二元算子定义如下

$$A \sqcap B = \min(\alpha_1, \beta_1)/e_1 + \min(\alpha_2, \beta_2)/e_2 + \cdots + \min(\alpha_n, \beta_n)/e_n,$$
$$A \sqcup B = \max(\alpha_1, \beta_1)/e_1 + \max(\alpha_2, \beta_2)/e_2 + \cdots + \max(\alpha_n, \beta_n)/e_n.$$

$\mathcal{F}$ 上的一个一元算子定义如下

$$\bar{A} = (1 - \alpha_1)/e_1 + (1 - \alpha_2)/e_2 + \cdots + (1 - \alpha_n)/e_n.$$

最后定义

$$\mathbf{1} := E = 1/e_1 + 1/e_2 + \cdots + 1/e_n,$$
$$\mathbf{0} := \varnothing = 0/e_1 + 0/e_2 + \cdots + 0/e_n.$$

那么, 容易检验 $Q := \{\mathcal{F}, \sqcap, \sqcup, ^-, E, \varnothing\}$ 是一个准布尔代数.

(v) 开闭集代数: 设 $(X, \mathcal{T})$ 为一拓扑空间, 记闭集集合为

$$\mathcal{T}^c := \{C = O^c \,|\, O \in \mathcal{T}\}.$$

然后定义

$$B := \mathcal{T} \times \mathcal{T}^c = \{(O, C) \,|\, O \in \mathcal{T}, \ C \in \mathcal{T}^c\}. \tag{8.1.5}$$

设 $(O_\alpha, C_\beta), (O_p, C_q) \in B$, 定义运算

$$\begin{cases} (O_\alpha, C_\beta) \sqcap (O_p, C_q) := (O_\alpha \cap O_p, C_\beta \cap C_q); \\ (O_\alpha, C_\beta) \sqcup (O_p, C_q) := (O_\alpha \cup O_p, C_\beta \cup C_q); \\ \overline{(O_\alpha, C_\beta)} := (C_\beta^c, O_\alpha^c); \\ \mathbf{1} := (X, X); \\ \mathbf{0} := (\varnothing, \varnothing). \end{cases} \tag{8.1.6}$$

那么, 容易检验 $Q := (B, \sqcap, \sqcup, ^-, \mathbf{1}, \mathbf{0})$ 是一个准布尔代数.

为研究布尔代数与准布尔代数的区别, 我们考察准布尔代数能否满足布尔代数的一些主要性质.

先证明一个引理, 它本身也是有意义的.

引理 8.1.1 每一个准布尔代数都满足

$$1 \sqcup 1 = 1; \quad 0 \sqcap 0 = 0. \tag{8.1.7}$$

证明 利用局部补律与分配律可得

$$
\begin{aligned}
1 \sqcup 1 &= (1 \sqcup 1) \sqcap 1 \\
&= (1 \sqcup 1) \sqcap (1 \sqcup 0) \\
&= (1 \sqcap 0) \sqcup 1 \\
&= 0 \sqcup 1 \\
&= 1.
\end{aligned}
$$

类似地, 有

$$
\begin{aligned}
0 \sqcap 0 &= (0 \sqcap 0) \sqcup 0 \\
&= (0 \sqcap 0) \sqcup (0 \sqcap 1) \\
&= (0 \sqcup 1) \sqcap 0 \\
&= 1 \sqcap 0 \\
&= 0.
\end{aligned}
$$
$\square$

上述引理说明, 每一个准布尔代数都部分满足第二归一律.

定理 8.1.1 每一个准布尔代数都满足幂等律.

证明 我们只证明 (7.1.11), (7.1.12) 的证明类似.

$$
\begin{aligned}
x \sqcup x &= (x \sqcap 1) \sqcup (x \sqcap 1) \\
&= x \sqcap (1 \sqcup 1) \\
&= x \sqcap 1 \\
&= x.
\end{aligned}
$$
$\square$

下面的这个命题给出第二归一律与吸收律的关系.

命题 8.1.1 对于准布尔代数, 第二归一律 ((7.1.13)—(7.1.14)) 蕴涵吸收律 ((7.1.15)—(7.1.16)).

证明 我们证明 (7.1.15), (7.1.16) 的证明类似.

$$
\begin{aligned}
(x \sqcap y) \sqcup x &= (x \sqcap y) \sqcup (x \sqcap 1) \\
&= x \sqcap (y \sqcup 1) \\
&= x \sqcap 1 \\
&= x.
\end{aligned}
$$
$\square$

直接计算即可验证以下结论.

定义 8.1.2   一个准布尔代数 Q 称为**完美准布尔代数**, 如果它满足: (i) 幂等律 (7.1.11); (ii) 归一律 (7.1.13); (iii) 吸收律 (7.1.15); (iv) De Morgan 公式 (7.1.18).

下面给出几个完美准布尔代数的例子.

例 8.1.3   由直接计算就可以得到如下结论: 多值逻辑、因子集、极大极小代数、模糊逻辑、开闭集代数都是完美准布尔代数.

一个自然的问题是, 是否所有的准布尔代数都是完美的? 或者是否四个条件中有自动满足的一两个? 这要通过考察准布尔代数的代数结构来验证.

8.2   准布尔代数的矩阵表示

一个准布尔代数 $Q := (B, \sqcup, \sqcap, \bar{\ }, \mathbf{1}, \mathbf{0})$ 称为有限的, 如果 $|B| < \infty$. 本节只讨论有限准布尔代数的矩阵表示. 如果 $|B| = k$, 则称为 k 阶准布尔代数. k 阶准布尔代数集合记作 $\mathcal{Q}_k$.

设 $|B| = k$, 类似于多值逻辑, 可将 B 中的元素表示为向量形式如下

$$B = \{\delta_k^i \mid i = 1, 2, \cdots, k\}.$$

为方便计, 约定

$$\mathbf{1} := \delta_k^1, \quad \mathbf{0} := \delta_k^k. \tag{8.2.1}$$

类似于多值逻辑, 在向量形式下, 每一个算子都有自己的结构矩阵. 准布尔代数的检验和性质, 均可通过其结构矩阵来刻画.

命题 8.2.1   设 $|B| = k < \infty$, $Q := (B, \sqcap, \sqcup, \bar{\ }, \mathbf{1}, \mathbf{0})$. 其中二元算子 $\sqcap, \sqcup$, 的结构矩阵分别为 M_c, M_d; 一元算子 $\bar{\ }$ 的结构矩阵为 M_n, 那么,

(1) Q 为一布尔代数, 当且仅当, 以下条件 (i)—(v) 成立;

(2) Q 为一准布尔代数, 当且仅当, 以上条件 (i)—(iv) 以及 (v′), (v″) 成立.

(i) (交换律)

$$M_c(k) = M_c(k)W_{[k,k]}; \tag{8.2.2}$$
$$M_d(k) = M_d(k)W_{[k,k]}. \tag{8.2.3}$$

(ii) (结合律)

$$M_c(k)M_c(k) = M_c(k)(I_k \otimes M_c); \tag{8.2.4}$$
$$M_d(k)M_d(k) = M_d(k)(I_k \otimes M_d). \tag{8.2.5}$$

(iii) (分配律)

$$M_d(k)M_c(k) = M_c(k)M_d(k)(I_{k^2} \otimes M_d(k))(I_k \otimes W_{[k,k]})(I_{k^2} \otimes PR_k); \quad (8.2.6)$$
$$M_c(k)M_d(k) = M_d(k)M_c(k)(I_{k^2} \otimes M_c(k))(I_k \otimes W_{[k,k]})(I_{k^2} \otimes PR_k). \quad (8.2.7)$$

(iv) (归一律)

$$M_d(k)\delta_k^k = I_k; \quad (8.2.8)$$
$$M_c(k)\delta_k^1 = I_k. \quad (8.2.9)$$

(v) (补律)

$$M_d(k)M_n(k)PR_k = \delta_k[\underbrace{1,\cdots,1}_{k}]; \quad (8.2.10)$$

$$M_c(k)M_n(k)PR_k = \delta_k[\underbrace{k,\cdots,k}_{k}]. \quad (8.2.11)$$

(v′) (局部补律)

$$\mathrm{Col}_1(M_n(k)) = \delta_k^k; \quad \mathrm{Col}_k(M_n(k)) = \delta_k^1. \quad (8.2.12)$$

(v″) (双补律)

$$[M_n(k)]^2 = I_k. \quad (8.2.13)$$

证明 我们证明 (8.2.6), 其余各式证明类似. 将 (7.1.5) 表示为代数形式, 有

$$\begin{aligned}
M_d(k)M_c(k)xyz &= M_c(k)M_d(k)xzM_dyz \\
&= M_c(k)M_d(k)(I_{k^2} \otimes M_d(k))xW_{[k,k]}yz^2 \\
&= M_c(k)M_d(k)(I_{k^2} \otimes M_d(k))(I_k \otimes W_{[k,k]})xyPR_kz \\
&= M_c(k)M_d(k)(I_{k^2} \otimes M_d(k))(I_k \otimes W_{[k,k]})(I_{k^2} \otimes PR_k)xyz.
\end{aligned}$$

注意到 x, y, z 的任意性, 于是可得 (8.2.6). □

利用命题 8.2.1 给出的代数条件, 当 $|B|$ 不大时, 我们可以构造出所有的准布尔代数. 因为只要我们构造了满足条件的算子结构矩阵 $M_c(k)$, $M_d(k)$ 及 $M_n(k)$, 也就得到了一个 $Q \in \mathcal{Q}_k$. 由命题 8.2.1 不难看出, 构造一个准布尔代数可由两个互不相关的部分组成: ① 一个结构矩阵对 $(M_c(k), M_d(k))$, 它们满足条件 (i)—(iv); ② 一个结构矩阵 $M_n(k)$, 它满足条件 (v′)—(v″). 因此, 定义如下的两个集合:

$$\Sigma(k) := \{(M_c(k), M_d(k)) \mid M_c(k) \text{ 和 } M_d(k) \text{ 满足 (i)—(iv)}\}; \quad (8.2.14)$$
$$\Theta(k) := \{M_n(k) \mid M_n(k) \text{ 满足 (v′) 和 (v″)}\}. \quad (8.2.15)$$

于是有

$$\mathcal{Q}_k := \Sigma(k) \times \Theta(k), \tag{8.2.16}$$

这里 $\times$ 表示乘积集合, 即每个 $(M_c(k), M_d(k)) \in \Sigma(k)$ 和每个 $M_n(k) \in \Theta(k)$ 可组合成一个准布尔代数. 下面分别讨论这两部分的构造.

1. 构造 $M_n(k) \in \Theta(k)$

首先, 要满足条件 (v′) (准确地说: 关系式 (8.1.3)), 要有

$$\mathrm{Col}_1(M_n(k)) = \delta_k^k; \quad \mathrm{Col}_k(M_n(k)) = \delta_k^1. \tag{8.2.17}$$

其次, 要满足条件 (v″), 要有

$$[M_n(k)]^2 = I_k. \tag{8.2.18}$$

因此, $M_n(k)$ 是非奇异的. 又因为 $M_n(k)$ 是一个逻辑矩阵, 所以可知它是一个置换矩阵.[①]

注意到 (8.2.17) 表示 $\sigma(1) = k$, $\sigma(k) = 1$, 因此 σ 的其余部分应该是 $\{2, 3, \cdots, k-1\}$ 的一个置换. 换言之

$$\sigma = (1, k)\mu, \tag{8.2.19}$$

这里 $\mu \in \mathbf{S}_{k-2}$.

不难看出, 不是所有的这种置换都是 "补" 的结构矩阵. 为满足条件 (v″), 下面这个断言是显然的.

引理 8.2.1 M_σ 是 "补" 的结构矩阵, 当且仅当, σ 具有 (8.2.19) 形式, 并且 μ 是一些无重复元素对换的乘积, 即 $\mu = (a_1, b_1) \cdots (a_s, b_s)$, 这里

$$\{a_i, b_i\} \cap \{a_j, b_j\} = \varnothing, \quad i \neq j.$$

记 $|\Theta(k)| = n_c(k)$. 利用引理 8.2.1, $n_c(k)$ 可计算如下.

---

① 设 $\sigma \in \mathbf{S}_k$, 则关于 σ 的置换矩阵为

$$M_\sigma := \delta_k[\sigma(1), \sigma(2), \cdots, \sigma(k)].$$

将 i 与它的向量形式等价, 即

$$i \sim \delta_k^i, \quad i = 1, 2, \cdots, k,$$

那么

$$M_\sigma \delta_k^i = \delta_k^{\sigma(i)}.$$

命题 8.2.2 (i) 设 $k = 2s$, 并记 $t = s - 1$, 那么

$$n_c(k) = 1 + \binom{2t}{2} + \frac{1}{2!}\binom{2t}{2}\binom{2(t-1)}{2} + \cdots + \frac{1}{t!}\binom{2t}{2}\cdots\binom{2}{2}. \tag{8.2.20}$$

(ii) 设 $k = 2s + 1$, 并记 $t = s - 1$, 那么

$$n_c(k) = 1 + \binom{2t+1}{2} + \frac{1}{2!}\binom{2t+1}{2}\binom{2t-1}{2} + \cdots + \frac{1}{t!}\binom{2t+1}{2}\binom{2t-1}{2}\cdots\binom{3}{2}. \tag{8.2.21}$$

例 8.2.1 (i) 设 $k = 3$, 那么

$$M_n(3) = \delta_3[3, 2, 1].$$

(ii) 设 $k = 4$, 那么, 有两个可能的补, 它们是

$$M_n^1(4) = \delta_4[4, 3, 2, 1]; \quad M_n^2(4) = \delta_4[4, 2, 3, 1].$$

(iii) 设 $k = 5$, 那么

$$n_c(5) = 1 + \binom{3}{2} = 4.$$

因此, 有四个可能的补, 它们是

$$M_n^1(5) = \delta_5[5, 2, 3, 4, 1]; \quad M_n^2(5) = \delta_5[5, 3, 2, 4, 1];$$
$$M_n^3(5) = \delta_5[5, 4, 3, 2, 1]; \quad M_n^4(5) = \delta_5[5, 2, 4, 3, 1].$$

(iv) 设 $k = 6$, 那么

$$n_c(6) = 1 + \binom{4}{2} + \frac{1}{2}\binom{4}{2}\binom{2}{2} = 10.$$

因此, 有 10 个可能的补, 它们是

$$M_n^1(6) = \delta_6[6, 2, 3, 4, 5, 1]; \quad M_n^2(6) = \delta_6[6, 3, 2, 4, 5, 1];$$
$$M_n^3(6) = \delta_6[6, 4, 3, 2, 5, 1]; \quad M_n^4(6) = \delta_6[6, 5, 3, 4, 2, 1];$$
$$M_n^5(6) = \delta_6[6, 2, 4, 3, 5, 1]; \quad M_n^6(6) = \delta_6[6, 2, 5, 4, 3, 1];$$
$$M_n^7(6) = \delta_6[6, 2, 3, 5, 4, 1]; \quad M_n^8(6) = \delta_6[6, 3, 2, 5, 4, 1];$$
$$M_n^9(6) = \delta_6[6, 4, 5, 2, 3, 1]; \quad M_n^{10}(6) = \delta_6[6, 5, 4, 3, 2, 1].$$

2. 构造 $(M_c(k), M_d(k)) \in \Sigma(k)$

利用命题 8.2.1 的条件 (i)—(iv), 当 $|B|$ 较小时, 我们可以构造出所有的准布尔代数配对的 "并" 和 "交". 我们利用以下的例子说明怎样构造 $M_c(k)$, $M_d(k)$. 当 $|B|$ 较大时, 我们需要克服计算复杂性问题.

例 8.2.2　(i) 设 $k = 3$. 记

$$M_c(3) = \delta_3[c_{11}, c_{12}, c_{13}, c_{21}, c_{22}, c_{23}, c_{31}, c_{32}, c_{33}].$$

因为 $M_c(3)\delta_3^1 = I_3$, 有

$$c_{11} = 1, \quad c_{12} = 2, \quad c_{13} = 3.$$

根据对称性可知

$$c_{21} = c_{12} = 2, \quad c_{31} = c_{13} = 3, \quad c_{23} = c_{32}.$$

于是可得

$$M_c(3) = \delta_3[1, 2, 3, 2, a, b, 3, b, c], \tag{8.2.22}$$

这里 a, b, c 待定.

类似讨论可知

$$M_d(3) = \delta_3[x, y, 1, y, z, 2, 1, 2, 3], \tag{8.2.23}$$

这里 x, y, z 待定.

利用 (8.2.4)—(8.2.7), 可用穷举法检验结合律与分配律. 最后可知, 当 $k = 3$ 时只有两个准布尔代数配对的 "并" 和 "交", 分别为

$$\begin{aligned}
M_c^1(3) &= \delta_3[1, 2, 3, 2, 2, 3, 3, 3, 3]; \\
M_d^1(3) &= \delta_3[1, 1, 1, 1, 2, 2, 1, 2, 3].
\end{aligned} \tag{8.2.24}$$

$$\begin{aligned}
M_c^2(3) &= \delta_3[1, 2, 3, 2, 2, 2, 3, 2, 3]; \\
M_d^2(3) &= \delta_3[1, 2, 1, 2, 2, 2, 1, 2, 3].
\end{aligned} \tag{8.2.25}$$

(ii) 设 $k = 4$. 类似地计算可知有 1 个布尔代数, 其为

$$\begin{aligned}
M_c(4) &= \delta_4[1, 2, 3, 4, 2, 2, 4, 4, 3, 4, 3, 4, 4, 4, 4, 4]; \\
M_d(4) &= \delta_4[1, 1, 1, 1, 1, 2, 1, 2, 1, 1, 3, 3, 1, 2, 3, 4]; \\
M_n(4) &= \delta_4[4, 3, 2, 1],
\end{aligned} \tag{8.2.26}$$

有 8 个准布尔代数配对的 "并" 和 "交", 它们是

$$M_c^1(4) = \delta_4[1,2,3,4,2,2,3,4,3,3,3,4,4,4,4,4];$$
$$M_d^1(4) = \delta_4[1,1,1,1,1,2,2,2,1,2,3,3,1,2,3,4];$$
(8.2.27)

$$M_c^2(4) = \delta_4[1,2,3,4,2,2,3,4,3,3,3,3,4,4,3,4];$$
$$M_d^2(4) = \delta_4[1,1,3,1,1,2,3,2,3,3,3,3,1,2,3,4];$$
(8.2.28)

$$M_c^3(4) = \delta_4[1,2,3,4,2,2,3,3,3,3,3,3,4,3,3,4];$$
$$M_d^3(4) = \delta_4[1,2,2,1,2,2,2,2,2,2,3,3,1,2,3,4];$$
(8.2.29)

$$M_c^4(4) = \delta_4[1,2,3,4,2,2,3,2,3,3,3,3,4,2,3,4];$$
$$M_d^4(4) = \delta_4[1,2,3,1,2,2,3,2,3,3,3,3,1,2,3,4];$$
(8.2.30)

$$M_c^5(4) = \delta_4[1,2,3,4,2,2,2,4,3,2,3,4,4,4,4,4];$$
$$M_d^5(4) = \delta_4[1,1,1,1,1,2,3,2,1,3,3,3,1,2,3,4];$$
(8.2.31)

$$M_c^6(4) = \delta_4[1,2,3,4,2,2,2,2,3,2,3,4,4,2,4,4];$$
$$M_d^6(4) = \delta_4[1,2,1,1,2,2,2,2,1,2,3,3,1,2,3,4];$$
(8.2.32)

$$M_c^7(4) = \delta_4[1,2,3,4,2,2,2,2,3,2,3,3,4,2,3,4];$$
$$M_d^7(4) = \delta_4[1,2,3,1,2,2,2,2,3,2,3,3,1,2,3,4];$$
(8.2.33)

$$M_c^8(4) = \delta_4[1,2,3,4,2,2,2,2,3,2,3,2,4,2,2,4];$$
$$M_d^8(4) = \delta_4[1,3,3,1,3,2,3,2,3,3,3,3,1,2,3,4].$$
(8.2.34)

(iii) 设 $k = 5$. 类似地计算可得 60 个准布尔代数配对的 "并" 和 "交" 如下

Q_1:

$$M_c^1 = \delta_5[1,2,3,4,5,2,2,2,2,2,3,2,3,2,2,4,2,2,4,5,5,2,2,5,5],$$
$$M_d^1 = \delta_5[1,3,3,1,1,3,2,3,2,3,3,3,3,3,3,1,2,3,4,4,1,2,3,4,5].$$
(8.2.35)

Q_2:

$$M_c^2 = \delta_5[1,2,3,4,5,2,2,2,2,2,3,2,3,2,3,4,2,2,4,4,5,2,3,4,5],$$
$$M_d^2 = \delta_5[1,2,3,4,1,2,2,2,2,2,3,2,3,2,3,4,2,2,4,4,1,2,3,4,5].$$
(8.2.36)

Q_3:

$$M_c^3 = \delta_5[1,2,3,4,5,2,2,2,2,2,3,2,3,2,5,4,2,2,4,2,5,2,5,2,5],$$
$$M_d^3 = \delta_5[1,4,1,4,1,4,2,2,4,2,1,2,3,4,3,4,4,4,4,4,1,2,3,4,5].$$
(8.2.37)

Q_4:

$$M_c^4 = \delta_5[1,2,3,4,5,2,2,2,2,2,3,2,3,3,2,4,2,3,4,2,5,2,2,2,5],$$
$$M_d^4 = \delta_5[1,4,4,4,1,4,2,3,4,2,4,3,3,4,3,4,4,4,4,4,1,2,3,4,5].$$
(8.2.38)

Q_5 :

$$M_c^5 = \delta_5[1,2,3,4,5,2,2,2,2,2,3,2,3,3,2,4,2,3,4,5,5,2,2,5,5],$$
$$M_d^5 = \delta_5[1,3,3,1,1,3,2,3,3,2,3,3,3,3,3,1,3,3,4,4,1,2,3,4,5].$$
$$(8.2.39)$$

Q_6 :

$$M_c^6 = \delta_5[1,2,3,4,5,2,2,2,2,2,3,2,3,3,3,4,2,3,4,3,5,2,3,3,5],$$
$$M_d^6 = \delta_5[1,2,4,4,1,2,2,2,2,2,4,2,3,4,3,4,2,4,4,4,1,2,3,4,5].$$
$$(8.2.40)$$

Q_7 :

$$M_c^7 = \delta_5[1,2,3,4,5,2,2,2,2,2,3,2,3,3,3,4,2,3,4,4,5,2,3,4,5],$$
$$M_d^7 = \delta_5[1,2,3,4,1,2,2,2,2,2,3,2,3,3,3,4,2,3,4,4,1,2,3,4,5].$$
$$(8.2.41)$$

Q_8 :

$$M_c^8 = \delta_5[1,2,3,4,5,2,2,2,2,2,3,2,3,3,3,4,2,3,4,5,5,2,3,5,5],$$
$$M_d^8 = \delta_5[1,2,3,1,1,2,2,2,2,2,3,2,3,3,3,1,2,3,4,4,1,2,3,4,5].$$
$$(8.2.42)$$

Q_9 :

$$M_c^9 = \delta_5[1,2,3,4,5,2,2,2,2,2,3,2,3,3,5,4,2,3,4,5,5,2,5,5,5],$$
$$M_d^9 = \delta_5[1,2,1,1,1,2,2,2,2,2,1,2,3,4,3,1,2,4,4,4,1,2,3,4,5].$$
$$(8.2.43)$$

Q_{10} :

$$M_c^{10} = \delta_5[1,2,3,4,5,2,2,2,2,2,3,2,3,4,2,4,2,4,4,2,5,2,2,2,5],$$
$$M_d^{10} = \delta_5[1,3,3,3,1,3,2,3,4,2,3,3,3,3,3,3,4,3,4,4,1,2,3,4,5].$$
$$(8.2.44)$$

Q_{11} :

$$M_c^{11} = \delta_5[1,2,3,4,5,2,2,2,2,2,3,2,3,4,3,4,2,4,4,4,5,2,3,4,5],$$
$$M_d^{11} = \delta_5[1,2,3,4,1,2,2,2,2,2,3,2,3,4,3,4,2,4,4,4,1,2,3,4,5].$$
$$(8.2.45)$$

Q_{12} :

$$M_c^{12} = \delta_5[1,2,3,4,5,2,2,2,2,2,3,2,3,4,4,4,2,4,4,4,5,2,4,4,5],$$
$$M_d^{12} = \delta_5[1,2,3,3,1,2,2,2,2,2,3,2,3,3,3,3,2,3,4,4,1,2,3,4,5].$$
$$(8.2.46)$$

Q_{13} :

$$M_c^{13} = \delta_5[1,2,3,4,5,2,2,2,2,2,3,2,3,4,5,4,2,4,4,2,5,2,5,2,5],$$
$$M_d^{13} = \delta_5[1,4,1,4,1,4,2,4,4,2,1,4,3,4,3,4,4,4,4,4,1,2,3,4,5].$$
$$(8.2.47)$$

Q_{14}:

$$M_c^{14} = \delta_5[1,2,3,4,5,2,2,2,2,2,3,2,3,4,5,4,2,4,4,4,5,2,5,4,5],$$
$$M_d^{14} = \delta_5[1,2,1,4,1,2,2,2,2,2,1,2,3,4,3,4,2,4,4,4,1,2,3,4,5]. \tag{8.2.48}$$

Q_{15}:

$$M_c^{15} = \delta_5[1,2,3,4,5,2,2,2,2,2,3,2,3,4,5,4,2,4,4,5,5,2,5,5,5],$$
$$M_d^{15} = \delta_5[1,2,1,1,1,2,2,2,2,2,1,2,3,3,3,1,2,3,4,4,1,2,3,4,5]. \tag{8.2.49}$$

Q_{16}:

$$M_c^{16} = \delta_5[1,2,3,4,5,2,2,2,2,2,3,2,3,5,5,4,2,5,4,5,5,2,5,5,5],$$
$$M_d^{16} = \delta_5[1,2,1,1,1,2,2,2,2,2,1,2,3,1,3,1,2,1,4,4,1,2,3,4,5]. \tag{8.2.50}$$

Q_{17}:

$$M_c^{17} = \delta_5[1,2,3,4,5,2,2,2,2,5,3,2,3,2,5,4,2,2,4,5,5,5,5,5,5],$$
$$M_d^{17} = \delta_5[1,1,1,1,1,1,2,3,4,2,1,3,3,1,3,1,4,1,4,4,1,2,3,4,5]. \tag{8.2.51}$$

Q_{18}:

$$M_c^{18} = \delta_5[1,2,3,4,5,2,2,2,2,5,3,2,3,3,5,4,2,3,4,5,5,5,5,5,5],$$
$$M_d^{18} = \delta_5[1,1,1,1,1,1,2,3,4,2,1,3,3,4,3,1,4,4,4,4,1,2,3,4,5]. \tag{8.2.52}$$

Q_{19}:

$$M_c^{19} = \delta_5[1,2,3,4,5,2,2,2,2,5,3,2,3,4,5,4,2,4,4,5,5,5,5,5,5],$$
$$M_d^{19} = \delta_5[1,1,1,1,1,1,2,3,4,2,1,3,3,3,3,1,4,3,4,4,1,2,3,4,5]. \tag{8.2.53}$$

Q_{20}:

$$M_c^{20} = \delta_5[1,2,3,4,5,2,2,2,4,2,3,2,3,4,2,4,4,4,4,4,5,2,2,4,5],$$
$$M_d^{20} = \delta_5[1,3,3,4,1,3,2,3,4,2,3,3,3,4,3,4,4,4,4,4,1,2,3,4,5]. \tag{8.2.54}$$

Q_{21}:

$$M_c^{21} = \delta_5[1,2,3,4,5,2,2,2,4,2,3,2,3,4,3,4,4,4,4,4,5,2,3,4,5],$$
$$M_d^{21} = \delta_5[1,2,3,4,1,2,2,2,4,2,3,2,3,4,3,4,4,4,4,4,1,2,3,4,5]. \tag{8.2.55}$$

Q_{22}:

$$M_c^{22} = \delta_5[1,2,3,4,5,2,2,2,4,2,3,2,3,4,5,4,4,4,4,4,5,2,5,4,5],$$
$$M_d^{22} = \delta_5[1,2,1,4,1,2,2,2,4,2,1,2,3,4,3,4,4,4,4,4,1,2,3,4,5]. \tag{8.2.56}$$

Q_{23} :

$$\begin{aligned} M_c^{23} &= \delta_5[1,2,3,4,5,2,2,2,4,4,3,2,3,4,4,4,4,4,4,4,5,4,4,4,5], \\ M_d^{23} &= \delta_5[1,3,3,3,1,3,2,3,2,2,3,3,3,3,3,3,2,3,4,4,1,2,3,4,5]. \end{aligned} \tag{8.2.57}$$

Q_{24} :

$$\begin{aligned} M_c^{24} &= \delta_5[1,2,3,4,5,2,2,2,4,4,3,2,3,4,5,4,4,4,4,4,5,4,5,4,5], \\ M_d^{24} &= \delta_5[1,2,1,2,1,2,2,2,2,2,1,2,3,2,3,2,2,2,4,4,1,2,3,4,5]. \end{aligned} \tag{8.2.58}$$

Q_{25} :

$$\begin{aligned} M_c^{25} &= \delta_5[1,2,3,4,5,2,2,2,4,5,3,2,3,4,5,4,4,4,4,4,5,5,5,4,5], \\ M_d^{25} &= \delta_5[1,1,1,4,1,1,2,3,4,2,1,3,3,4,3,4,4,4,4,4,1,2,3,4,5]. \end{aligned} \tag{8.2.59}$$

Q_{26} :

$$\begin{aligned} M_c^{26} &= \delta_5[1,2,3,4,5,2,2,2,4,5,3,2,3,4,5,4,4,4,4,5,5,5,5,5,5], \\ M_d^{26} &= \delta_5[1,1,1,1,1,1,2,3,2,2,1,3,3,3,3,1,2,3,4,4,1,2,3,4,5]. \end{aligned} \tag{8.2.60}$$

Q_{27} :

$$\begin{aligned} M_c^{27} &= \delta_5[1,2,3,4,5,2,2,2,5,5,3,2,3,4,5,4,5,4,4,5,5,5,5,5,5], \\ M_d^{27} &= \delta_5[1,1,1,1,1,1,2,3,3,2,1,3,3,3,3,1,3,3,4,4,1,2,3,4,5]. \end{aligned} \tag{8.2.61}$$

Q_{28} :

$$\begin{aligned} M_c^{28} &= \delta_5[1,2,3,4,5,2,2,3,2,2,3,3,3,3,3,4,2,3,4,2,5,2,3,2,5], \\ M_d^{28} &= \delta_5[1,4,3,4,1,4,2,3,4,2,3,3,3,3,3,4,4,3,4,4,1,2,3,4,5]. \end{aligned} \tag{8.2.62}$$

Q_{29} :

$$\begin{aligned} M_c^{29} &= \delta_5[1,2,3,4,5,2,2,3,2,2,3,3,3,3,3,4,2,3,4,4,5,2,3,4,5], \\ M_d^{29} &= \delta_5[1,2,3,4,1,2,2,3,2,2,3,3,3,3,3,4,2,3,4,4,1,2,3,4,5]. \end{aligned} \tag{8.2.63}$$

Q_{30} :

$$\begin{aligned} M_c^{30} &= \delta_5[1,2,3,4,5,2,2,3,2,2,3,3,3,3,3,4,2,3,4,5,5,2,3,5,5], \\ M_d^{30} &= \delta_5[1,2,3,1,1,2,2,3,2,2,3,3,3,3,3,1,2,3,4,4,1,2,3,4,5]. \end{aligned} \tag{8.2.64}$$

Q_{31} :

$$\begin{aligned} M_c^{31} &= \delta_5[1,2,3,4,5,2,2,3,2,3,3,3,3,3,3,4,2,3,4,3,5,3,3,3,5], \\ M_d^{31} &= \delta_5[1,4,4,4,1,4,2,2,4,2,4,2,3,4,3,4,4,4,4,4,1,2,3,4,5]. \end{aligned} \tag{8.2.65}$$

Q_{32} :

$$M_c^{32} = \delta_5[1,2,3,4,5,2,2,3,2,3,3,3,3,3,3,4,2,3,4,5,5,3,3,5,5],$$
$$M_d^{32} = \delta_5[1,2,2,1,1,2,2,2,2,2,2,2,3,2,3,1,2,2,4,4,1,2,3,4,5]. \tag{8.2.66}$$

Q_{33} :

$$M_c^{33} = \delta_5[1,2,3,4,5,2,2,3,2,5,3,3,3,3,3,4,2,3,4,5,5,5,3,5,5],$$
$$M_d^{33} = \delta_5[1,1,3,1,1,1,2,3,4,2,3,3,3,3,3,1,4,3,4,4,1,2,3,4,5]. \tag{8.2.67}$$

Q_{34} :

$$M_c^{34} = \delta_5[1,2,3,4,5,2,2,3,2,5,3,3,3,3,5,4,2,3,4,5,5,5,5,5,5],$$
$$M_d^{34} = \delta_5[1,1,1,1,1,1,2,2,4,2,1,2,3,4,3,1,4,4,4,4,1,2,3,4,5]. \tag{8.2.68}$$

Q_{35} :

$$M_c^{35} = \delta_5[1,2,3,4,5,2,2,3,3,2,3,3,3,3,3,4,3,3,4,4,5,2,3,4,5],$$
$$M_d^{35} = \delta_5[1,2,3,4,1,2,2,3,3,2,3,3,3,3,3,4,3,3,4,4,1,2,3,4,5]. \tag{8.2.69}$$

Q_{36} :

$$M_c^{36} = \delta_5[1,2,3,4,5,2,2,3,3,3,3,3,3,3,3,4,3,3,4,5,5,3,3,5,5],$$
$$M_d^{36} = \delta_5[1,2,2,1,1,2,2,2,2,2,2,2,3,3,3,1,2,3,4,4,1,2,3,4,5]. \tag{8.2.70}$$

Q_{37} :

$$M_c^{37} = \delta_5[1,2,3,4,5,2,2,3,3,5,3,3,3,3,3,4,3,3,4,3,5,5,3,3,5],$$
$$M_d^{37} = \delta_5[1,1,4,4,1,1,2,3,4,2,4,3,3,4,3,4,4,4,4,4,1,2,3,4,5]. \tag{8.2.71}$$

Q_{38} :

$$M_c^{38} = \delta_5[1,2,3,4,5,2,2,3,3,5,3,3,3,3,5,4,3,3,4,5,5,5,5,5,5],$$
$$M_d^{38} = \delta_5[1,1,1,1,1,1,2,2,1,2,1,2,3,4,3,1,1,4,4,4,1,2,3,4,5]. \tag{8.2.72}$$

Q_{39} :

$$M_c^{39} = \delta_5[1,2,3,4,5,2,2,3,4,2,3,3,3,3,3,4,4,3,4,4,5,2,3,4,5],$$
$$M_d^{39} = \delta_5[1,2,3,4,1,2,2,3,4,2,3,3,3,3,3,4,4,3,4,4,1,2,3,4,5]. \tag{8.2.73}$$

Q_{40} :

$$M_c^{40} = \delta_5[1,2,3,4,5,2,2,3,4,2,3,3,3,4,3,4,4,4,4,4,5,2,3,4,5],$$
$$M_d^{40} = \delta_5[1,2,3,4,1,2,2,3,4,2,3,3,3,4,3,4,4,4,4,4,1,2,3,4,5]. \tag{8.2.74}$$

Q_{41} :

$$\begin{aligned}M_c^{41} &= \delta_5[1,2,3,4,5,2,2,3,4,3,3,3,3,3,3,4,4,3,4,3,5,3,3,3,5],\\ M_d^{41} &= \delta_5[1,2,2,2,1,2,2,2,2,2,2,2,3,4,3,2,2,4,4,4,1,2,3,4,5].\end{aligned} \tag{8.2.75}$$

Q_{42} :

$$\begin{aligned}M_c^{42} &= \delta_5[1,2,3,4,5,2,2,3,4,3,3,3,3,4,3,4,4,4,4,4,5,3,3,4,5],\\ M_d^{42} &= \delta_5[1,2,2,4,1,2,2,2,4,2,2,2,3,4,3,4,4,4,4,4,1,2,3,4,5].\end{aligned} \tag{8.2.76}$$

Q_{43} :

$$\begin{aligned}M_c^{43} &= \delta_5[1,2,3,4,5,2,2,3,4,4,3,3,3,3,3,4,4,3,4,4,5,4,3,4,5],\\ M_d^{43} &= \delta_5[1,2,3,2,1,2,2,3,2,2,3,3,3,3,3,2,2,3,4,4,1,2,3,4,5].\end{aligned} \tag{8.2.77}$$

Q_{44} :

$$\begin{aligned}M_c^{44} &= \delta_5[1,2,3,4,5,2,2,3,4,4,3,3,3,4,4,4,4,4,4,4,5,4,4,4,5],\\ M_d^{44} &= \delta_5[1,2,2,2,1,2,2,2,2,2,2,2,3,3,3,2,2,3,4,4,1,2,3,4,5].\end{aligned} \tag{8.2.78}$$

Q_{45} :

$$\begin{aligned}M_c^{45} &= \delta_5[1,2,3,4,5,2,2,3,4,5,3,3,3,3,3,4,4,3,4,3,5,5,3,3,5],\\ M_d^{45} &= \delta_5[1,1,4,4,1,1,2,4,4,2,4,4,3,4,3,4,4,4,4,4,1,2,3,4,5].\end{aligned} \tag{8.2.79}$$

Q_{46} :

$$\begin{aligned}M_c^{46} &= \delta_5[1,2,3,4,5,2,2,3,4,5,3,3,3,3,3,4,4,3,4,4,5,5,3,4,5],\\ M_d^{46} &= \delta_5[1,1,3,4,1,1,2,3,4,2,3,3,3,3,3,4,4,3,4,4,1,2,3,4,5].\end{aligned} \tag{8.2.80}$$

Q_{47} :

$$\begin{aligned}M_c^{47} &= \delta_5[1,2,3,4,5,2,2,3,4,5,3,3,3,3,3,4,4,3,4,5,5,5,3,5,5],\\ M_d^{47} &= \delta_5[1,1,3,1,1,1,2,3,2,2,3,3,3,3,3,1,2,3,4,4,1,2,3,4,5].\end{aligned} \tag{8.2.81}$$

Q_{48} :

$$\begin{aligned}M_c^{48} &= \delta_5[1,2,3,4,5,2,2,3,4,5,3,3,3,3,5,4,4,3,4,5,5,5,5,5,5],\\ M_d^{48} &= \delta_5[1,1,1,1,1,1,2,2,2,2,1,2,3,4,3,1,2,4,4,4,1,2,3,4,5].\end{aligned} \tag{8.2.82}$$

Q_{49} :

$$\begin{aligned}M_c^{49} &= \delta_5[1,2,3,4,5,2,2,3,4,5,3,3,3,4,3,4,4,4,4,4,5,5,3,4,5],\\ M_d^{49} &= \delta_5[1,1,3,4,1,1,2,3,4,2,3,3,3,4,3,4,4,4,4,4,1,2,3,4,5].\end{aligned} \tag{8.2.83}$$

Q_{50} :

$$
\begin{aligned}
M_c^{50} &= \delta_5[1,2,3,4,5,2,2,3,4,5,3,3,3,4,4,4,4,4,4,5,5,4,4,5],\\
M_d^{50} &= \delta_5[1,1,3,3,1,1,2,3,3,2,3,3,3,3,3,3,3,3,4,4,1,2,3,4,5].
\end{aligned}
\tag{8.2.84}
$$

Q_{51} :

$$
\begin{aligned}
M_c^{51} &= \delta_5[1,2,3,4,5,2,2,3,4,5,3,3,3,4,5,4,4,4,4,4,5,5,5,4,5],\\
M_d^{51} &= \delta_5[1,1,1,4,1,1,2,2,4,2,1,2,3,4,3,4,4,4,4,4,1,2,3,4,5].
\end{aligned}
\tag{8.2.85}
$$

Q_{52} :

$$
\begin{aligned}
M_c^{52} &= \delta_5[1,2,3,4,5,2,2,3,4,5,3,3,3,4,5,4,4,4,4,5,5,5,5,5,5],\\
M_d^{52} &= \delta_5[1,1,1,1,1,1,2,2,2,2,1,2,3,3,3,1,2,3,4,4,1,2,3,4,5].
\end{aligned}
\tag{8.2.86}
$$

Q_{53} :

$$
\begin{aligned}
M_c^{53} &= \delta_5[1,2,3,4,5,2,2,3,4,5,3,3,3,5,5,4,4,5,4,5,5,5,5,5,5],\\
M_d^{53} &= \delta_5[1,1,1,1,1,1,2,2,2,2,1,2,3,2,3,1,2,2,4,4,1,2,3,4,5].
\end{aligned}
\tag{8.2.87}
$$

Q_{54} :

$$
\begin{aligned}
M_c^{54} &= \delta_5[1,2,3,4,5,2,2,3,5,5,3,3,3,3,3,4,5,3,4,5,5,5,3,5,5],\\
M_d^{54} &= \delta_5[1,1,3,1,1,1,2,3,1,2,3,3,3,3,3,1,1,3,4,4,1,2,3,4,5].
\end{aligned}
\tag{8.2.88}
$$

Q_{55} :

$$
\begin{aligned}
M_c^{55} &= \delta_5[1,2,3,4,5,2,2,4,4,2,3,4,3,4,3,4,4,4,4,4,5,2,3,4,5],\\
M_d^{55} &= \delta_5[1,2,3,4,1,2,2,4,4,2,3,4,3,4,3,4,4,4,4,4,1,2,3,4,5].
\end{aligned}
\tag{8.2.89}
$$

Q_{56} :

$$
\begin{aligned}
M_c^{56} &= \delta_5[1,2,3,4,5,2,2,4,4,4,3,4,3,4,5,4,4,4,4,4,5,4,5,4,5],\\
M_d^{56} &= \delta_5[1,2,1,2,1,2,2,2,2,2,1,2,3,4,3,2,2,4,4,4,1,2,3,4,5].
\end{aligned}
\tag{8.2.90}
$$

Q_{57} :

$$
\begin{aligned}
M_c^{57} &= \delta_5[1,2,3,4,5,2,2,4,4,5,3,4,3,4,4,4,4,4,4,4,5,5,4,4,5],\\
M_d^{57} &= \delta_5[1,1,3,3,1,1,2,3,4,2,3,3,3,3,3,3,4,3,4,4,1,2,3,4,5].
\end{aligned}
\tag{8.2.91}
$$

Q_{58} :

$$
\begin{aligned}
M_c^{58} &= \delta_5[1,2,3,4,5,2,2,4,4,5,3,4,3,4,5,4,4,4,4,5,5,5,5,5,5],\\
M_d^{58} &= \delta_5[1,1,1,1,1,1,2,1,2,2,1,1,3,3,3,1,2,3,4,4,1,2,3,4,5].
\end{aligned}
\tag{8.2.92}
$$

Q_{59}：

$$\begin{aligned}M_c^{59} &= \delta_5[1,2,3,4,5,2,2,5,2,5,3,5,3,3,5,4,2,3,4,5,5,5,5,5,5],\\ M_d^{59} &= \delta_5[1,1,1,1,1,1,2,4,4,2,1,4,3,4,3,1,4,4,4,4,1,2,3,4,5].\end{aligned} \tag{8.2.93}$$

Q_{60}：

$$\begin{aligned}M_c^{60} &= \delta_5[1,2,3,4,5,2,2,5,4,5,3,5,3,4,5,4,4,4,4,4,5,5,5,4,5],\\ M_d^{60} &= \delta_5[1,1,1,4,1,1,2,1,4,2,1,1,3,4,3,4,4,4,4,4,1,2,3,4,5].\end{aligned} \tag{8.2.94}$$

最后, 所有准布尔代数的性质都可以通过它相应的结构矩阵来检验.

命题 8.2.3　设 $Q \in \mathcal{Q}_k$, 且其交、并、补的结构矩阵分别为 $M_c(k)$, $M_d(k)$, $M_n(k)$, 那么,

(i) 双补律等价于

$$M_n(k)M_n(k) = I_k. \tag{8.2.95}$$

(ii) 幂等律等价于

$$\begin{cases} M_c(k)PR_k = I_k. \\ M_d(k)PR_k = I_k. \end{cases} \tag{8.2.96}$$

(iii) 第二归一律等价于

$$\begin{cases} M_c(k)\delta_k^k = \mathbf{1}_k^{\mathrm{T}} \otimes \delta_k^k. \\ M_d(k)\delta_k^1 = \mathbf{1}_k^{\mathrm{T}} \otimes \delta_k^1. \end{cases} \tag{8.2.97}$$

(iv) 吸收律等价于

$$\begin{cases} M_d(k)M_c(k)(I_k \otimes PR_k) = \mathbf{1}_k^{\mathrm{T}} \otimes I_k. \\ M_c(k)M_d(k)(I_k \otimes PR_k) = \mathbf{1}_k^{\mathrm{T}} \otimes I_k. \end{cases} \tag{8.2.98}$$

(v) De Morgan 公式等价于

$$\begin{cases} M_n(k)M_d(k) = M_c(k)M_n(k)(I_k \otimes M_n(k)). \\ M_n(k)M_c(k) = M_d(k)M_n(k)(I_k \otimes M_n(k)). \end{cases} \tag{8.2.99}$$

例 8.2.3　(i) 考察 $Q \in \mathcal{Q}_3$, 见定义式 (8.2.25). 容易检验

$$M_c(3)\delta_3^3 - [1,1,1] \otimes \delta_3^3 = \begin{bmatrix} 0 & 0 & 0 \\ 0 & 1 & 0 \\ 0 & -1 & 0 \end{bmatrix} \neq 0$$

及

$$M_d(3)\delta_3^1 - [1,1,1] \otimes \delta_3^1 = \begin{bmatrix} 0 & -1 & 0 \\ 0 & 1 & 0 \\ 0 & 0 & 0 \end{bmatrix} \neq 0.$$

根据命题 8.2.3, Q 不满足第二归一律. 因此, 不是所有的准布尔代数都满足第二归一律.

(ii) 还是考察 $Q \in \mathcal{Q}_3$, 见定义式 (8.2.25). 容易检验

$$M_d(3)M_c(3)(I_3 \otimes PR_3) - [1,1,1] \otimes I_3 = \begin{bmatrix} 0 & 0 & 0 & -1 & 0 & 0 & 0 & 0 & 0 \\ 0 & 0 & 0 & 1 & 0 & 1 & 0 & 0 & 0 \\ 0 & 0 & 0 & 0 & 0 & -1 & 0 & 0 & 0 \end{bmatrix} \neq 0$$

及

$$M_c(3)M_d(3)(I_3 \otimes PR_3) - [1,1,1] \otimes I_3 = \begin{bmatrix} 0 & 0 & 0 & -1 & 0 & 0 & 0 & 0 & 0 \\ 0 & 0 & 0 & 1 & 0 & 1 & 0 & 0 & 0 \\ 0 & 0 & 0 & 0 & 0 & -1 & 0 & 0 & 0 \end{bmatrix} \neq 0.$$

根据命题 8.2.3, Q 不满足吸收律. 因此, 不是所有的准布尔代数都满足吸收律.

(iii) 考察 $Q_i \in \mathcal{Q}_4$, $i = 1, \cdots, 8$, 见定义式 (8.2.27)—(8.2.34). 分别以 $M_c^i(4)$ 及 $M_d^i(4)$ 为 $\sqcap$ 及 $\sqcup$ 的结构矩阵, 并设

$$M_n(4) = \delta_4[4, 3, 2, 1].$$

利用 (8.2.99), 容易检验 Q_1, Q_3, Q_5 及 Q_8 满足 De Morgan 公式, 而 Q_2, Q_4, Q_6 及 Q_7 不满足 De Morgan 公式. 因此, 不是所有的准布尔代数都满足 De Morgan 公式.

8.3 准布尔代数的同态与同构

定义 8.3.1 设 $Q_1 := (B_1, \sqcap_1, \sqcup_1, ^{-1}, \mathbf{1}_1, \mathbf{0}_1)$ 及 $Q_2 := (B_2, \sqcap_2, \sqcup_2, ^{-2}, \mathbf{1}_2, \mathbf{0}_2)$ 为两个准布尔代数.

(1) Q_1 和 Q_2 称为强同态准布尔代数, 如果存在一个映射 $\pi : B_1 \to B_2$, 满足

(i) $\qquad\qquad \pi(\sqcap_1(x, y)) = \sqcap_2(\pi(x), \pi(y)), \quad x, y \in B_1.$ $\qquad$ (8.3.1)

(ii) $\qquad\qquad \pi(\sqcup_1(x, y)) = \sqcup_2(\pi(x), \pi(y)).$ $\qquad\qquad\qquad$ (8.3.2)

(iii) $\qquad\qquad\qquad \pi(\mathbf{1}_1) = \mathbf{1}_2.$ $\qquad\qquad\qquad\qquad\qquad$ (8.3.3)

(iv) $\qquad\qquad\qquad \pi(\mathbf{0}_1) = \mathbf{0}_2.$ $\qquad\qquad\qquad\qquad\qquad$ (8.3.4)

(v) $$\pi(\bar{x}^1) = \overline{\pi(x)}^2. \tag{8.3.5}$$

π 称为强同态映射.

(2) 如果 π 只满足 (8.3.1)—(8.3.4), 则称 Q_1 和 Q_2 为同态, π 为同态映射.

(3) 如果 $\pi : B_1 \to B_2$ 为一同态映射, 并且是一对一映上的, 而且, $\pi^{-1} : B_2 \to B_1$ 也是一个同态映射, 则称 Q_1 和 Q_2 为同构准布尔代数, π 为同构映射.

注　设 π 为一准布尔代数同态. 那么, 根据 (8.3.3)—(8.3.4), 也可得到

$$\pi(\bar{x}^1) = \overline{\pi(x)}^2, \quad x \in \{0, 1\}, \tag{8.3.6}$$

它可以看作 (8.3.5) 部分成立.

命题 8.3.1　设 $\pi : B_1 \to B_2$ 为一 (强) 同态. 如果 π 是一对一且映上的, 那么, π 为一 (强) 同构.

证明　我们只要证明 π^{-1} 也是一个 (强) 同态即可.

令 y_1, $y_2 \in B_2$. 因为 π 是一对一且映上的, 所以, 存在 x_1, $x_2 \in B_1$, 使得 $\pi(x_1) = y_1$ 及 $\pi(x_2) = y_2$. 因此, 我们只要证明 π^{-1} 满足 (8.3.1)—(8.3.5) 即可 (或对同态的情况、只要证 (8.3.1)—(8.3.4) 即可). 这里只证 (8.3.1), 其余类似.

$$\begin{aligned}
\pi^{-1}(y_1 \sqcap y_2) &= \pi^{-1}(\pi(x_1) \sqcap \pi(x_2)) \\
&= \pi^{-1}(\pi(x_1 \sqcap x_2)) \\
&= x_1 \sqcap x_2 \\
&= \pi^{-1}(y_1) \sqcap \pi^{-1}(y_2).
\end{aligned}$$ □

下面讨论什么时候两个准布尔代数是同构的.

命题 8.3.2　设 Q_1, $Q_2 \in \mathcal{Q}_k$ 为两个准布尔代数, 其 "交" "并" "补" 的结构矩阵分别为 $M_c^i(k)$, $M_d^i(k)$, $M_n^i(k)$, $i = 1, 2$. 那么,

(1) Q_1 与 Q_2 强同构, 当且仅当, 存在 $\sigma \in \mathbf{S}_k$, 满足 $\sigma(k) = k$ 及 $\sigma(1) = 1$, 使得

(i) $$M_c^2(k) = M_\sigma M_c^1(k) \left(M_\sigma^{\mathrm{T}} \otimes M_\sigma^{\mathrm{T}}\right). \tag{8.3.7}$$

(ii) $$M_d^2(k) = \overline{M_\sigma M_d^1(k)} \left(M_\sigma^{\mathrm{T}} \otimes M_\sigma^{\mathrm{T}}\right). \tag{8.3.8}$$

(iii) $$M_n^2(k) = M_\sigma M_n^1(k) M_\sigma^{\mathrm{T}}. \tag{8.3.9}$$

(2) Q_1 与 Q_2 同构当且仅当存在 $\sigma \in \mathbf{S}_k$, 满足 $\sigma(k) = k$ 及 $\sigma(1) = 1$, 使得 (8.3.7)—(8.3.8) 成立.

证明　我们只证明强同构. 由命题 8.3.1 可知, 需证明 π 是强同构等价于 (8.3.7)—(8.3.9). 因而, 只要能证明 (8.3.1) 等价于 (8.3.7), (8.3.2) 等价于 (8.3.8), (8.3.5) 等价于 (8.3.9) 就行了. 下面证明 (8.3.1) 等价于 (8.3.7), 其余类似.

因为 $\pi : Q_1 \to Q_2$ 是一对一且映上的, 所以存在一个 $\sigma \in \mathcal{S}_k$, 使得 $\pi(i) = \sigma(i)$, $i = 1, \cdots, k$. 当 $x = i \in \mathcal{D}_k$ 表示为向量形式 δ_k^i 时, 有 $\pi(i) = \sigma(i) = M_\sigma x$. 于是可知

$$M_c^2(k) M_\sigma x M_\sigma y = M_\sigma M_c^1(k) xy.$$

从而可得

$$\begin{aligned} & M_c^2(k) M_\sigma x M_\sigma y \\ = & M_c^2(k) M_\sigma (I_k \otimes M_\sigma) xy \\ = & M_c^2(k) (M_\sigma \otimes M_\sigma) xy \\ = & M_\sigma M_c^1(k) xy, \end{aligned}$$

即

$$M_c^2(k) (M_\sigma \otimes M_\sigma) = M_\sigma M_c^1(k).$$

进而可知

$$\begin{aligned} M_c^2(k) = & M_\sigma M_c^1(k) (M_\sigma \otimes M_\sigma)^{-1} \\ = & M_\sigma M_c^1(k) (M_\sigma^{-1} \otimes M_\sigma^{-1}) \\ = & M_\sigma M_c^1(k) (M_\sigma^T \otimes M_\sigma^T). \end{aligned}$$

因此, (8.3.1) 蕴涵 (8.3.7). 将前面的证明反向追溯一遍, 同样不难看出, (8.3.7) 蕴涵 (8.3.1). □

例 8.3.1 (i) 设 $k \leqslant 3$. 因为 $(k-2)! = 1$, 没有同构的准布尔代数.

(ii) 令 $k = 4$, 这里有 8 个 (非布尔代数的) 准布尔代数, 分别由 (8.2.27)—(8.2.34) 定义. 唯一满足 $\sigma(1) = 1$, $\sigma(4) = 4$ 的非平凡置换是 $\sigma = (2, 3)$, 其结构矩阵为

$$M_\sigma = \delta_4[1, 3, 2, 4].$$

利用 (8.3.7)—(8.3.9) 进行检验, 易知

$$Q_1 \simeq Q_5; \quad Q_2 \simeq Q_6; \quad Q_3 \simeq Q_8; \quad Q_4 \simeq Q_7.$$

(iii) 当 $k = 4$ 时, 这里有 1 个布尔代数, 由 (8.2.26) 定义. 如果我们依上述方法, 用 M_σ 作变换, 得到的还是它自己. 注意, 所有同样大小的布尔代数都是同构的.

(iv) 令 $k = 5$. 这里有 60 个准布尔代数, 分别由 (8.2.35)—(8.2.94) 定义. 考察 Q_1,

$$\begin{aligned} M_c^1 &= \delta_5[1, 2, 3, 4, 5, 2, 2, 2, 2, 2, 3, 2, 3, 2, 2, 4, 2, 2, 4, 5, 5, 2, 2, 5, 5], \\ M_d^1 &= \delta_5[1, 3, 3, 1, 1, 3, 2, 3, 2, 2, 3, 3, 3, 3, 3, 1, 2, 3, 4, 4, 1, 2, 3, 4, 5]. \end{aligned} \tag{8.3.10}$$

这里有 5 个非平凡置换 $\sigma \in \mathbf{S}_5$, 满足 $\sigma(1) = 1$, $\sigma(5) = 5$, 它们是

$$\sigma_1 = (2, 3); \quad \sigma_2 = (2, 4); \quad \sigma_3 = (3, 4); \quad \sigma_4 = (2, 3, 4); \quad \sigma_5 = (2, 4, 3).$$

它们相应的结构矩阵为

$$M_{\sigma_1}=\delta_5[1,3,2,4,5];\quad M_{\sigma_2}=\delta_5[1,4,3,2,5];\quad M_{\sigma_3}=\delta_5[1,2,4,3,5];$$
$$M_{\sigma_4}=\delta_5[1,3,4,2,5];\quad M_{\sigma_5}=\delta_5[1,4,2,3,5].$$

于是有 $\tilde{Q}_i$ $(i=1,2,3,4,5)$ 为

$$\tilde{M}_c^i=M_{\sigma_i}M_c^1\left(M_{\sigma_i}^{\mathrm{T}}\otimes M_{\sigma_i}^{\mathrm{T}}\right),$$
$$\tilde{M}_d^i=M_{\sigma_i}M_d^1\left(M_{\sigma_i}^{\mathrm{T}}\otimes M_{\sigma_i}^{\mathrm{T}}\right).$$

容易算得

$$\tilde{M}_c^1=\delta_5[1,2,3,4,5,2,2,3,3,3,3,3,3,3,3,4,3,3,4,5,5,3,3,5,5],$$
$$\tilde{M}_d^1=\delta_5[1,2,2,1,1,2,2,2,2,2,2,2,3,3,3,1,2,3,4,4,1,2,3,4,5],$$

它就是 Q_{36}.

$$\tilde{M}_c^2=\delta_5[1,2,3,4,5,2,2,4,4,5,3,4,3,4,4,4,4,4,4,4,5,5,4,4,5],$$
$$\tilde{M}_d^2=\delta_5[1,1,3,3,1,1,2,3,4,2,3,3,3,3,3,3,4,3,4,4,1,2,3,4,5],$$

它就是 Q_{57}.

$$\tilde{M}_c^3=\delta_5[1,2,3,4,5,2,2,2,2,2,3,2,3,2,5,4,2,2,4,2,5,2,5,2,5],$$
$$\tilde{M}_d^3=\delta_5[1,4,1,4,1,4,2,2,4,2,1,2,3,4,3,4,4,4,4,4,1,2,3,4,5],$$

它就是 Q_3.

$$\tilde{M}_c^4=\delta_5[1,2,3,4,5,2,2,3,3,5,3,3,3,3,3,4,3,3,4,3,5,5,3,3,5],$$
$$\tilde{M}_d^4=\delta_5[1,1,4,4,1,1,2,3,4,2,4,3,3,4,3,4,4,4,4,4,1,2,3,4,5],$$

它就是 Q_{27}.

$$\tilde{M}_c^5=\delta_5[1,2,3,4,5,2,2,4,4,4,3,4,3,4,5,4,4,4,4,4,5,4,5,4,5],$$
$$\tilde{M}_d^5=\delta_5[1,2,1,2,1,2,2,2,2,2,1,2,3,4,3,2,2,4,4,4,1,2,3,4,5],$$

它就是 Q_{56}.

因此, 有如下同构族:

$$Q_1\simeq Q_{36}\simeq Q_{57}\simeq Q_3\simeq Q_{27}\simeq Q_{56}.$$

注 (i) 在上例中, 当讨论同构准布尔代数时, 我们忽略了对补算子的讨论. 这是因为, 如果 Q_1 是由 M_c, M_d, M_n 决定的, Q_2 是由 $\tilde{M}_c$, $\tilde{M}_d$, $\tilde{M}_n$ 决定的, 并且存在 σ 使得 (8.3.7)—(8.3.8) 成立, 那么, 只要设

$$\tilde{M}_n:=M_\sigma M_n M_\sigma^{\mathrm{T}},$$

则可知, $\tilde{M}_n$ 是一个合格的补算子. 并且, $Q_1 \simeq Q_2$. 换言之, 只要 (8.3.7)—(8.3.8) 成立, 对任何 Q_1 都可以构造出同构的 Q_2. 但这不等于说, 对两个给定的准布尔代数, 检验它们同构, 只要验证条件 (8.3.7)—(8.3.8) 就可以了.

(ii) 从上面的例子可看出, 对于 $|Q| = n, 3 \leqslant n \leqslant 5$, 这里有 $(n-2)!$ 组同构的准布尔代数, 每一组中有等价的 "并" 和 "交" (这里 "等价" 指在不计元素顺序的情况下 "相同"). 当 $n > 5$ 时, 这里至多有 $(n-2)!$ 组同构的准布尔代数.

8.4 准布尔代数的格结构

先回顾一下格的定义.

定义 8.4.1 (1) 一个集合 B 称为偏序集, 如果在 $B \times B$ 上存在一个关系 $\leqslant$, 它满足

(i) 反身性 (reflexive):
$$s \leqslant s, \quad \forall s \in B.$$

(ii) 反对称性 (antisymmetric):
$$x \leqslant y \text{ 且 } y \leqslant x \Rightarrow x = y.$$

(iii) 传递性 (transitive):
$$x \leqslant y \text{ 且 } y \leqslant z \Rightarrow x \leqslant z.$$

(2) 一个偏序集 B 称为一个格, 如果对其任意两个元素 $x, y \in B$, 总存在它们的最小上界 $\xi = \sup(x, y)$ 和最大下界 $\eta = \inf(x, y)$.

定义 8.4.2 一个准布尔代数 Q 称为格准布尔代数, 如果下述等价关系成立.

$$x \sqcap y = x \Leftrightarrow x \sqcup y = y. \tag{8.4.1}$$

例 8.4.1 (i) 设 Q 为一布尔代数, 则 Q 为格准布尔代数.

设 $x \sqcap y = x$, 利用 (7.1.16) 可得

$$\begin{aligned} x \sqcup y &= (x \sqcap y) \sqcup y \\ &= (x \sqcup y) \sqcap (y \sqcup y) \\ &= (x \sqcup y) \sqcap y = y. \end{aligned}$$

因此, (8.4.1) 左边 $\Rightarrow$ (8.4.1) 右边. 类似地, 我们可证 (8.4.1) 右边 $\Rightarrow$ (8.4.1) 左边.

(ii) 设 Q 为一准布尔代数, 从以上的证明可知, 如果它满足吸收律, 即 (7.1.15)—(7.1.16), 则 Q 为一格准布尔代数.

命题 8.4.1　考察一个格准布尔代数 Q. 定义

$$x \leqslant y \iff x \sqcup y = y \iff x \sqcap y = x. \tag{8.4.2}$$

那么, $\leqslant$ 是一个偏序.

证明　我们只证明传递性, 其他性质类似可证. 设 $x \leqslant y$ 及 $y \leqslant z$, 那么

$$x \sqcap y = x, \quad y \sqcap z = y.$$

于是有

$$\begin{aligned}
x \sqcap z &= (x \sqcap y) \sqcap z \\
&= x \sqcap (y \sqcap z) \\
&= x \sqcap y = x.
\end{aligned}$$

也就是说, $x \leqslant z$. □

下面的命题说明格准布尔代数是一个格.

命题 8.4.2　格准布尔代数在由 (8.4.2) 定义的序下为一格.

证明　不难看出, 只要能证明下述两点就够了:

(i) $\sup(x, y) = x \sqcup y$;

(ii) $\inf(x, y) = x \sqcap y$.

我们只证明 (i). (ii) 的证明类似.

因为 $x \leqslant x \sqcup y$ 及 $y \leqslant x \sqcup y$, $x \sqcup y$ 为 x 和 y 的共同上界. 设 $x \leqslant z$ 及 $y \leqslant z$, 那么

$$z \sqcup (x \sqcup y) = (z \sqcup x) \sqcup y = z \sqcup y = z.$$

于是, $x \sqcup y \leqslant z$. 因此, $x \sqcup y$ 是 x 和 y 的共同最小上界. □

引理 8.4.1　吸收律蕴涵 (8.4.1).

证明　假设 $x \sqcap y = x$, 则

$$x \sqcup y = (x \sqcap y) \sqcup y = y.$$

假设 $x \sqcup y = y$, 则

$$x \sqcap y = x \sqcap (x \sqcup y) = x.$$

□

由命题 8.1.1 可知第二归一律也可推出 (8.4.1).

再由命题 8.4.2 及引理 8.4.1 即可得到以下结果.

推论 8.4.1　(i) 一个布尔代数在由 (8.4.2) 定义的序下为一格.

(ii) 一个准布尔代数, 如果元满足吸收律或第二归一律, 那么, 它在由 (8.4.2) 定义的序下为一格.

(iii) 多值逻辑、因子集、极大极小代数、模糊逻辑、开闭集代数, 在由 (8.4.2) 定义的序下都是格.

8.5 乘积准布尔代数

定义 8.5.1 给定两个准布尔代数: $Q_i = (B_i, \sqcap_i, \sqcup_i, \; ^{-i}, \; \mathbf{1}_i, \; \mathbf{0}_i)$, $i = 1, 2$. 考察其笛卡儿积 $B := B_1 \times B_2$. 记 $(s_1, s_2), (t_1, t_2) \in B_1 \times B_2$, 定义 B 上的算子如下:

(i) $\sqcap := \sqcap_1 \times \sqcap_2$, 即

$$(s_1, s_2) \sqcap (t_1, t_2) := (s_1 \sqcap_1 t_1, s_2 \sqcap_2 t_2). \tag{8.5.1}$$

(ii) $\sqcup := \sqcup_1 \times \sqcup_2$, 即

$$(s_1, s_2) \sqcup (t_1, t_2) := (s_1 \sqcup_1 t_1, s_2 \sqcup_2 t_2). \tag{8.5.2}$$

(iii) $^- := \; ^{-1} \times \; ^{-2}$, 即

$$\overline{(s_1, s_2)} := (\overline{s_1}^1, \overline{s_2}^2). \tag{8.5.3}$$

并且, $\mathbf{1} := (\mathbf{1}_1, \mathbf{1}_2)$, $\mathbf{0} := (\mathbf{0}_1, \mathbf{0}_2)$. 那么, $(B, \sqcap, \sqcup, ^-, \mathbf{1}, \mathbf{0})$ 称为 Q_1 和 Q_2 的乘积代数, 记作 $Q = Q_1 \odot Q_2$.

注 (i) 容易验证, Q_1 和 Q_2 的乘积代数, 其上的算子由定义 8.5.1 确定, 则其为一个准布尔代数.

(ii) 有限多个准布尔代数相乘可类似定义, 其乘积也是一个准布尔代数.

下面考虑如何计算乘积准布尔代数算子的结构矩阵.

定理 8.5.1 设 Q_i $(i = 1, 2)$ 为两个有限准布尔代数, 其基本集合为 $|B_1| = s$ 及 $|B_2| = t$. 并且, 其上的算子 $\sqcap_i$, $\sqcup_i$ 及 $^{-i}$ 的结构矩阵分别为 $M_c^1(s)$, $M_d^1(s) \in \mathcal{L}_{s \times s^2}$, $M_n^1(s) \in \mathcal{L}_{s \times s}$, 以及 $M_c^2(t)$, $M_d^2(t) \in \mathcal{L}_{t \times t^2}$, $M_n^2(t) \in \mathcal{L}_{t \times t}$. 那么, 乘积准布尔代数相应算子的结构矩阵, 分别记作 $M_c^p(st)$, $M_d^p(st)$ 及 $M_n^p(st)$, 可计算如下

$$M_c^p(st) = \left(M_c^1(s) \otimes M_c^2(t) \right) \left(I_s \otimes W_{[t,s]} \right); \tag{8.5.4}$$

$$M_d^p(st) = \left(M_d^1(s) \otimes M_d^2(t) \right) \left(I_s \otimes W_{[t,s]} \right); \tag{8.5.5}$$

$$M_n^p(st) = M_n^1(s) \left(I_s \otimes M_n^2(t) \right). \tag{8.5.6}$$

证明 首先, 在向量形式下 $x \in B_1$ 可表示为 $x \in \Delta_s$, $y \in B_2$ 可表示为 $y \in \Delta_t$. 同样, $z \in B = B_1 \times B_2$ 可表示为 $z \in \Delta_{st}$. 特别是, 如果 $(x, y) = (\delta_s^i, d_t^j) \in B$, 那么

$$z = (x, y) = xy = \delta_s^i \delta_t^j \in \Delta_{st}. \tag{8.5.7}$$

这种表达是合理的, 因为在这种表达下有

$$\mathbf{1}_p = (\mathbf{1}_1, \mathbf{1}_2) = \delta_s^1 \delta_t^1 = \delta_{st}^1,$$
$$\mathbf{0}_p = (\mathbf{0}_1, \mathbf{0}_2) = \delta_s^s \delta_t^t = \delta_{st}^{st},$$

这满足我们对特殊元素 **1** 和 **0** 的要求.

下面只证明 (8.5.4), (8.5.5) 与 (8.5.6) 的证明类似. 令 x_1, $x_2 \in \Delta_s$, y_1, $y_2 \in \Delta_t$. 记 $z_i = x_i y_i \in \Delta_{st}$. 则乘积应满足

$$M_c^1(s) x_1 x_2 M_c^2(t) y_1 y_2 = M_c^p(st) z_1 z_2 = M_c^p x_1 y_1 x_2 y_2. \tag{8.5.8}$$

式 (8.5.8) 的左边可表示为

$$
\begin{aligned}
& M_c^1(s) x_1 x_2 M_c^2(t) y_1 y_2 \\
&= M_c^1(s) \left(I_{s^2} \otimes M_c^2(t) \right) x_1 x_2 y_1 y_2 \\
&= M_c^1(s) \left(I_{s^2} \otimes M_c^2(t) \right) x_1 W_{[t,s]} y_1 x_2 y_2 \\
&= \left(M_c^1(s) \otimes I_t \right) \left(I_{s^2} \otimes M_c^2(t) \right) x_1 W_{[t,s]} y_1 x_2 y_2 \\
&= \left(M_c^1(s) \otimes M_c^2(t) \right) \left(I_s \otimes W_{[t,s]} \right) x_1 y_1 x_2 y_2.
\end{aligned}
$$

与式 (8.5.8) 的右边相比较, 并考虑到 x_1, y_1, x_2, y_2 是任意的, 则可得 (8.5.4). □

例 8.5.1 设 Q_1 为经典的命题逻辑, Q_2 为一个 3 阶准布尔代数.

(i) 设 Q_1 与 Q_2 的结构矩阵如下

$$
\begin{aligned}
M_c^1(2) &= \delta_2[1,2,2,2], \\
M_d^1(2) &= \delta_2[1,1,1,2], \\
M_n^1(2) &= \delta_2[2,1]; \\
M_c^2(3) &= \delta_3[1,2,3,2,2,3,3,3,3], \\
M_d^2(3) &= \delta_3[1,1,1,1,2,2,1,2,3], \\
M_n^2(3) &= \delta_3[3,2,1].
\end{aligned}
$$

利用公式 (8.5.4)—(8.5.6) 可得

$$
\begin{aligned}
M_c^p(6) &= \delta_6[1,2,3,4,5,6,2,2,3,5,5,6,3,3,3,6,6,6, \\
&\qquad 4,5,6,4,5,6,5,5,6,5,5,6,6,6,6,6,6,6]; \\
M_d^p(6) &= \delta_6[1,1,1,1,1,1,1,2,2,1,2,2,1,2,3,1,2,3, \\
&\qquad 1,1,1,4,4,4,1,2,2,4,5,5,1,2,3,4,5,6]; \\
M_n^p(6) &= \delta_6[6,5,4,3,2,1].
\end{aligned}
$$

(ii) 设 Q_1 同上, Q_2 的结构矩阵如下

$$
\begin{aligned}
M_c^2(3) &= \delta_3[1,2,3,2,2,2,3,2,3]; \\
M_d^2(3) &= \delta_3[1,2,1,2,2,2,1,2,3]; \\
M_n^2(3) &= \delta_3[3,2,1].
\end{aligned}
$$

利用公式 (8.5.4)—(8.5.6) 可得

$$M_c^p(6) = \delta_6[1,2,3,4,5,6,2,2,2,5,5,5,3,2,3,6,5,6,$$

$$4,5,6,4,5,6,5,5,5,5,5,5,6,5,6,6,5,6];$$
$$M_d^p(6) = \delta_6[1,2,1,1,2,1,2,2,2,2,2,2,1,2,3,1,2,3,$$
$$1,2,1,4,5,4,2,2,2,5,5,5,1,2,3,4,5,6];$$
$$M_n^p(6) = \delta_6[6,5,4,3,2,1].$$

下面讨论一个准布尔代数的分解, 即给定一个准布尔代数 Q, 问能否找到两个准布尔代数 Q_1 和 Q_2, 使得 Q 为 Q_1 和 Q_2 的乘积?

利用公式 (8.5.4)—(8.5.6), 有

$$
\begin{aligned}
M_c^1 \otimes M_c^2 &= M_c^p \left(I_s \otimes W_{[s,t]} \right), \\
M_d^1 \otimes M_d^2 &= M_d^p \left(I_s \otimes W_{[s,t]} \right), \\
M_n^1 \otimes M_n^2 &= M_n^p.
\end{aligned}
\tag{8.5.9}
$$

观察 (8.5.9), 容易看出, 要解决分解问题的关键在于: 给定一个逻辑矩阵 $W \in \mathcal{L}_{n \times n^2}$, 这里 $n = s \times t, s > 1, t > 1$, 能否找到两个逻辑矩阵 $U \in \mathcal{L}_{s \times s^2}$ 和 $V \in \mathcal{L}_{t \times t^2}$, 使得

$$U \otimes V = W?
\tag{8.5.10}$$

从等式 (8.5.10) 解出未知矩阵 $U \in \mathcal{L}_{s \times s^2}$ 和 $V \in \mathcal{L}_{t \times t^2}$ 看似十分困难, 实际上, 它并不困难, 因为这里遇到的所有矩阵均为逻辑矩阵. 将 W 分成 s^2 块如下:

$$W = [W_1, W_2, \cdots, W_{s^2}],$$

这里, $W_i \in \mathcal{L}_{n \times t^2}$. 并且 $W_i = \mathrm{Col}_i(U) \otimes V$. 譬如, $\mathrm{Col}_i(U) = \delta_s^j$, 那么, W_i 具有如下形式:

$$W_i = \begin{bmatrix} \mathbf{0}_{t \times t^2} \\ \vdots \\ \mathbf{0}_{t \times t^2} \\ V \\ \vdots \\ \mathbf{0}_{t \times t^2} \end{bmatrix} \Big\} 第\, j\, 块 \quad , \quad i = 1, \cdots, t^2,
\tag{8.5.11}$$

这里, V 出现在第 j 块. 只有当所有的 W_i 都具有 (8.5.11) 的形式时, 矩阵方程 (8.5.10) 才有解, 并且, 这个解很容易求得.

例 8.5.2 给定 $Q \in \mathcal{Q}_6$, 其算子结构矩阵 $M_c(6), M_d(6) \in \mathcal{L}_{6 \times 6^2}, M_n(6) \in \mathcal{L}_{6 \times 6}$

分别如下 ($n = 6$, $s = 2, t = 3$)

$$M_c(6) = \delta_6[1,2,3,4,5,6,2,2,3,5,5,6,3,3,3,6,6,6,$$
$$4,5,6,4,5,6,5,5,6,5,5,6,6,6,6,6,6,6];$$
$$M_d(6) = \delta_6[1,1,1,1,1,1,1,2,2,1,2,2,1,2,3,1,2,3,$$
$$1,1,1,4,4,4,1,2,2,4,5,5,1,2,3,4,5,6];$$
$$M_n(6) = \delta_6[6,5,4,3,2,1].$$

于是有

$$\tilde{M}_c := M_c(6)(I_2 \otimes W_{[2,3]})$$
$$= \delta_6[1,2,3,2,2,3,3,3,3,3,4,5,6,5,5,6,6,6,6,$$
$$4,5,6,5,5,6,6,6,6,4,5,6,5,5,6,6,6,6].$$
$$\tilde{M}_d := M_d(6)(I_2 \otimes W_{[2,3]})$$
$$= \delta_6[1,1,1,1,2,2,1,2,3,1,1,1,1,2,2,1,2,3$$
$$1,1,1,1,2,2,1,2,3,4,4,4,4,5,5,4,5,6].$$

不难看出

$$\tilde{M}_c = M_c^1(2) \otimes M_c^2(3),$$

这里

$$M_c^1(2) = \delta_2[1,2,2,2];$$
$$M_c^2(3) = \delta_3[1,2,3,2,2,3,3,3,3].$$

同时还有

$$\tilde{M}_d = M_d^1(2) \otimes M_d^2(3),$$

这里

$$M_d^1(2) = \delta_2[1,1,1,2];$$
$$M_d^2(3) = \delta_3[1,1,1,1,2,2,1,2,3],$$

以及

$$M_n = M_n^1(2) \otimes M_n^2(3),$$

这里

$$M_n^1(2) = \delta_2[2,1];$$
$$M_n^2(3) = \delta_3[3,2,1].$$

　　注　(i) 从 (8.5.9) 解出 M_c^i, M_d^i 和 M_n^i ($i = 1,2$) 后, 我们还需检验它们是否为相关算子 ⊓, ⊔ 和 ⁻. 后面将看到, 在某些情况下, 它们可自动满足.

　　(ii) 如果 $n = st$, 那么是否要考虑不同顺序的分解: (U,V) 和 (V,U) 呢? 下面的命题说明这是不必要的.

命题 8.5.1 设 $Q_1 \in \mathcal{Q}_s$, $Q_2 \in \mathcal{Q}_t$. 那么

$$Q_1 \odot Q_2 \simeq Q_2 \odot Q_1. \tag{8.5.12}$$

证明 根据命题 8.3.2, 我们需要检验 (8.3.7)—(8.3.8). 以下我们检验 (8.3.7), (8.3.8) 的检验类似. 设 $M_c^1(s)$ 及 $M_c^2(t)$ 分别为 $Q_1 \in \mathcal{Q}_s$ 和 $Q_2 \in \mathcal{Q}_t$ 的交的结构矩阵, $M_c^p(st)$ 及 $\tilde{M}_c^p(st)$ 分别为 $Q_1 \odot Q_2$ 和 $Q_2 \odot Q_1$ 的交的结构矩阵. 那么

$$M_c^p(st) = \left(M_c^1(s) \otimes M_c^2(t)\right) \left(I_s \otimes W_{[t,s]}\right),$$
$$\tilde{M}_c^p(st) = \left(M_c^2(t) \otimes M_c^1(s)\right) \left(I_t \otimes W_{[s,t]}\right).$$

利用矩阵半张量积的性质, 下面的代数推导是显然的.

$$
\begin{aligned}
\tilde{M}_c^p(st) &= W_{[s,t]} \left(M_c^1(s) \otimes M_c^2(t)\right) W_{[t^2,s^2]} \left(I_t \otimes W_{[s,t]}\right) \\
&= W_{[s,t]} \left(M_c^1(s) \otimes M_c^2(t)\right) \left(I_s \otimes W_{[t,s]}\right) \left(I_s \otimes W_{[s,t]}\right) W_{[t^2,s^2]} \left(I_t \otimes W_{[s,t]}\right) \\
&= W_{[s,t]} M_c^p(st) \left(I_s \otimes W_{[s,t]}\right) W_{[t^2,s^2]} \left(I_t \otimes W_{[s,t]}\right).
\end{aligned}
\tag{8.5.13}
$$

我们断言

$$\left(I_s \otimes W_{[s,t]}\right) W_{[t^2,s^2]} \left(I_t \otimes W_{[s,t]}\right) = W_{[t,s]} \otimes W_{[t,s]}. \tag{8.5.14}$$

显然 $W_{[s,t]}$ 是一个 $\sigma \in \mathbf{S}_{st}$ 的结构矩阵. 如果 (8.5.14) 成立, 那么, 由 (8.5.13) 即可推出 (8.5.9). 下面证明断言: 根据换位矩阵的定义, (8.5.14) 的左式变为

$$\mathrm{LHS} = \left(I_s \otimes W_{[s,t]} \otimes I_t\right) W_{[t^2,s^2]} \left(I_t \otimes W_{[s,t]} \otimes I_s\right).$$

设 $x_1, x_2 \in \mathbb{R}^t$ 及 $y_1, y_2 \in \mathbb{R}^s$ 为列向量, 则

$$
\begin{aligned}
\mathrm{LHS}(x_1 y_1 x_2 y_2) &= \left(I_s \otimes W_{[s,t]} \otimes I_t\right) W_{[t^2,s^2]}(x_1 x_2 y_1 y_2) \\
&= \left(I_s \otimes W_{[s,t]} \otimes I_t\right)(y_1 y_2 x_1 x_2) \\
&= y_1 x_1 y_2 x_2.
\end{aligned}
\tag{8.5.15}
$$

(8.5.14) 的右式为

$$
\begin{aligned}
\mathrm{RHS}(x_1 y_1 x_2 y_2) &= \left(W_{[t,s]} \otimes W_{[t,s]}\right) \left((x_1 y_1) \otimes (x_2 y_2)\right) \\
&= y_1 x_1 y_2 x_2.
\end{aligned}
\tag{8.5.16}
$$

因为 $x_1, x_2 \in \mathbb{R}^t$ 及 $y_1, t_2 \in \mathbb{R}^s$ 均为任意的, (8.5.15) 及 (8.5.16) 表明 (8.5.14) 成立. □

考虑一个布尔代数, 以下的结果是熟知的[102].

定理 8.5.2　设 Q 为一有限布尔代数, 那么, 它的目标集合 $|B| = 2^n$, $n \geqslant 1$. 而且, Q 同构于一个集合 A 的集合代数, 这里 $|A| = n$.

设 Q_i $(i = 1, 2)$ 为两个布尔代数, 其目标集合 $|B_i| = 2^{n_i}$. 那么, 其乘积 $Q := Q_1 \odot Q_2$ 同构于一个集合 A 的集合代数, 这里　$|A| = 2^{n_1 + n_2}$. 因此, 布尔代数的结构十分简单, 乘积也不会给它带来什么新东西. 而准布尔代数则有丰富的结构, 而且, 乘积会产生一些新结构.

8.6　准布尔代数的子代数与商代数

8.6.1　准布尔子代数

定义 8.6.1　设 $Q = (B, \sqcap, \sqcup, ^-, \mathbf{1}, \mathbf{0})$ 为一准布尔代数, $\varnothing \neq H \subset B$. 如果 $Q_0 := (H, \sqcap, \sqcup, ^-, \mathbf{1}, \mathbf{0})$ 也是一个准布尔代数, 那么, Q_0 称为 Q 的一个准布尔子代数, 记作 $Q_0 \angle Q$.

例 8.6.1　(i) 极大极小代数.

设 $Q := ([m, n], \max, \min, ^-, \mathbf{1} = n, \mathbf{0} = m)$ 为极大极小代数, 这里 $m < n$ 为整数. 令 $H = \{m, m+1, m+2, \cdots, n\} \subset [m, n]$. 那么 $(H, \max, \min, ^-, m, n)$ 是 Q 的一个准布尔子代数.

(ii) 拓扑代数.

设 $(X, \mathcal{T})$ 为一拓扑空间, $H \subset X$ 为其拓扑子空间, 即

$$\mathcal{T}_H := \{O \cap H \,|\, O \in \mathcal{T}\}.$$

那么, 由 $(H, \mathcal{T}_H)$ 生成的拓扑代数是由 $(X, \mathcal{T})$ 生成的拓扑代数的准布尔子代数.

设 $Q \in \mathcal{Q}_n$. 则有两个平凡的准布尔子代数:

(i) Q 本身, 即 $Q \angle Q$.

(ii)

$$E_n := \{\mathbf{1}, \mathbf{0}\} \sim \{\delta_n^1, \delta_n^n\} \angle Q.$$

注意, 实际上, $E_n \in \mathcal{Q}_2$. 但它的元素在向量形式下用 δ_n^i 来表示, 即 $\{E_n\} \subset \Delta_n$. 为了包括这样的准布尔代数, 定义

$$\overline{\mathcal{Q}}_n := \{Q \,|\, Q \text{ 是一个准布尔代数, 且 } \{B_Q\} \subset \Delta_n\},$$

这里 B_Q 是 Q 的目标集合.

显然, $\mathcal{Q}_n \subset \overline{\mathcal{Q}}_n$.

定义 8.6.2 一个准布尔代数 $Q \in \mathcal{Q}_k$ 称为正规准布尔代数, 如果第二归一律成立, 即

$$\begin{cases} x \sqcap \mathbf{0} = \mathbf{0}, \\ x \sqcup \mathbf{1} = \mathbf{1}, \quad x \in Q. \end{cases} \tag{8.6.1}$$

注 回顾例 8.2.2, 当 $k = 5$ 时, 只有以下 12 个准布尔代数是正规的: Q_{17}, Q_{18}, Q_{19}, Q_{26}, Q_{27}, Q_{34}, Q_{38}, Q_{48}, Q_{52}, Q_{53}, Q_{58}, Q_{59}.

下面这个定义是自然的.

定义 8.6.3 设 $H_s \in \mathcal{Q}_s$. H_s 称为 $Q_n \in \mathcal{Q}_n$ 的嵌入准布尔子代数, 如果存在一个一对一的同态 $\pi : H_s \to Q_n$.

注意: 因为 π 是一个一对一的同态, 所以 $\pi(H_s)$ 是 Q_n 的一个准布尔子代数.

定义 8.6.4 设 H_s 为一正规准布尔代数, 且

$$Q_n = \tilde{H}_s \odot U_t \tag{8.6.2}$$

为一正规乘积准布尔代数. 如果 $H_s \simeq \tilde{H}_s$, 那么, H_s 称为一个正规嵌入准布尔子代数, 记作 $H_s \angle Q_n$.

显然, 我们需要证明, 一个正规嵌入准布尔子代数是一个嵌入准布尔子代数.

命题 8.6.1 设 H_s 是 Q_n 的一个正规嵌入准布尔子代数, 则存在一个准布尔子代数 $S \angle Q_n$ 使得 H_s 与 S 同构.

证明 设 $\pi : H_s \to \tilde{H}_s$ 为一同构, 定义映射 $\varphi : H_s \to Q_n$ 为

$$\varphi(x) := \begin{cases} \pi(x)\delta_t^1, & x \neq \delta_s^s, \\ \delta_{st}^{st}, & x = \delta_s^s. \end{cases} \tag{8.6.3}$$

情形 1 设 $x \neq \delta_s^s, y \neq \delta_s^s$, 且 $n = st$. 那么

$$\begin{aligned} &M_c^Q(n)\varphi(x)\varphi(y) \\ =\, &M_c^Q(n)\pi(x)\delta_t^1\pi(y)\delta_t^1 \\ =\, &\left(M_c^{\tilde{H}}(s) \otimes M_c^U(t)\right)\left(I_s \otimes W_{[t,s]}\right)\pi(x)\delta_t^1\pi(y)\delta_t^1 \\ =\, &M_c^{\tilde{H}}(s)\pi(x)\pi(y)M_c^U(t)\delta_t^1\delta_t^1 \\ =\, &M_c^H(s)xy\delta_t^1 \\ =\, &\varphi(M_c^H(s)xy). \end{aligned}$$

因此有

$$\varphi(x) \sqcap_Q \varphi(y) = \varphi(x \sqcap_H y).$$

类似地, 也有

$$\varphi(x) \sqcup_Q \varphi(y) = \varphi(x \sqcup_H y).$$

情形 2　设 x, y 中至少有一个是 $x = \delta_s^s$, 不妨设 $x = \delta_s^s$.

$$M_c^Q(n)\varphi(x)\varphi(y) = M_c^Q(n)\delta_{st}^{st}\varphi(y) = \delta_{st}^{st},$$
$$\varphi\left(M_c^H(s)xy\right) = \varphi\left(M_c^H(s)\delta_s^s y\right) = \varphi(\delta_s^s) = \delta_{st}^{st}.$$

因此有

$$\varphi(x) \sqcap_Q \varphi(y) = \varphi(x \sqcap_H y).$$

同时, 也有

$$M_d^Q\varphi(x)\varphi(y) = M_d^Q\delta_{st}^{st}\varphi(y) = \varphi(y),$$
$$\varphi\left(M_d^H xy\right) = \varphi\left(M_d^H\delta_s^s y\right) = \varphi(y).$$

于是可知

$$\varphi(x) \sqcup_Q \varphi(y) = \varphi(x \sqcup_H y).$$

因此, 有 H_s 与 $\varphi(H_s)$ 同构.　　　　　　　　　　　　　　　　　　　　　$\square$

下面给出检验正规嵌入准布尔子代数的条件.

定理 8.6.1　设 $Q \in Q_{st}$ 及 $H \in Q_s$ 为两个正规准布尔代数, $\pi : H \to Q$ 为一对一同态. 记 $\tilde{H} = \pi(H)$. H 是一个正规嵌入准布尔子代数, 如果存在两个逻辑矩阵 T_c 及 T_d, 使得

(i)　　　　　　　　$M_c^Q(st)(I_s \otimes W_{[s,t]}) = M_c^{\tilde{H}}(s) \otimes T_c.$　　　　　　　(8.6.4)

(ii)　　　　　　　$M_d^Q(st)(I_s \otimes W_{[s,t]}) = M_d^{\tilde{H}}(s) \otimes T_d.$　　　　　　　(8.6.5)

证明　我们需要证明的是: T_c 和 T_d 分别为一个准布尔代数 U 的算子 $\sqcap_U$ 和 $\sqcup_U$ 的结构矩阵, 使得 $Q = \tilde{H} \odot U$. 只要 T_c 和 T_d 是准布尔代数 U 的上述两算子的结构矩阵, 定理 8.5.1 就保证了 $Q = \tilde{H} \odot U$. 由于 (8.6.4) 和 (8.6.5) 可分别推出 (8.5.4) 和 (8.5.5). 至于 (8.5.6), 由假定, 它可以自动满足 (参见 (8.5.3)). 于是, 根据命题 8.2.1, 我们只要证明 T_c 和 T_d 满足 (8.2.2)—(8.2.9) 就可以了.

首先, 应当指出, 由于 H 是正规准布尔代数, 并且 $\tilde{H} \simeq H$, 则 $\tilde{H}$ 也是正规准布尔代数. 下面逐项证明:

(i) 交换律.

利用 (8.6.4), 对任意 $x_1, x_2 \in \Delta_s$, $y_1, y_2 \in \Delta_t$ 有

$$\left(M_c^{\tilde{H}}(s) \otimes T_c\right)(I_s \otimes W_{[t,s]})x_1 y_1 x_2 y_2 = \left(M_c^{\tilde{H}}(s) \otimes T_c\right)(I_s \otimes W_{[t,s]})x_2 y_2 x_1 y_1.$$

$$(8.6.6)$$

于是

$$(8.6.6) \text{ 左边} = \left(M_c^{\tilde{H}}(s) \otimes T_c \right) x_1 x_2 y_1 y_2 = M_c^{\tilde{H}}(s)(x_1 x_2) T_c(y_1 y_2),$$

$$(8.6.6) \text{ 右边} = \left(M_c^{\tilde{H}}(s) \otimes T_c \right) x_2 x_1 y_2 y_1 = M_c^{\tilde{H}}(s)(x_2 x_1) T_c(y_2 y_1)$$

$$= M_c^{\tilde{H}}(s)(x_1 x_2) T_c(y_2 y_1).$$

对比 (8.6.6) 的左边与右边可知

$$T_c(y_1 y_2) = T_c(y_2 y_1).$$

同理可证

$$T_d(y_1 y_2) = T_d(y_2 y_1).$$

(ii) 结合律.

利用 (8.6.4) 以及由 (i) 得到 T_c 可交换性, 则对任意的 $x_1, x_2, x_3 \in \Delta_s, y_1, y_2, y_3 \in \Delta_t$ 均有

$$\left[\left(M_c^{\tilde{H}}(s) \otimes T_c \right) \left(I_s \otimes W_{[t,s]} \right) \right]^2 x_1 y_1 x_2 y_2 x_3 y_3$$
$$= \left(M_c^{\tilde{H}}(s) \otimes T_c \right) \left(I_s \otimes W_{[t,s]} \right) x_1 y_1 \left(M_c^{\tilde{H}}(s) \otimes T_c \right) \left(I_s \otimes W_{[t,s]} \right) x_2 y_2 x_3 y_3. \quad (8.6.7)$$

于是

$$(8.6.7) \text{ 左边} = \left(M_c^{\tilde{H}}(s) \otimes T_c \right) \left(I_s \otimes W_{[t,s]} \right) \left[M_c^{\tilde{H}}(s) x_1 x_2 \otimes T_c y_1 y_2 \otimes x_3 y_3 \right]$$

$$= \left(M_c^{\tilde{H}}(s) \otimes T_c \right) \left[M_c^{\tilde{H}}(s) x_1 x_2 \otimes x_3 \otimes T_c y_1 y_2 \otimes y_3 \right]$$

$$= \left[M_c^{\tilde{H}}(s) \left(M_c^{\tilde{H}} x_1 x_2 \right) x_3 \right] \left[T_c T_c y_1 y_2 \otimes y_3 \right]$$

$$= \left[M_c^{\tilde{H}}(s) \left(x_1 M_c^{\tilde{H}} x_2 x_3 \right) \right] \left[T_c T_c y_1 y_2 y_3 \right].$$

类似地

$$(8.6.7) \text{ 右边} = \left[M_c^{\tilde{H}}(s) \left(x_1 M_c^{\tilde{H}} x_2 x_3 \right) \right] \left[T_c y_1 T_c y_2 y_3 \right].$$

对比 (8.6.7) 的左边与右边可知

$$T_c \left(T_c y_1 y_2 \right) y_3 = T_c y_1 T_c (y_2 y_3).$$

同理可证

$$T_d \left(T_d y_1 y_2 \right) y_3 = T_d y_1 T_d (y_2 y_3).$$

(iii) 分配律.

从 (8.6.4) 出发, 有

$$\left(M_d^{\tilde{H}}(s) \otimes T_c \right) \left(I_s \otimes W_{[t,s]} \right) \left(M_c^{\tilde{H}}(s) \otimes T_c \right) \left(I_s \otimes W_{[t,s]} \right) x_1 y_1 x_2 y_2 x_3 y_3$$

$$= \left(M_c^{\tilde{H}}(s) \otimes T_c \right) \left(I_s \otimes W_{[t,s]} \right) \left(M_d^{\tilde{H}}(s) \otimes T_c \right) \left(I_s \otimes W_{[t,s]} \right) x_1 y_1 x_3 y_3$$

$$\cdot \left(M_d^{\tilde{H}}(s) \otimes T_c \right) \left(I_s \otimes W_{[t,s]} \right) x_2 y_2 x_3 y_3. \tag{8.6.8}$$

于是

$$(8.6.8) \text{ 左边} = \left(M_d^{\tilde{H}}(s) \otimes T_d \right) \left(I_s \otimes W_{[t,s]} \right) \left(M_c^{\tilde{H}}(s) x_1 x_2 \right) T_c(y_1, y_2) x_3 y_3$$

$$= \left(M_d^{\tilde{H}}(s) \otimes T_d \right) \left(M_c^{\tilde{H}}(s) x_1 x_2 \right) x_3 T_c(y_1, y_2) \otimes y_3$$

$$= M_d^{\tilde{H}}(s) M_c^{\tilde{H}}(s) x_1 x_2 x_3 T_d(T_c y_1 y_2) \otimes y_3.$$

$$(8.6.8) \text{ 右边} = \left(M_c^{\tilde{H}}(s) \otimes T_c \right) \left(I_s \otimes W_{[t,s]} \right) \left(M_d^{\tilde{H}}(s) \otimes T_d \right) x_1 x_3 y_1 y_3$$

$$\cdot \left(M_d^{\tilde{H}}(s) \otimes T_d \right) x_2 x_3 y_2 y_3$$

$$= \left(M_c^{\tilde{H}}(s) \otimes T_c \right) \left(I_s \otimes W_{[t,s]} \right) M_d^{\tilde{H}}(s) x_1 x_3 T_d y_1 y_3 M_d^{\tilde{H}}(s) x_2 x_3 T_d y_2 y_3$$

$$= \left(M_c^{\tilde{H}}(s) \otimes T_c \right) M_d^{\tilde{H}}(s) x_1 x_3 M_d^{\tilde{H}}(s) x_2 x_3 T_d y_1 y_3 T_d y_2 y_3$$

$$= M_c^{\tilde{H}}(s) M_d^{\tilde{H}}(s) x_1 x_3 M_d^{\tilde{H}}(s) x_2 x_3 T_c T_d y_1 y_3 T_d y_2 y_3.$$

对比 (8.6.8) 的左边与右边可知

$$T_d(T_c y_1 y_2) y_3 = T_c(T_d y_1 y_3)(T_d y_2 y_3).$$

同理可证

$$T_c(T_d y_1 y_2) y_3 = T_d(T_c y_1 y_3) T_c(y_2 y_3).$$

(iv) 归一律.

利用 (8.6.4), 可得

$$\left(M_d^{\tilde{H}}(s) \otimes T_d \right) \left(I_s \otimes W_{[t,s]} \right) x y \delta_s^s \delta_t^t = xy. \tag{8.6.9}$$

$$(8.6.9) \text{ 左边} = \left(M_d^{\tilde{H}}(s) \otimes T_d \right) x \delta_s^s y \delta_t^t$$

$$= M_d^{\tilde{H}}(s) x \delta_s^s T_d y \delta_t^t$$

$$= x T_d y \delta_t^t.$$

因此

$$T_d y \delta_t^t = y.$$

类似地可证

$$T_c y \delta_t^1 = y.$$

实际上, 用类似的方法不难证明 U 也是正规准布尔代数. □

例 8.6.2　回顾例 8.5.2, 不难验证 Q 是一个正规准布尔代数.

8.6.2 准布尔商代数

定义 8.6.5 设 $Q \in \mathcal{Q}_{st}$ 为一正规准布尔代数, 且 $H \in \mathcal{Q}_s$ 为它的正规嵌入准布尔子代数. 于是, 存在一个唯一的 Q 的准布尔子代数, 记作 $U \in \mathcal{Q}_t$, 使得

$$Q = \pi(H) \odot U, \tag{8.6.10}$$

这里, $\pi : H \to \tilde{H} = \pi(H) \subset Q$ 是一对一且映上的同态, 即同构. 于是, U 称为 Q 对 H 的准布尔商代数, 记作

$$U = Q/H. \tag{8.6.11}$$

容易证明以下结果.

命题 8.6.2 设 H 为正规准布尔代数 Q 的正规准布尔子代数, 即 $H \angle Q$, 并且

$$U = Q/H,$$

那么 $U \angle Q$.

例 8.6.3 回顾例 8.5.2 (例 8.6.2), 设 H^i 为一准布尔代数, 其算子 $\sqcap$ 及 $\sqcup$ 的结构矩阵分别为 M_c^i 和 M_d^i, $i = 1, 2$. 容勿验证 H^1 也是正规准布尔代数. 并且, $H^1 \angle Q$ 是 Q 的正规准布尔子代数. 最后可得

$$H^2 = Q/H^1$$

是一个正规准布尔商代数.

8.7 准布尔矩阵

8.7.1 半环上的矩阵

半环上的矩阵理论研究历史已近半世纪. 关于它的理论与应用有很丰富的结果, 有兴趣的读者可参见文献 [53, 65, 103, 131].

定义 8.7.1[64] 一个集合 $\mathcal{S}$ 连同其上的两个二元运算: *加法* (+) *和乘法* (×) 称为一个半环, 如果以下条件成立:

(i) $(\mathcal{S}, +)$ 为一个阿贝尔么半群, 记单位元为 **0**.

(ii) $(\mathcal{S}, \times)$ 为一个么半群, 记单位元为 **1**.

(iii) 加法、乘法满足分配律, 即

$$\begin{aligned} (a+b) \times c &= a \times c + b \times c; \\ c \times (a+b) &= c \times a + c \times b. \end{aligned} \tag{8.7.1}$$

(iv) 零乘

$$\mathbf{0} \times a = a \times \mathbf{0} = \mathbf{0}, \quad \forall a \in \mathcal{S}. \tag{8.7.2}$$

定义 8.7.2　一个半环, 如果对乘法也可交换, 则称交换半环.

例 8.7.1　令 $+ := \sqcup, \times := \sqcap$, 则

(i) 一个准布尔代数 Q, 如果它满足第二归一律, 则 Q 为一交换半环.

(ii) 一个布尔代数为一交换半环.

(iii) 多值逻辑、因子集、极大极小代数、模糊逻辑、开闭集代数都是交换半环.

定义 8.7.3　(i) 一个 $m \times n$ 维矩阵 $A = (a_{i,j})$, 如果其元素均属于一个半环, 即 $a_{i,j} \in \mathcal{S}$, 则称其为 $\mathcal{S}$ 半环矩阵. 所有 $\mathcal{S}$ 上的 $m \times n$ 维矩阵集合记作 $\mathcal{S}_{m \times n}$.

(ii) 设 $A, B \in \mathcal{S}_{m \times n}$, 则 A 与 B 的和为 $A + B = C \in \mathcal{S}_{m \times n}$, 这里

$$c_{i,j} = a_{i,j} + b_{i,j}, \quad i = 1, \cdots, m; \ j = 1, \cdots, n. \tag{8.7.3}$$

(iii) 设 $A \in \mathcal{S}_{m \times n}, B \in \mathcal{S}_{n \times s}$, 则 A 与 B 的乘积 $AB = C \in \mathcal{S}_{m \times s}$, 这里

$$c_{i,j} = \sum_{k=1}^{n} a_{i,k} b_{k,j}, \quad i = 1, \cdots, m; \ j = 1, \cdots, s. \tag{8.7.4}$$

注意: (8.7.3)—(8.7.4) 式中的加法、乘法均为 $\mathcal{S}$ 中的运算. 本章以下部分均如此.

(iv) 设 $A \in \mathcal{S}_n := \mathcal{S}_{n \times n}$, 则

$$A^{(k)} := \begin{cases} A, & k = 1, \\ A \times A^{(k-1)}, & k > 1. \end{cases} \tag{8.7.5}$$

(v)

$$I_n^{\mathcal{S}} := \operatorname{diag}(\underbrace{\mathbf{1}, \mathbf{1}, \cdots, \mathbf{1}}_{n}) \in \mathcal{S}_n \tag{8.7.6}$$

称为 n 阶单位阵. 显然, 对任何 $A \in \mathcal{S}_{m \times n}, B \in \mathcal{S}_{n \times s}$, 均有

$$A I_n^{\mathcal{S}} = A; \quad I_n^{\mathcal{S}} B = B. \tag{8.7.7}$$

定义 8.7.4　设 $A \in \mathcal{S}_{m \times n}, B \in \mathcal{S}_{p \times q}$, 则 A 与 B 的半张量积定义为

$$A \ltimes B := \left(A \otimes I_{t/n}^{\mathcal{S}} \right) \left(B \otimes I_{t/p}^{\mathcal{S}} \right), \tag{8.7.8}$$

这里, $t = \operatorname{lcm}(n, p)$ 是 n 与 p 的最小公倍数.

定义 8.7.5 [65] 设 $A \in \mathcal{S}_n$, $(|A|^+, |A|^-)$ 称为 A 的双行列式, 这里

$$
\begin{cases}
|A|^+ := \sum_{\sigma \in \mathbf{A}_n} a_{1,\sigma(1)} \cdots a_{n,\sigma(n)}, \\
|A|^- := \sum_{\sigma \in \mathbf{S} \setminus \mathbf{A}_n} a_{1,\sigma(1)} \cdots a_{n,\sigma(n)}.
\end{cases}
\tag{8.7.9}
$$

8.7.2 准布尔代数上的矩阵

考察一个准布尔代数 Q, 作如下假定:

(A-1) 它满足第二归一律, 则 Q 为一交换半环.

例 8.7.2 回顾例 8.2.2:

(i) 设 $k = 3$, 则由 (8.2.24) 定义的准布尔代数满足第二归一律.

(ii) 设 $k = 4$, 则由 (8.2.27), (8.2.31) 定义的准布尔代数满足第二归一律.

(iii) 设 $k = 5$, 则由 (8.2.51)—(8.2.53), (8.2.60), (8.2.61), (8.2.68), (8.2.72), (8.2.82), (8.2.86), (8.2.87), (8.2.92), 以及 (8.2.93) 分别定义的准布尔代数 $Q_{17}, Q_{18}, Q_{19}, Q_{26}$, $Q_{27}, Q_{34}, Q_{38}, Q_{48}, Q_{52}, Q_{53}, Q_{58}, Q_{59}$ 满足第二归一律.

设 $Q(B, \sqcap, \sqcup, \bar{\ }, \mathbf{1}, \mathbf{0}) \in \mathcal{Q}_k$ 满足 (A-1), 这里

$$
B = \{\delta_k^1 = \mathbf{1}, \delta_k^2, \cdots, \delta_k^k = \mathbf{0}\}.
\tag{8.7.10}
$$

为方便计, 将元素的向量表示返回标量表示, 即令

$$
\delta_k^i \sim k - i, \quad i = 1, 2, \cdots, k.
\tag{8.7.11}
$$

由结构矩阵可直接得到它们标量下的计算公式. 我们通过以下例子加以说明.

例 8.7.3 设 $Q \in \mathcal{Q}_4$, 其结构矩阵为 (见例 8.2.2 中 (8.2.31))

$$
\begin{aligned}
B &= \{\delta_4^1 := \mathbf{1}, \delta_4^2, \delta_4^3, \delta_4^4 := \mathbf{0}\}; \\
M_c(4) &= \delta_4[1, 2, 3, 4, 2, 2, 2, 4, 3, 2, 3, 4, 4, 4, 4, 4]; \\
M_d(4) &= \delta_4[1, 1, 1, 1, 1, 2, 3, 2, 1, 3, 3, 3, 1, 2, 3, 4].
\end{aligned}
\tag{8.7.12}
$$

容易验证, 它满足第二归一律. 根据公式 (8.7.11) 可得如下计算表 8.7.1.

表 8.7.1 算子的求值表

a, b	3,3	3,2	3,1	3,0	2,3	2,2	2,1	2,0
$a + b$	3	3	3	3	3	2	1	2
ab	3	2	1	0	2	2	2	0
a, b	1,3	1,2	1,1	1,0	0,3	0,2	0,1	0,0
$a + b$	3	1	1	1	3	2	1	0
ab	1	2	1	0	0	0	0	0

设 $Q \in \mathcal{Q}_k$ 给定. 一个映射 $f: Q^n \to Q$ 称为 Q 上的一个准布尔函数, 如果它只由 $x_1, \cdots, x_n \in B_Q$ 经准布尔代数中的运算 $+ = \sqcup$, $\times = \sqcap$ 生成, 这里 B_Q 为 Q 的目标集.

命题 8.7.1 设 $f: Q^n \to Q$ 为 Q 上的一个准布尔函数. 则可表示为

$$f(x_1, \cdots, x_n) = \alpha_0 + \sum_{i_1=1}^{n} \alpha_{i_1} x_{i_1} + \sum_{i_1=1}^{n} \sum_{i_2=1}^{n} \alpha_{i_1, i_2} x_{i_1} x_{i_2}$$
$$+ \cdots + \sum_{i_1=1}^{n} \cdots \sum_{i_n=1}^{n} \alpha_{i_1, \cdots, i_n} x_{i_1} x_{i_2} \cdots x_{i_n}, \quad (8.7.13)$$

这里所有系数 $\alpha_{i_1, \cdots, i_k} \in B_Q, k = 1, 2, \cdots, n$.

证明 由于对乘法因子是可交换的, 且幂等的, 因此, 式 (8.7.13) 至多只有这些可能的项. $\square$

注 其实 (8.7.13) 还可以进一步简化, 特别是: 如果 $a \geqslant b$, 那么

$$ax_{i_1} \cdots x_{i_k} + bx_{i_1} \cdots x_{i_k} x_{j_1} \cdots x_{j_s} = ax_{i_1} \cdots x_{i_k}.$$

例 8.7.4 设 Q 为例 8.7.3 中的 (8.7.12). 考察

$$f(x_1, x_2) = x_2 + 2x_1 x_2 + x_1 x_2 x_1.$$

不难判定, Q 是全序集, 即

$$3 > 1 > 2 > 0.$$

于是有

$$f(x_1, x_2) = x_2 + 2x_1 x_2 + x_1 x_2 x_1$$
$$= x_1 + x_1 x_2$$
$$= x_1.$$

下面考虑准布尔矩阵, 设 Q 为满足 (A-1) 的准布尔代数. 则 Q 是一个半环, 其上的矩阵是定义好的. 下面用一个例子说明.

例 8.7.5 设 Q 为例 8.7.3 中的 (8.7.12).

(i) Q 的结构矩阵为

$$M_c(4) = \delta_4[1, 2, 3, 4, 2, 2, 4, 4, 3, 4, 3, 4, 4, 4, 4, 4];$$
$$M_d(4) = \delta_4[1, 1, 1, 1, 1, 2, 1, 2, 1, 1, 3, 3, 1, 2, 3, 4];$$
$$M_n(4) = \delta_4[4, 3, 2, 1];$$

这是一个布尔代数,

(ii) 标量化后的计算表 8.7.2.

表 8.7.2 算子的求值表

a,b	3,3	3,2	3,1	3,0	2,3	2,2	2,1	2,0
$a+b$	3	3	3	3	3	2	3	2
ab	3	2	1	0	2	2	0	0
a,b	1,3	1,2	1,1	1,0	0,3	0,2	0,1	0,0
$a+b$	3	3	1	1	3	2	1	0
ab	1	0	1	0	0	0	0	0

(iii) Q 的 Hasse 图如图 8.7.1 所刻画.

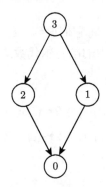

图 8.7.1 Hasse 图

(iv) 设

$$A = \begin{bmatrix} 3 & 0 \\ 1 & 2 \end{bmatrix}; \quad B = \begin{bmatrix} 1 & 2 \\ 1 & 1 \end{bmatrix}.$$

则

$$A + B = \begin{bmatrix} 3 & 2 \\ 1 & 3 \end{bmatrix}; \quad AB = \begin{bmatrix} 1 & 2 \\ 1 & 0 \end{bmatrix}.$$

8.7.3 准布尔网络

定义 8.7.6 给定一个准布尔代数 Q, 设其满足第二归一律. 离散时间动态过程

$$\begin{cases} x_1(t+1) = f_1(x_1(t), \cdots, x_n(t)), \\ x_2(t+1) = f_2(x_1(t), \cdots, x_n(t)), \\ \qquad \cdots\cdots \\ x_n(t+1) = f_n(x_1(t), \cdots, x_n(t)) \end{cases} \tag{8.7.14}$$

称为一个准布尔网络, 如果 $x_i(t) \in B_Q, i = 1, \cdots, n$, 且 $f_i(i = 1, \cdots, n)$ 为 Q 上的准布尔函数.

命题 8.7.2　记 $x(t) = (x_1(t), x_2(t), \cdots, x_n(t))^{\mathrm{T}}$, 则 (8.7.14) 可表示为如下多项式形式:

$$x(t+1) = C_0 + C_1 x(t) + C_2 x^2(t) + \cdots + C_n x^n(t), \tag{8.7.15}$$

这里, $C_i \in \mathcal{Q}_{n \times n^i}$, $i = 0, 1, \cdots, n$.

证明　根据命题, 每一个 x_i 都可表示成

$$x_i(t+1) = c_0^i + c_1^i x(t) + c_2^i x^2(t) + \cdots + c_n^i x^n(t), \quad i = 1, \cdots, n,$$

这里, $c_j^i \in \mathcal{Q}_{n \times n^j}$, $j = 0, 1, \cdots, n$. 将它们放到一起, 即得 (8.7.15). □

例 8.7.6　设 Q 为例 8.7.5 中的准布尔代数.

(i) 考察如下的准布尔网络

$$\begin{cases} x_1(t+1) = x_2(t) + 2x_1(t)x_2(t), \\ x_2(t+1) = x_1(t) + 2x_2(t) + 3x_1(t)x_2(t). \end{cases} \tag{8.7.16}$$

它可表示为如下形式:

$$x(t+1) = \begin{bmatrix} 0 & 1 \\ 1 & 2 \end{bmatrix} x(t) + \begin{bmatrix} 0 & 2 & 0 & 0 \\ 0 & 3 & 0 & 0 \end{bmatrix} x^2(t). \tag{8.7.17}$$

(ii) 考察如下的准布尔网络

$$\begin{cases} x_1(t+1) = x_2(t) + x_1(t)x_2(t), \\ x_2(t+1) = 2x_1(t) + x_2(t) + 2x_1(t)x_2(t). \end{cases} \tag{8.7.18}$$

它可表示为如下形式:

$$x(t+1) = \begin{bmatrix} 0 & 1 \\ 2 & 1 \end{bmatrix} x(t). \tag{8.7.19}$$

注　(i) 一个准布尔网络, 它的状态变量只能取至多有限多个值 (准确地说, $\leqslant k^n$), 因此, 与布尔网络一样, 每条轨线都必然收敛到一个不动点或极限环.

(ii) 一个准布尔网络称为线性准布尔网络, 如果它能表示成

$$x(t+1) = Ax(t).$$

(iii) (8.7.19) 是一个线性准布尔网络.

例 8.7.7 考察准布尔网络 (8.7.19). 记

$$A = \begin{bmatrix} 0 & 1 \\ 2 & 1 \end{bmatrix}.$$

则

$$A^{(k)} = \begin{bmatrix} 0 & 1 \\ 0 & 1 \end{bmatrix}, \quad k \geqslant 2.$$

图 8.7.2 刻画了准布尔网络 (8.7.19) 的状态转移图.
它有三个不动点: $(0,0)^T$, $(1,1)^T$, $(3,3)^T$. 没有极限环.

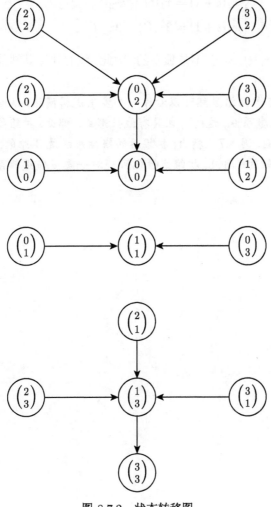

图 8.7.2　状态转移图

下面考虑非线性准布尔网络. 一个自然的问题是: 可否将一个非线性准布尔网络转化为一个线性准布尔网络? 经适当增加一些新变量, 这是可以做到的. 我们不妨把它称为扩维线性化. 下面通过一个例子来说明.

例 8.7.8　考察准布尔网络 (8.7.16). 记

$$x_3(t) := x_1(t)x_2(t),$$

则 (8.7.16) 可转化为

$$\begin{cases} x_1(t+1) = x_2(t) + 2x_3(t), \\ x_2(t+1) = x_1(t) + 2x_2(t) + 3x_3(t), \\ x_3(t+1) = 2x_2(t) + 2x_3(t). \end{cases} \tag{8.7.20}$$

注意到 $x_1(t), x_2(t), x_3(t)$ 不是独立的, 因此, 我们计算其轨线时要注意初值满足 $x_3(0) = x_1(0)x_2(0)$.

注　一个准布尔网络显然可以看作一个多值逻辑网络, 从而用矩阵半张量积将它表示成一个代数系统, 这时它也具有线性形式. 那么, 扩维线性化有什么好处呢? 以 (8.7.16) 为例, 例 8.7.8 指出, 扩维后的线性系统是 3 维的. 而用多值逻辑方法得到的则是 16 维的. 因此, 扩维线性化可望对一类多值逻辑系统的计算复杂性问题的解决有帮助.

第9章 有限格及格代数

第 8 章从布尔代数的定义出发, 通过修改其补律来构造一系列代数系统, 称为准布尔代数, 本章与第 8 章的类似之处在于, 同样希望构造新的代数系统, 不同之处在于, 我们从格出发, 在格的基础上构造补律.

9.1 有限格代数的矩阵表示

9.1.1 有限格的结构矩阵

定义 9.1.1[102] (1) 一个集合 B 连同其上的两个二元算子 $\sqcap, \sqcup$ 称为一个格, 如果

(i) $(B, \sqcap)$ 和 $(B, \sqcup)$ 均为阿贝尔群;

(ii) (吸收律)

$$
\begin{aligned}
x \sqcap (x \sqcup y) &= x, \\
x \sqcup (x \sqcap y) &= x.
\end{aligned}
\tag{9.1.1}
$$

(2) 一个格 B 称为分配格, 如果

$$
\begin{aligned}
x \sqcap (y \sqcup z) &= (x \sqcap y) \sqcup (x \sqcap z); \\
x \sqcup (y \sqcap z) &= (x \sqcup y) \sqcap (x \sqcup z).
\end{aligned}
\tag{9.1.2}
$$

(3) 一个格 B 称为有界格, 如果存在最大元 1 和最小元 0, 使得

$$
\begin{aligned}
x \sqcap \mathbf{1} &= x; \\
x \sqcup \mathbf{0} &= x.
\end{aligned}
\tag{9.1.3}
$$

考察一个有限集 B, 这里 $B = \{b_1, b_2, \cdots, b_k\}$, $k < \infty$. 设 $(B, \sqcap, \sqcup, \mathbf{1}, \mathbf{0}) \in (B, T_\ell)$. 将 B 中元素表示为向量形式, 即令 $b_1 := \mathbf{1} \sim \delta_k^1$, $b_2 \sim \delta_k^2$, $\cdots$, $b_k := \mathbf{0} \sim \delta_k^k$. 然后, 设 $M_c(k)$ 和 $M_d(k)$ 分别为 $\sqcap$ 和 $\sqcup$ 的结构矩阵, 于是可以得到布尔格的等价的代数条件.

定理 9.1.1 设 $|B| = k < \infty$, $(B, \sqcap, \sqcup)$ 是一个格, 当且仅当:

(i) $\sqcap$ 的结合律:

$$
[M_c(k)]^2 = M_c(k)\,(I_k \otimes M_c(k)).
\tag{9.1.4}
$$

(ii) ⊔ 的结合律:

$$[M_d(k)]^2 = M_d(k)\left(I_k \otimes M_d(k)\right). \tag{9.1.5}$$

(iii) ⊓ 的交换律:

$$M_c(k) = M_c(k)W_{[k,k]}. \tag{9.1.6}$$

(iv) ⊔ 的交换律:

$$M_d(k) = M_d(k)W_{[k,k]}. \tag{9.1.7}$$

(v) ⊓ 的吸收律:

$$M_c(k)\left(I_k \otimes M_d(k)\right)\mathrm{PR}_k = I_k \otimes \mathbf{1}_k^{\mathrm{T}}. \tag{9.1.8}$$

(vi) ⊔ 的吸收律:

$$M_d(k)\left(I_k \otimes M_c(k)\right)\mathrm{PR}_k = I_k \otimes \mathbf{1}_k^{\mathrm{T}}. \tag{9.1.9}$$

证明   只证 (9.1.4). 其他等式的证明类似, 将 $(x \sqcap y) \sqcap z = x \sqcap (y \sqcap z)$ 表示为代数形式, 则有

$$M_c(k)\left((M_c(k)xy)z\right) = M_c(k)\left(x(M_c(k)yz)\right). \tag{9.1.10}$$

注意到式 (9.1.10) 左边为

$$\mathrm{LHS} = [M_c(k)]^2 xyz.$$

而式 (9.1.10) 右边为

$$\begin{aligned}\mathrm{RHS} &= M_c(k)xM_c(k)yz \\ &= M_c(k)\left(I_k \otimes M_c(k)\right)xyz.\end{aligned}$$

因为 $x,y,z \in \Delta_k$ 是任意的, 则得 (9.1.4).   □

类似地, 有如下结果.

命题 9.1.1   设 $(B,\sqcap,\sqcup)$ 为一有限格, 这里 $|B| = k < \infty$. B 为分配格, 当且仅当

$$M_c(k)\left(I_k \otimes M_d(k)\right) = M_d(k)M_c(k)\left(I_{k^2} \otimes M_c(k)\right)\left(I_k \otimes W_{[k,k]}\right)\mathrm{PR}_k, \tag{9.1.11}$$

且

$$M_d(k)\left(I_k \otimes M_c(k)\right) = M_c(k)M_d(k)\left(I_{k^2} \otimes M_d(k)\right)\left(I_k \otimes W_{[k,k]}\right)\mathrm{PR}_k. \tag{9.1.12}$$

命题 9.1.2   设 $(B,\sqcap,\sqcup)$ 为一有限格, 这里 $|B| = k < \infty$. 则 B 为有界格, 当且仅当, 存在 $\mathbf{1} := \delta_k^1$ 和 $\mathbf{0} := \delta_k^k$, 使得

$$\begin{aligned}M_c\delta_k^1 &= I_k; \\ M_d\delta_k^k &= I_k.\end{aligned} \tag{9.1.13}$$

9.1.2 有限格的补的结构矩阵

定义 9.1.2 设 $(B, \sqcap, \sqcup)$ 是一个有限格, $B \to B$ 的一个一元算子称为一个补算子, 记作 $x \mapsto x'$. 一个有限格加上一个补算子称为一个有限格代数, 记作 $(B, \sqcap, \sqcup, ')$.

下面我们列举一些补算子, 其中多数是熟知的[5].

定义 9.1.3 设 B 为一格, $|B| = k$. 其若干补算子定义如下:

(i) 自由补

$$x' := \varphi(x), \quad x \in B, \tag{9.1.14}$$

这里, $\varphi : B \to B$ 为一个预先指定的一元算子.

(ii) 二幂等补: *存在最大元 1 和最小元 0, 使得*

$$\begin{aligned} \mathbf{1}' &= \mathbf{0}, \quad \mathbf{0}' = \mathbf{1}, \\ x'' &= x. \end{aligned} \tag{9.1.15}$$

(iii) De Morgan 补: *一个满足 De Morgan 定律的一元算子, 即*

$$\begin{aligned} (x \sqcup y)' &= x' \sqcap y', \\ (x \sqcap y)' &= x' \sqcup y', \quad x, y \in B. \end{aligned} \tag{9.1.16}$$

(iv) Kleene 补: *它是一个 De Morgan 补, 并且满足*

$$x \sqcap x' \leqslant y \sqcup y', \quad x, y \in B. \tag{9.1.17}$$

(v) 伪补: *它是一个集合, 满足*

$$x' = \sqcup\{y \,|\, x \sqcap y = \mathbf{0}\}. \tag{9.1.18}$$

(vi) Stone 补: *它是一个伪补, 且满足*

$$x' \sqcup x'' = \mathbf{1}. \tag{9.1.19}$$

(vii) 布尔补: *存在最大元 1 和最小元 0, 使得*

$$x \sqcup x' = \mathbf{1}, \quad x \sqcap x' = \mathbf{0}. \tag{9.1.20}$$

下面给出这些补所满足的代数条件, 即在向量形式下这些补满足的条件, 它们的检验是很直接的, 证明留给读者. 注意: 对 k 阶有界格, 任何一种补的结构矩阵 $M_{\prime}(k) \in \mathcal{L}_{k \times k}$. (对于伪补, 结构矩阵可以不止一个.)

命题 9.1.3　设 B 为一格, $|B| = k$.

(i) " ′" 是自由补, 当且仅当, 存在一个逻辑矩阵 $M_n \in \mathcal{L}_{k \times k}$, 称为补的结构矩阵, 使得

$$x' := M_n x, \quad x \in B. \tag{9.1.21}$$

(ii) " ′" 是二幂等补, 当且仅当, 其结构矩阵 M_n 满足 $\mathrm{Col}_1(M_n) = \delta_k^k$, $\mathrm{Col}_k(M_n) = \delta_k^1$, 并且, 以下等式成立

$$[M_n]^2 = I_k. \tag{9.1.22}$$

(iii) " ′" 是 De Morgan 补, 当且仅当, 其结构矩阵 M_n 满足

$$\begin{aligned} M_n M_d &= M_c(M_n \otimes M_n), \\ M_n M_c &= M_d(M_n \otimes M_n). \end{aligned} \tag{9.1.23}$$

(iv) " ′" 是 Kleene 补, 当且仅当, 其结构矩阵 M_n 满足 (9.1.23) 以及如下的 (9.1.24).

$$\begin{aligned} & M_c \left(M_c(I_k \otimes M_n) PR_k \right) \left[I_k \otimes (M_d(I_k \otimes M_n) PR_k) \right] \\ & = M_c(I_k \otimes M_n) PR_k (I_k \otimes \mathbf{1}_k^{\mathrm{T}}). \end{aligned} \tag{9.1.24}$$

(v) " ′" 是伪补, 当且仅当

$$\left(\delta_k^i \right)' = \bigsqcup_{j \in J} \delta_k^j, \tag{9.1.25}$$

这里

$$J = \left\{ j \mid \mathrm{Col}_j(M_c^i) = \delta_k^k \right\},$$

其中 M_c^i 是算子 $\sqcup$ 的结构矩阵 M_c 的第 i 个 $k \times k$ 块, 即

$$M_c^i = M_c \delta_k^i.$$

(vi) " ′" 是 Stone 补, 当且仅当其结构矩阵 M_n 满足上述伪补的条件, 并且

$$M_d \left(M_n \otimes M_n^2 \right) PR_k = \mathbf{1}_k^{\mathrm{T}} \otimes \delta_k^1. \tag{9.1.26}$$

(vii) " ′" 是布尔补, 当且仅当, 其结构矩阵 M_n 满足

$$\begin{aligned} M_d \left(I_k \otimes M_n \right) PR_k &= \mathbf{1}_k^{\mathrm{T}} \otimes \delta_k^1, \\ M_c \left(I_k \otimes M_n \right) PR_k &= \mathbf{1}_k^{\mathrm{T}} \otimes \delta_k^k. \end{aligned} \tag{9.1.27}$$

9.1.3 构造有限格代数

定义 9.1.4 $A = (B, \sqcap, \sqcup, ', \mathbf{1}, \mathbf{0})$, 称为一个布尔型代数, 如果 $L = (B, \sqcap, \sqcup, \mathbf{1}, \mathbf{0})$ 是一个有界的布尔格, $C = (B, ', \mathbf{1}, \mathbf{0})$ 是 L 上的一个补, 表示成

$$A = (L, C).$$

注 (1) 换句话说, 布尔型代数是有界的格代数.

(2) 有些布尔型代数被深入研究过, 它们并在一些相关领域得到许多应用, 例如, 设 L 为一有界分配格, 那么[12]:

(i) 如果 C 是一个 De Morgan 补, 则 $A = (L, C)$ 是一个 De Morgan 代数;

(ii) 如果 C 是一个 Kleene 补, 则 $A = (L, C)$ 是一个 Kleene 代数;

(iii) 如果 C 是一个 Stone 补, 则 $A = (L, C)$ 是一个 Stone 代数;

(iv) 如果 C 是一个布尔补, 则 $A = (L, C)$ 是一个布尔代数.

根据以上注释, 在本章余下部分我们只讨论有界分配格, 因此, 假定

(A-2) L 为有界分配格.

其实, 关于其他有限格的讨论也是类似的, 回顾第 8 章不难看出这一点. 利用前面讨论的有限格与补的矩阵表示, 不难构造出有限的布尔型代数.

例 9.1.1 设 $k = 4$. 不难知道, 只有三种有界分配格, 它们是

(i)
$$M_c^1(4) = \delta_4[1,2,3,4,2,2,2,4,3,2,3,4,4,4,4,4],$$
$$M_d^1(4) = \delta_4[1,1,1,1,1,2,3,2,1,3,3,3,4,4,4,4]; \tag{9.1.28}$$

(ii)
$$M_c^2(4) = \delta_4[1,2,3,4,2,2,3,4,3,3,3,4,4,4,4,4],$$
$$M_d^2(4) = \delta_4[1,1,1,1,1,2,2,2,1,2,3,3,4,4,4,4]; \tag{9.1.29}$$

(iii)
$$M_c^3(4) = \delta_4[1,2,3,4,2,2,4,4,3,4,3,4,4,4,4,4],$$
$$M_d^3(4) = \delta_4[1,1,1,1,1,2,1,2,1,1,3,3,4,4,4,4]. \tag{9.1.30}$$

下面构造可能的补算子:

(i) 由于可能的逻辑矩阵 $|\mathcal{L}_{4\times4}| = 4^4$, 于是有 4^4 个自由补.

(ii) 有两个二幂等补, 它们是

$$M_n^1(4) = \delta_4[4,2,3,1] \tag{9.1.31}$$

及

$$M_n^2(4) = \delta_4[4,3,2,1]. \tag{9.1.32}$$

(iii) 考察由 (9.1.28) (或 (9.1.29)) 所决定的有限格, 利用编程检验发现, 它可以有 35 个 De Morgan 补, 它们都是 Kleene 补, 因此, 它们构成 35 个 Kleene 代数. 例如, 由 (9.1.32) 定义的补就是一个 Kleene 补. 但由 (9.1.31) 定义的补甚至不是一个 De Morgan 补.

对格 (9.1.30), 有 16 个 De Morgan 补, 其中有 9 个 Kleene 补, 特别注意, (9.1.32) 是一个 Kleene 补, 而 (9.1.31) 是一个 De Morgan 补, 但不是 Kleene 补.

(vi) 考察由 (9.1.28) (或 (9.1.29)) 所决定的有限格, 不难发现, 唯一的伪补的结构矩阵是

$$M_n(4) = \delta_4[4,4,4,1], \tag{9.1.33}$$

它是 Stone 补.

考察由 (9.1.30) 所决定的有限格, 其唯一的伪补的结构矩阵是

$$M_n(4) = \delta_4[4,3,2,1], \tag{9.1.34}$$

它也是 Stone 补.

例 9.1.2 设 $k = 5$.

(1) 不难算出, 这里有 12 个有界分配格, 它们是

$$M_c^i(5) = \delta_5[1,2,3,4,5,2,2,a_i,b_i,5,3,a_i,3,c_i,5,4,b_i,c_i,4,5,5,5,5,5,5];$$
$$M_d^i(5) = \delta_5[1,1,1,1,1,1,2,d_i,e_i,2,1,d_i,3,f_i,3,1,e_i,f_i,4,4,1,2,3,4,5], \tag{9.1.35}$$
$$i = 1,2,\cdots,12,$$

其中 $v_i := (a_i, b_i, c_i, d_i, e_i, f_i)$, $i = 1,2,\cdots,12$ 为

$$v_1 = (2,2,2,3,4,1), \quad v_2 = (2,2,3,3,4,4),$$
$$v_3 = (2,2,4,3,4,3), \quad v_4 = (2,4,4,3,2,3),$$
$$v_5 = (2,5,4,3,3,3), \quad v_6 = (3,2,3,2,4,4),$$
$$v_7 = (3,3,3,2,1,4), \quad v_8 = (3,4,3,2,2,4),$$
$$v_9 = (3,4,4,2,2,3), \quad v_{10} = (3,4,5,2,2,2),$$
$$v_{11} = (4,4,4,1,2,3), \quad v_{12} = (5,2,3,4,4,4).$$

(2) 只考虑二幂等补, 这里有 4 个二幂等补, 它们是

$$M_n^1(5) = \delta_5[5,2,3,4,1],$$
$$M_n^2(5) = \delta_5[5,3,2,4,1],$$
$$M_n^3(5) = \delta_5[5,4,3,2,1],$$
$$M_n^4(5) = \delta_5[5,2,4,3,1].$$

(3) 利用上述有界格与二幂等补, 可以构造 6 个 De Morgan 代数, 它们是

$$DMA^1(5) = \left(M_c^2(5), M_d^2(5)\right) \bigcup M_n^3(5),$$
$$DMA^2(5) = \left(M_c^3(5), M_d^3(5)\right) \bigcup M_n^2(5),$$
$$DMA^3(5) = \left(M_c^4(5), M_d^4(5)\right) \bigcup M_n^4(5),$$
$$DMA^4(5) = \left(M_c^6(5), M_d^6(5)\right) \bigcup M_n^4(5),$$
$$DMA^5(5) = \left(M_c^8(5), M_d^8(5)\right) \bigcup M_n^2(5),$$
$$DMA^6(5) = \left(M_c^9(5), M_d^9(5)\right) \bigcup M_n^3(5).$$

9.2 布尔型代数的同态与同构

9.2.1 同态

定义 9.2.1 (1) 设 $L_i = (B_i, \sqcap_i, \sqcup_i, \mathbf{1}_i, \mathbf{0}_i)$ $(i = 1, 2)$ 为两个有界代数, 并且有映射 $\pi: B_1 \to B_2$. 那么, π 称为一个格同态, 如果

$$
\begin{aligned}
&\pi(x \sqcap_1 y) = \pi(x) \sqcap_2 \pi(y), \\
&\pi(x \sqcup_1 y) = \pi(x) \sqcup_2 \pi(y), \quad x, y \in B_1, \\
&\pi(\mathbf{1}_1) = \mathbf{1}_2, \\
&\pi(\mathbf{0}_1) = \mathbf{0}_2.
\end{aligned}
\tag{9.2.1}
$$

(2) 设 $A_i = (B_i, \sqcap_i, \sqcup_i, {}'_i, \mathbf{1}_i, \mathbf{0}_i)(i = 1, 2)$ 为两个布尔型代数, 并且有映射 $\pi: B_1 \to B_2$. 那么, π 称为一个布尔型代数同态, 如果 π 是 $L_i = (B_i, \sqcap_i, \sqcup_i, \mathbf{1}_i, \mathbf{0}_i)(i = 1, 2)$ 的格同态, 并且

$$\pi(x^{'1}) = (\pi(x))^{'2}. \tag{9.2.2}$$

设 $|B_1| = p$, $|B_2| = q$. 利用向量表示: $B_1 = \{\delta_p^1, \delta_p^2, \cdots, \delta_p^p\}$, $B_2 = \{\delta_q^1, \delta_q^2, \cdots, \delta_q^q\}$. 那么, $\pi: B_1 \to B_2$, 可表示为矩阵形式

$$\pi(x) = M_\pi x,$$

这里 $M_\pi \in \mathcal{L}_{q \times p}$ 是 π 的结构矩阵.

命题 9.2.1 (1) 设 $L_i = (B_i, \sqcap_i, \sqcup_i, \mathbf{1}_i, \mathbf{0}_i)(i = 1, 2)$ 为两个有界格, $|B_1| = p < \infty$, $|B_2| = q < \infty$ 且 $\pi: B_1 \to B_2$. 则 π 为一格同态, 当且仅当

$$
\begin{aligned}
&M_\pi M_c^1 = M_c^2 M_\pi (I_p \otimes M_\pi), \\
&M_\pi M_d^1 = M_d^2 M_\pi (I_p \otimes M_\pi), \\
&\mathrm{Col}_1(M_\pi) = \delta_q^1, \\
&\mathrm{Col}_p(M_\pi) = \delta_q^q.
\end{aligned}
\tag{9.2.3}
$$

(2) 设 $A_i = (B_i, \sqcap_i, \sqcup_i, \,'_i, \mathbf{1}_i, \mathbf{0}_i)(i = 1, 2)$ 为两个布尔型代数, 且 $\pi : B_1 \rightarrow B_2$. 一个格同态 π 是一个布尔型代数同态, 当且仅当

$$M_\pi M_n^1 = M_n^2 M_\pi. \tag{9.2.4}$$

证明　证明是一种直接验算, 即可以证明 (9.2.3) 中的每一式与 (9.2.1) 中的每一式分别等价. 例如, 考虑第一式

$$\pi(x \sqcap_1 y) = \pi(x) \sqcap_2 \pi(y)$$

$$\Updownarrow$$

$$M_\pi M_c^1 xy = M_c^2 M_\pi x M_\pi y$$

$$\Updownarrow$$

$$M_\pi M_c^1 xy = M_c^2 M_\pi \left(I_p \otimes M_\pi\right) xy$$

$$\Updownarrow$$

$$M_\pi M_c^1 = M_c^2 M_\pi \left(I_p \otimes M_\pi\right). \qquad \Box$$

9.2.2　同构

定义 9.2.2　(1) 设 $L_i = (B_i, \sqcap_i, \sqcup_i, \mathbf{1}_i, \mathbf{0}_i)(i = 1, 2)$ 为两个有界格, 且 $\pi : B_1 \rightarrow B_2$ 为格同态, 如果 π 是一对一且映上的, 那么 π 称为格同构.

(2) 如果 $\pi : A_1 \rightarrow A_2$ 为一个布尔型代数同态, 并且 π 是一对一且映上的, 那么 π 称为布尔型代数同构.

注　显然, 如果 π 是一个同态, 那么 π^{-1} 也是一个同构.

定义 9.2.3　给定一个置换 $\sigma \in \mathbf{S}_n$, 那么它的结构矩阵, 称为置换矩阵并记作 $M_\sigma \in \mathcal{L}_{n \times n}$, 定义如下

$$\text{Col}_i(M_\sigma) = \delta_n^{\sigma(i)}, \quad i = 1, \cdots, n. \tag{9.2.5}$$

下面的结果是显然的.

命题 9.2.2　设 $A_i(i = 1, 2)$ 为两个有界布尔型代数, 且

(1) $|A_1| = |A_2| = n$.

(2) 其相应的 "交" "并" "补" 算子的结构矩阵分别为 M_c^i, M_d^i 及 M_n^i, $i = 1, 2$. $T : A_1 \rightarrow A_2$ 为布尔型代数同构, 则

(i) T 是一个置换矩阵, 即存在一个置换 $\sigma \in \mathbf{S}_n$ 使得 $T = M_\sigma$. 因此, $T^{\mathrm{T}} = T^{-1}$.

(ii)

$$\begin{aligned}
M_c^1 &= T^{\mathrm{T}} M_c^2 (T \otimes T), \\
M_d^1 &= T^{\mathrm{T}} M_d^2 (T \otimes T), \\
M_n^1 &= T^{\mathrm{T}} M_n^2 T.
\end{aligned} \tag{9.2.6}$$

例 9.2.1 回忆例 9.1.1, 当 $k = 4$ 时, 唯一非平凡且保持 **1** 和 **0** 不变的同构是 $T = \delta_4[1, 3, 2, 4]$. 同时, 不难看出, 格 $L_1 := \{M_c^1(4), M_d^1(4)\}$ 同 $L_2 := \{M_c^2(4), M_d^2(4)\}$ 同构, 至于补, $M_n^1(4)$ 与 $M_n^2(4)$ 同构, 因此, 我们有如下布尔型代数同构, 即 $A_1 = \{M_c^1(4), M_d^1(4), M_n^1(4)\}$ 同构于 $A_2 = \{M_c^2(4), M_d^2(4), M_n^2(4)\}$. (不难验证: $A_3 = \{M_c^1(4), M_d^1(4), M_n^2(4)\}$ 同构于 $A_4 = \{M_c^2(4), M_d^2(4), M_n^1(4)\}$.)

例 9.2.2 回忆例 9.1.2. 当 $k = 5$ 时, 有 5 个保持 **1** 和 **0** 不变的非平凡格同构, 它们是

$$\begin{aligned}
T_1 &= \delta_5[1, 2, 4, 3, 5], \\
T_2 &= \delta_5[1, 3, 2, 4, 5], \\
T_3 &= \delta_5[1, 3, 4, 2, 5], \\
T_4 &= \delta_5[1, 4, 2, 3, 5], \\
T_5 &= \delta_5[1, 4, 3, 2, 5].
\end{aligned}$$

因为 $T_1 = T_1^{-1}$, $T_2 = T_2^{-1}$, $T_5 = T_5^{-1}$, 如果 $T_i : L_p \to L_q$ 是一个格同构, 则 $T_i : L_q \to L_p$ 也是一个格同构, $i = 1, 2, 5$. 因为 $T_3^{-1} = T_4$, 如果 $T_3 (T_4) : L_p \to L_q$ 一个格同构, 则 $T_4 (T_3) : L_q \to L_p$ 也是一个格同构.

令 $L_i := \{M_c^i(5), M_d^i(5)\}$, $i = 1, \cdots, 12$ 及 $C_i = \{M_n^i(5)\}$, $i = 1, 2, 3, 4$. 那么, 容易验证, 下列映射为格同构:

$T_1:$ $L_2 \to L_3 (L_3 \to L_2)$; $L_4 \to L_6 (L_6 \to L_4)$; $L_8 \to L_9 (L_9 \to L_8)$.

$T_2:$ $L_1 \to L_7 (L_7 \to L_1)$; $L_2 \to L_6 (L_6 \to L_2)$; $L_3 \to L_8 (L_8 \to L_3)$;
$\quad\quad L_4 \to L_9 (L_9 \to L_4)$.

$T_3:$ $L_2 \to L_4$; $L_3 \to L_9$; $L_4 \to L_8$; $L_6 \to L_3$; $L_7 \to L_1$; $L_8 \to L_2$;
$\quad\quad L_9 \to L_6$; $L_{10} \to L_{12}$. $\tag{9.2.7}$

$T_4:$ $L_1 \to L_7$; $L_2 \to L_8$; $L_3 \to L_6$; $L_4 \to L_2$; $L_6 \to L_8$; $L_6 \to L_9$;
$\quad\quad L_8 \to L_4$; $L_9 \to L_3$; $L_{12} \to L_{10}$.

$T_5:$ $L_2 \to L_9 (L_9 \to L_2)$; $L_3 \to L_4 (L_4 \to L_3)$; $L_6 \to L_8 (L_8 \to L_6)$;
$\quad\quad L_{10} \to L_{12} (L_{12} \to L_{10})$.

于是可得结论:

$$\begin{aligned}
L_2 &\cong L_3 \cong L_4 \cong L_6 \cong L_8 \cong L_9, \\
L_1 &\cong L_7, \\
L_{10} &\cong L_{12}.
\end{aligned}$$

还可以验证以下的补同构

$$
\begin{aligned}
T_1&: \quad C_1 \to C_1; \; C_2 \to C_3; \; C_3 \to C_2; \; C_4 \to C_1.\\
T_2&: \quad C_1 \to C_1; \; C_2 \to C_2; \; C_4 \to C_1.\\
T_3&: \quad C_1 \to C_1; \; C_2 \to C_3; \; C_4 \to C_1.\\
T_4&: \quad C_1 \to C_1; \; C_2 \to C_2; \; C_4 \to C_1.\\
T_5&: \quad C_3 \to C_3; \; C_4 \to C_1.
\end{aligned}
\tag{9.2.8}
$$

利用 (9.2.7) 及 (9.2.8), 可以构造布尔型代数同构, 例如, $T_1 : L_4 \to L_6$ 是一个格同构, $T_1 : C_4 \to C_1$ 是一个补同构, 则

$$
T_1 : \left(M_c^4(5), M_d^4(5), M_n^3(5) \right) \to \left(M_c^6(5), M_d^6(5), M_n^1(5) \right)
$$

是一个布尔型代数同构.

9.3 布尔型代数分解

9.3.1 布尔型代数的乘积

定义 9.3.1 (1) 设 $L_i = (B_i, \sqcap_i, \sqcup_i, \mathbf{1}_i, \mathbf{0}_i)$ $(i = 1, 2)$ 为两个有界格, 其乘积格可定义为 $L = (B, \sqcap_p, \sqcup_p, \mathbf{1}_p, \mathbf{0}_p)$, 这里 $B = B_1 \times B_2$ 为 B_1 和 B_2 的笛卡儿积, 并且

$$
\begin{aligned}
(x_1, x_2) \sqcap_p (y_1, y_2) &:= (x_1 \sqcap_1 y_1, x_2 \sqcap_2 y_2),\\
(x_1, x_2) \sqcup_p (y_1, y_2) &:= (x_1 \sqcup_1 y_1, x_2 \sqcup_2 y_2),\\
\mathbf{1}_p &= (\mathbf{1}_1, \mathbf{1}_2),\\
\mathbf{0}_p &= (\mathbf{0}_1, \mathbf{0}_2).
\end{aligned}
\tag{9.3.1}
$$

(2) 设 $A_i = (L_i, C_i) = (B_i, \sqcap_i, \sqcup_i, {}^{\prime i}, \mathbf{1}_i, \mathbf{0}_i)$ $(i = 1, 2)$ 为两个布尔型代数, 其乘积代数为 L_1 和 L_2 的乘积格, 并且, 其上的补算子为

$$
(x_1, x_2)^{\prime p} := ((x_1)^{\prime 1}, (x_2)^{\prime 2}), \quad x_1 \in B_1, \; x_2 \in B_2.
\tag{9.3.2}
$$

当 B_i 上的元素表示成向量形式, 即 $B_1 = \{\delta_p^i \,|\, i = 1, \cdots, p\}$ 及 $B_2 = \{\delta_q^i \,|\, i = 1, \cdots, q\}$ 时, 它们的笛卡儿积可表示为

$$
B = B_1 \times B_2 = \left\{ \delta_p^i \delta_q^j = \delta_{pq}^{(i-1)q+j} \,\middle|\, i = 1, \cdots, p; \; j = 1, \cdots, q \right\}.
\tag{9.3.3}
$$

利用 (9.3.3), 直接计算可得如下结果.

命题 9.3.1 设 $A_i = (B_i, \sqcap_i, \sqcup_i, {}^{\prime i}, \mathbf{1}_i, \mathbf{0}_i)(i = 1, 2)$ 为两个布尔型代数, $|B_1| = p$ 及 $|B_2| = q$. 则乘积代数 $A_p = A_1 \times A_2$ 的算子结构矩阵分别为

(i) $$M_c^p = M_c^1 \left(I_{p^2} \otimes M_c^2 \right) \left(I_p \otimes W_{[q, p]} \right).
\tag{9.3.4}$$

(ii)
$$M_d^p = M_d^1 \left(I_{p^2} \otimes M_d^2\right) \left(I_p \otimes W_{[q,p]}\right). \tag{9.3.5}$$

(iii)
$$M_n^p = M_n^1 \left(I_p \otimes M_n^2\right). \tag{9.3.6}$$

9.3.2 乘积的逆问题——分解

定义 9.3.2 设 $A = (B, \sqcap, \sqcup, {}', \mathbf{1}, \mathbf{0})$ 为一布尔型代数, 且 $|B| = pq$. 布尔型代数的分解问题是: 能否找到两个布尔型代数 $A_i = (B_i, \sqcap_i, \sqcup_i, {}'^i, \mathbf{1}_i, \mathbf{0}_i)$, 使得 $A = A_1 \times A_2$?

先给几个引理.

引理 9.3.1 设 $A_i = (B_i, \sqcap_i, \sqcup_i, {}'^i, \mathbf{1}_i, \mathbf{0}_i)(i = 1, 2)$ 给定, 这里 A_1 是一个布尔型代数, 而 A_2 只是一个集合, 它带有两个二元算子和一个一元算子, 且 $\mathbf{1}_2, \mathbf{0}_2 \in B_2$, 如果有一个映射 $\pi : B_1 \to B_2$, 它是映上的, 且满足

(i)
$$\pi(x \sqcap_1 y) = \pi(x) \sqcap_2 \pi(y); \tag{9.3.7}$$

(ii)
$$\pi(x \sqcup_1 y) = \pi(x) \sqcup_2 \pi(y); \tag{9.3.8}$$

(iii)
$$\pi(x'^1) = (\pi(x))'^2. \tag{9.3.9}$$

那么, A_2 也是一个布尔型代数.

证明 我们需要证明 A_2 具有布尔型代数定义中的各条性质, 由于各条性质的证明类似, 仅举一条证之, 考察 $\sqcap_2$ 的结合律: 因为 π 是映上的, 对任意 $u, v, w \in B_2$, 均存在 $x \in \pi^{-1}(u), y \in \pi^{-1}(v)$ 及 $z \in \pi^{-1}(w)$. 于是

$$(x \sqcap_1 y) \sqcap_1 z = x \sqcap_1 (y \sqcap_1 z). \tag{9.3.10}$$

将 (9.3.10) 两边由 π 映射到 B_2, 再根据 (9.3.7) 可得

$$(u \sqcap_2 v) \sqcap w = u \sqcap_2 (v \sqcap_2 w). \qquad \square$$

引理 9.3.2 设 $A = (B, \sqcap, \sqcup, {}', \mathbf{1}, \mathbf{0})$ 为一布尔型代数, 且 $|B| = pq$. A 可分解, 当且仅当, 存在 M_c^1, $M_d^1 \in \mathcal{L}_{p \times p^2}$, $M_n^1 \in \mathcal{L}_{p \times p}$, M_c^2, $M_d^2 \in \mathcal{L}_{q \times q^2}$, $M_n^2 \in \mathcal{L}_{q \times q}$, 使得

(i) M_c 分解:

$$\left(I_p \otimes \mathbf{1}_q^{\mathrm{T}}\right) M_c = M_c^1 \left(I_p \otimes \mathbf{1}_q^{\mathrm{T}} \otimes I_p \otimes \mathbf{1}_q^{\mathrm{T}}\right), \tag{9.3.11}$$

且

$$\left(\mathbf{1}_p^{\mathrm{T}} \otimes I_q\right) M_c = M_c^2 \left(\mathbf{1}_p^{\mathrm{T}} \otimes I_q \otimes \mathbf{1}_p^{\mathrm{T}} \otimes I_q\right). \tag{9.3.12}$$

(ii) M_d 分解:

$$\left(I_p \otimes \mathbf{1}_q^{\mathrm{T}}\right) M_d = M_d^1 \left(I_p \otimes \mathbf{1}_q^{\mathrm{T}} \otimes I_p \otimes \mathbf{1}_q^{\mathrm{T}}\right), \tag{9.3.13}$$

且

$$\left(\mathbf{1}_p^{\mathrm{T}} \otimes I_q\right) M_d = M_d^2 \left(\mathbf{1}_p^{\mathrm{T}} \otimes I_q \otimes \mathbf{1}_p^{\mathrm{T}} \otimes I_q\right). \tag{9.3.14}$$

(iii) M_n 分解:

$$\left(I_p \otimes \mathbf{1}_q^{\mathrm{T}}\right) M_n = M_n^1 \left(I_p \otimes \mathbf{1}_q^{\mathrm{T}}\right), \tag{9.3.15}$$

$$\left(\mathbf{1}_p^{\mathrm{T}} \otimes I_q\right) M_n = M_n^2 \left(\mathbf{1}_p^{\mathrm{T}} \otimes I_q\right). \tag{9.3.16}$$

证明　只要能证明以下的三个等价性即可:

(i) (9.3.4) ⇔ (9.3.11)+(9.3.12);

(ii) (9.3.5) ⇔ (9.3.13)+(9.3.14);

(iii) (9.3.6) ⇔ (9.3.15)+(9.3.16).

我们只证明 (i), 其余两个的证明类似:

(1) (9.3.4) ⇒ (9.3.11)+(9.3.12):

因同样的理由, 只证 (9.3.4) ⇒ (9.3.11).

根据 (9.3.4), 有

$$
\begin{aligned}
& \left(I_p \otimes \mathbf{1}_q^{\mathrm{T}}\right) M_c \\
={} & \left(I_p \otimes \mathbf{1}_q^{\mathrm{T}}\right) M_c^1 \left(I_{p^2} \otimes M_c^2\right) \left(I_p \otimes W_{[q,p]}\right) \\
={} & \left(I_p \otimes \mathbf{1}_q^{\mathrm{T}}\right) \left(M_c^1 \otimes I_q\right) \left(I_{p^2} \otimes M_c^2\right) \left(I_p \otimes W_{[q,p]}\right) \\
={} & \left(M_c^1 \otimes \mathbf{1}_q^{\mathrm{T}}\right) \left(I_{p^2} \otimes M_c^2\right) \left(I_p \otimes W_{[q,p]}\right) \\
={} & \left(M_c^1 \otimes \mathbf{1}_{q^2}^{\mathrm{T}}\right) \left(I_p \otimes W_{[q,p]}\right).
\end{aligned}
$$

要证明 (9.3.11), 只要证下式即可

$$\left(M_c^1 \otimes \mathbf{1}_{q^2}^{\mathrm{T}}\right) \left(I_p \otimes W_{[q,p]}\right) = M_c^1 \left(I_p \otimes \mathbf{1}_q^{\mathrm{T}} \otimes I_p \otimes \mathbf{1}_q^{\mathrm{T}}\right). \tag{9.3.17}$$

设 $x_1, y_1 \in \Delta_p$ 及 $x_2, y_2 \in \Delta_q$. 则

$$\left(M_c^1 \otimes \mathbf{1}_{q^2}^{\mathrm{T}}\right) \left(I_p \otimes W_{[q,p]}\right) x_1 x_2 y_1 y_2 = \left(M_c^1 \otimes \mathbf{1}_{q^2}^{\mathrm{T}}\right) x_1 y_1 x_2 y_2 = M_c^1 x_1 y_1,$$

且

$$M_c^1 \left(I_p \otimes \mathbf{1}_q^{\mathrm{T}} \otimes I_p \otimes \mathbf{1}_q^{\mathrm{T}}\right) x_1 x_2 y_1 y_2 = M_c^1 x_1 y_1.$$

因为 $x_1, y_1 \in \Delta_p$ 及 $x_2, y_2 \in \Delta_q$ 均任意, 即得 (9.3.17).

(2) (9.3.11) + (9.3.12) ⇒ (9.3.4).

首先注意到 M_c 的每一列可表成

$$\mathrm{Col}_i(M_c) = \delta_p^{\alpha(i)} \delta_q^{\beta(i)}, \quad i = 1, \cdots, p^2 q^2.$$

那么

$$(I_p \otimes \mathbf{1}_q^{\mathrm{T}})\mathrm{Col}_i(M_c) = \delta_p^{\alpha(i)},$$
$$(\mathbf{1}_p^{\mathrm{T}} \otimes I_q)\mathrm{Col}_i(M_c) = \delta_q^{\beta(i)}, \quad \forall i.$$

于是显然

$$\left[(I_p \otimes \mathbf{1}_q^{\mathrm{T}})M_c\right] * \left[(\mathbf{1}_p^{\mathrm{T}} \otimes I_q)M_c\right] = M_c,$$

这里 $*$ 是 Khatri-Rao 乘积.

因此, 要证明 (9.3.11)+(9.3.12) $\Rightarrow$ (9.3.4) 只要证明下式就行了

$$\left[M_c^1(I_p \otimes \mathbf{1}_q^{\mathrm{T}} \otimes I_p \otimes \mathbf{1}_q^{\mathrm{T}})\right] * \left[M_c^2(\mathbf{1}_p^{\mathrm{T}} \otimes I_q \otimes \mathbf{1}_p^{\mathrm{T}} \otimes I_q)\right]$$
$$= M_c^1(I_{p^2} \otimes M_c^2)(I_p \otimes W_{[q,p]}). \tag{9.3.18}$$

这就等价于 $x_1, y_1 \in \Delta_p$ 及 $x_2, y_2 \in \Delta_q$,

$$\left[M_c^1(I_p \otimes \mathbf{1}_q^{\mathrm{T}} \otimes I_p \otimes \mathbf{1}_q^{\mathrm{T}})\right] x_1 x_2 y_1 y_2$$
$$\ltimes \left[M_c^2(\mathbf{1}_p^{\mathrm{T}} \otimes I_q \otimes \mathbf{1}_p^{\mathrm{T}} \otimes I_q)\right] x_1 x_2 y_1 y_2$$
$$= M_c^1(I_{p^2} \otimes M_c^2) \left(I_p \otimes W_{[q,p]}\right) x_1 x_2 y_1 y_2. \tag{9.3.19}$$

由于 $x_1 x_2 y_1 y_2 \in \Delta_{p^2 q^2}$ 是任意的, 譬如设 $x_1 x_2 y_1 y_2 = \delta_{p^2 q^2}^s$. 那么, (9.3.19) 意味着

$$\mathrm{Col}_s \left\{ \left[M_c^1(I_p \otimes \mathbf{1}_q^{\mathrm{T}} \otimes I_p \otimes \mathbf{1}_q^{\mathrm{T}})\right] \right\}$$
$$\ltimes \mathrm{Col}_s \left\{ \left[M_c^2(\mathbf{1}_p^{\mathrm{T}} \otimes I_q \otimes \mathbf{1}_p^{\mathrm{T}} \otimes I_q)\right] \right\}$$
$$= \mathrm{Col}_s \left\{ M_c^1(I_{p^2} \otimes M_c^2)(I_p \otimes W_{[q,p]}) \right\}.$$

式 (9.3.19) 的左边是

$$\begin{aligned} \mathrm{LHS} &= M_c^1 x_1 y_1 M_c^2 x_2 y_2 \\ &= M_c^1 \left(I_{p^2} \otimes M_c^2\right) x_1 y_1 x_2 y_2 \\ &= M_c^1 \left(I_{p^2} \otimes M_c^2\right) \left(I_p \otimes W_{[q,p]}\right) x_1 x_2 y_1 y_2 \\ &= \mathrm{RHS}. \end{aligned}$$

$\square$

下面给出关于布尔型代数分解的主要定理.

定理 9.3.1 给定一个布尔型代数 $A = (B, \sqcap, \sqcup, {}', \mathbf{1}, \mathbf{0})$ 及 $|B| = pq$, 并且, 其算子 $\sqcap, \sqcup, {}'$ 的结构矩阵为 M_c, M_d 及 M_n. A 可分解, 当且仅当以下条件成立.

(i) M_c 可分:

$$\left(I_p \otimes \mathbf{1}_q^{\mathrm{T}}\right) M_c \left[I_{p^2 q^2} - \frac{1}{q^2} \left(I_p \otimes \mathbf{1}_{q \times q} \otimes I_p \otimes \mathbf{1}_{q \times q}\right)\right] = 0, \tag{9.3.20}$$

且

$$\left(\mathbf{1}_p^{\mathrm{T}} \otimes I_q\right) M_c \left[I_{p^2 q^2} - \frac{1}{p^2}\left(\mathbf{1}_{p\times p} \otimes I_q \otimes \mathbf{1}_{p\times p} \otimes I_q\right)\right] = 0. \tag{9.3.21}$$

(ii) M_d 可分:

$$\left(I_p \otimes \mathbf{1}_q^{\mathrm{T}}\right) M_d \left[I_{p^2 q^2} - \frac{1}{q^2}\left(I_p \otimes \mathbf{1}_{q\times q} \otimes I_p \otimes \mathbf{1}_{q\times q}\right)\right] = 0, \tag{9.3.22}$$

且

$$\left(\mathbf{1}_p^{\mathrm{T}} \otimes I_q\right) M_d \left[I_{p^2 q^2} - \frac{1}{p^2}\left(\mathbf{1}_{p\times p} \otimes I_q \otimes \mathbf{1}_{p\times p} \otimes I_q\right)\right] = 0. \tag{9.3.23}$$

(iii) M_n 可分:

$$\left(I_p \otimes \mathbf{1}_q^{\mathrm{T}}\right) M_n \left[I_{pq} - \frac{1}{q}\left(I_p \otimes \mathbf{1}_{q\times q}\right)\right] = 0, \tag{9.3.24}$$

$$\left(\mathbf{1}_p^{\mathrm{T}} \otimes I_q\right) M_n \left[I_{pq} - \frac{1}{p}\left(\mathbf{1}_{p\times p} \otimes I_q\right)\right] = 0. \tag{9.3.25}$$

而且, 如果上面条件成立, 则相应地, 因子布尔型代数具有如下结构矩阵.
(i) M_c 分解:

$$M_c^1 = \frac{1}{q^2}\left(I_p \otimes \mathbf{1}_q^{\mathrm{T}}\right) M_c \left(I_p \otimes \mathbf{1}_q \otimes I_p \otimes \mathbf{1}_q\right), \tag{9.3.26}$$

且

$$M_c^2 = \frac{1}{p^2}\left(\mathbf{1}_p^{\mathrm{T}} \otimes I_q\right) M_c \left(\mathbf{1}_p \otimes I_q \otimes \mathbf{1}_p \otimes I_q\right). \tag{9.3.27}$$

(ii) M_d 分解:

$$M_d^1 = \frac{1}{q^2}\left(I_p \otimes \mathbf{1}_q^{\mathrm{T}}\right) M_d \left(I_p \otimes \mathbf{1}_q \otimes I_p \otimes \mathbf{1}_q\right), \tag{9.3.28}$$

且

$$M_d^2 = \frac{1}{p^2}\left(\mathbf{1}_p^{\mathrm{T}} \otimes I_q\right) M_d \left(\mathbf{1}_p \otimes I_q \otimes \mathbf{1}_p \otimes I_q\right). \tag{9.3.29}$$

(iii) M_n 分解:

$$M_n^1 = \frac{1}{q}\left(I_p \otimes \mathbf{1}_q^{\mathrm{T}}\right) M_n \left(I_p \otimes \mathbf{1}_q\right), \tag{9.3.30}$$

$$M_n^2 = \frac{1}{p}\left(\mathbf{1}_p^{\mathrm{T}} \otimes I_q\right) M_n \left(\mathbf{1}_p \otimes I_q\right). \tag{9.3.31}$$

证明 只证 (9.3.20).

因为 (9.3.11) 对 M_c 可分的充要条件, 只要证明 (9.3.20) 与它等价即可.

(9.3.11) $\Rightarrow$ (9.3.20) 将式 (9.3.11) 两边右乘 $(I_p \otimes \mathbf{1}_q \otimes I_p \otimes \mathbf{1}_q)$, 即得 (9.3.26). 因此 (9.3.26) 对分解存在是必要的, 将它代入 (9.3.11) 即得 (9.3.20).

(9.3.20) $\Rightarrow$ (9.3.11) 不妨设引理 9.3.2 中所需 M_c^1 就是由 (9.3.26) 所定义的. 分别将 (9.3.20) 与 (9.3.26) 代入 (9.3.11) 的两边, 即可知 (9.3.11) 成立. □

推论 9.3.1 设 A 为一个 De Morgan 代数 (或 Kleene 代数, 或 Stone 代数, 或布尔代数) 且 $A = A_1 \times A_2$. 则 A_1 及 A_2 均为 De Morgan 代数 (或 Kleene 代数, 或 Stone 代数, 或布尔代数).

证明 设 $|A| = pq$, $|A_1| = p$ 及 $|A_2| = q$. 根据结构矩阵 $M_{\pi_1} = I_p \otimes \mathbf{1}_q^{\mathrm{T}}$ (或 $M_{\pi_2} = \mathbf{1}_p^{\mathrm{T}} \otimes I_q$) 定义 $\pi_1 : A \to A_1$ (相应地, $\pi_2 : A \to A_2$). 由引理 9.3.2 的证明不难看出, π_1 (或 π_2) 满足引理 9.3.1 的条件, 相关结论由引理 9.3.1 立得. □

第10章 泛 代 数

代数学是数学中最古老也最活跃的一个分支. 通常可以将代数分成四个层次: ① 初等代数: 它是指中学代数中所学的那些基本代数表达式、代数运算与代数方程. ② 高等代数: 它是指线性代数及一些一般多项式性质. 大致指大学高等代数或线性代数课程的内容. ③ 近世代数: 也称抽象代数, 主要包括群、环、域的一些知识. 一般数学专业的本科生会学到其基本内容. ④ 泛代数: 它是对一般代数结构的概括和分析. 本章以矩阵半张量积为工具, 对泛代数做一个简单的介绍和分析.

10.1 代数结构与泛代数

在给出严格定义之前, 我们先做一些直观的描述. 一个代数结构, 记作 A_u, 通常包括三个部分.

(1) 对象: 这是一个集合, 记作 B, 是 A_u 所要处理的对象.

(2) 算子: 记作 $T = (t_1, t_2, \cdots, t_n)$, 这里, $t_i : B^{k_i} \to B$ 是 k_i 元算子, $i = 1, \cdots, n$.

(3) 约束: 记作 $R = (r_1, r_2, \cdots, r_s)$, 它们表示运算所要满足的条件. 我们把这个代数结构记作 $A_u = (B, T, R)$.

举几个不同代数结构的例子.

例 10.1.1 (i) 考虑一个向量空间 V, 它是我们考虑的对象, 即 $B = V$. 设有一个二元运算, 称为李括号 $(t = [\cdot, \cdot])$, $t : V \times V \to V$, 因此, $T = \{t\}$, $k = 2$. 这个运算满足三个条件.

r_1 (线性性):

$$[x, ay + bz] = a[x, y] + b[x, z], \quad a, b \in \mathbb{R}, \ x, y, z \in V. \tag{10.1.1}$$

r_2 (反对称性):

$$[y, x] = -[x, y], \quad x, y \in V. \tag{10.1.2}$$

r_3 (Jacobi 等式):

$$[x, [y, z]] + [y, [z, x]] + [z, [x, y]] = 0, \quad x, y, z \in V. \tag{10.1.3}$$

$A_u = (V, T = \{t\}, R = \{r_1, r_2, r_3\})$ 是一个代数结构, 称为李代数.

(ii) G 为一个集合, $T = \{t_1, t_2, t_3\}$, $k_1 = 2$, $k_2 = 0$, $k_3 = 1$. $R = \{r_1, r_2, r_3\}$, 满足

r_1 (结合律):

$$t_1(x, t_1(y, z)) = t_1(t_1(x, y), z), \quad x, y, z \in G. \tag{10.1.4}$$

r_2 (单位元): $t_2(x) = e$, 使得

$$t_1(x, e) = t_1(e, x) = x, \quad x \in G. \tag{10.1.5}$$

r_3 (逆元): $t_3(x) = x^{-1}, \forall x \in G$ 使

$$t_1(x, t_3(x)) = t_1(t_3(x), x) = e, \quad x \in G. \tag{10.1.6}$$

则 $(G, T = (t_1, t_2, t_3), R = (r_1, r_2, r_3))$ 称为一个群.

(iii) (G, T, R) 为一个群, 定义 r_4 如下

r_4 (交换律):

$$t_1(x, y) = t_1(y, x), \quad x, y \in G. \tag{10.1.7}$$

令 $R^* = \{R, r_4\}$, 则 (G, T, R^*) 为一个阿贝尔群.

(iv) 设集合 $S \neq \varnothing$, $T = \{t_1, t_2\}$, $k_1 = k_2 = 2$, t_1, t_2 定义如下

$$\begin{aligned}
t_1(A, B) &= A \cup B, \quad A, B \in 2^S, \\
t_2(A, B) &= A \cap B, \quad A, B \in 2^S.
\end{aligned} \tag{10.1.8}$$

则 $(2^S, T = (t_1, t_2))$ 为一代数结构, 它是 S 上的普通集合运算. 这里 $R = \varnothing$, 即无须附加限制.

定义 10.1.1 (i) 一个代数结构 (B, T, R) 称为一个泛代数, 这里 $B \neq \varnothing$; $T = (t_1, \cdots, t_n)$ $(n < \infty)$ 为一组映射:

$$t_i : B^{k_i} \to B, \quad i = 1, \cdots, n. \tag{10.1.9}$$

$R = (r_1, r_2, \cdots, r_m)$ $(m < \infty)$ 为一组关于映射 $\{t_i \,|\, i = 1, \cdots, n\}$ 的约束.

$(k_1, k_2, \cdots, k_n)$ 称为这个泛代数的型.

(ii) 一个泛代数 (B, T, R) 称为一个纯泛代数, 如果 $(B, T, R) = (B, T)$, 即 $R = \varnothing$. 换言之, 它对映射无约束. 否则, 它称为一个约束泛代数.

(iii) 一个纯泛代数 (B, T_0) 称为一个约束泛代数 (B, T, R) 的生成基, 如果每一个 $t \in T$ 均能由 T_0 中的映射复合而成.

例 10.1.2 (i) 一个 $(2,2,1,0,0)$-型泛代数 (B,T,R) $(B \neq \varnothing)$ 称为一个布尔代数, 如果 $T = (t_1, t_2, t_3, t_4, t_5)$ 定义如下

$$t_1(x,y) = x \sqcap y,$$
$$t_2(x,y) = x \sqcup y,$$
$$t_3(x) = \bar{x},$$
$$t_4(x) = \mathbf{1},$$
$$t_5(x) = \mathbf{0}.$$

$R = (r_1, \cdots, r_{10})$ 定义如下:

r_1 (t_1 交换律):
$$x \sqcap y = y \sqcap x. \tag{10.1.10}$$

r_2 (t_2 交换律):
$$x \sqcup y = y \sqcup x. \tag{10.1.11}$$

r_3 (t_1 结合律):
$$x \sqcap (y \sqcap z) = (x \sqcap y) \sqcap z. \tag{10.1.12}$$

r_4 (t_2 结合律):
$$x \sqcup (y \sqcup z) = (x \sqcup y) \sqcup z. \tag{10.1.13}$$

r_5 (t_1-t_2 分配律):
$$x \sqcap (y \sqcup z) = (x \sqcap y) \sqcup (x \sqcap z). \tag{10.1.14}$$

r_6 (t_2-t_1 分配律):
$$x \sqcup (y \sqcap z) = (x \sqcup y) \sqcap (x \sqcup z). \tag{10.1.15}$$

r_7 (t_1 归一律):
$$x \sqcap \mathbf{1} = x. \tag{10.1.16}$$

r_8 (t_2 归一律):
$$x \sqcup \mathbf{0} = x. \tag{10.1.17}$$

r_9 (t_1 补律):
$$x \sqcap \bar{x} = \mathbf{0}. \tag{10.1.18}$$

r_{10} (t_2 补律):
$$x \sqcup \bar{x} = \mathbf{1}. \tag{10.1.19}$$

(ii) (B, T_0) 是布尔代数 (B,T,R) 的一个生成基, 这里

$$T_0 = (t_1, t_3).$$

这是因为, 由 De Morgan 公式:

$$t_2(x,y) = t_3(t_1(t_3(x), t_3(y))), \quad x, y \in B.$$

这说明 t_2 可由 t_1, t_3 复合生成.

取任一 $x_0 \in B$, 则

$$\mathbf{1} = t_2(x_0, t_3(x_0)),$$
$$\mathbf{0} = t_1(x_0, t_3(x_0)).$$

这说明 t_4, t_5 均可由 $\{t_1, t_3\}$ 生成.

故 (B, T_0) 是布尔代数 (B, T, R) 的一个生成基.

10.2 泛代数的同态与同构

定义 10.2.1 给定两个纯泛代数 (B, T) 和 $(\tilde{B}, \tilde{T})$, 设它们同型, 即

(1) $|T| = |\tilde{T}| = n$, 即 $T = (t_1, \cdots, t_n)$, $\tilde{T} = (\tilde{t}_1, \cdots, \tilde{t}_n)$.

(2) T 与 $\tilde{T}$ 均为 $(k_1, k_2, \cdots, k_n)$-型.

(i) (B, T) 和 $(\tilde{B}, \tilde{T})$ 称为是同态的, 如果存在映射 $\pi : B \to \tilde{B}$, 使得

$$\pi(t_i(x_1, \cdots, x_{k_i})) = \tilde{t}_i (\pi(x_1), \cdots, \pi(x_{k_i})),$$
$$x_1, \cdots, x_{k_i} \in B, \quad i = 1, \cdots, p. \tag{10.2.1}$$

(ii) 是同构的, 如果存在同态 $\pi : B \to \tilde{B}$, 它是一对一映上的.

由定义不难推出以下结论.

命题 10.2.1 如果 $\pi : B \to \tilde{B}$ 是纯泛代数同构, 那么 $\pi^{-1} : \tilde{B} \to B$ 也是纯泛代数同构.

考虑约束泛代数 $(B, T = (t_1, \cdots, t_n), R = (r_1, \cdots, r_m))$. 设

$$r_i = f_i(t_1, \cdots, t_n), \quad i = 1, \cdots, m, \tag{10.2.2}$$

这里, f_i 表示 $\{t_1, \cdots, t_n\}$ 的一个复合函数.

类似地, 设 (B, T, R) 的生成基 (B, T_0), 这里 $T_0 = (\xi_1, \cdots, \xi_s)$, 那么

$$t_i = g_i(\xi_1, \cdots, \xi_s), \quad i = 1, \cdots, n, \tag{10.2.3}$$

这里, g_i 表示 $\{\xi_1, \cdots, \xi_s\}$ 的一个复合函数.

定义 10.2.2 两个约束代数

$$A_\lambda \left(B_\lambda, T_\lambda = (t_1^\lambda, \cdots, t_n^\lambda), R_\lambda = (r_1^\lambda, \cdots, r_m^\lambda) \right), \quad \lambda = 1, 2.$$

(i) 称为同态的, 如果存在 $\pi : B_1 \to B_2$, 使得

$$\pi\left(t_i^1(x_1, \cdots, x_{k_i})\right) = t_i^2\left(\pi(x_1), \cdots, \pi(x_{k_i})\right), \quad i = 1, \cdots, n. \tag{10.2.4}$$
$$\pi\left(r_j^1(x_1, \cdots, x_{s_j})\right) = r_i^2\left(\pi(x_1), \cdots, \pi(x_{s_j})\right), \quad j = 1, \cdots, n. \tag{10.2.5}$$

(ii) 如果两个约束代数同态, 并且同态映射 π 是一对一且映上的, 则这两个约束代数同构.

下面这个结论直接来自定义.

命题 10.2.2   设 $A_1 = (B_1, T_1, R_1)$ 及 $A_2 = (B_2, T_2, R_2)$ 为两个约束代数, 其生成基分别为 (B_1, H_1) 和 (B_2, H_2). 如果

$$\begin{aligned}
T_1 &= (t_1^1, \cdots, t_n^1); \quad T_2 = (t_1^2, \cdots, t_n^2), \\
R_1 &= (r_1^1, \cdots, r_m^1); \quad R_2 = (r_1^2, \cdots, r_m^2), \\
H_1 &= (h_1^1, \cdots, h_s^1); \quad H_2 = (h_1^2, \cdots, h_s^2).
\end{aligned}$$

并且, 存在共同的生成函数 $f_i, i = 1, \cdots, m$ 使得

$$r_i^\lambda = f_i(h_1^i, \cdots, h_s^i), \quad i = 1, \cdots, m, \ \lambda = 1, 2, \tag{10.2.6}$$

以及共同的生成函数 $g_j, j = 1, \cdots, n$, 使得

$$t_j^\lambda = g_j(h_1^j, \cdots, h_s^j), \quad j = 1, \cdots, n, \ \lambda = 1, 2, \tag{10.2.7}$$

那么, 设映射 $\pi : B_1 \to B_2$, 则

(i) 如果 $\pi : (B_1, H_1) \to (B_2, H_2)$ 是纯泛代数同态, 则 $\pi : (B_1, T_1, R_1) \to (B_2, T_2, R_2)$ 是约束泛代数同态.

(ii) 如果 $\pi : (B_1, H_1) \to (B_2, H_2)$ 是纯泛代数同构, 则 $\pi : (B_1, T_1, R_1) \to (B_2, T_2, R_2)$ 是约束泛代数同构.

注   (i) 命题 10.2.2 可能大大减少检验约束泛代数同态 (同构) 的工作量, 因为我们只需检验其基底就行了. 这使寻找泛代数基底变得有意义.

(ii) 在命题 10.2.2 中, 如果 T_λ 也是 H_λ ($\lambda = 1, 2$) 的生成基, 则基底 (B_1, H_1) 和 (B_2, H_2) 同态 (同构) 也是约束泛代数同态 (同构) 的必要条件了. 这种情况经常出现, 特别是, 基底常从 T 中选, 即 $H_\lambda \subset T_\lambda, \lambda = 1, 2$.

10.3 有限泛代数的基底

从 10.2 节可知, 寻找紧凑的生成基是很有意义的. 那么, 有没有可能对一切泛代数找到公共的生成基呢? 下面的例子表明紧凑生成基是可能存在的.

例 10.3.1 考察一个约束代数 (B,T,R), 这里 $B=\{0,1\}$ 而 $T=\{t_1,\cdots,t_p\}$ 是某些逻辑函数集合, $R=\{r_1,\cdots,r_q\}$ 是关于由这些逻辑函数生成的复合逻辑函数的等式, 容易找出它的一个生成基 (B,T_0), 这里 $T_0=\{t_1,t_2,t_3\}$, 其中 $t_1=\wedge$, $t_2=\vee$, $t_3=\neg$ (或者 $T_0=\{t_1,t_3\}$, 或者 $T_0=\{t_2,t_3\}$). 因为这些 T_0 都是完备集, 即任何逻辑函数都可以由它们生成. 在经典逻辑中, 上述生成基也称为完备集 [73].

类似于逻辑函数的情况, 我们希望寻找任意泛代数的一个生成基. 这里假定目标集 B 有限, 即 $|B|<\infty$, 这时称 $A=(B,T,R)$ 为有限泛代数.

设 B 为一个有限集, 且 $|B|=k$. 记 $\Phi(k)$ 为 B 上的一元算子集合, 易知 $|\Phi(k)|=k^k$.

命题 10.3.1 设 (B,T,R) 为一约束代数, $|B|=k<\infty$, 且 $1,0\in B$. 那么, (B,T_0) 是一个一般的生成基, 这里

$$T_0=\{\sqcup,\sqcap\}\cup\Phi(k),\qquad(10.3.1)$$

且

$$1\sqcup x=1,\quad 1\sqcap x=x,$$
$$0\sqcup x=x,\quad 0\sqcap x=0.$$

证明 我们只需证明: 每一个映射 $f:B^s\to B$ 都能表示成某些 $t\in T_0$ 的复合函数, 将 B 中元素用向量表示, 特别地, 令 $1\sim\delta_k^1$ 及 $0\sim\delta_k^k$. 然后可以找出 f 的结构矩阵, 记作 $M_f\in\mathcal{L}_{k\times k^s}$. 现在将 M_f 分成 k^{s-1} 块如下

$$M_f=[M_1,M_2,\cdots,M_{k^{s-1}}],$$

这里 $M_j\in\mathcal{L}_{k\times k}$, $j=1,2,\cdots,k^{s-1}$.

下面定义两组一元算子:

(i) M_j 生成的算子:

$$t_j(\delta_k^i):=M_j\delta_k^i,\quad j=1,\cdots,k^{s-1}.\qquad(10.3.2)$$

(ii) Delta 算子:

$$\triangleright_i(\delta_k^j)=\begin{cases}\delta_k^1,&j=i,\\\delta_k^k,&j\neq i.\end{cases}\qquad(10.3.3)$$

那么, 容易验证

$$f(x_1,\cdots,x_s)=\sqcup_{i_1=1}^k\sqcup_{i_2=1}^k\cdots\sqcup_{i_{s-1}=1}^k\triangleright_{i_1}(x_1)\sqcap\triangleright_{i_2}(x_2)\sqcap\cdots$$

$$\sqcap \triangleright_{i_{s-1}}(x_{s-1}) \sqcap t_{\mu(i_1,\cdots,i_{s-1})}(x_s), \tag{10.3.4}$$

这里

$$\mu(i_1,\cdots,i_{s-1}) = (i_1-1)k^{k-1} + (i_2-1)k^{k-2} + \cdots + (i_{s-2}-1)k + i_{s-1}. \qquad \square$$

注意到 (10.3.1) 给出的生成基的元素个数为 $|T_0| = k^k + 2$, 当 k 不是太小时它是一个很大的数. 因此, 找一个紧凑的生成基是一个有意义的工作. 当然, 生成基大主要是 $\Phi(k)$ 大, 因此, 我们有必要压缩它. 为此, 将其分解为

$$\Phi(k) = N(k) \cup S(k),$$

这里, $N(k)$ 是具有非奇异结构矩阵的一元映射, 而 $S(k)$ 是具有奇异结构矩阵的一元映射, 显然, $|N(k)| = k!$ 及 $|S(k)| = k^k - k!$.

首先, 简化 $N(k)$: 设 $t \in N(k)$. 则 t 的结构矩阵 M_t 是一个置换矩阵, 因此, 存在一个 $\sigma \in \mathbf{S}_k$ 使得 $M_t = M_\sigma$. 熟知[80] $\mathbf{S}_k$ 有一个生成基:

$$\{(1,2),(1,2,\cdots,k)\},$$

因此, 只需要两个元素 $\{t_i \mid i = 1,2\}$ 作为 $N(k)$ 的生成基, 这里, t_j 具有 M_{σ_i} 作为它的结构矩阵, 其中, $\sigma_1 = (1,2)$, $\sigma_2 = (1,2,\cdots,n)$. 注意, 这里把 $N(k)$ 生成基元素个数从 $k!$ 减到 2. 这两个元素是

$$\begin{aligned} \Sigma_1 &= \delta_k[2,1,3,\cdots,k]; \\ \Sigma_2 &= \delta_k[2,3,\cdots,k,1]. \end{aligned} \tag{10.3.5}$$

下面我们考虑简化 $S(k)$: 由于 $t \in S(k)$ 为奇异阵, 因此, 作为逻辑矩阵, M_t 中至多有 $k-1$ 行包括非零 (即为 1) 元素, 记各行包括 1 的个数为 $r := (r(1) \geqslant r(2) \geqslant \cdots \geqslant r(k-1))$, 那么

$$\sum_{j=1}^{k-1} r(j) = k.$$

设想我们利用 (10.3.5) 中的 Σ_1 和 Σ_2 早已生成了 $t \in N(k)$, 因此, M_t 可以用来做行置换和列置换, 从而生成所有的奇异 $M_{t'}$. 于是, 具有相同 $r = (r(1) \geqslant r(2) \geqslant \cdots \geqslant r(k-1))$ 可由任意一个 $M_{t'}$ 经 M_t 作行置换和列置换生成, 这里, $t \in N(k)$, $t' \in S(k)$.

下面设 $\mathrm{rank}(M_t) = k-1$. 忽略其行列的差异, 有唯一的 M_t 为

$$M_t = \Theta_{k-1} = \delta_k[1,1,2,3,\cdots,k-1]. \tag{10.3.6}$$

下面考虑 $\mathrm{rank}(M_t) = k - 2$. 忽略其行列的差异, 有两个 M_t 为

$$\Theta_{k-2}^1 = \delta_k[1, 1, 1, 2, 3, \cdots, k - 2];$$
$$\Theta_{k-2}^2 = \delta_k[1, 1, 2, 2, 3, \cdots, k - 2].$$

直接计算可知

$$\Theta_{k-2}^1 = \Theta_{k-1}\Theta_{k-1};$$
$$\Theta_{k-2}^2 = \Theta_{k-1}\delta_k[1, 2, 3, 3, 4, \cdots, k - 2].$$

忽略行的差异可知

$$\delta_k[1, 2, 3, 3, 4, \cdots, k - 2] \sim \Theta_{k-1}.$$

由此可见, 当 $\mathrm{rank}(M_t) = k - 2$ 时 M_t 可由 Θ_{k-1} 及 $N(k)$ 生成, 受此启发, 我们证明如下引理.

引理 10.3.1 *所有的奇异逻辑矩阵 $M_t \in \mathcal{L}_{k \times k}$ (即 $M_t \in V(k)$) 都可由 Θ_{k-1} 及 $N(k)$ 生成.*

证明 只要证明: $M_t \in \mathcal{L}_{k \times k}$ 且 $\mathrm{rank}(M_t) = s$ 能由所有的 $M_t \in \mathcal{L}_{k \times k}$ 且 $\mathrm{rank}(M_t) = s + 1$ 和 $S(k)$ 生成即可, 用数学归纳法证明, 前面已经证明过这个结论对 $s = k - 2$ 是对的, 现在设它对 $s = r, r < k - 2$ 成立, 即所有 $M_t, \mathrm{rank}(M_t) = r$ 都能被生成, 假定有一个 $M_t, \mathrm{rank}(M_t) = r - 1$ 给定, 设其为

$$\Theta_{r-1} = \delta_k \left[\underbrace{1, \cdots, 1}_{\alpha_1}, \underbrace{2, \cdots, 2}_{\alpha_2}, \cdots, \underbrace{r - 1, \cdots, r - 1}_{\alpha_{r-1}} \right],$$

这里

$$\alpha_1 \geqslant \alpha_2 \geqslant \cdots \geqslant \alpha_{r-1} > 0,$$

且

$$\sum_{i=1}^{r-1} \alpha_i = k.$$

注意到 $\alpha_1 \geqslant 2$, 否则, $\sum_{i=1}^{r-1} \alpha_i = r - 1 < k$. 构造

$$\Theta_r^1 = \delta_k \left[\underbrace{1, \cdots, 1}_{\beta_1}, \underbrace{2, \cdots, 2}_{\beta_2}, \cdots, \underbrace{r, \cdots, r}_{\beta_r} \right],$$

这里

$$\beta_1 \geqslant \beta_2 \geqslant \cdots \geqslant \beta_r > 0,$$

且

$$\sum_{i=1}^{r} \beta_i = k,$$

有 $\beta_1 \geqslant 2$. 构造

$$\Theta_r^2 = \delta_k \left[\underbrace{1, \cdots, 1}_{\alpha_1-1}, 2, \underbrace{\beta_1 + 1, \cdots, \beta_1 + 1}_{\alpha_2}, \cdots, \underbrace{\beta_1 + \beta_2 + 1, \cdots, \beta_1 + \beta_2 + 1}_{\alpha_3}, \cdots, \right.$$

$$\left. \underbrace{\beta_1 + \cdots + \beta_{r-1} + 1, \cdots, \beta_1 + \cdots + \beta_{r-1} + 1}_{\alpha_r} \right].$$

直接计算可知, Θ_r^1, $\Theta_r^2 \in \mathcal{L}_{k \times k}$, $\mathrm{rank}(\Theta_r^1) = \mathrm{rank}(\Theta_r^2) = r$, 并且

$$\Theta_{r-1} = \Theta_r^1 \Theta_r^2.$$

由此可知 $S(k)$ 可以由 $N(k)$ 以及 Θ_{k-1} 生成, 这里 Θ_{k-1} 由 (10.3.6) 定义.   □

根据以上的讨论, 可以得到有限泛代数的一个十分简洁的生成基.

定理 10.3.1   设纯泛代数 (B, T) 为一有限泛代数, $|B| = k < \infty$. 则 (B, T) 有一个一般的生成基 (B, T_0), 这里 $T_0 = (2, 2, 1, 1, 1)$, 其中 $t_1 = \sqcap$, $t_2 = \sqcup$, $t_3 = t_{\Sigma_1}$, $t_4 = t_{\Sigma_2}$ 及 $t_5 = t_{\Theta_{k-1}}$, 这里, t_{Σ_1} 为一元映射, 其结构矩阵为 Σ_1 等.

注意到, 一个约束泛代数必有一个纯泛代数作为其生成基, 于是有如下推论.

推论 10.3.1   设 (B, T, R) 为一有限约束泛代数, $|B| = k < \infty$. 则 (B, T) 有一个定义于定理 10.3.1 的一般的生成基 (B, T_0).

第 11 章　域扩张的矩阵表示

伽罗瓦 (1811—1832) 被称为历史上最富创新精神的天才数学家, 现代群论的创始人. 伽罗瓦理论直接证明了 "五次方程没有公式解" "用尺规作图三等分一个任意角、倍立方一个正方形、作与圆等面积的正方形, 是不可能的" "π, e 是超越数" 等经典数学难题. 但即使时至今日, 伽罗瓦理论对绝大多数非数学专业的学生及学者, 甚至许多数学专业的本科生, 仍是不易理解的内容. 本章的目的是利用矩阵半张量积尽可能将伽罗瓦理论矩阵化, 以便学习和应用该理论.

域的有限扩张是伽罗瓦理论的基础[98], 而矩阵半张量积将域的伽罗瓦扩张变为向量空间, 将伽罗瓦群变为矩阵群, 从而将伽罗瓦理论用矩阵的语言描述与检验.

11.1　域的有限扩张

定义 11.1.1　设 F 为一个给定域, $E = F(u_1, \cdots, u_{k-1})$ 为 F 的扩域, $[E : F] = k$, 则 E 称为 F 的有限扩张域. E 可以用一个向量空间表示:

$$E = \left\{ \sum_{i=0}^{k-1} a_i u_i \;\middle|\; a_i \in F, \forall i, u_0 := 1 \right\}. \tag{11.1.1}$$

注　上面的表示式中将基底元素作为添加元, 其实这是不必要的. 从后面讨论中可以看到, 通常添加元可以少很多. 实际上, 如果 $\mathrm{Char}(F) = 0$, 则有限扩张都可以用单扩张表示, 即添加一个元就够了[22].

例 11.1.1　考虑实数域 $\mathbb{R}$, 在它上面添加虚数单位元 i, 则得复数域 $\mathbb{C} = \mathbb{R}(i)$. 则复数域为实数域的扩张域, 且 $[\mathbb{C} : \mathbb{R}] = 2$.

记 $\mathcal{M}_{m \times n}^F$ 为 F 上的 $m \times n$ 维矩阵集合.

定义 11.1.2　F 为一个给定域, 设 $A \in \mathcal{M}_{k \times k^2}^F$. A 称为联合非奇异矩阵, 如果对任何 $0 \neq x \in F^k$, Ax 非奇异.

将 A 分割成

$$A = [A_1, A_2, \cdots, A_k],$$

这里 $A_i = A\delta_k^i \in \mathcal{M}_{k \times k}^F$. 记

$$\mu_{i_1, i_2, \cdots, i_k} := \det \left(\mathrm{Col}_1(A_{i_1}) \, \mathrm{Col}_2(A_{i_2}) \cdots \mathrm{Col}_k(A_{i_k}) \right),$$
$$i_1, \cdots, i_k = 1, 2, \cdots, k.$$

命题 11.1.1　$A \in \mathcal{M}_{k \times k^2}^F$ 是联合非奇异的, 当且仅当, 齐次多项式

$$p(x_1, \cdots, x_k) = \sum_{i_1=1}^{k} \cdots \sum_{i_k=1}^{k} \mu_{i_1, \cdots, i_k} x_{i_1} \cdots x_{i_k} \tag{11.1.2}$$

对所有 $0 \neq x \in F^k$ 均不为零.

证明　展开行列式 $\det(Ax)$ 即得.　　　　　　　　　　　　　□

例 11.1.2　设

$$A = \begin{bmatrix} 1 & 0 & 0 & 2 \\ 0 & 1 & 1 & -1 \end{bmatrix} := [A_1, A_2].$$

计算式 (11.1.2) 右边的各项.

(i) $i_1 = 1$, $i_2 = 1$:

$$\mu_{1,1} x_1 x_1 = \det\left(\begin{bmatrix} 1 & 0 \\ 0 & 1 \end{bmatrix} \right) x_1^2 = x_1^2.$$

(ii) $i_1 = 1$, $i_2 = 2$:

$$\mu_{1,2} x_1 x_2 = \det\left(\begin{bmatrix} 1 & 2 \\ 0 & -1 \end{bmatrix} \right) x_1 x_2 = -x_1 x_2.$$

(iii) $i_1 = 2$, $i_2 = 1$:

$$\mu_{2,1} x_2 x_1 = \det\left(\begin{bmatrix} 0 & 0 \\ 1 & 1 \end{bmatrix} \right) x_2 x_1 = 0.$$

(iv) $i_1 = 2$, $i_2 = 2$:

$$\mu_{2,2} x_2 x_2 = \det\left(\begin{bmatrix} 0 & 2 \\ 1 & -1 \end{bmatrix} \right) x_2 x_2 = -2x_2^2.$$

于是有

$$p(x_1, x_2) = x_1^2 - x_1 x_2 - 2x_2^2.$$

$E = F(u_1, \cdots, u_{k-1})$ 为 F 的扩域, 且 $\{u_0 = 1, u_1, \cdots, u_{k-1}\}$ 为一基底. 在向量空间表示下, E 对于加法显然是一个阿贝尔群, 加、乘法满足分配律也是显然的. 因此, 要使 E 成为一个域, 关键是乘法. 乘法 $\times : E \times E \to E$ 在向量空间表示下变为 $\times : F^k \times F^k \to F^k$, 它显然可以用矩阵半张量积表示. 设

$$u_i \times u_j = \sum_{s=0}^{k-1} f_s^{i,j} u_s, \quad i, j = 0, 1, \cdots, k-1. \tag{11.1.3}$$

构造域乘法的结构矩阵

$$
\Pi_E := \begin{bmatrix}
f_0^{0,0} & f_0^{0,1} & \cdots & f_0^{0,k-1} & f_0^{1,0} & \cdots & f_0^{k-1,k-1} \\
f_1^{0,0} & f_1^{0,1} & \cdots & f_1^{0,k-1} & f_1^{1,0} & \cdots & f_1^{k-1,k-1} \\
\vdots & \vdots & & \vdots & \vdots & & \vdots \\
f_{k-1}^{0,0} & f_{k-1}^{0,1} & \cdots & f_{k-1}^{0,k-1} & f_{k-1}^{1,0} & \cdots & f_{k-1}^{k-1,k-1}
\end{bmatrix}.
$$

设 $x, y \in E$, $x = \sum_{i=0}^{k-1} x_i u_i$, 记其为向量形式 $x = (x_1, \cdots, x_k)^{\mathrm{T}} \in F^k$. 同理有 $y = (y_1, \cdots, y_k)^{\mathrm{T}} \in F^k$. 于是有

$$
x \times y = \Pi_E x y, \quad x, y \in E. \tag{11.1.4}
$$

现在 E 是不是域就依赖于 $(E, \times)$ 是不是一个阿贝尔群.

定理 11.1.1 设 F 为一域, $E = F(u_1, \cdots, u_{k-1})$ 为 F 上的一个向量空间, 其基底为 $\{1, u_1, \cdots, u_{k-1}\}$. E 上的乘法由 (11.1.3) 确定, 乘法的结构矩阵为 Π_E. 那么, E 为一个域, 当且仅当:

(1) Π_E 联合非奇异;

(2)
$$
\Pi_E^2 = \Pi_E (I_k \otimes \Pi_E); \tag{11.1.5}
$$

(3)
$$
\Pi_E = \Pi_E W_{[k,k]}. \tag{11.1.6}
$$

证明 条件 (1) 等价于每个非零元 $x \neq 0$ 有逆; 条件 (2) 等价于结合律; 条件 (3) 等价于乘法的交换律. 因此, 这三个条件等价于 $(E, \times)$ 是一个阿贝尔群. $\square$

例 11.1.3 考察复数域与实数域, 熟知 $\mathbb{C} = \mathbb{R}(i)$. 于是 $x = a + bi$ 可以用向量 $(a, b)^{\mathrm{T}}$ 表示. 易知, 其乘积的结构矩阵为

$$
\Pi_{\mathbb{C}} = \begin{bmatrix} 1 & 0 & 0 & -1 \\ 0 & 1 & 1 & 0 \end{bmatrix}. \tag{11.1.7}
$$

容易检验 (11.1.7) 中给出的复数的乘法结构矩阵满足定理 11.1.1 中的三个条件. 我们检验第一个条件:

$$
p(x_1, x_2) = \det(\Pi_{\mathbb{C}} x) = x_1^2 + x_2^2.
$$

因此, $(x_1, x_2) \neq (0, 0)$, 则 $p(x_1, x_2) \neq 0$.

例 11.1.4 考察 $E = \mathbb{Q}(\sqrt{2}, \sqrt{3})$.

(1) 易知 E 在 $\mathbb{Q}$ 上的一个基底是: $\{1, \sqrt{2}, \sqrt{3}, \sqrt{6}\}$. 利用这个基底, 可直接计算乘法的结构矩阵如下

$$\Pi_E = \begin{bmatrix} 1 & 0 & 0 & 0 & 0 & 2 & 0 & 0 & 0 & 0 & 3 & 0 & 0 & 0 & 0 & 6 \\ 0 & 1 & 0 & 0 & 1 & 0 & 0 & 0 & 0 & 0 & 0 & 3 & 0 & 0 & 3 & 0 \\ 0 & 0 & 1 & 0 & 0 & 0 & 0 & 2 & 1 & 0 & 0 & 0 & 0 & 2 & 0 & 0 \\ 0 & 0 & 0 & 1 & 0 & 0 & 1 & 0 & 0 & 1 & 0 & 0 & 1 & 0 & 0 & 0 \end{bmatrix}. \tag{11.1.8}$$

(2) 下面检验 (11.1.8) 中给出的乘法结构矩阵满足定理 11.1.1 中的三个条件. (2) 和 (3) 的检验很简单, 下面只考虑 (1). 令 $x = (a, b, c, d)^{\mathrm{T}}$, 容易算得

$$\begin{aligned} \det(\Pi_E x) = {} & a^4 + 4b^4 + 9c^4 + 36d^4 - 4a^2 b^2 - 6a^2 c^2 \\ & - 12a^2 d^2 - 12b^2 c^2 - 24b^2 d^2 - 36c^2 d^2 + 48abcd. \end{aligned}$$

对上式作因式分解可得

$$\begin{aligned} \det(\Pi_E x) = {} & (a + b\sqrt{2}b + \sqrt{3}c + \sqrt{6}d)(a + b\sqrt{2}b - \sqrt{3}c - \sqrt{6}d) \\ & \cdot (a - b\sqrt{2}b + \sqrt{3}c - \sqrt{6}d)(a - b\sqrt{2}b - \sqrt{3}c + \sqrt{6}d). \end{aligned}$$

由于每一个因子都是 $\{1, \sqrt{2}, \sqrt{3}, \sqrt{6}\}$ 的一个线性组合, 因此, $\det(\Pi_E x) \neq 0$, $\forall (a, b, c, d)^{\mathrm{T}} \neq \mathbf{0}_4$.

(3) 令 $x = 1 + \sqrt{2} - \sqrt{3} - \sqrt{6}$. 在向量形式下有 $x = (1, 1, -1, -1)^{\mathrm{T}}$. 于是

$$x^{-1} = (T_E x)^{-1} \delta_4^1 = (0.5, -0.5, 0.5, -0.5)^{\mathrm{T}}.$$

返回到数量形式, 即得

$$x^{-1} = 0.5 - 0.5\sqrt{2} + 0.5\sqrt{3} - 0.5\sqrt{6}.$$

作为一种约定, 扩张域基底的第一个元素选为 1, 它张成的就是原始域 F. 于是有以下结果.

命题 11.1.2   设 E 为 F 的扩张域, 且 $[E : F] = k$, 那么, 记 E 的乘法矩阵

$$\Pi_E = [\Pi_E^1, \Pi_E^2, \cdots, \Pi_E^k] \in \mathcal{M}_{k \times k^2}.$$

满足以下条件:

(1) $$\Pi_E^1 = I_k. \tag{11.1.9}$$

(2) $$\mathrm{Col}_1(\Pi_E^s) = \delta_k^s, \quad s = 1, 2, \cdots, k. \tag{11.1.10}$$

一个有趣的问题是: 在实数域 $\mathbb{R}$ 上添加 i 可以得到复数域 $\mathbb{C}$, 那么在复数域 $\mathbb{C}$ 上能否添加上什么元素而得到新的数域呢? 下面用前面的理论回答这个问题.[①]

定理 11.1.2 复数域不存在有限扩域.

证明 用反证法, 设 $[E:\mathbb{C}] = k$ 为有限扩张, Π_E 为 E 上乘法的结构矩阵. 选 $x = \left(a, \underbrace{1, \cdots, 1}_{k-1} \right)^{\mathrm{T}}$, 则由命题 11.1.2 及等式 (11.1.2) 可知

$$\det(\Pi_E x) = a^k + \mathrm{LOT}(a) := 0, \tag{11.1.11}$$

这里 $\mathrm{LOT}(a)$ 指的低阶项. 由代数基本定理可知, 方程 (11.1.11) 必有解 a_0, 于是 $\left(a_0, \underbrace{1, \cdots, 1}_{k-1} \right)^{\mathrm{T}}$ 没有唯一的逆. 故复数域不存在有限扩域. $\square$

注 类似上述证明可以得到, $\mathbb{R}$ 没有 $2k+1$ 维扩张, 因方程 (11.1.11) 必有实数解. 因此, 不会有 "三维复数". 但上述方法不能证明 $\mathbb{R}$ 没有 $2k$ 维扩张.

11.2 伽罗瓦群

设 E 为 F 的有限扩域, H 为一中间域, $F \subset H \subset E$. 设 $[E:H] = q$, $[H:F] = p$, $[E:F] = k = pq$. 于是, H 是 F 上的 p 维线性空间, 设其基底为 $\Xi = (1, \xi_1, \cdots, \xi_{p-1})^{\mathrm{T}}$. 同样, E 是 H 上的 q 维线性空间, 设其基底为 $\eta = (1, \eta_1, \cdots, \eta_{q-1})^{\mathrm{T}}$. 那么, 不难验证以下结论.

命题 11.2.1 设 $F \subset H \subset E$, $[E:H] = q$, $[H:F] = p$, 且 Ξ 是 H 在 F 上的一组基, Θ 是 E 在 H 上的一组基, 那么, $\Theta \ltimes \Xi$ 是 E 在 F 上的一组基, 并且在这组基下有:

(1)

$$\Pi_{E/F} = \begin{bmatrix} \Pi_{H/F} & * \\ 0 & * \end{bmatrix}. \tag{11.2.1}$$

(2) 如果 H 是 E 的一个线性子空间, 那么, H 是中间域, 当且仅当, $\Pi_{E/F}$ 有块上三角形式

$$\Pi_{E/F} = \begin{bmatrix} A & * \\ 0 & * \end{bmatrix}. \tag{11.2.2}$$

[①] 文献 [9] 中提到魏尔斯特拉斯在 1861 年证明: 有限个基元的实系数或复系数线性代数, 如果要服从乘法定律和乘法交换律, 就只有实数代数和复数代数. 这就从数学上严格证明了为什么哈密顿寻求 "三维复数" 的努力是徒劳的.

并且, $A = \Pi_{H/F}$.

定义 11.2.1 (i) 设 F, G 为两给定域, $\pi : F \to G$ 称为一个域同态, 如果

$$
\begin{aligned}
\pi(a + b) &= \pi(a) + \pi(b), \\
\pi(c \times d) &= \pi(c) \times \pi(d), \quad a,\, b,\, c,\, d \in F.
\end{aligned}
\tag{11.2.3}
$$

(ii) 一个域同态 π 称为一个域同构, 如果它是一对一且映上的.

注 在 (11.2.3) 中, 我们对两个域使用相同的运算记号 $\{+, \times\}$, 实际上, 在其左右两边, 这些运算符号代表的是不同域上的运算.

定义 11.2.2 (i) 设 F 为一给定域, 一个域同构 $T : F \to F$ 称为自同构. F 上所有自同构集合记作 $\mathrm{Aut}(F)$;

(ii) 设 F 为一给定域, E 为 F 的扩域. 对这个扩域的伽罗瓦群是指 $\mathrm{Aut}(E)$ 中使 F 不变的自同构集合, 记作 $\mathrm{Gal}(E/F)$. 换言之,

$$
\mathrm{Gal}(E/F) = \{\sigma \in \mathrm{Aut}(E) \,|\, \sigma(a) = a,\, \forall a \in F\}.
\tag{11.2.4}
$$

注 不难验证, $\mathrm{Aut}(E)$ 和 $\mathrm{Gal}(E/F)$ 都是群, 并且, $\mathrm{Gal}(E/F)$ 是 $\mathrm{Aut}(E)$ 的子群, 即

$$
\mathrm{Gal}(E/F) < \mathrm{Aut}(E).
\tag{11.2.5}
$$

注意到基底的选择, 即 $B_E = \{1, u_1, \cdots, u_{k-1}\}$, 则在这个基底下有

$$
G = \begin{bmatrix} 1 & A \\ 0 & B \end{bmatrix},
\tag{11.2.6}
$$

这里 $B \in \mathrm{GL}(F, k-1)$.

但是, (11.2.6) 只是一个必要条件, 满足 (11.2.6) 不足以保证是一个伽罗瓦群的元素. 这是因为 $u_1, u_2, \cdots, u_{k-1}$ 不是一些独立变量. 例如, 回忆例 11.1.4, 那里: $\sqrt{6} = \sqrt{2}\sqrt{3}$. 域同构要考虑这些非线性的联系.

下面考虑一系列嵌套的有限扩域.

$$
F \subset H_1 \subset H_2 \subset \cdots \subset H_{s-1} \subset E.
$$

为了叙述方便, 记 $F := H_0$, $E := H_s$. 令一步扩张为

$$
H_t = H_{t-1}(u_1^t, \cdots, u_{k_t-1}^t), \quad t = 1, \cdots, s,
$$

且

$$
[H_t : H_{t-1}] = k_t, \quad t = 1, \cdots, s.
\tag{11.2.7}
$$

又令

$$
u_0^t = 1, \quad t = 0, 1, \cdots, s.
$$

注意到对每个 $t = 1, 2, \cdots, s$, H_t 的一个基底是

$$B_t := \left\{ u_{i_t}^t u_{i_{t-1}}^{t-1} \cdots u_{i_1}^1 \mid i_\lambda = 1, \cdots, k_\lambda - 1, \ \lambda = 0, 1, \cdots, t \right\}, \tag{11.2.8}$$
$$t = 1, 2, \cdots, s.$$

对于这样生成的基底 B_s, 不难发现 H_t 的构造.

命题 11.2.2 在由 (11.2.8) 定义的基底 B_t 下:

(i)

$$\dim(H_t) = \begin{cases} 1, & t = 0, \\ k^t = k_t k_{t-1} \cdots k_1, & t \geqslant 1. \end{cases} \tag{11.2.9}$$

(ii)

$$H_t = \operatorname{span}\left\{ \operatorname{Col}\left(\begin{bmatrix} I_{k^t} \\ 0 \end{bmatrix} \right) \right\}, \quad t = 1, \cdots, s. \tag{11.2.10}$$

(iii) 如果 $G_t \in \operatorname{Gal}(E/H_t)$, 那么

$$G_t = \begin{bmatrix} I_{k^t} & A_t \\ 0 & B_t \end{bmatrix} \in \operatorname{GL}(k, H_{k_t}), \quad t = 1, 2, \cdots, s. \tag{11.2.11}$$

注意到由 $\{G_i \mid i = 0, 1, \cdots, s\}$ 的构造可知如下推论.

推论 11.2.1

(1) $$G_0 = \operatorname{Aut}(E); \quad G_s = \{I_s\}. \tag{11.2.12}$$

(2) $$G_s < G_{s-1} < \cdots < G_1 < G_0. \tag{11.2.13}$$

定义 11.2.3 一个群 G 称为可解的, 如果存在一个序列

$$G_0 = \{e\} \lhd G_1 \lhd \cdots \lhd G_s = G,$$

这里 G_i 是 G_{i+1} 的正规子群, $i = 0, 1, \cdots, s - 1$. 并且, 商群

$$G_{i+1}/G_i, \quad i = 0, 1, \cdots, s - 1$$

为一组阿贝尔群.

如果 G 是一个阿贝尔群, 那么, 它所有的子群都是正规子群、商群都是阿贝尔群. 因此, 任何一个阿贝尔群都是可解的.

下面给一个不是阿贝尔群但是可解群的例子.

例 11.2.1 置换群 $\mathbf{S}_4$ 是一个可解群. 要证明这一点, 定义一个子群

$$B = \{e, (12)(34), (13)(24), (14)(23)\},$$

直接计算就可检验 B 是一个子群. 利用它, 可以构造一个子群列

$$\{e\} < B < \mathbf{A}_4 < \mathbf{S}_4. \tag{11.2.14}$$

这里 $\mathbf{A}_4$ 是交错群. 先证明它是正规子群列, $\{e\} \lhd B$ 是显然的. 容易证明, 如果 $H < G$ 且 $[G : H] = 2$, 则 $H \lhd G$. 这是因为, 一共只有两个陪集, H 和 $G\backslash H$, 于是 $G\backslash H$ 既是唯一异于 H 的左陪集, 也是唯一异于 H 的右陪集, 故相等. 利用这个事实可知, $B \lhd \mathbf{A}_4$ 及 $\mathbf{A}_4 \lhd \mathbf{S}_4$.

最后证明商群是阿贝尔群. $B/\{e\} = B$. 直接验证即知它是阿贝尔群. 另外, 如果 $|G| = 2$, 则 G 是阿贝尔群. 因此, $\mathbf{A}_4/B$ 及 $\mathbf{S}_4/\mathbf{A}_4$ 均为阿贝尔群.

注 (i) 不难证明, 可解群的子群也可解. 利用后面的伽罗瓦定理可知, 每个四次方程的根都可以用根式表示. 这是四次方程有公式解的必要条件.

(ii) $\mathbf{S}_n$ ($n \geqslant 5$) 是不可解的, 这也是五次 (及五次以上) 方程没有公式解的原因[4].

定义 11.2.4 (1) 设 $f(x)$ 为域 F 上的 n 次多项式, $n \geqslant 1$, E/F 为一有限扩张, 如果 $f(x) \in E(x)$ 有分解 $f(x) = c(x - r_1)(x - r_2) \cdots (x - r_n)$, 其中 $c \in F$, $r_i \in E$, $i = 1, 2, \cdots, n$, 并且 $E = F(r_1, r_2, \cdots, r_n)$, 则 E 称为 $f(x)$ 在 F 上的分裂域.

(2) $f(x) \in F[x]$ 称为可分的, 如果它的每一个不可约因子均无重根.

命题 11.2.3[22] 设 $f(x)$ 为域 F 上的正次数多项式, E 为 $f(x)$ 在 F 上的分裂域, 则 $|\mathrm{Gal}(E/F)| \leqslant [E : F]$. 如果 $f(x)$ 是可分的, 则

$$|\mathrm{Gal}(E/F)| = [E : F]. \tag{11.2.15}$$

定义 11.2.5 设 E 为 F 的有限扩张域.

(1) 如果对每个 $u \in E$, u 的最小多项式都是可分的, 则 E 称为 F 的可分扩张.

(2) 如果对每个 $u \in E$, u 的最小多项式的根都属于 E, 则 E 称为 F 的正规扩张.

(3) 如果 E 既是 F 的可分扩张, 又是 F 的正规扩张, 则称 E 为 F 的伽罗瓦扩张.

注[22] (i) 如果 $\mathrm{Char}(F) = 0$, 则任何一个代数扩张均为可分扩张.

(ii) 如果 E 是 F 上某个可分多项式的分裂域, 则 E/F 为有限伽罗瓦扩张.

因此, 如果 $F = \mathbb{Q}$, E 是某个 $f(x) \in F(x)$ 上的分裂域, 则它必为有限伽罗瓦扩张.

11.3 伽罗瓦基本定理

设 E 为 F 的有限伽罗瓦扩张, $G = \mathrm{Gal}(E/F)$. 记

(i) G 的子群集合

$$\Omega := \{\Theta \,|\, \Theta < G\}.$$

(ii) 中间域集合

$$\Gamma := \{H \,|\, F \subset H \subset E\}.$$

为探讨 G 的子群集合和 $F \subset E$ 的中间域集合的关系, 定义它们之间的两个映射:

(i) $\mathrm{Gal}(E/-) : \Gamma \to \Omega$ 定义为

$$\mathrm{Gal}(E/-) : \ H \mapsto \mathrm{Gal}(E/H).$$

(ii) $\mathrm{Inv} : \Omega \to \Gamma$ 定义为

$$\mathrm{Inv} : \Theta \mapsto \{a \in E \,|\, \Theta(a) = a\}.$$

定义 11.3.1 (i) 设 $\Theta < G, \Theta' < G$ 为 G 的两个子群, Θ 和 Θ' 称为两个共轭子群, 如果存在 $g \in G$, 使得

$$g\Theta g^{-1} = \Theta'.$$

(ii) 设 $F \subset M \subset E, F \subset M' \subset E$ 为 $F \subset E$ 的两个中间域, M 和 M' 称为两个共轭的中间域, 如果存在 $\sigma \in \mathrm{Gal}(E/F)$, 使得

$$M' = \sigma(M).$$

定理 11.3.1(伽罗瓦基本定理[22]) 设 E/F 为有限伽罗瓦扩张, $G = \mathrm{Gal}(E/F)$, 则

(i) $\mathrm{Gal}(E/-) : \Omega \to \Gamma$ 和 $\mathrm{Inv} : \Gamma \to \Omega$ 是互逆的反序映射, 即

互逆:

$$\mathrm{Inv}(\mathrm{Gal}(E/M)) = M, \quad \forall M \in \Omega. \tag{11.3.1}$$
$$\mathrm{Gal}(E/\,\mathrm{Inv}(H)) = H, \quad \forall H \in \Gamma. \tag{11.3.2}$$

反序: 如果 $M_1, M_2 \in \Omega$ 且 $M_1 \subset M_2$, 那么

$$\mathrm{Gal}(E/M_2) < \mathrm{Gal}(E/M_1). \tag{11.3.3}$$

如果 $H_1, H_2 \in \Gamma$ 且 $H_1 < H_2$, 那么

$$\mathrm{Inv}(H_2) \subset \mathrm{Inv}(H_1). \tag{11.3.4}$$

(ii) G 的子群 H 和 H' 是共轭的, 当且仅当 $\mathrm{Inv}(H)$ 和 $\mathrm{Inv}(H')$ 是共轭的.

(iii) G 的子群 $H \lhd G$, 当且仅当 $\mathrm{Inv}(H)/F$ 为正规扩张, 在此情况下有

$$\mathrm{Gal}(\mathrm{Inv}(H)/F) \equiv G/H. \tag{11.3.5}$$

下面用一个例子来验证上述定理.

例 11.3.1　考察 $f(x) = x^4 - 2 \in \mathbb{Q}[x]$. 它的四个根为 $\pm\sqrt[4]{2}, \pm\sqrt[4]{2}\,i$. $f(x)$ 在 $\mathbb{Q}$ 上的分裂域为 E.

(1) 寻找分裂域:

显然
$$E = F(\pm\sqrt[4]{2}, \pm\sqrt[4]{2}\,i) = F(\sqrt[4]{2}, i).$$

因此
$$\begin{aligned} [E : \mathbb{Q}] &= \left[\mathbb{Q}(\sqrt[4]{2},\ i) : \mathbb{Q}(\sqrt[4]{2})\right]\left[\mathbb{Q}(\sqrt[4]{2}) : \mathbb{Q}\right] \\ &= 2 \times 4 = 8. \end{aligned}$$

根据命题 11.2.3, 有
$$|\mathrm{Gal}(E/F)| = 8.$$

先将 $\mathrm{Gal}(E/F)$ 的八个元素找出来. 找的方法通常是这样的: 设 $\sigma \in \mathrm{Gal}(E/F)$, $u \in E\backslash\{F\}$, 且 u 的最小多项式为 $f(x)$, 那么, $\sigma(u)$ 也是 $f(x)$ 的根. 现在考虑 i: 它的最小多项式为 $x^2 + 1 = 0$, 因此, $\sigma(i) = \pm i$. $\sqrt[4]{2}$ 的最小多项式为 $x^4 - 2 = 0$, 因此, $\sigma(\sqrt[4]{2}) \in \{\pm\sqrt[4]{2}, \pm\sqrt[4]{2}\,i\}$. 取 E 的基底为

$$B_E = \begin{bmatrix} 1 \\ \sqrt[4]{2} \\ \sqrt{2} \\ \sqrt[4]{8} \end{bmatrix}\begin{bmatrix} 1 \\ i \end{bmatrix},$$

那么, 容易得到 8 个元素为:

(i) σ_1: $i \to i$; $\sqrt[4]{2} \to \sqrt[4]{2}$. 于是, 在矩阵形式下有
$$\sigma_1 = I_8.$$

(ii) σ_2: $i \to i$; $\sqrt[4]{2} \to \sqrt[4]{2}\,i$:

$$\sigma_2 = \begin{bmatrix} 1 & 0 & 0 & 0 & 0 & 0 & 0 & 0 \\ 0 & 1 & 0 & 0 & 0 & 0 & 0 & 0 \\ 0 & 0 & 0 & -1 & 0 & 0 & 0 & 0 \\ 0 & 0 & 1 & 0 & 0 & 0 & 0 & 0 \\ 0 & 0 & 0 & 0 & -1 & 0 & 0 & 0 \\ 0 & 0 & 0 & 0 & 0 & -1 & 0 & 0 \\ 0 & 0 & 0 & 0 & 0 & 0 & 0 & 1 \\ 0 & 0 & 0 & 0 & 0 & 0 & -1 & 0 \end{bmatrix}.$$

(iii) σ_3: $i \to i$; $\sqrt[4]{2} \to -\sqrt[4]{2}$:

$$\sigma_3 = \begin{bmatrix} 1 & 0 & 0 & 0 & 0 & 0 & 0 & 0 \\ 0 & 1 & 0 & 0 & 0 & 0 & 0 & 0 \\ 0 & 0 & -1 & 0 & 0 & 0 & 0 & 0 \\ 0 & 0 & 0 & -1 & 0 & 0 & 0 & 0 \\ 0 & 0 & 0 & 0 & 1 & 0 & 0 & 0 \\ 0 & 0 & 0 & 0 & 0 & 1 & 0 & 0 \\ 0 & 0 & 0 & 0 & 0 & 0 & -1 & 0 \\ 0 & 0 & 0 & 0 & 0 & 0 & 0 & -1 \end{bmatrix}.$$

(iv) σ_4: $i \to i$; $\sqrt[4]{2} \to -\sqrt[4]{2}\,i$:

$$\sigma_4 = \begin{bmatrix} 1 & 0 & 0 & 0 & 0 & 0 & 0 & 0 \\ 0 & 1 & 0 & 0 & 0 & 0 & 0 & 0 \\ 0 & 0 & 0 & 1 & 0 & 0 & 0 & 0 \\ 0 & 0 & -1 & 0 & 0 & 0 & 0 & 0 \\ 0 & 0 & 0 & 0 & -1 & 0 & 0 & 0 \\ 0 & 0 & 0 & 0 & 0 & -1 & 0 & 0 \\ 0 & 0 & 0 & 0 & 0 & 0 & 0 & -1 \\ 0 & 0 & 0 & 0 & 0 & 0 & 1 & 0 \end{bmatrix}.$$

(v) σ_5: $i \to -i$; $\sqrt[4]{2} \to \sqrt[4]{2}$:

$$\sigma_5 = \begin{bmatrix} 1 & 0 & 0 & 0 & 0 & 0 & 0 & 0 \\ 0 & -1 & 0 & 0 & 0 & 0 & 0 & 0 \\ 0 & 0 & 1 & 0 & 0 & 0 & 0 & 0 \\ 0 & 0 & 0 & -1 & 0 & 0 & 0 & 0 \\ 0 & 0 & 0 & 0 & 1 & 0 & 0 & 0 \\ 0 & 0 & 0 & 0 & 0 & -1 & 0 & 0 \\ 0 & 0 & 0 & 0 & 0 & 0 & 1 & 0 \\ 0 & 0 & 0 & 0 & 0 & 0 & 0 & -1 \end{bmatrix}.$$

(vi) σ_6: $i \to -i$; $\sqrt[4]{2} \to -\sqrt[4]{2}$:

$$\sigma_6 = \begin{bmatrix} 1 & 0 & 0 & 0 & 0 & 0 & 0 & 0 \\ 0 & -1 & 0 & 0 & 0 & 0 & 0 & 0 \\ 0 & 0 & -1 & 0 & 0 & 0 & 0 & 0 \\ 0 & 0 & 0 & 1 & 0 & 0 & 0 & 0 \\ 0 & 0 & 0 & 0 & 1 & 0 & 0 & 0 \\ 0 & 0 & 0 & 0 & 0 & -1 & 0 & 0 \\ 0 & 0 & 0 & 0 & 0 & 0 & -1 & 0 \\ 0 & 0 & 0 & 0 & 0 & 0 & 0 & 1 \end{bmatrix}.$$

(vii) σ_7: $i \to -i$; $\sqrt[4]{2} \to \sqrt[4]{2}\, i$:

$$\sigma_7 = \begin{bmatrix} 1 & 0 & 0 & 0 & 0 & 0 & 0 & 0 \\ 0 & -1 & 0 & 0 & 0 & 0 & 0 & 0 \\ 0 & 0 & 0 & 1 & 0 & 0 & 0 & 0 \\ 0 & 0 & 1 & 0 & 0 & 0 & 0 & 0 \\ 0 & 0 & 0 & 0 & -1 & 0 & 0 & 0 \\ 0 & 0 & 0 & 0 & 0 & 1 & 0 & 0 \\ 0 & 0 & 0 & 0 & 0 & 0 & 0 & -1 \\ 0 & 0 & 0 & 0 & 0 & 0 & -1 & 0 \end{bmatrix}.$$

(viii) σ_8: $i \to -i$; $\sqrt[4]{2} \to -\sqrt[4]{2}\, i$:

$$\sigma_8 = \begin{bmatrix} 1 & 0 & 0 & 0 & 0 & 0 & 0 & 0 \\ 0 & -1 & 0 & 0 & 0 & 0 & 0 & 0 \\ 0 & 0 & 0 & -1 & 0 & 0 & 0 & 0 \\ 0 & 0 & -1 & 0 & 0 & 0 & 0 & 0 \\ 0 & 0 & 0 & 0 & -1 & 0 & 0 & 0 \\ 0 & 0 & 0 & 0 & 0 & 1 & 0 & 0 \\ 0 & 0 & 0 & 0 & 0 & 0 & 0 & 1 \\ 0 & 0 & 0 & 0 & 0 & 0 & 1 & 0 \end{bmatrix}.$$

(2) 寻找 $\mathrm{Gal}(E/F)$ 的子群:

令 $I = I_2$,

$$J = \begin{bmatrix} 0 & -1 \\ 1 & 0 \end{bmatrix}; \quad K = \begin{bmatrix} 0 & 1 \\ 1 & 0 \end{bmatrix}; \quad S = \begin{bmatrix} 1 & 0 \\ 0 & -1 \end{bmatrix},$$

则 σ_i 可以表示成直和的形式如下

$$\begin{aligned} \sigma_1 &= I \uplus I \uplus I \uplus I; & \sigma_2 &= I \uplus J \uplus (-I) \uplus (-J); \\ \sigma_3 &= I \uplus (-I) \uplus I \uplus (-I); & \sigma_4 &= I \uplus (-J) \uplus (-I) \uplus J; \\ \sigma_5 &= S \uplus S \uplus S \uplus S; & \sigma_6 &= S \uplus (-S) \uplus S \uplus (-S); \\ \sigma_7 &= S \uplus K \uplus (-S) \uplus (-K); & \sigma_8 &= S \uplus -K \uplus (-S) \uplus K. \end{aligned}$$

容易检验: $\mathrm{Gal}(E/F)$ 有 3 个四阶子群:

$$H_1 = \{\sigma_1, \sigma_2, \sigma_3, \sigma_4\};$$

$$H_2 = \{\sigma_1, \sigma_3, \sigma_5, \sigma_6\};$$

$$H_3 = \{\sigma_1, \sigma_3, \sigma_7, \sigma_8\}.$$

因 $[E : H_i] = 2$, $i = 1, 2, 3$, 它们当然都是正规子群.

　　$\mathrm{Gal}(E/F)$ 有 5 个二阶子群:

$$H_4 = \{\sigma_1, \sigma_3\}; \quad H_5 = \{\sigma_1, \sigma_5\}; \quad H_6 = \{\sigma_1, \sigma_6\};$$

$$H_7 = \{\sigma_1, \sigma_7\}; \quad H_8 = \{\sigma_1, \sigma_8\}.$$

只有 H_4 是正规子群.

　　(3) 寻找 E 的子域:

　　显然

$$F_0 := \mathrm{Inv}(H_0) := \mathrm{Inv}(G) = F,$$

$$F_9 := \mathrm{Inv}(H_9) := \mathrm{Inv}(\{e\}) = E.$$

注意到

$$\mathrm{Inv}(I) = \mathrm{span}\left\{ \begin{pmatrix} 1 \\ 0 \end{pmatrix}, \begin{pmatrix} 1 \\ 0 \end{pmatrix} \right\},$$

$$\mathrm{Inv}(-I) = \{0\},$$

$$\mathrm{Inv}(J) = \{0\},$$

$$\mathrm{Inv}(-J) = \{0\},$$

$$\mathrm{Inv}(K) = \mathrm{span}\left\{ \begin{pmatrix} 1 \\ 1 \end{pmatrix} \right\},$$

$$\mathrm{Inv}(-K) = \mathrm{span}\left\{ \begin{pmatrix} 1 \\ -1 \end{pmatrix} \right\},$$

$$\mathrm{Inv}(S) = \mathrm{span}\left\{ \begin{pmatrix} 1 \\ 0 \end{pmatrix} \right\},$$

$$\mathrm{Inv}(-S) = \mathrm{span}\left\{ \begin{pmatrix} 0 \\ 1 \end{pmatrix} \right\},$$

则

　　(i) $$F_1 = \mathrm{Inv}(H_1) = \mathrm{span}\left\{ \delta_8^1, \delta_8^2 \right\},$$

即

$$F_1 = F(i).$$

　　(ii) $$F_2 = \mathrm{Inv}(H_2) = \mathrm{span}\left\{ \delta_8^1, \delta_8^5 \right\},$$

即

$$F_2 = F(\sqrt{2}).$$

(iii)
$$F_3 = \mathrm{Inv}(H_3) = \mathrm{span}\left\{\delta_8^1, \delta_8^6\right\},$$

即

$$F_3 = F(\sqrt{2}\, i).$$

(iv)
$$F_4 = \mathrm{Inv}(H_4) = \mathrm{span}\left\{\delta_8^1, \delta_8^2, \delta_8^5, \delta_8^6\right\},$$

即

$$F_4 = F(i, \sqrt{2}).$$

(v)
$$F_5 = \mathrm{Inv}(H_5) = \mathrm{span}\left\{\delta_8^1, \delta_8^3, \delta_8^5, \delta_8^7\right\},$$

即

$$F_5 = F(\sqrt[4]{2}).$$

(vi)
$$F_6 = \mathrm{Inv}(H_6) = \mathrm{span}\left\{\delta_8^1, \delta_8^4, \delta_8^5, \delta_8^8\right\},$$

即

$$F_6 = F(\sqrt[4]{2}\, i).$$

(vii)
$$F_7 = \mathrm{Inv}(H_7) = \mathrm{span}\left\{\delta_8^1, \delta_8^3 + \delta_8^4, \delta_8^6, \delta_8^7 - \delta_8^8\right\},$$

即

$$F_7 = F(\sqrt[4]{2}(1 + i)).$$

(viii)
$$F_8 = \mathrm{Inv}(H_8) = \mathrm{span}\left\{\delta_8^1, \delta_8^3 + \delta_8^4, \delta_8^6, \delta_8^7 - \delta_8^8\right\},$$

即

$$F_8 = F(\sqrt[4]{2}(1 - i)).$$

(4) 正规子群与正规扩张: H_i 是正规子群, 当且仅当, F_i 是正规扩张. 例如,

(i) $H_4 \lhd \mathrm{Gal}(E/\mathbb{Q})$. 考虑 F_4, 不难看出, F_4 是 $f(x) = x^4 - 4$ 在 F 上的分裂域, 所以它是正规扩张.

(ii) $H_7 < \mathrm{Gal}(E/\mathbb{Q})$ 不是正规子群, 则 F_7 也不是正规扩张. 例如, $\sqrt[4]{2}(1+i) \in F_7$ 满足 $x^4 + 8 = 0$, 但 $x^4 + 8 = 0$ 的其他根不在 F_7 内.

(5) 共轭子群与共轭中间域:

$$\sigma : H_i \to H_j$$

共轭, 当且仅当, $\sigma F_i \to F_j$ 共轭, 即 $\sigma(F_i) = F_j$.

令

$$\xi := \begin{bmatrix} 0 & 1 \\ -1 & 0 \end{bmatrix}; \quad \eta := \begin{bmatrix} 1 & 0 \\ 0 & -1 \end{bmatrix}.$$

则

$$\xi S \xi^{-1} = -S; \quad \eta K \eta^{-1} = -K.$$

(i) 定义

$$\sigma = I \uplus \xi \uplus I \uplus \xi,$$

则

$$\sigma \sigma_5 \sigma^{-1} = \sigma_6.$$

因此 H_5 与 H_6 共轭, 即

$$\sigma H_5 \sigma^{-1} = H_6.$$

不难验证

$$\sigma(F_5) = F_6.$$

(ii) 定义

$$\mu = I \uplus \eta \uplus I \uplus \eta.$$

则

$$\eta \sigma_7 \eta^{-1} = \sigma_8.$$

因此 H_7 与 H_8 共轭, 即

$$\eta H_7 \eta^{-1} = H_8.$$

不难验证

$$\sigma(F_7) = F_8.$$

但 H_5 与 H_7 不共轭, 亦即 F_5 与 F_7 不共轭.

注意, 在矩阵表示下, 设 $\sigma(H_i)\sigma^{-1} = H_j$, 则显然有

$$H_j \sigma(F_i) = \sigma H_i \sigma^{-1} [\sigma(F_i)] = \sigma F_i,$$

即

$$\sigma F_i = \mathrm{Inv}(H_j) = F_j.$$

反之亦然.

图 11.3.1 给出了 $\mathrm{Gal}(E/F)$ 的子群的包含关系.

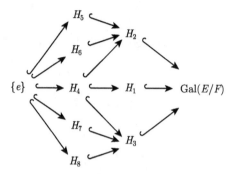

图 11.3.1   Gal(E/F) 的子群的包含关系

图 11.3.2 给出了 $F \subset E$ 的中间域的包含关系.

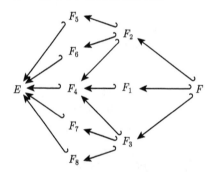

图 11.3.2 $F \subset E$ 的中间域的包含关系

11.4   伽罗瓦大定理

定理 11.4.1 (伽罗瓦大定理[22])   设域 F 的特征数为 0. $f(x)$ 为 F 上的 n ($n \geqslant 1$) 次多项式. E 为 $f(x)$ 的分裂域 (即包含 $f(x)$ 所有根的最小扩域). $f(x)$ 的全部根可以用根式表示, 当且仅当 Gal(E/F) 可解.

作为应用的例子, 我们详细说明为什么五次方程没有一般的公式解.

为了达到这个目的, 我们需要证明以下两个事实.

事实一: 交错群 $\mathbf{A}_n$ ($n \geqslant 5$) 是单群.

一个群 G 如果除了 $\{e\}$ 和自身外, 没有其他子群称为单群.

定义 11.4.1   给定一个群 G.

(i) G 的中心 $Z(G)$ 定义为

$$Z(G) = \{x \in G \,|\, xy = yx, \, \forall \, y \in G\}.$$

(ii) 设 $A \subset G$, A 的中心化子 $Z_G(A)$ 定义为

$$Z_G(A) = \{g \,|\, ga = ag, \; \forall \, a \in A\}.$$

容易证明 $Z(G) \lhd G$. $Z_G(A) < G$.

例 11.4.1 设 G 为一个群. G 中具有如下形式的元素称为一个交换子: $a^{-1}b^{-1}ab$. 记由交换子生成的群为 C. C 称为交换子群. 交换子群是一个正规子群, 即 $C \lhd G$.

注意, 交换子的逆还是个交换子. 因此, 交换子生成的群就是交换子的有限积的集合, 即

$$C = \left\{ \prod_{i=1}^{k} a_i^{-1}b_i^{-1}a_ib_i \;\middle|\; k < \infty, a_i, b_i \in G \right\}.$$

要证明 $C \lhd G$, 只要证对任意 $g \in G$ 有

$$g^{-1} \prod_{i=1}^{k} a_i^{-1}b_i^{-1}a_ib_i g \in C$$

即可. 而这又等价于对任意一个交换子 $a^{-1}b^{-1}ab$,

$$g^{-1}a^{-1}b^{-1}abg \in C$$

成立. 显然

$$g^{-1}(a^{-1}b^{-1}ab)g = (ag)^{-1}b^{-1}(ag)b(b^{-1}g^{-1}bg) \in C.$$

命题 11.4.1 (1) 设 $H < G$, 如果 H 包含 G 的所有交换子, 则 $H \lhd G$.

(2) 设 $H \lhd G$, G/H 是阿贝尔群, 当且仅当 H 包含 G 的所有交换子.

证明 (1) 任选 $a \in G$. 因为 $aha^{-1}h^{-1} \in H$, 所以 $aha^{-1} \in H$, 即 $H \lhd G$.

(2) 任选 $a, b \in G$, $(Ha)(Hb) = Hab$, $(Hb)(Ha) = Hba$, $Hab = Hba$, 当且仅当 $ab(ba)^{-1} = aba^{-1}b^{-1} \in H$. $\qquad\square$

下面考虑 $\mathbf{S}_n$. 设 $\sigma \in \mathbf{S}_n$, 将 σ 写成不相交元素组的轮换式, 设长度为 1 的轮换 r_1 个, 长度为 2 的轮换 r_2 个, $\cdots$, 长度为 n 的轮换 r_n 个, 则称它具有 $(r_1, r_2, \cdots, r_n)$ 型置换. 例如

$$\sigma = \begin{pmatrix} 1 & 2 & 3 & 4 & 5 & 6 & 7 & 8 \\ 1 & 5 & 8 & 2 & 7 & 6 & 4 & 3 \end{pmatrix} \in \mathbf{S}_8,$$

σ 可写成 $\sigma = (2574)(38)$, 它的置换型为 $(2,1,0,1,0,0,0,0)$. 容易看出, 置换型是唯一的.

群 G 中的两个元素 a, b 称为共轭, 如果存在 $g \in G$, 使得 $gag^{-1} = b$.

引理 11.4.1 $\sigma_1, \sigma_2 \in \mathbf{S}_n$ 共轭, 当且仅当, 它们的置换型相同.

证明   设 $\sigma_2 = \tau\sigma_1\tau^{-1}$. $\sigma_1 = c_1 \circ \cdots \circ c_t$, 其中 $c_i = (\sigma_1^i \cdots \sigma_{k_i}^i)$ $(i = 1, \cdots, t)$ 为长度为 k_i 的轮换. 那么, $\tau\sigma_1\tau^{-1} = d_1 \circ \cdots \circ d_t$, 其中 $d_i = (\tau\sigma_1^i\tau^{-1}, \cdots, \tau\sigma_{k_i}^i\tau^{-1})$ $(i = 1, \cdots, t)$ 亦为长度为 k_i 的轮换.

反之, 如果 σ_1, σ_2 置换型相同. 设为

$$\sigma_1 = (i_1, \cdots, i_{k_1}) \cdots (p_1, \cdots, p_{k_s}),$$
$$\sigma_2 = (j_1, \cdots, j_{k_1}) \cdots (q_1, \cdots, q_{k_s}),$$

取

$$\tau = \begin{pmatrix} i_1 & \cdots & i_{k_1} & \cdots & p_1 & \cdots & p_{k_s} \\ j_1 & \cdots & j_{k_1} & \cdots & q_1 & \cdots & q_{k_s} \end{pmatrix},$$

则 $\tau\sigma_1\tau^{-1} = \sigma_2$.   □

现在设 $\sigma \in \mathbf{A}_n$, 它的共轭类为

$$C_\sigma = \left\{ \tau\sigma\tau^{-1} \,\middle|\, \tau \in \mathbf{S}_n \right\}.$$

考虑它在 $\mathbf{A}_n$ 中的共轭类, 记作

$$T_\sigma = \left\{ \tau\sigma\tau^{-1} \,\middle|\, \tau \in \mathbf{A}_n \right\}.$$

根据前面引理的证明可知, 共轭类 T_σ 中的元素 $\tau\sigma\tau^{-1}$ 必然与 σ 同型. 但同型却未必同类, 这是因为其共轭元素 τ 未必属于 $\mathbf{A}_n$.

引理 11.4.2   设 $\sigma \in \mathbf{A}_n$. T_σ 为 $\mathbf{A}_n$ 中与 σ 同型元素集合. σ 在 $\mathbf{S}_n$ 中的中心化子为 $Z_{\mathbf{S}_n}(\sigma)$. 那么

(1) 当 $Z_{\mathbf{S}_n}(\sigma)$ 含一个奇置换时, T_σ 为 σ 的一个共轭类, 即

$$T_\sigma = C_\sigma.$$

(2) 当 $Z_{\mathbf{S}_n}(\sigma)$ 不含奇置换时, C_σ 分裂为 σ 在 $\mathbf{A}_n$ 中的两个共轭类:

$$T_\sigma^e = \left\{ \tau\sigma\tau^{-1} \,\middle|\, \tau \in \mathbf{S}_n \text{为偶置换} \right\},$$
$$T_\sigma^o = \left\{ \tau\sigma\tau^{-1} \,\middle|\, \tau \in \mathbf{S}_n \text{为奇置换} \right\}.$$

证明   (1) 设 $\tau_0 \in Z_{\mathbf{S}_n}(\sigma)$ 为奇置换, 则 $\sigma = \tau_0\sigma\tau_0^{-1}$. 设 $\tau\sigma\tau^{-1} \in T_\sigma$, 如果 τ 是偶置换, 则 $\tau\sigma\tau^{-1}$ 与 σ 在 $\mathbf{A}_n$ 中共轭. 否则, τ 是奇置换, 但 $\tau\sigma\tau^{-1} = \tau\tau_0\sigma\tau_0^{-1}\tau^{-1} = (\tau\tau_0)\sigma(\tau\tau_0)^{-1}$, $\tau\tau_0 \in \mathbf{A}_n$, 故 $\tau\sigma\tau^{-1}$ 也与 σ 在 $\mathbf{A}_n$ 中共轭.

(2) 先证 T_σ^e 中任一元素与 T_σ^o 中任一元素不属 $\mathbf{A}_n$ 同一共轭类. 否则, 任给 $\tau_e\sigma\tau_e^{-1} \in T_\sigma^e$, $\tau_o\sigma\tau_o^{-1} \in T_\sigma^o$, 存在 $\tau \in \mathbf{A}_n$, 使得 $\tau(\tau_e\sigma\tau_e^{-1})\tau^{-1} = \tau_o\sigma\tau_o^{-1}$, 即 $(\tau_o^{-1}\tau\tau_e)\sigma(\tau_o^{-1}\tau\tau_e)^{-1} = \sigma$. 于是 $\tau_o^{-1}\tau\tau_e \in Z_{\mathbf{S}_n}(\sigma)$. 但 $\tau_o^{-1}\tau\tau_e$ 是奇置换, 矛盾.

下面证明 T_σ^e 和 T_σ^o 为 σ 在 $\mathbf{A}_n$ 中的两个共轭类. T_σ^e 显然是. 对于 T_σ^o, 任选 $\alpha = \tau_1 \sigma \tau_1^{-1} \in T_\sigma^o$, $\beta = \tau_2 \sigma \tau_2^{-1} \in T_\sigma^o$, 那么 $(\tau_2 \tau_1^{-1})\alpha(\tau_2 \tau_1^{-1})^{-1} = \beta$. 因为 $(\tau_2 \tau_1^{-1}) \in \mathbf{A}_n$, 故 α, β 在 $\mathbf{A}_n$ 中是同一共轭类. □

引理 11.4.3

$$\mathbf{S}_n = ((12), (13), \cdots, (1n)). \tag{11.4.1}$$
$$\mathbf{A}_n = ((123), (124), \cdots, (12n)). \tag{11.4.2}$$

证明 (1) 由

$$(i_1\ i_2\ \cdots\ i_s) = (i_1\ i_s)(i_1\ i_{s-1})\cdots(i_1\ i_3)(i_1\ i_2)$$

可知: 任一轮换都可由对换生成. 再由

$$(i_1\ i_2) = (1\ i_1)(1\ i_2)$$

可知: 任一对换可由 $\{(1, i)\,|\,i = 2, 3, \cdots, n\}$ 生成.

(2) 这是因为

$$(i\ j)(s\ t) = (1\ 2\ i)(1\ 2\ t)(1\ 2\ j)(1\ 2\ s)(1\ 2\ i)(1\ 2\ t). \qquad □$$

定理 11.4.2 当 $n \geqslant 5$ 时 $\mathbf{A}_n$ 为单群.

证明 设 $\{e\} \neq N \lhd G$. 取 $\sigma = (123) = (13)(12) \in \mathbf{A}_n$, 那么, 由引理 11.4.1 可知, C_σ 为所有的 3 轮换. 因为 $(45)\sigma(45)^{-1} = \sigma$, $(45) \in Z_{\mathbf{S}_n}(\sigma)$. 因此, 由引理 11.4.2 可知, $T_\sigma = C_\sigma$ 是 σ 在 $\mathbf{A}_n$ 的一个共轭类. 现在如果 N 包含一个 3 轮换, 因为 N 是正规子群, 它就包含了 3 轮换的共轭类 T_σ, 即所有的 3 轮换. 由引理 11.4.3, $N = \mathbf{A}_n$. 这说明 $\mathbf{A}_n (n \geqslant 5)$ 为单群. 因此, 只要证 N 包含一个 3 轮换即可.

记 $\sigma \neq e$ 为 N 中不动点最多的一个置换. 设

A1: $\sigma = C^k$, 这里 C 为长度为素数 p 的轮换.

假设 A1 是合理的: 因为首先, 如果 σ 包含一个长度为 pq 的轮换, p, q 互质. 不妨设 $p < q$. 用 σ^p 代替 σ. 长度为 pq 的轮换变为长度为 p 的轮换, 而原来的不动点还是不动点. 因此, 不动点只可能增加. 所以, 可设 σ 不含合数轮换. 其次, 如果 σ 有两个不同素数长度的轮换, 譬如, p, q. 用 σ^p 代替 σ. 长度为 p 的轮换消失. 不动点只可能增加. 所以, 可设 σ 不含不同长度轮换. 因此假设成立.

下面考虑 $\sigma = C^p$:

如果 $p = 2$, 设 $C = (12)(34)\cdots$, 取 $\tau = (345)$, 则 $\tau C \tau^{-1} \sigma^{-1} = (1)(2)(345)\cdots \in N$. 它比 C 有更多不动点 (即使 5 是原来的不动点). 故 $p \neq 2$.

如果 $p \geqslant 5$, 设 $C = (12345 \cdots p)$, 取 $\tau = (234)$, 则 $\tau C \tau^{-1} = C^{-1} = (1)(4)(235) \cdots \in N$. 它比 σ 有更多不动点. 故 $p \leqslant 3$.

因此, $p = 3$. 再设 $k \geqslant 2$, 则 $n \geqslant 6$, $\sigma = (123)(456) \cdots$. 取 $\tau = (234)$, 则 $\tau \sigma \tau^{-1} \sigma^{-1} = (6)(14235) \cdots \in N$. 它比 σ 有更多不动点, 故 $k = 1$.

这说明: σ 是一个 3 轮换. 于是, $N = \mathbf{A}_n$.   □

事实二: $\mathbf{S}_5$ 不可解.

命题 11.4.2 $\mathbf{S}_5$ 不可解.

证明 $\mathbf{S}_5$ 有一个子群 $\mathbf{A}_5$, 易证 $\mathbf{A}_5 \lhd \mathbf{S}_5$. 因此, 有正规列

$$\{e\} \lhd \mathbf{A}_5 \lhd \mathbf{S}_5. \tag{11.4.3}$$

由于 $[\mathbf{S}_5 : \mathbf{A}_5] = 2$, $\mathbf{S}_5$ 与 $\mathbf{A}_5$ 间不可能有中间群. 根据定理 11.4.2, $\mathbf{A}_5$ 是单群. 因此, 它与 $\{e\}$ 间不可能有中间的正规子群. 因此, 式 (11.4.3) 是唯一非平凡正规列. 但 $\mathbf{A}_5 / \{e\} = \mathbf{A}_5$ 不是阿贝尔群, 故 $\mathbf{S}_5$ 不可解.   □

定理 11.4.3 五次方程没有公式解.

证明 只要找到一个五次方程, 它的根不能用根式表达就够了. 下面的例子 (例 11.4.2) 给出了这样一个五次方程.   □

先绍一个定理.

定理 11.4.4(柯西定理) 设 G 为一个有限群, $|G| = n$, p 为素数, $p|n$, 则存在 $g \in G$, g 的阶为 p.

例 11.4.2 五次方程没有公式解. 要证明这一点, 只要找到一个五次方程, 它的根不能全用根式表出即可.

考虑 $a(x) = x^5 - 5x - 2$. 我们要证明: 它的根不能全用根式表出即可. 容易检验, 它有 3 个实根, r_1, r_2, r_3, 一对共轭复根, $r_4 = \alpha + \beta i$, $r_5 = \alpha - \beta i$. 记 K 为 $\mathbb{Q}$ 上关于 $a(x)$ 的分裂域. 注意到 $\mathrm{Gal}(K : \mathbb{Q})$ 中的元是对于根的一个置换, 所以它可以看作 (或者说, 同构于) 置换群 $\mathbf{S}_5$ 的一个子群. 因为 $a(x)$ 在 $\mathbb{Q}$ 上不可约, $\{1, r_1, r_1^2, r_1^3, r_1^4\}$ 是 $\mathbb{Q}(r_1)$ 在 $\mathbb{Q}$ 上的一组基, $[\mathbb{Q}(r_1) : \mathbb{Q}] = 5$. 但 $[K : \mathbb{Q}] = [K : \mathbb{Q}(r_1)][\mathbb{Q}(r_1) : \mathbb{Q}]$, 因而, $\mathrm{Gal}(K/\mathbb{Q})$ 的元素个数 $n = [K : \mathbb{Q}]$, 含有一个素因子 5. 由柯西定理 (定理 11.4.4), 它有一个阶数为 5 的元素. 把置换写成标准循环乘积的形式. 只有五循环 (如 (12345)) 才可能阶数为 5. 因此, $\mathrm{Gal}(K/\mathbb{Q})$ 中有一个五循环. 同时, $\mathrm{Gal}(K/\mathbb{Q})$ 中有一个长度为 2 的对换. 它将 $\alpha + \beta i$ 与 $\alpha - \beta i$ 对换, 而保持 r_1, r_2, r_3 不变. 显然, 这个对换保持 $\mathbb{Q}$ 不变, 故它属于 $\mathrm{Gal}(K/\mathbb{Q})$.

容易证明, 在 $\mathbf{S}_5$ 中, 一个五循环加一个对换即可生成 $\mathbf{S}_5$, 因此, $\mathrm{Gal}(K/\mathbb{Q}) \cong S_5$. 由命题 11.4.2, $\mathbf{S}_5$ 不可解. 再由定理 11.4.1 可知 $a(x)$ 的根不能全用根式表出.

一般五次多项式 $P_5(x)$ 的根不能用根式表出, 那么 $P_k(x)$ $(k > 5)$ 的根也不能用根式表出. 因为, 譬如假设 $k = 6$ 可以解. 将 $x P_5(x)$ 的根用根式表出, 除去一个

零根即可.

11.5 超 复 数

超复数 (hyper-complex number) 是复数在抽象代数中的引申, 它以 $\mathbb{R}$ 上高维 (维数 $n \geqslant 3$) 线性空间出现. 超复数包括四元数 (quaternion)、八元数 (octonion)、十六元数 (sedenion) 等. 它们都可以看作实数域 (或复数域) 上的扩张, 扩张可以看作原来域上的向量空间, 但扩张出的向量空间不是域, 我们把它们称为超复数. 超复数在物理中有许多应用, 例如, 参见文献 [18, 23, 32].

1. **四元数**

四元数曾在第 2 章研究过, 这里

$$Q = \mathbb{R}(I, J, K) = \{a + bI + cJ + dK \mid a, b, c, d \in \mathbb{R}\}.$$

其乘法由下列结构矩阵确定:

$$\Pi_Q = \delta_4[1, 2, 3, 4, 2, -1, 4, -3, 3, -4, -1, 2, 4, 3, -2, -1],$$

这里 $\delta_4^{-i} := -\delta_4^i$. 我们知道, 它满足:

(i) 每个非零元都有逆元;

(ii) 乘法结合律. 但它不满足乘法交换律.

2. **八元数**

它是在四元数上再添加一个 E, 因此, 它的基底为

$$B = \begin{bmatrix} 1 \\ I \\ J \\ K \end{bmatrix} \begin{bmatrix} 1 \\ E \end{bmatrix}$$
$$= \{1, I, J, K, E, I_E, J_E, K_E\}.$$

它可以表示为

$$O = \{\xi + \eta E \mid \xi, \eta \in Q\}$$
$$= \{a + bI + cJ + dK + eE + fI_E + gJ_E + hK_E \mid a, b, c, d, e, f, g, h \in \mathbb{R}\}.$$

它的乘法结构矩阵为

$$\begin{aligned}
\Pi_O = \delta_8[&1, 2, 3, 4, 5, 6, 7, 8, 2, -1, 4, -3, 6, -5, -8, 7, \\
&3, -4, -1, 2, 7, 8, -5, -6, 4, 3, -2, -1, 8, -7, 6, -5, \\
&5, -6, -7, -8, -1, 2, 3, 4, 6, 5, -8, 7, -2, -1, -4, 3, \\
&7, 8, 5, -6, -3, 4, -1, -2, 8, -7, 6, 5, -4, -3, 2, -1],
\end{aligned}$$

这里, $\delta_k^{-i} := -\delta_k^i$. 不难发现, 它既不满足乘法结合律, 也不满足乘法交换律. 但每个非零元都有逆元.

3. 十六元数

类似从四元数到八元数的扩张, 我们可以从八元数扩张出十六元数. 它的乘法结构矩阵为

$$
\begin{aligned}
\Pi_S = \delta_{16}[&1, 2, 3, 4, 5, 6, 7, 8, 9, 10, 11, 12, 13, 14, 15, 16, \\
&2, -1, 4, -3, 6, -5, -8, 7, 10, -9, -12, 11, -14, 13, 16, -15, \\
&3, -4, -1, 2, 7, 8, -5, -6, 11, 12, -9, -10, -15, -16, 13, 14, \\
&4, 3, -2, -1, 8, -7, 6, -5, 12, -11, 10, -9, -16, 15, -14, 13, \\
&5, -6, -7, -8, -1, 2, 3, 4, 13, 14, 15, 16, -9, -10, -11, -12, \\
&6, 5, -8, 7, -2, -1, -4, 3, 14, -13, 16, -15, 10, -9, 12, -11, \\
&7, 8, 5, -6, -3, 4, -1, -2, 15, -16, -13, 14, 11, -12, -9, 10, \\
&8, -7, 6, 5, -4, -3, 2, -1, 16, 15, -14, -13, 12, 11, -10, -9, \\
&9, -10, -11, -12, -13, -14, -15, -16, -1, 2, 3, 4, 5, 6, 7, 8, \\
&10, 9, -12, 11, -14, 13, 16, -15, -2, -1, -4, 3, -6, 5, 8, -7, \\
&11, 12, 9, -10, -15, -16, 13, 14, -3, 4, -1, -2, -7, -8, 5, 6, \\
&12, -11, 10, 9, -16, 15, -14, 13, -4, -3, 2, -1, -8, 7, -6, 5, \\
&13, 14, 15, 16, 9, -10, -11, -12, -5, 6, 7, 8, -1, -2, -3, -4, \\
&14, -13, 16, -15, 10, 9, 12, -11, -6, -5, 8, -7, 2, -1, 4, -3, \\
&15, -16, -13, 13, 11, -12, 9, 10, -7, -8, -5, 6, 3, -4, -1, 2, \\
&16, 15, -14, -13, 12, 11, -10, 9, -8, 7, -6, -5, 4, 3, -2, -1].
\end{aligned}
$$

类似八元数和十六元数, 我们也可以构造 32 元数、64 元数等等. 当然, 如果放弃可逆的要求, 则任意元数都可以构造, 只要规定一个乘法结构矩阵就可以了.

附录　数学基础

　　本书只假定读者具有大学工科学生的数学知识. 因此, 对所涉及的少量近代数学知识以附录形式给出. 内容包括: 向量空间、近世代数、格、点集拓扑、纤维丛、微分几何、李群与李代数. 数学专业的本科生或研究生, 可以略过这部分内容. 读者在阅读正文时, 如对相关数学概念不甚清楚, 可参考附录. 另外, 附录的内容基本上只涉及矩阵半张量积方法对其他数学分支的应用, 它对掌握矩阵半张量积理论本身只起辅助作用. 对这部分内容不感兴趣或一时难以理解时, 可跳过. 它不会妨碍你对矩阵半张量积基本理论的理解以及对它的工程应用方法的掌握.

A.1　向量空间

　　关于有穷维向量空间可参考标准线性代数教程, 例如, 文献 [21, 70]. 关于无穷维向量空间可参考标准泛函分析教程, 例如, 文献 [7, 19, 51] 等.

　　定义 A.1.1　实数域 $\mathbb{R}$ (或复数域 $\mathbb{C}$) 上的一个向量空间 (vector space) 为一个三元体 $(X, +, \cdot)$, 这里, X 为一集合, $+ : X \times X \to X$ 为 X 上的一个加法, $\cdot : \mathbb{R} \times X \to X$ 为 X 上的一个数乘, 使得以下关系成立: (以下 $x, y, z \in X, a, b \in \mathbb{R}$, 通常将数乘符号 $\cdot$ 略去.)

　　(i) $(x + y) + z = x + (y + z)$;

　　(ii) $x + y = y + x$;

　　(iii) 存在唯一的元素 $\vec{0}$ 使得 $x + \vec{0} = \vec{0} + x = x, \forall x \in X$;

　　(iv) 对每一个 $x \in X$ 存在唯一的元素 $-x \in X$ 使得 $x + (-x) = \vec{0}$;

　　(v) $(ab)x = a(bx)$;

　　(vi) $(a + b)x = ax + bx, a(x + y) = ax + ay$;

　　(vii) $1 \cdot x = x, 0 \cdot x = \vec{0}$.

　　注　如果以上的 (i), (ii), (v), (vi) 及 (vii) 均成立, 但 (iii) 和 (iv) 分别被以下的和所替代, 则称其为准向量空间 (pseudo vector space):

　　(iii′) 存在一个非空集合 $\vec{0}$, 使对每一个 $x \in X$, 存在 $0 \in \vec{0}$, 使得 $x + 0 = 0 + x = x$;

　　(iv′) 对每一个 $x \in X$ 均存在 $-x \in X$ 使得 $x + (-x) \in \vec{0}$.

　　注意, 因为 $\vec{x}$ 不唯一, 一般 $-x$ 也不唯一, 所以

$$-x := \{y \mid x + y \in \vec{0}\}.$$

定义 A.1.2　设 X 为一向量空间, X 称为一个赋范空间 (normed space), 如果对每一个 $x \in X$ 存在一个实数 $\|x\|$, 称为 x 的范数 (norm), 满足 (以下 $x, y \in X$, $a \in \mathbb{R}$):

(i) $\|ax\| = |a|\|x\|$;

(ii) $\|x + y\| \leqslant \|x\| + \|y\|$;

(iii) $\|x\| \geqslant 0$, 且 $\|x\| = 0 \Leftrightarrow x = \vec{0}$.

如果 X 是一个准向量空间, $\|x\|$ 满足 (i), (ii), 以及下面的 (iii′), 那么, $\|x\|$ 称为一个准范数 (pseudo norm). 同时, X 称为一个准赋范空间 (pseudo normed space).

(iii′) $\|x\| \geqslant 0$, 且 $x \in \vec{0} \to \|x\| = 0$.

定义 A.1.3　设 X 为一向量空间, X 称为一个内积空间 (inner product space), 如果存在一个映射 $\langle \cdot, \cdot \rangle : X \times X \to \mathbb{R}$ (或 $\mathbb{C}$), 称为内积 (inner product), 满足 ($x, y, z \in X$, $a, b \in \mathbb{R}$):

(i) $\langle ax + by, z \rangle = a \langle x, z \rangle + b \langle y, z \rangle$;

(ii) $\langle x, y \rangle = \langle y, x \rangle$ (对于复数域: $\langle x, y \rangle = \overline{\langle y, x \rangle}$);

(iii) $\langle x, x \rangle \geqslant 0$, 且 $\langle x, x \rangle = 0 \Leftrightarrow x = \vec{0}$.

如果 X 是一个准向量空间, $\langle \cdot, \cdot \rangle$ 满足 (i), (ii), 以及下面的 (iii′), 那么, $\langle \cdot, \cdot \rangle$ 称为一个准内积 (pseudo inner product). 同时, X 称为一个准内积空间 (pseudo inner product space).

(iii′) $\langle x, x \rangle \geqslant 0$, 且 $x \in \vec{0} \to \langle x, x \rangle = 0$.

注　(i) 设 X 为一个 (准) 内积空间. 定义

$$\|x\| := \sqrt{\langle x, x \rangle}, \quad x \in X. \tag{A.1.1}$$

容易验证, X 以及由 (A.1.1) 定义的范数是一个 (准) 赋范空间.

(ii) 在赋范空间中, 一个点列 $\{x_k \mid k = 1, 2, \cdots\}$ 称为柯西列 (Cauchy sequence), 如果对任给 $\epsilon > 0$, 总存在 $N > 0$, 使当 $m, n > N$ 时 $\|x_m - x_n\| < \epsilon$. 一个赋范空间 X 是完备的, 如果它的每一个柯西列都收敛于空间中一点 $x \in X$. 一个内积空间是完备的, 如果它在导出范数下完备.

(iii) 完备赋范空间称为巴拿赫空间 (Banach space), 完备内积空间称为希尔伯特空间 (Hilbert space).

定理 A.1.1　设 X 为一 (准) 内积空间, 则 ($x, y \in X$):

(1) (施瓦茨不等式 (Schwarz inequality))

$$|\langle x, y \rangle| \leqslant \|x\|\|y\|. \tag{A.1.2}$$

(2) (平行四边形不等式)

$$\|x + y\|^2 + \|x - y\|^2 = 2(\|x\|^2 + \|y\|^2). \tag{A.1.3}$$

定义 A.1.4 设 X 为一希尔伯特空间.

(i) x, $y \in X$ 称为正交的, 如果

$$\langle x, y \rangle = 0.$$

(ii) 设 $M \subset X$ 为一子集, 则其正交补为

$$M^{\perp} := \{x \mid \langle x, m \rangle = 0, \ \forall \, m \in M\}.$$

实际上, $M^{\perp}$ 是 X 的闭子空间, 并且

$$X = \overline{M} \oplus M^{\perp},$$

这里 $\overline{M}$ 是由 M 生成的 X 的闭子空间, 这里 $\oplus$ 表示正交直和.

设 X 为一个可分希尔伯特空间 (可分指有可数稠子集, 见附录 "拓扑空间" 一节). 则存在一组正交基底 $\{e_i \mid i = 1, 2, \cdots\}$, 满足

$$\langle e_i, e_j \rangle = \begin{cases} 1, & i = j, \\ 0, & i \neq j. \end{cases}$$

并且, 每一个 $x \in X$ 都有傅里叶展式 (Fourier expansion)

$$x = \sum_{i=1}^{\infty} c_i e_i, \tag{A.1.4}$$

这里

$$c_i = \langle x, \ e_i \rangle, \quad i = 1, 2, \cdots$$

称为傅里叶系数.

此外, 我们还有如下公式.

定理 A.1.2 (帕塞瓦尔等式 (Parseval equality))

$$\|x\|^2 = \sum_{i=1}^{\infty} |c_i|^2. \tag{A.1.5}$$

A.2 近世代数

关于这一部分, 我们先给出一些参考文献, 以便读者进一步阅读. 文献 [80, 86] 中可以找到普通近世代数的结果. 文献 [54, 105] 介绍一些特殊的矩阵群.

A.2.1　群

定义 A.2.1　一个集合 G 连同其上的一个二元运算 $*: G \times G \to G$ 称为一个群 (group), 如果它满足以下的性质:

(i) (结合律)

$$g_1 * (g_2 * g_3) = (g_1 * g_2) * g_3, \quad g_i \in G, \ i = 1, 2, 3. \tag{A.2.1}$$

(ii) (单位元) *存在一个称为单位元的* e, *使得*

$$e * g = g * e = g, \quad g \in G; \tag{A.2.2}$$

(iii) (逆元) *对每个元素* $g \in G$, *存在一个元素* $g^{-1} \in G$, *使得*

$$g * g^{-1} = g^{-1} * g = e. \tag{A.2.3}$$

如果只满足 (A.2.1), G 称为一个半群; 如果只满足 (A.2.1) 和 (A.2.2), 那么, G 称为一个么半群 (semi-group with identity, or monoid).

定义 A.2.2　一个群 $(G, *)$ 称为一个阿贝尔群 (Abelian group), 如果

$$a * b = b * a, \quad \forall a, b \in G.$$

例 A.2.1　(1) Ω 为一集合, $\pi: \Omega \to \Omega$ 为一双射 (即一对一且映上的). Ω 上所有双射在复合映射的意义下构成一个群, 称为 Ω 上的置换群 (permutation group), 记作 $\mathbf{S}_\Omega$.

(2) 设 Ω 是一有限集, 其势 (元素个数) 为 $|\Omega| = n$, 那么称 $\mathbf{S}_\Omega$ 为一个对称群 (symmetric group), 记作 $\mathbf{S}_\Omega = \mathbf{S}_n$.

(3) 如果 $|\Omega| = n$, 那么, 简单地把 Ω 中元素记作 $\Omega = \{1, 2, \cdots, n\}$. 于是, $\mathbf{S}_\Omega = \mathbf{S}_n$ 中的一个元素 $\sigma \in \mathbf{S}_n$ 可以表示成

$$\sigma = \begin{pmatrix} 1 & 2 & \cdots & n \\ a_1 & a_2 & \cdots & a_n \end{pmatrix}, \tag{A.2.4}$$

即 $\sigma(i) = a_i$, $i = 1, \cdots, n$.

(4) 对称群中的乘法是复合, 例如, 设

$$\sigma_1 = \begin{pmatrix} 1 & 2 & 3 & 4 & 5 \\ 2 & 5 & 1 & 4 & 3 \end{pmatrix}, \quad \sigma_2 = \begin{pmatrix} 1 & 2 & 3 & 4 & 5 \\ 3 & 5 & 4 & 1 & 2 \end{pmatrix},$$

那么, $\sigma_2 \circ \sigma_1$ 表示先作 σ_1 再作 σ_2. 于是有 $1 \to 2 \to 5$, $2 \to 5 \to 2$, $\cdots$, 即

$$\sigma_2 \circ \sigma_1 = \begin{pmatrix} 1 & 2 & 3 & 4 & 5 \\ 5 & 2 & 3 & 1 & 4 \end{pmatrix}.$$

(5) 除了表达式 (A.2.4) 外, 对称群的元素也常用环路的形式表示. 一个环路 $(\alpha_1, \alpha_2, \cdots, \alpha_s)$ 表示 $a_1 \to a_2$, $a_2 \to a_3$, $\cdots$, $a_s \to a_1$.

例如

$$\sigma = \begin{pmatrix} 1 & 2 & 3 & 4 & 5 & 6 \\ 3 & 4 & 1 & 6 & 5 & 2 \end{pmatrix} \in \mathbf{S}_6.$$

它可以表示成

$$\sigma = (1,3)(2,4,6).$$

(6) 每一个元素 $\sigma \in \mathbf{S}_n$ 都可以表示成两元素对换的乘积. 因为每个环路都可以用对换表示:

$$(a_1, a_2, \cdots, a_s) = (a_1, a_s)(a_1, a_{s-1}) \cdots (a_1, a_3)(a_1, a_2). \tag{A.2.5}$$

(7) 虽然将一个元素表示的对换的乘积这种表达不唯一, 甚至, 对换因子的个数也不唯一, 例如

$$\begin{aligned} \sigma &= (1,2,3) = (1,3)(1,2) = (1,2)(2,3) = (3,1)(3,2)(1,2)(1,3) = \cdots, \\ \mu &= (1,2,3,4) = (1,4)(1,3)(1,2) = (4,2)(1,4)(1,3)(1,2)(3,1) = \cdots, \end{aligned} \tag{A.2.6}$$

但因子个数的奇偶性却是确定的[55]. 因此, 可以将因子个数奇偶性作为对称群中元素的奇偶性, 例如 (A.2.6) 中 σ 是偶置换, μ 是奇置换. 一个置换的符号定义为

$$\mathrm{sgn}(\sigma) = \begin{cases} 1, & \sigma \text{ 是偶置换}, \\ -1, & \sigma \text{ 是奇置换}. \end{cases} \tag{A.2.7}$$

(8) 定义

$$B_k := \{(1,s) \mid s = 2, 3, \cdots, k\}. \tag{A.2.8}$$

则 B_k 是 $\mathbf{S}_k$ 的一个生成集.

要证明上述论断, 因为 $\mathbf{S}_k$ 可以用对换生成, 只要证明每个对换都能由 B_k 中的元素生成即可. 考察 (a,b), $a > 1$, $b > 1$, 则

$$(a,b) = (1,a)(1,b)(1,a).$$

(9) 定义

$$C_k := \{(s-1, s) \mid s = 2, 3, \cdots, k\}. \tag{A.2.9}$$

则 C_k 是 $\mathbf{S}_k$ 的一个生成集.

要证明上述论断, 因为 B_k 是 $\mathbf{S}_k$ 的一个生成集, 只要证明 B_k 中的元素能由 C_k 生成即可. 注意到

$$(1,j) = (1,j-1)(j-1,j)(1,j-1),$$

结论显见.

(10) 定义

$$D_k := \{(1,2),(1,2,\cdots,k)\}. \tag{A.2.10}$$

则 D_k 是 $\mathbf{S}_k$ 的一个生成集.

注意到

$$(1,2,\cdots,k)(\alpha,\alpha+1)(1,2,\cdots,k)^{-1} = (\alpha+1,\alpha+2),$$

则 C_k 中的每个元素均可由 D_k 生成.

(11) 定义

$$E_k := \{(1,2),(2,\cdots,k)\}, \tag{A.2.11}$$

则 E_k 是 $\mathbf{S}_k$ 的一个生成集.

注意到

$$(1,2)(2,3,\cdots,k) = (1,2,\cdots,k),$$

则 D_k 可由 E_k 生成.

定义 A.2.3　设 $(G,*)$ 为一群, $H \subset G$ 为 G 的一个子集, 如果 $(H,*)$ 也是一个群, 则称 H 为 G 的子群 (subgroup), 记作 $H < G$.

下面这个命题给出检验子群的简单方法.

命题 A.2.1　设 G 为一群, $H \subset G$ 为 G 的一个子集. H 是 G 的子群, 当且仅当, 对任意 $a,b \in H$ 均有

$$a^{-1}b \in H. \tag{A.2.12}$$

定义 A.2.4　设 $H < G$. 对每个 $g \in G$ 定义 g 的右陪集 (right coset) 为 $Hg = \{hg \,|\, h \in H\}$, 其左陪集 (left coset) 为 $gH = \{gh \,|\, h \in H\}$.

所有的右 (或左) 陪集形成 G 的一个分割 (partition), 即任何两个陪集 pH 和 qH 或者相同 ($pH = qH$) 或者不相交 ($pH \cap qH = \varnothing$).

注　设 S 为一集合, S_λ, $\lambda \in \Lambda$ 为 S 的一个子集族, $\{S_\lambda \,|\, \lambda \in \Lambda\}$ 称为 S 的一个分割, 如果

(i)

$$\bigcup_{\lambda \in \Lambda} S_\lambda = S,$$

且

(ii)

$$S_\lambda \cap S_{\lambda'} = \varnothing, \quad \lambda, \lambda' \in \Lambda, \ \lambda \neq \lambda'.$$

定义 A.2.5　设 $H < G$ 为 G 的一个子群, H 称为 G 的正规子群 (normal subgroup), 如果

$$gH = Hg, \quad \forall g \in G.$$

如果 H 为 G 的正规子群, 则记其为 $H \lhd G$.

下面给出正规子群的几个等价定义.

命题 A.2.2　设 $H < G$ 为 G 的一个子群, 那么, 以下几种说法等价:

(i) $gH = Hg, \ \forall g \in G$;

(ii) $gHg^{-1} = H$;

(iii) $gHg^{-1} \subset H, \ \forall g \in G$;

(iv) $ghg^{-1} \in H, \ \forall g \in G, \forall h \in H$.

例 A.2.2　设 $\mathbf{A}_n \subset \mathbf{S}_n$ 为 n 阶偶置换集合. 容易验证 $\mathbf{A}_n < \mathbf{S}_n$ 为一子群, 称为交错群. 并且, 当 $n \neq 4$ 时, $\{e\}$, $\mathbf{A}_n$ 及 $\mathbf{S}_n$ 为 $\mathbf{S}_n$ 的三个仅有的正规子群.

设 $H \lhd G$ 为一正规子群, 考虑其陪集集合 $\{gH \mid g \in G\}$. 在该集合上定义运算 "$\times$":

$$aH \times bH = abH. \tag{A.2.13}$$

于是, 不难检验 (A.2.13) 是定义好的. 并且, 陪集集合 $\{gH \mid g \in G\}$ 在 (A.2.13) 定义的运算 $\times$ 下是一个群. 这个群称为 G 对 H 的商群 (quotient group), 记作 G/H.

定义 A.2.6　设 G_1 及 G_2 为两个群. 映射 $\pi: G_1 \to G_2$ 称为一个群同态 (group homomorphism), 如果它满足

$$\pi(ab) = \pi(a)\pi(b). \tag{A.2.14}$$

群 G_1 到 G_2 的同态集合记作 $\mathrm{Hom}(G_1, G_2)$.

群同态有如下性质.

命题 A.2.3　设 $\pi: G_1 \to G_2$ 为一个群同态, 则

(i)

$$\pi(e_1) = e_2, \tag{A.2.15}$$

这里 e_i 为 $G_i(i = 1, 2)$ 的单位元.

(ii)

$$\pi(g^{-1}) = [\pi(g)]^{-1}, \quad \forall g \in G_1. \tag{A.2.16}$$

定义 A.2.7 一个群同态 $\pi : G_1 \to G_2$ 称为群同构 (group isomorphism), 如果 π 是一对一且映上的. 从 G_1 到 G_2 的群同构集合记作 $\mathrm{Iso}(G_1, G_2)$.

下面介绍三个群同态定理.

定理 A.2.1 (第一群同态定理 (first homomorphism theorem)) (i) 设 $\pi \in \mathrm{Hom}(G, Q)$, $K = \ker(\pi)$, 那么, $K \lhd G$. 定义映射 $\theta : G/K \to \mathrm{im}(\pi)$ 为 $gK \mapsto \pi(g)$, 那么 $\theta : G/K \to \mathrm{im}(\pi)$ 为一同构, 即

$$G/\ker(\pi) \cong \mathrm{im}(\pi). \tag{A.2.17}$$

(ii) 如果 $H \lhd G$, 定义映射 $\pi : G \to G/H$ 为 $g \mapsto gH$, 那么 $\pi : G \to G/H$ 是一个映上的同态. 而且, $\ker(\pi) = H$.

定理 A.2.2 (第二群同态定理 (second homomorphism theorem)) 设 $H < G$, 且 $N \lhd G$. 则

(i) $N \cap H \lhd H$.

(ii) 记

$$NH = \{nh \,|\, n \in N, \, h \in H\},$$

则 $NH < G$.

(iii) 对任一 $h \in H$ 定义 $\pi : H/(N \cap H) \to NH/N$ 为 $h(N \cap H) \mapsto hN$, 则 π 为一群同构, 即

$$H/(H \cap N) \cong NH/N. \tag{A.2.18}$$

定理 A.2.3 (第三群同态定理 (third homomorphism theorem)) 设 $M \lhd G$, $N \lhd G$ 且 $N < M$. 则

(i) $$M/N \lhd G/N, \tag{A.2.19}$$

(ii) $$(G/N)/(M/N) \cong G/M. \tag{A.2.20}$$

A.2.2 环

定义 A.2.8 设集合 R 上有两个运算 "$+$" 和 "$\times$" (为记号简便, 将乘号略去, 即 $ab := a \times b$). R 称为一个环 (ring) 如果以下的条件满足:

(i) $(R, +)$ 是一个阿贝尔群;

(ii) $(R, \times)$ 为半群, 即对任何 $a, b, c \in R$, 均有

$$(ab)c = a(bc);$$

(iii) "+" 与 "×" 满足分配律, 即

$$(a+b)c = ac + bc, \quad a(b+c) = ab + ac.$$

定义 A.2.9 设 $(R, +, \times)$ 为一个环, 且 $S \subset R$, 如果 $(S, +, \times)$ 已是一个环, 则 S 称为 R 的子环 (sub-ring).

下面给出检验子环的方法.

命题 A.2.4 设 $S \subset R$ 为环 R 的一个子集. S 为一子环, 当且仅当, S 满足以下条件:

(i) 对任何两个 $a, b \in S$, 均有 $a - b \in S$;

(ii) 对任何两个 $a, b \in S$, 均有 $ab \in S$.

定义 A.2.10 环 R 的一个子环 $S \subset R$ 称为 R 的一个理想 (ideal), 如果它满足

$$rs \in S, \quad sr \in S, \quad \forall r \in R, s \in S. \tag{A.2.21}$$

定义 A.2.11 设 R_1, R_2 为两环.

(i) 映射 $F : R_1 \to R_2$ 称为环同态 (ring homomorphism), 如果对于加法 "+" 它是一个群同态; 对于乘法 "×" 它是一个半群同态, 即 $F(ab) = F(a)F(b)$.

(ii) 一个环同态称为一个环同构 (ring isomorphism), 如果它是一对一且映上的.

设 $J \subset R$ 为环 R 的一个理想. 定义 $r \in R$ 的陪集为 $J + r = \{j + r \,|\, j \in J\}$, 记陪集集合为 $R/J := \{J + r \,|\, r \in R\}$. 在 R/J 上定义两种运算如下

$$(J+a) + (J+b) = J + (a+b), \quad (J+a) \times (J+b) = J + ab.$$

那么, 容易检验, R/J 是一个环, 称为 R 关于 J 的商环 (quotient ring). 对于商环, 有如下结论.

定理 A.2.4 (环同态定理 (ring homomorphism theorem)) 设 A, B 为两环, $F : A \to B$ 为环同态, K 为映射 F 的核, 即

$$K = \{a \in A \,|\, F(a) = 0\}.$$

那么,

(i) K 是 F 的一个理想.

(ii) F 的像集 $\mathrm{im}(A) \subset B$ 同构于 A 对 K 的商环, 即

$$\mathrm{im}(A) \cong A/K. \tag{A.2.22}$$

A.2.3 域

定义 A.2.12 设 $(F, +, \times)$ 为一个环, 如果 $(F, \times)$ 是个阿贝尔群, 则 F 称为一个域.

每个域里都有两个特殊的元素, 一个是加法群 $(F, +)$ 的单位元, 通常记作 0; 一个是乘法群 $(F, \times)$ 的单位元, 通常记作 1. $0 \neq 1$.

给定域 F, 设 $\underbrace{1 + 1 + \cdots + 1}_{p} = 0$, 且 p 为满足此条件的最小正数, 则称 F 的特征数为 p, 记作 $\mathrm{Char}(F) = p$. 如果这样的 p 不存在, 则称 F 的特征数为 0.

下面给出几个域的例子.

例 A.2.3 (1) 考虑普通数的加法与乘法, 则常见的数域有:

(i) 有理数域 $\mathbb{Q}$: $\mathrm{Char}(\mathbb{Q}) = 0$.

(ii) 实数域 $\mathbb{R}$: $\mathrm{Char}(\mathbb{R}) = 0$.

(iii) 复数域 $\mathbb{C}$: $\mathrm{Char}(\mathbb{C}) = 0$.

注 整数 $\mathbb{Z}$ 不是域.

(2) 考察 $Z_p := \{0, 1, \cdots, p-1\}$ $(p \geqslant 2)$. 在其上定义加法与乘法如下

$$a(+)b := a + b \ (\mathrm{mod} \ p); \quad a(\times)b := ab \ (\mathrm{mod} \ p).$$

当 p 是质数时, $(Z_p, (+), (\times))$ 是一个域. 并且, $\mathrm{Char}(Z_p) = p$. 注意: 当 p 不是质数时, $(Z_p, (+), (\times))$ 不是一个域.

(3) 设 F 为一域且 $\mathrm{Char}(F) = 0$. 考察 F 上所有的多项式, 记作

$$F[x] := \left\{ \sum_{i=0}^{k} a_i x^i \ \middle| \ a_i \in F; \ k < \infty \right\}.$$

记所有有理分式为

$$F(x) := \left\{ \frac{P(x)}{Q(x)} \ \middle| \ P(x), \ Q(x) \in F[x], \ Q(x) \neq 0 \right\}.$$

在普通多项式加法、乘法意义下, $F(x)$ 是一个域.

定义 A.2.13 设 $(F_1, +_1, \times_1)$ 与 $(F_2, +_2, \times_2)$ 为两个域, $\pi : F_1 \to F_2$:

(i) π 称为一个域同态, 如果 $\pi : (F_1, +_1) \to (F_2, +_2)$ 及 $\pi : (F_1 \backslash \{0\}, \times_1) \to (F_2 \backslash \{0\}, \times_2)$ 均为群同态.

(ii) 如果 $\pi : F_1 \to F_2$ 为一个域同态, 并且 π 是一对一且映上的, 则称 π 为一个域同构.

(iii) 如果 $\pi : F_1 \to F_2$ 为一个域同构, 并且 $(F_1, +_1, \times_1) = (F_2, +_2, \times_2)$, 则称 π 为一个自同构. 域 F 的自同构集合记作 $\mathrm{Aut}(F)$.

定义 A.2.14 设 $(F, +, \times)$ 为一个域, $E \subset F$, 并且 $(E, +, \times)$ 为一个域, 则 E 为 F 的子域, F 为 E 的扩域.

设 E 为 F 上的一个扩域, 那么, E 就可以看作 F 上的一个向空间, 这个向量空间的维数记作 $[E : F]$. 如果 $[E : F] = k < \infty$, 则 E 称为 F 的有限扩张.

例 A.2.4 (i) 复数域 $\mathbb{C}$ 是实数域 $\mathbb{R}$ 上的扩张, 它可以看作在实数上添加 $i = \sqrt{-1}$ 而生成的, 记作 $\mathbb{C} = \mathbb{R}(i)$. 显然 $[\mathbb{C} : \mathbb{R}] = 2$, 这是有限扩张.

(ii) 实数域 $\mathbb{R}$ 是有理数域 $\mathbb{Q}$ 上的扩张, 这个扩张不是有限扩张 $[\mathbb{R} : \mathbb{Q}] = \infty$.

定义 A.2.15 设 E 为 F 上的一个扩域. 如果 E 的每一个元都是上的某个代数方程的根, 则称 E 为 F 上的一个代数扩张. 否则就称为超越扩张.

命题 A.2.5 每一个有限扩张都是代数扩张.

例 A.2.5 考虑有理数域 $\mathbb{Q}$ 上的扩张.

(i) $\mathbb{Q}(\sqrt{2})$ 是代数扩张.

(ii) $\mathbb{Q}(\pi)$ 不是代数扩张, 因 π 不是有理数域上任何多项式的根. 注意, 它不是有限扩张. 有限扩张与添加元个数无关, 而是依赖于扩张域的维数.

A.3 格

本节的主要内容可参考文献 [30] 或文献 [5]. 文献 [38] 中有一个简明介绍.

A.3.1 格的两种定义

定义 A.3.1 一个非空集合 $L \neq \varnothing$ 以及 L 上的两个运算 $\vee$ (并) 和 $\wedge$ (交) 称为一个格 (lattice), 如果以下条件成立 $(x, y, z \in L)$:

(i) (交换律)

$$x \vee y = y \vee x, \quad x \wedge y = y \wedge x; \tag{A.3.1}$$

(ii) (结合律)

$$x \vee (y \vee z) = (x \vee y) \vee z, \quad x \wedge (y \wedge z) = (x \wedge y) \wedge z; \tag{A.3.2}$$

(iii) (幂等律)

$$x \vee x = x, \quad x \wedge x = x; \tag{A.3.3}$$

(iv) (吸收律)

$$x \vee (x \wedge y) = x, \quad x \wedge (x \vee y) = x. \tag{A.3.4}$$

定义 A.3.2　集合 A 连同一个二元关系 $\leqslant$ 称为一个偏序集 (partial order set), 如果以下条件满足

(i) (自反性)

$$a \leqslant a, \quad a \in A. \tag{A.3.5}$$

(ii) (非对称性)

$$a \leqslant b, \text{ 且 } b \leqslant a, \text{ 则 } a = b. \tag{A.3.6}$$

(iii) (传递性)

$$a \leqslant b, \text{ 且 } b \leqslant c, \text{ 则 } a \leqslant c. \tag{A.3.7}$$

(iv) 在一个偏序集中, 如果任意两个元素均有序, 即 $a, b \in A$, 则 $a \leqslant b$ 或 $b \leqslant a$ 那么, $(A, \leqslant)$ 称为一个全序集 (total order set).

定义 A.3.3　设 $(A, \leqslant)$ 为一偏序集, $P \subset A$ 为一子集.

(i) $u \in A$ 称为 P 的上界, 如果

$$p \leqslant u, \quad \forall p \in P.$$

(ii) 设 u 为 P 的上界, 如果对 P 的任一上界 v 均成立

$$u \leqslant v,$$

则称 u 为 P 的最小上界 (least upper boundary).

(iii) $\ell \in A$ 称为 P 的下界, 如果

$$p \geqslant \ell, \quad \forall p \in P.$$

(iv) 设 ℓ 为 P 的下界, 如果对 P 的任一下界 μ 均成立

$$\mu \leqslant \ell,$$

则称 ℓ 为 P 的最大下界 (greatest lower boundary).

定义 A.3.4　一个偏序集 L 称为一个格, 如果对任何两个元素 $a, b \in L$ 总存在它们的最小上界, 记作 $\sup\{a, b\}$, 以及它们的最大下界, 记作 $\inf\{a, b\}$.

命题 A.3.1　定义 A.3.1 与定义 A.3.4 等价.

证明 (定义 A.3.1 ⇒ 定义 A.3.4) 在 L 上定义一个偏序: $a \leqslant b$ 当且仅当 $a = a \wedge b$. 那么, 容易证明 $(L, \leqslant)$ 是定义 A.3.4 下的格.

(定义 A.3.4 ⇒ 定义 A.3.1) 定义两个算子如下: $a \vee b := \sup\{a, b\}$ 以及 $a \wedge b := \inf\{a, b\}$. 那么, 容易检验 $(L, \vee, \wedge)$ 是定义 A.3.1 下的格. □

定义 A.3.5 一个有限的偏序集 P 可以用一个有向图 $(\mathcal{N}, \mathcal{E})$ 来表示, 这里 $\mathcal{N}$ 是结点集 $\mathcal{E}$ 是边集. 该图依以下步骤构造:

(i) $\mathcal{N} = P$;

(ii) $\mathcal{E} \subset P \times P$, 并且 $(a, b) \in \mathcal{E}$ (即存在一条从 a 到 b 的边), 当且仅当, $b < a$. 这种图称为 P 的 Hasse 图.

图 A.3.1 刻画了四个偏序集 $A, B, C\ (M_5)$ 及 $D\ (N_5)$ 的 Hasse 图.

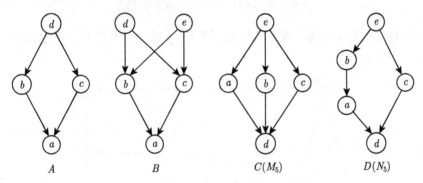

图 A.3.1 Hasse 图

A.3.2 格同构

定义 A.3.6 一个偏序集 $(L, \leqslant)$ 称为交半格 (或 $\wedge$ 半格), 如果对任意两个元素 $a, b \in L$, 均存在 $a \wedge b = \inf(a, b)$.

一个偏序集 $(L, \leqslant)$ 称为并半格 (或 $\vee$ 半格), 如果对任意两个元素 $a, b \in L$, 均存在 $a \vee b = \sup(a, b)$.

定义 A.3.7 (i) 设 L_1 和 L_2 为两个 $\wedge$ 半格, 它们称为 $\wedge$ 同态半格, 如果存在一个映射 $\varphi: L_1 \to L_2$ 满足

$$\varphi(a \wedge b) = \varphi(a) \wedge \varphi(b), \quad a, b \in L_1. \tag{A.3.8}$$

并且, 映射 φ 称为 $\wedge$ 同态. 如果映射 φ 是一对一且映上的, 则 L_1 和 L_2 称为 $\wedge$ 同构半格. 并且, φ 称为 $\wedge$ 同构.

(ii) 设 L_1 和 L_2 为两个 $\vee$ 半格, 它们称为 $\vee$ 同态半格, 如果存在一个映射 $\varphi: L_1 \to L_2$ 满足

$$\varphi(a \vee b) = \varphi(a) \vee \varphi(b), \quad a, b \in L_1. \tag{A.3.9}$$

并且, 映射 φ 称为 $\vee$ 同态. 如果映射 φ 是一对一且映上的, 则 L_1 和 L_2 称为 $\vee$ 同构半格. 并且, φ 称为 $\vee$ 同构.

(iii) 设 L_1 和 L_2 为两个格, 它们称为同态格, 如果存在一个映射 $\varphi : L_1 \rightarrow L_2$, 它既是 $\wedge$ 同态, 又是 $\vee$ 同态, 则称 L_1 和 L_2 为两个同态格. 并且, 映射 φ 称为格同态. 如果映射 φ 是一对一且映上的, 则 L_1 和 L_2 称为两个同构格. 并且, φ 称为格同构.

格同态 (同构) 的关系也可以用序关系来描述.

定义 A.3.8　设 P_1 和 P_2 为两个偏序集, α 为从 P_1 到 P_2 的一个映射. 称 α 为一保序映射 (order reserve mapping), 如果

$$a \leqslant b \Rightarrow \alpha(a) \leqslant \alpha(b), \quad a, b \in P_1.$$

一个保序映射未必是一个同构映射, 图 A.3.2 给出一个反例: 一个保序的映上却不是一个同构.

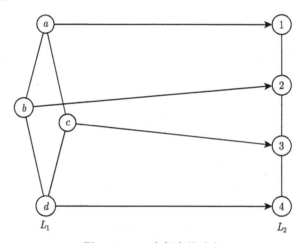

图 A.3.2　一个保序的映上

定理 A.3.1　两个格 L_1 和 L_2 是同构的, 当且仅当, 存在一个双向映射 $\alpha : L_1 \rightarrow L_2$, 使得 α 和 α^{-1} 均保序.

定义 A.3.9　设 L 为一格, $H \neq \varnothing$ 为其非空子集, 如果对任意两元素 $a, b \in H$ 均有 $a \wedge b \in H$ 和 $a \vee b \in H$, 则称 H 为 L 的一个子格 (sub-lattice).

注　(i) 一个格 L_1 可以嵌入格 L_2, 如果存在 L_2 的一个子格, 它与 L_1 同构.

(ii) 设 $\varphi : L_2 \rightarrow L_1$ 为一个一对一的同态, 那么, $\varphi(L_2)$ 是 L_1 的一个子格. 换言之, L_2 可以嵌入 L_1.

定义 A.3.10　(i) 一个偏序集 P 称为完备的, 如果对任一子集 $A \subset P$, 其最小上界 $\sup\{A\}$ 及最大下界 $\inf\{A\}$ 均存在.

(ii) 一个格 L, 如果元作为偏序集是完备的, 则称其为完备格 (complete lattice). 显然, 一个完备偏序集是一个完备格.

定理 A.3.2 一个偏序集 P, 如果对它的任何子集 $A \subset P$ 其最小上界 $\sup\{A\}$ 都存在 (或其最大下界 $\inf\{A\}$ 都存在), 则 P 为完备格.

定义 A.3.11 一个完备格 L 的子格 L' 称为完备子格, 如果对任一子集 $A \subset L'$, 其在 L 中的最小上界 $\sup\{A\}$ 与最大下界 $\inf\{A\}$ 也属于 L'.

定理 A.3.3(Knaster 定理) 设 L 为一个完备格, $f: L \to L$ 为一保序映射, 则 f 有一个不动点, 即至少存在一个 $x \in L$ 使得 $f(x) = x$.

A.3.3 理想

定义 A.3.12 设 L 为一格, 其子集 $I \subset L$ 称为 L 的一个理想, 如果

(i) $x, y \in I$, 则 $x \vee y \in I$;

(ii) $x \leqslant y$ 且 $y \in I$, 则 $x \in I$.

定义 A.3.13 设 L 为一格, $I \subset L$ 为 L 的一个理想, 如果

(i) $J \subset L$ 为 L 的一个理想并且 $I \subset J$, 则 $J = I$ 或 $J = L$, 那么, I 称为一个极大理想;

(ii) $x \wedge y \in I$, 则 $x \in I$ 或 $y \in I$, 那么, I 称为一个素理想;

(iii) $I = \{y \mid y \leqslant a\}$, 那么, I 称为关于 a 的主理想.

例 A.3.1 考察一个格, 它由 Hasse 图 (图 A.3.3) 确定.

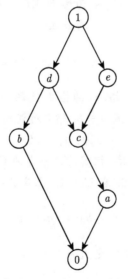

图 A.3.3 例 A.3.1 图

(i) 理想:

$$I_1 = \{\mathbf{0}\}; \quad I_2 = \{a, \mathbf{0}\}; \quad I_3 = \{b, \mathbf{0}\};$$
$$I_4 = \{c, a, \mathbf{0}\}; \quad I_5 = \{d, b, c, a, \mathbf{0}\};$$
$$I_6 = \{e, c, a, \mathbf{0}\}; \quad I_7 = L.$$

(ii) 主理想: 每一个理想都是主理想. 这是因为, 有限格的每一个理想都有最大元. 于是, 该理想由其最大元生成.

(iii) 素理想: I_2, I_3, I_5, I_6 为素理想.

(iv) 极大理想: I_5, I_6 为极大理想.

A.3.4   格的同余关系

设 $S \neq \varnothing$ 为一非空集合, 在 S 上的一个二元关系 $\sim$ 称为等价关系 (equivalence relation), 如果下列条件成立:

(i) (自反性) $s \sim s$, $s \in S$.

(ii) (对称性) 如果 $x \sim y$, 那么 $y \sim x$, x, $y \in S$.

(iii) (传递性) 如果 $x \sim y$ 且 $y \sim z$, 那么 $x \sim z$, x, y, $z \in S$.

定义 A.3.14   格 L 上的一个等价关系 $\sim$ 称为同余关系 (congruence relation), 如果它满足下列条件:

$$a \sim b \text{ 且 } c \sim d \Rightarrow a \vee c \sim b \vee d \text{ 且 } a \wedge c \sim b \wedge d.$$

定理 A.3.4[5]   设 L 为一格, $\sim$ 为格 L 上的一个等价关系. $\sim$ 为同余关系, 当且仅当, 对任意三个元素 a, b, $c \in L$ 均成立:

$$a \sim b \Rightarrow a \wedge c \sim b \wedge c \text{ 且 } a \vee c \sim b \vee c.$$

定理 A.3.5[5]   设 L 为一格, $\sim$ 为格 L 上的一个同余关系, 那么

(i) a, $b \in L$, 如果 $a \leqslant b$ 并且 $a \sim b$, 那么对任何 c, $d \in [a, b]$ 均有 $c \sim d$.

(ii) 对任何 a, $b \in L$, $a \sim b$, 当且仅当, $a \wedge b \sim a \vee b$.

定义 A.3.15   设 L 为一格. 记其同余集合为 $\mathrm{Con}(L)$.

(1) 设 $\sim_i \in \mathrm{Con}(L)$, $i = 1, 2$. 在 $\mathrm{Con}(L)$ 上定义一个偏序关系为

$$\sim_1 \leqslant \sim_2 \Leftrightarrow a \sim_1 b \Rightarrow a \sim_2 b, \quad a, b \in L. \tag{A.3.10}$$

(2) $\mathrm{Con}(L)$ 上的算子 $\wedge$ 与 $\vee$ 定义为

(i) 记 $\sim := \sim_1 \wedge \sim_2$. 那么

$$a \sim b \Leftrightarrow a \sim_1 b \text{ 且 } a \sim_2 b. \tag{A.3.11}$$

(ii) 记 $\sim:=\sim_1 \vee \sim_2$. 那么

$$a \sim b \quad \Leftrightarrow \quad 存在 \ a = z_0, \ z_1, \cdots, z_n = b \quad 使得$$
$$z_{i-1} \sim_1 z_i \ 或 \ z_{i-1} \sim_2 z_i. \tag{A.3.12}$$

定理 A.3.6[5] Con(L) 带上由定义 A.3.15 确定的偏序以及算子: 并 ($\vee$) 和交 ($\wedge$) 形成一个格, 称为 L 的同余格.

定义 A.3.16 设 L 为一格, $\sim \in$ Con(L) 的一同余, 记

$$[a] := \{b \in L \mid b \sim a\}$$

为 a 的同余类. 等价类上的两种同余运算记作

$$[a] \wedge [b] := [a \wedge b]; \quad [a] \vee [b] := [a \vee b]. \tag{A.3.13}$$

不难直接验证以下结果.

命题 A.3.2 (i) 由 (A.3.13) 确定的两算子 $\wedge$ 及 $\vee$ 是定义好的, 即它不依赖于代表元的选择.

(ii) 商空间 $L/\sim$ 连同由 (A.3.13) 确定的两算子 $\wedge$ 及 $\vee$ 构成一个格, 称同余格 (congruence lattice).

设 $\varphi: L \to M$ 为一格同态. 在 L 上定义一个关系如下

$$a \sim b \Leftrightarrow \varphi(a) = \varphi(b). \tag{A.3.14}$$

定理 A.3.7 (格同态定理 (lattice homomorphism theorem)[5]) 设 $\varphi: L \to M$ 为一格同态, 那么

(i) 由 (A.3.14) 定义的关系 $\sim$ 是一个同余关系, 记作 Ker(φ) $=\sim$.

(ii) 进一步假定 φ 是映上的, 那么 M 与 $L/$Ker(φ) 同构, 映射 $\varphi: [a] \to \varphi(a)$ 为其同构映射.

A.3.5 模格、分配格与有界分配格

定义 A.3.17 一个格 L 称为模格 (module lattice), 如果它满足以下条件:

$$x \leqslant y \Rightarrow \ x \vee (y \wedge z) = y \wedge (x \vee z), \quad \forall z \in L. \tag{A.3.15}$$

(A.3.15) 称为模律 (module rule).

注 容易证明, 对每一个格均有

$$x \leqslant y \Rightarrow \ x \vee (y \wedge z) \leqslant y \wedge (x \vee z). \tag{A.3.16}$$

模律是把上述不等式变为等式.

定义 A.3.18　　一个格, 如果满足以下的两个条件之一, 则称其为分配格 (distributive lattice).

(i)　　　　　　　　　$x \wedge (y \vee z) = (x \wedge y) \vee (x \wedge z);$　　　　　　　　(A.3.17)

(ii)　　　　　　　　$x \vee (y \wedge z) = (x \vee y) \wedge (x \vee z).$　　　　　　　　(A.3.18)

这个定义的合理性来自下述等价性.

定理 A.3.8[38]　　一个格满足 (A.3.17), 当且仅当, 它满足 (A.3.18).

注　　每个格 L 都满足以下两个条件 $(x, y, z \in L)$:

$$(x \wedge y) \vee (x \wedge z) \leqslant x \wedge (y \vee z);$$　　　　　(A.3.19)

$$x \vee (y \wedge z) \leqslant (x \vee y) \wedge (x \vee z).$$　　　　　(A.3.20)

命题 A.3.3[38]　　每一个分配格均为模格.

下面两个定理可用于检验分配格与模格.

定理 A.3.9 (Dedekind 定理[30])　　L 是一个模格, 当且仅当, N_5 不能嵌入 L.

定理 A.3.10 (Birkhoff 定理[30])　　L 是一个分配格, 当且仅当, M_5 和 N_5 均不能嵌入 L.

注意, 关于 M_5 和 N_5 参见图 A.3.1.

定义 A.3.19　　一个分配格, 如果它有最大元与最小元, 则称其为有界分配格.

注　　一个有界分配格, 其最大元通常记作 **1**, 其最小元通常记作 **0**, 于是有

$$x \wedge \mathbf{1} = x; \quad x \vee \mathbf{1} = \mathbf{1}.$$
$$x \vee \mathbf{0} = x; \quad x \wedge \mathbf{0} = \mathbf{0}.$$
　　　　　(A.3.21)

前面讨论了几种常见的格, 它们的包含关系如下:

$$格 \supset 模格 \supset 分配格 \supset 有界分配格.$$

完全格与上述包含关系独立, 一个完全格可以不是模格, 而一个有界分配格也可以不是完全格. 见以下例子.

例 A.3.2　　(i) 一个完全格可以不是模格, 例如, N_5 是有限格, 所以是完全格, 但它不是模格.

(ii) 一个有界分配格可以不是完全格, 例如, $L := \mathbb{Q}_{[0,1]}$, 即区间 $[0,1]$ 中的有理数集, 它在普通大小意义下是一个有界分配格. 但它不是一个完全格, 因为 $A := \{x \in L \mid x^2 < \sqrt{2}/2\}$ 没有最小上界.

A.3.6 布尔型代数

定义 A.3.20 (i) 设 L 为一有界分配格, 如果 L 上有一个一元算子 $'$ 满足

$$x \wedge x' = \mathbf{0}; \quad x \vee x' = \mathbf{1}, \quad x \in L, \tag{A.3.22}$$

则称 L 为一布尔代数, $'$ 称为布尔补.

(ii) 设 L 为一 (有界) 格, 如果 L 上有一个一元算子 $'$, 则称 L 为一 (有界) 布尔型代数.

通常把布尔型代数记作 $(A, \wedge, \vee, ')$. 有界布尔型代数记作 $(A, \wedge, \vee, ', \mathbf{1}, \mathbf{0})$.

布尔代数是 20 世纪初由乔治 • 布尔 (George Boole) 提出的[27, 28]. 后来, 香农 (Shannon) 发现它是描述数字切换线路的恰当语言, 从此, 布尔代数成了符号逻辑和电子计算机研究的基本工具[68]. 遗憾的是, 研究发现, 许多重要的代数系统, 它们是有界分配格, 但是, 不满足布尔补. 例如, 在多值逻辑中, 通常定义补为 $x' := 1 - x$. 这个补显然不是布尔补. 因此, 根据不同的需要, 人们设计了各种补运算, 从而形成了各种不同的代数结构. 这些结构统称为布尔型代数. 下面介绍一些常用的补运算.

定义 A.3.21 (i) De Morgan 补: 它满足

$$(x \wedge y)' = x' \vee y'; \quad (x \vee y)' = x' \wedge y'. \tag{A.3.23}$$

(ii) Kleene 补: 它是 De Morgan 补, 并满足

$$x \wedge x' \leqslant y \vee y', \quad \forall x, y \in L. \tag{A.3.24}$$

(iii) 伪补: 它满足

$$x' := \vee \{y \,|\, x \wedge y = \mathbf{0}\}. \tag{A.3.25}$$

伪补不一定存在. 当格为完全格时可确保伪补存在.

(iv) Stone 补是伪补, 并满足

$$x' \vee x'' = \mathbf{1}. \tag{A.3.26}$$

利用不同的补, 可以得到各种不同的布尔型代数. 例如, 有界分配格与 De Morgan 补合成 De Morgan 代数, 它是一种应用广泛的代数. 类似地, 我们有 Kleene 代数、Stone 代数等等. 一个格上也可以定义多个补, 例如, 我们有 Kleene-Stone 代数. 这部分内容可参考文献 [12].

A.4　点集拓扑

本节介绍点集拓扑的基本概念和性质. 进一步的学习可参考一些标准的教科书, 如文献 [50, 57, 84, 107].

A.4.1　拓扑空间

定义 A.4.1　一个集合 X 连同它的一个子集族 $\mathcal{T} \subset 2^X$ 称为一个拓扑空间 (topological space), 记作 $(X, \mathcal{T})$, 如果下述条件成立:

(i) $\varnothing \in \mathcal{T}$, $X \in \mathcal{T}$.

(ii) 如果 $O_\lambda \in \mathcal{T}$, $\lambda \in \Lambda$, 则 $\bigcup_{\lambda \in \Lambda} O_\lambda \in \mathcal{T}$.

(iii) 如果 $O_i \in \mathcal{T}$, $i = 1, 2, \cdots, n$, 则 $\bigcap_{i=1}^n O_i \in \mathcal{T}$.

并且, $\mathcal{T}$ 称为 X 上的拓扑 (topology), $O \in \mathcal{T}$ 称为开集 (open set). 如果 O 为开集, 那么, 它的余集 O^c 则为闭集 (closed set).

一个集合如果既是闭集又是开集, 则称其为闭开集 (clopen set) 由定义可知, 对于一个拓扑空间, 全空间 X 和空集 $\varnothing$ 都是闭开集.

定义 A.4.2　给定一个拓扑空间 $(X, \mathcal{T})$.

(i) 设 $A \subset X$ 且 O 为一开集. 如果 $A \subset O$, 那么, O 称为 A 的开邻域 (open neighborhood). 如果 $O \subset E \subset X$ 并且 O 为 A 的开邻域, 则 E 也是 A 的一个邻域 (neighborhood).

(ii) $\mathcal{B} \subset \mathcal{T}$ 称为 $\mathcal{T}$ 的一个拓扑基 (topological basis), 如果每一个开集 $O \in \mathcal{T}$ 都可以表达为 $\mathcal{B}$ 中元素的并, 即 $O = \bigcup_{\lambda \in \Lambda} B_\lambda$, 这里 $\{B_\lambda \,|\, \lambda \in \Lambda\} \subset \mathcal{B}$.

(iii) $\mathcal{S} \subset \mathcal{T}$ 称为拓扑子基 (topological sub-basis), 如果每一个 $B \in \mathcal{B}$ 都可表示为 $\mathcal{S}$ 中有限多个元素的交, 即对任意 $B \in \mathcal{B}$,

$$B = \bigcap_{\lambda \in \Lambda_B} S_\lambda,$$

这里, $S_\lambda \in \mathcal{S}$ 且 $|\Lambda_B| < \infty$.

注　设 $X \neq \varnothing$. 那么, 任何子集族 $\mathcal{S} \subset 2^X$ 都可以视为拓扑子基. 以 $\mathcal{S}$ 为拓扑子基生成的拓扑, 是包含 $\mathcal{S}$ 作为其部分开集 (即 $\mathcal{S} \subset \mathcal{T}$) 的拓扑中的最小一个.

定义 A.4.3　(i) 一个拓扑空间 $(X, \mathcal{T})$ 称为第一可数的 (first countable), 如果对每一点 $x \in X$ 都存在它的一个可数邻域 $\{U_n \,|\, n = 1, 2, \cdots\}$, 使对 x 的每个邻域 V 都存在某个 U_n, 使得 $U_n \subset V$.

(ii) 一个拓扑空间 $(X, \mathcal{T})$ 称为第二可数的 (second countable), 如果它有一个可数拓扑基.

例 A.4.1　给定一个非空集合 $X \neq \varnothing$.

(i) 令 $\mathcal{T} := \{\varnothing, X\}$, 那么, $(X, \mathcal{T})$ 是一个拓扑空间. $\mathcal{T}$ 称为平凡拓扑 (trivial topology).

(ii) 令 $\mathcal{T} := 2^X$, 那么, $(X, \mathcal{T})$ 是一个拓扑空间. $\mathcal{T}$ 称为离散拓扑 (discrete topology).

例 A.4.2　(i) $\mathbb{R}$ 上的标准拓扑 (standard topology) 是以所有的开区间 (a, b) 作为拓扑基所生成的拓扑. $\mathbb{R}$ 在标准拓扑不是第二可数的, 因为它有如下的可数拓扑基:

$$\mathcal{B} = \{(a, b) \,|\, a < b, \text{ 且 } a, b \text{ 均为有理数}\}.$$

(ii) $\mathbb{R}^n$ 上的标准拓扑是以所有的开球

$$B_r(a) := \{x \in \mathbb{R}^n \,|\, d(x, a) < r\}$$

作为拓扑基所生成的拓扑.

可以取所有以有理数坐标为圆心 (即 $a = (a_1, \cdots, a_n)$, $a_i \in \mathbb{Q}$, $i = 1, \cdots, n$), 以有理数为半径 (即 $r \in \mathbb{Q}_+$) 的球 $B_a(r)$ 为拓扑基, 于是可知 $\mathbb{R}^n$ 在标准拓扑不是第二可数的.

定义 A.4.4　一个拓扑空间 $(X, \mathcal{T})$ 是

(i) T_0 空间, 如果对任何两个不同的点 x, $y \in X$, 或者存在一个开集 $O_x \in \mathcal{T}$ 使得 $x \in O_x$ 且 $y \notin O_x$, 或者存在一个开集 $O_y \in \mathcal{T}$ 使得 $y \in O_y$ 且 $x \notin O_y$;

(ii) T_1 空间, 如果对任何两个不同的点 x, $y \in X$, 存在一个开集 $O_x \in \mathcal{T}$ 使得 $x \in O_x$ 且 $y \notin O_x$, 并且存在一个开集 $O_y \in \mathcal{T}$ 使得 $y \in O_y$ 且 $x \notin O_y$;

(iii) T_2 空间, 如果对任何两个不同的点 x, $y \in X$, 存在两个不相交的开集 O_x, $O_y \in \mathcal{T}$, $O_x \cap O_y = \varnothing$, 使得 $x \in O_x$ 且 $y \in O_y$.

T_2 空间也称豪斯多夫空间 (Hausdorff space).

容易检验

$$T_2 \Rightarrow T_1 \Rightarrow T_0.$$

定义 A.4.5　设 $(X, \mathcal{T})$ 为一拓扑空间, $D \subset X$, 如果对任一非空开集 $\varnothing \neq O \in \mathcal{T}$, $O \cap D \neq \varnothing$, 则称 D 在 X 中稠 (dense). 如果 X 有一个可数稠子集, 则称 X 为可分空间 (separable space).

A.4.2　距离空间

定义 A.4.6[84]　一个集合 X 称为一个距离空间 (metric space), 如果存在一个函数 $d : X \times X \to \mathbb{R}_+$, 满足 ($x$, y, $z \in X$):

(i) $d(x, y) \geqslant 0$, $d(x, y) = 0$, 当且仅当 $x = y$.

(ii) (对称性) $d(x, y) = d(y, x)$.

(iii) (三角不等式) $d(x,y) + d(y,z) \geqslant d(x,z)$.

如果 (i) 被以下条件代替, 则称 X 为准距离空间 (pseudo metric space):

(i′) $d(x,y) \geqslant 0$, 如果 $x = y$, 则 $d(x,y) = 0$.

定义 A.4.7　在一个距离空间 (X,d) 中, 一个以 $r > 0$ 为半径的开球定义为

$$B_r(x) := \{y \in X \mid d(y,x) < r\}. \tag{A.4.1}$$

以 X 上所有开球作为拓扑基生成的拓扑称为 X 上的距离拓扑 (metric topology).

注　在一个准距离空间上同样可以依 (A.4.1) 定义开球. 准距离空间 X 上所有开球作为拓扑基生成的拓扑称为 X 上的准距离拓扑 (pseudo metric topology).

例 A.4.3　$\mathbb{R}^n$ 上的标准距离定义为

$$d(x,y) = \sqrt{\sum_{i=1}^{n}(x_i - y_i)^2}.$$

因此, 其上的距离拓扑就是标准拓扑.

定义 A.4.8　给定一个距离空间 (X,d). 一个序列 $\{x_n \mid n = 1,2,\cdots\}$ 称为柯西列, 如果任给 $\epsilon > 0$, 总存在 $N > 0$ 使当 $m, n \geqslant N$ 时 $d(x_m, x_n) < \epsilon$. (X,d) 称为一个完备距离空间 (complete metric space), 如果每一个柯西列均收敛. 也就是说, $\lim_{n\to\infty} x_n = x_0 \in X$.

A.4.3　子空间、乘积空间、商空间

定义 A.4.9　设 $(X,\mathcal{T})$ 为一拓扑空间, $H \subset X$. 则 $(H,\mathcal{T}_H)$ 称为 $(X,\mathcal{T})$ 的拓扑子空间 (topological subspace), 这里

$$\mathcal{T}_H = \{O \cap H \mid O \in \mathcal{T}\}.$$

定义 A.4.10　设 $(X_i,\mathcal{T}_i)(i = 1,2)$ 为两个拓扑空间. 记 $X_1 \times X_2 := \{(x_1, x_2) \mid x_1 \in X_1, x_2 \in X_2\}$, 并且

$$\mathcal{B} := \{O_1 \times O_2 \mid O_1 \in \mathcal{T}_1, O_2 \in \mathcal{T}_2\}.$$

则以 $\mathcal{B}$ 为拓扑基生成的拓扑称为乘积拓扑, 记作 $\mathcal{T}_1 \times \mathcal{T}_2$. 拓扑空间 $(X_1 \times X_2, \mathcal{T}_1 \times \mathcal{T}_2)$ 称为 $\mathcal{T}_1$ 和 $\mathcal{T}_2$ 的乘积拓扑空间 (product topological space).

例 A.4.4　考虑 $\mathbb{R}^p$, $\mathbb{R}^q$, 以及 $\mathbb{R}^{p+q}$ 在标准拓扑下形成的拓扑空间. 不难看出, $\mathbb{R}^p$ 或 $\mathbb{R}^q$ 是 $\mathbb{R}^{p+q}$ 的拓扑子空间. 同时, $\mathbb{R}^{p+q}$ 是 $\mathbb{R}^p$ 和 $\mathbb{R}^q$ 的乘积空间.

定义 A.4.11　设 $(X_\lambda,\mathcal{T}_\lambda)$, $\lambda \in \Lambda$ 为一族拓扑空间. 考察

$$X := \prod_{\lambda \in \Lambda} X_\lambda.$$

取

$$\mathcal{B} := \left\{ \prod_{\lambda \neq \lambda_0} X_\lambda \times O_{\lambda_0} \,\middle|\, O_{\lambda_0} \in \mathcal{T}_{\lambda_0}, \text{对某个 } \lambda_0 \in \Lambda \right\}$$

为拓扑子基, 则 X 上由 $\mathcal{B}$ 生成的拓扑称为乘积拓扑, X 带上乘积拓扑称为 $(X_\lambda, \mathcal{T}_\lambda)$, $\lambda \in \Lambda$ 的乘积拓扑空间.

注意, 定义 A.4.11 是定义 A.4.10 的推广, 它可以用于无穷多 (包括可数、不可数) 拓扑空间的乘积空间.

定义 A.4.12 设 X 为一集合. $\sim$ 称为 X 上的一个等价关系 (equivalence relation), 如果以下关系成立 $(x, y, z \in X)$:

(i) (自反性) $x \sim x$;

(ii) (对称性) $x \sim y$, 当且仅当, $y \sim x$;

(iii) (传递性) 如果 $x \sim y$ 且 $y \sim z$, 则 $x \sim z$.

定义 A.4.13 设 $(X, \mathcal{T}_X)$, $(Y, \mathcal{T}_Y)$ 为两拓扑空间. 映射 $\pi: X \to Y$ 称为连续映射 (continuous mapping), 如果对任给 $O_Y \in \mathcal{T}_Y$, 它的原像集

$$\pi^{-1}(O_Y) := \{x \in X \,|\, \pi(x) \in O_Y\} \in \mathcal{T}_X,$$

即在 X 中是开的.

定义 A.4.14 设 $(X, \mathcal{T}_X)$ 及 $(Y, \mathcal{T}_Y)$ 为两拓扑空间. 映射 $\pi: X \to Y$ 称为一个同胚映射 (homomorphism), 如果它是一对一且映上的, 并且, 它和它的逆映射 $\pi^{-1}: Y \to X$ 都是连续的. 如果存在同胚映射, 则 X 和 Y 称为同胚空间 (homomorphic space).

设 $(X, \mathcal{T})$ 为一拓扑空间, $\sim$ 为 X 上的一个等价关系. 记等价类为

$$[x] := \{y \,|\, y \sim x\}.$$

那么, 等价类集合称为商空间, 记作 $X/\sim$. 定义一个自然投影 $\pi: X \to X/\sim$ 为 $x \mapsto [x]$. 那么, 商空间 $X/\sim$ 上的拓扑定义为

$$\mathcal{T}_\sim := \{U \subset X/\sim \,|\, \pi^{-1}(U) \in \mathcal{T}\}. \tag{A.4.2}$$

定义 A.4.15 设 $(X, \mathcal{T})$ 为一拓扑空间, $\sim$ 为 X 上的一个等价关系. 那么, $(X/\sim, \mathcal{T}_\sim)$ 是一个拓扑空间, 称为商拓扑空间 (quotient topological space).

实际上, 由 (A.4.2) 定义的等价类上的拓扑是让自然投影 π 连续的最细的拓扑.

A.5 纤 维 丛

关于纤维丛的更多知识可参见文献 [26, 81].

A.5.1　丛和截面

定义 A.5.1　一个纤维丛 (fiber bundle) 是一个三元组 (E, p, B), 这里 E 和 B 为两个拓扑空间, E 称为全空间 (total space), B 称为底空间 (base space), $p : E \to B$ 称为丛映射 (bundle mapping), 它是连续且映上的. 对于每一点 $b \in B$, $p^{-1}(b)$ 称为 $b \in B$ 上的纤维 (bundle).

例 A.5.1　设 B 为一拓扑空间, F 为一向量空间. 令 $E = B \times F$, $p : E \to B$ 为自然投影

$$p : b \times f \mapsto b, \quad b \in B, \ f \in F.$$

那么, $(B \times F, p, B)$ 是一个纤维丛, 称为乘积丛 (product bundle).

定义 A.5.2　一个纤维丛 (E', p', B') 称为 (E, p, B) 的子丛 (sub-bundle), 如果 $E' \subset E$ 及 $B' \subset B$ 为两个相应的拓扑子空间, 并且, 丛映射 $p' = p|_{E'} : E' \to B'$.

定义 A.5.3　丛 (E, p, B) 的一个截面 (cross section), 是一个连续映射 $s : B \to E$, 它满足 $p \circ s = 1_B$. 换言之, 截面是每一点到该点纤维的一个连续映射:

$$s(b) \in p^{-1}(b), \quad b \in B.$$

命题 A.5.1[81]　乘积丛 $(B \times F, p, B)$ 的每一个截面 s 具有如下形式: $s(b) = (b, f(b))$, 这里 $f : b \to F$ 由 s 唯一确定.

A.5.2　丛的态射

定义 A.5.4　设 (E, p, B) 和 (E', p', B') 为两个纤维丛. 丛的态射 (bundle morphism) $(\varphi, f) : (E, p, B) \to (E', p', B')$ 由两个连续映射 $\varphi : E \to E'$ 及 $f : B \to B'$ 组成, 使得 $p' \circ \varphi = f \circ p$. 也就是说, 下面的 (A.5.1) 可交换.

$$
\begin{array}{ccc}
E & \xrightarrow{\ \varphi\ } & E' \\
p\downarrow & & p'\downarrow \\
B & \xrightarrow{\ f\ } & B'
\end{array}
\tag{A.5.1}
$$

定义 A.5.5　设 (E, p, B) 和 (E', p', B) 为 B 上的两个纤维丛. 一个 B 上的丛态射 (或 B 态射) $\varphi : (E, p, B) \to (E', p', B)$ 是一个连续映射: $\varphi : E \to E'$ 使得 $p = p' \circ \varphi$. 也就是说, (A.5.2) 可交换.

$$
\begin{array}{ccc}
E & \xrightarrow{\ \varphi\ } & E' \\
p\downarrow & & p'\downarrow \\
B & \cong & B
\end{array}
\tag{A.5.2}
$$

定义 A.5.6 设 $(\varphi_1, f_1) : (E_1, p_1, B_1) \to (E_2, p_2, B_2)$, 以及 $(\varphi_2, f_2) : (E_2, p_2, B_2) \to (E_3, p_3, B_3)$ 为两个丛态射, 则复合映射 $(\varphi_2 \circ \varphi_1, f_2 \circ f_1) : (E_1, p_1, B_1) \to (E_3, p_3, B_3)$ 也是一个丛态射, 称复合态射 (compounded morphism), 它使图 (A.5.3) 可交换.

$$
\begin{array}{ccccc}
E_1 & \xrightarrow{\varphi_1} & E_2 & \xrightarrow{\varphi_2} & E_3 \\
p_1 \downarrow & & p_2 \downarrow & & p_3 \downarrow \\
B_1 & \xrightarrow{f_1} & B_2 & \xrightarrow{f_2} & B_3
\end{array} \tag{A.5.3}
$$

定义 A.5.7 一个丛态射 $(\varphi, f) : (E_1, p_1, B_1) \to (E_2, p_2, B_2)$ 称为一个丛同构 (bundle isomorphism), 记作

$$(E_1, p_1, B_1) \cong (E_2, p_2, B_2),$$

如果存在一个态射 $(\varphi', f') : (E_2, p_2, B_2) \to (E_1, p_1, B_1)$, 使得

$$
\begin{array}{ll}
\varphi' \circ \varphi = 1_{B_1}; & \varphi \circ \varphi' = 1_{B_2}; \\
f' \circ f = 1_{E_1}; & f \circ f' = 1_{E_2}.
\end{array}
$$

定义 A.5.8 一个空间 F 称为纤维丛 (E, p, B) 的纤维空间, 如果每一点 $b \in B$ 上的纤维 $p^{-1}(b)$ 都与 F 同构. 一个丛 (E, p, B) 称为以 F 为纤维的平凡丛 (normal bundle), 如果 (E, p, B) 是 B 同构于乘积丛 $(B \times F, p, B)$.

定义 A.5.9 一个 k 维向量丛 (vector bundle) 是一个纤维丛 (E, p, B) 以及一个 k 维向量空间 F, 使得如下的局部平凡条件成立: 对每一点 $b \in B$ 存在一个邻域 U_b 以及一个局部同构 $h : U_b \times F \to p^{-1}(U)$ 使得对每一点 $b_0 \in U_b$, $h : b_0 \times F \to p^{-1}(b_0)$ 为一个向量空间同构.

A.6 微分几何

微分几何是最重要的近代数学分支之一, 有许多经典的参考文献, 例如, 文献 [29, 106].

A.6.1 微分流形

定义 A.6.1 设 $(M, \mathcal{T})$ 为一个第二可数的豪斯多夫空间. M 称为一个 n 维 C^r (C^∞, C^ω) 流形 (manifold), 如果存在一族子集 $\mathbf{A} = \{A_\lambda \mid \lambda \in \Lambda\} \subset \mathcal{T}$, 使得

(i) $\bigcup_{\lambda \in \Lambda} A_\lambda \supset M$;

(ii) 对每个 $U \in \mathbf{A}$ 存在一个从 U 到 $\mathbb{R}^n$ 的一个开集上的同胚 $\phi : U \to \phi(U) \subset \mathbb{R}^n$, 称为一个坐标卡 (coordinate chart) 并记作 (U, ϕ), 这里 $\phi(U)$ 为 $\mathbb{R}^n$ 的一个开集. 一个坐标卡也称为一个坐标邻域 (coordinate neighborhood).

(iii) 对任何两个坐标卡: (U,ϕ) 和 (V,ψ), 如果 $U\cap V\neq\varnothing$, 那么 $\psi\circ\phi^{-1}:$ $\phi(U\cap V)\to\psi(U\cap V)$ 以及 $\phi\circ\psi^{-1}:\psi(U\cap V)\to\phi(U\cap V)$ 均为 C^r (C^∞, C^ω) 映射. 这样的两个坐标卡称为 C^r 相容的坐标卡.

(iv) 如果坐标卡 W 与 $\mathbf{A}$ 中所有坐标卡相容, 则 $W\in\mathbf{A}$.

图 A.6.1 描述一个微分流形的相容坐标卡. 一个 C^ω 流形也称解析流形.

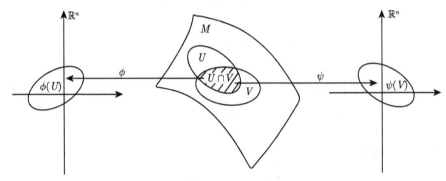

图 A.6.1　微分流形

定义 A.6.2　一个从 C^r 流形 M 到 $\mathbb{R}$ 的映射 $f:M\to\mathbb{R}$ 称为一个 C^r 函数, 如果当将它限制在每一个坐标卡 (U,ϕ) 上时, $f\circ\phi^{-1}:\phi(U)\to\mathbb{R}$ 是一个 C^r 函数. M 所有 C^r 函数的集合记作 $C^r(M)$.

定义 A.6.3　设 M 和 N 为两个给定的 C^r (C^∞, C^ω) 流形, $\pi:M\to N$ 为一同胚映射. 如果 π 和 π^{-1} 均为 C^r (C^∞, C^ω) 映射, 那么, M 和 N 称为 C^r (相应地, C^∞, C^ω) 微分同胚流形. π 称为一个 C^r (相应地, C^∞, C^ω) 微分同胚 (diffeomorphism).

定义 A.6.4　设 M 和 N 为两个 C^r 流形, $\dim(M)=m\geqslant n=\dim(N)$, 并且 $F:N\to M$ 为一个一对一映射, 那么, $F:N\to\tilde{N}=F(N)$ 为 N 和 $\tilde{N}$ 的一个一对一双射.

(i) 当 $\tilde{N}$ 赋予 N 的空间拓扑时, 它称为 M 的嵌入子流形 (immersed sub-manifold).

(ii) 当 $\tilde{N}$ 赋予 M 的子空间拓扑, 并且 $F:N\to\tilde{N}$ 为微分同胚, 则称 $\tilde{N}$ 为 M 的浸入子流形 (imbedded sub-manifold).

A.6.2　向量场

设 M 为一 n 维流形. $T(M)$ 为 M 上的切空间 (tangent space), 如果 $(T(M), p, M)$ 为一个向量丛, 换言之, 在每一个坐标邻域 U 上 $(T(U), p, U)$ 同胚于 $(\pi(U)\otimes F^n, p_r, \pi(U))$, 即

$$(T(M), p, M)\cong(\pi(U)\otimes F^n, p_r, \pi(U)),$$

这里, $\pi(U) \subset \mathbb{R}^n$ 为一开集, 它构成 U 上的坐标, 向量丛 F^n 是 n 维向量空间, p_r 是自然投影. 因此, 如果 M 是 n 维 C^r 流形, 则 $T(M)$ 是 $2n$ 维 C^r 流形.

定义 A.6.5 设 M 为一 n 维流形, 一个向量场 (vector field) X 是一个映射, 它在每一点 $q \in M$ 指定一个向量 $X_q \in T_q(M)$. 设 M 为一 C^r 流形, 那么, 当映射 $q \mapsto X_q$ 也是 C^r 时, $X(q)$ 成为一个 C^r 向量场. M 上的 C^r 向量场集合记作 $V^r(M)$, 或简写成 $V(M)$.

设 $X \in V(M)$ 为一向量场, 那么, 在每一点 $q \in M$ 向量 $X_q \in T_q(M)$ 可表示为

$$X_q = \sum_{i=1}^{m} v_i \frac{\partial}{\partial x_i}, \tag{A.6.1}$$

或者略去基底, 简记成

$$X_q = (v_1, \cdots, v_n)^{\mathrm{T}}. \tag{A.6.2}$$

于是, 在局部坐标 $(x_1, \cdots, x_n)$ 下它可以表示为

$$X(x) = \sum_{i=1}^{m} v_i(x) \frac{\partial}{\partial x_i}. \tag{A.6.3}$$

或者简记作

$$X(x) = (v_1(x), \cdots, v_n(x))^{\mathrm{T}}. \tag{A.6.4}$$

设 $f(x) \in C^r(M)$ 为一 C^r 函数, 且 $X(x)$ 为一向量场, 这里 x 是局部坐标. 那么, X 在 $C^r(M)$ 上的作用, 称为 X 对 f 的李导数, 记作

$$L_X(f) := \sum_{i=1}^{n} v_i(x) \frac{\partial}{\partial x_i} (f(x)). \tag{A.6.5}$$

定义 A.6.6 设 M 和 N 为两个光滑流形 $F : M \to N$ 为一光滑映射 (这里光滑指某种光滑性, 可以同为 C^r, C^∞ 或 C^ω). 对每一点 $p \in M$ 及 $F(p) \in N$, 定义一个映射 $F_* : T_p(M) \to T_{F(p)}(N)$ 如下

$$F_*(X_p)h = X_p(h \circ F), \quad X_p \in T_p(M), \ h \in C^r_{F(p)}(N), \tag{A.6.6}$$

这里 $C^r_{F(p)}(N)$ 是在 $F(p)$ 点附近局部光滑的函数集合.

注意, 如果 $F : M \to N$ 是一个微分同胚, 则 $F_* : V(M) \to V(N)$ 将每个 M 上的向量场 $X \in V(M)$ 映为 N 上的向量场 $F_*(X) \in V(N)$. 类似地, $F_*^{-1} : V(N) \to V(M)$ 将每个 N 上的向量场 $Y \in V(N)$ 映为 M 上的向量场 $F_*^{-1}(Y) \in V(M)$.

在局部坐标下 $F_*(X)$ 可表示如下: 设 x 和 y 分别为 $p \in M$ 和 $F(p) \in N$ 附近的局部坐标, 并且, X_p, $F_*(X_p)$ 在局部坐标下表示为

$$X_p = a_1 \frac{\partial}{\partial x_1} + \cdots + a_m \frac{\partial}{\partial x_m},$$

$$F_*(X_p) = b_1 \frac{\partial}{\partial y_1} + \cdots + b_n \frac{\partial}{\partial y_n}.$$

而且, $F : M \to N$, 或者说 $x \mapsto y$, 可以表示成

$$y_i = f_i(x_1, \cdots, x_m), \quad i = 1, \cdots, n.$$

那么, (A.6.6) 可以表示成

$$
\begin{aligned}
F_*(X_p)h = X_p(h \circ F) &= \sum_{i=1}^{m} a_i \frac{\partial}{\partial x_i}(h \circ F) \\
&= \sum_{i=1}^{m} a_i \left(\sum_{j=1}^{n} \frac{\partial}{\partial y_j} h \frac{\partial f_j}{\partial x_i} \right) \\
&= \sum_{j=1}^{n} \left(\sum_{i=1}^{m} \frac{\partial f_j}{\partial x_i} a_i \right) \frac{\partial}{\partial y_j} h \bigg|_{F(p)} := \sum_{j=1}^{n} b_j \frac{\partial}{\partial y_j} h(y) \bigg|_{F(p)}.
\end{aligned}
\tag{A.6.7}
$$

将其表示为矩阵形式, 则得

$$F_*(X_p) = J_F(p) X_p, \tag{A.6.8}$$

这里 $J_F(p)$ 是 F 在 p 点的雅可比矩阵 (Jacobian matrix), 即

$$
J_F(p) = \begin{bmatrix}
\dfrac{\partial y_1}{\partial x_1} & \dfrac{\partial y_1}{\partial x_2} & \cdots & \dfrac{\partial y_1}{\partial x_n} \\[2mm]
\dfrac{\partial y_2}{\partial x_1} & \dfrac{\partial y_2}{\partial x_2} & \cdots & \dfrac{\partial y_2}{\partial x_n} \\[2mm]
\vdots & \vdots & & \vdots \\[2mm]
\dfrac{\partial y_n}{\partial x_1} & \dfrac{\partial y_n}{\partial x_2} & \cdots & \dfrac{\partial y_n}{\partial x_n}
\end{bmatrix}_{x=p}.
$$

定义 A.6.7　设 $\theta : I \to M$ 为 M 上的一段光滑曲线, 这里 $0 \in I \subset \mathbb{R}$ 是一个区间. 如果有一个向量场 $X \in V(M)$, $x_0 \in M$, 使得

$$\frac{\mathrm{d}}{\mathrm{d}t}\theta(t) = X_{\theta(t)}, \quad \theta(0) = x_0,$$

那么, $\theta(t)$ 称为 X 具有初值 $\theta(0) = x_0$ 的积分曲线 (integral curve).

A.6.3 余向量场

给定流形 M 及 $x \in M$. 那么, 在该点 $x \in M$ 就有一个切空间 $T_x(M)$. 作为向量空间 $T_x(M)$ 有它的对偶空间, 记作 $T_x^*(M)$. 利用这个对偶空间, 定义一个余切空间 (cotangent space) 如下.

定义 A.6.8 (i) *流形 M 的余切空间定义为*

$$T^*(M) = \bigcup_{x \in M} T_x^*(M).$$

(ii) *一个余向量场 ϕ 是一个规则, 它对每一点 $x \in M$ 指定一个余切空间里的向量 $\phi(x) \in T_x^*$.*

一个余向量场也称为 1 形式 (one form). 在一个局部坐标框架下, 利用 $\{dx_i, i = 1, \cdots, n\}$ 作为 $T^*(M)$ 的一组基底, 那么, 一个余向量场可表示为

$$\phi(x) = \sum_{i=1}^{n} \phi_i(x)dx_i. \tag{A.6.9}$$

略去基底, 则它可简记成一个行向量形式如下

$$\phi(x) = (\phi_1(x), \phi_2(x), \cdots, \phi_n(x)). \tag{A.6.10}$$

注意, 一个向量场可局部表示为列向量形式 (见 (A.6.4)). 基于对偶性, 一个余向量场则表示成一个行向量形式.

一个 1 形式 $\phi(x)$ 称为闭 1 形式 (closed one form), 如果在局部坐标下存在一个函数 $h(x)$ 使得

$$\phi(x) = dh(x) = \left(\frac{\partial h}{\partial x_1}, \frac{\partial h}{\partial x_2}, \cdots, \frac{\partial h}{\partial x_n} \right).$$

定义 A.6.9 *给定一个微分同胚 $F: M \to N$.*

(i) 设 $f(x) \in C^r(N)$ 为一光滑函数, 那么, F 可导出映射 $F^*: C^r(N) \to C^r(M)$ 如下

$$F^*(f) = f \circ F \in C^r(M).$$

(ii) 设 $X \in V^r(M)$ 为一向量场, 则 F 可导出映射 $F_*: V^r(M) \to V^r(N)$ 如下

$$F_*(X)(h) = X(h \circ F), \quad \forall h \in C^r(N).$$

(iii) 设 $\phi \in V^{*r}(N)$ 为一余向量场, 则 F 可导出映射 $F^*: V^{*r}(N) \to V^{*r}(M)$ 如下

$$\langle F^*(\phi), X \rangle = \langle \phi, F_*(X) \rangle, \quad \forall X \in V^r(M).$$

如果 F 是一个局部微分同胚, 那么, 以上映射也是局部定义的.

定义 A.6.10　设 $X \in V(M)$, $f \in C^r(M)$. 那么, f 关于 X 的李导数 (Lie derivative), 记作 $L_X(f)$, 定义为

$$L_X(f) = \lim_{t \to 0} \frac{1}{t} \left[(e_t^X)^* f(x) - f(x) \right]. \tag{A.6.11}$$

命题 A.6.1　在局部坐标下 (A.6.11) 所定义的李导数可表示为

$$L_X(f) = \langle \mathrm{d}f, X \rangle = \sum_{i=1}^{n} X_i \frac{\partial f}{\partial x_i}. \tag{A.6.12}$$

定义 A.6.11　设 $X, Y \in V(M)$. 则 Y 关于 X 的李导数, 记作 $\mathrm{ad}_X(Y)$, 定义为

$$\mathrm{ad}_X(Y) = \lim_{t \to 0} \frac{1}{t} \left[(e_{-t}^X)_* Y(e_t^X(x)) - Y(x) \right]. \tag{A.6.13}$$

命题 A.6.2　在局部坐标下 (A.6.13) 所定义的李导数可表示为

$$\mathrm{ad}_X(Y) = J_Y X - J_X Y = [X, Y], \tag{A.6.14}$$

这里 J_Y 和 J_X 分别为 Y 和 X 的雅可比矩阵.

定义 A.6.12　设 $X \in V(M)$, $\omega \in V^*(M)$. 则 ω 关于 X 的李导数, 记作 $L_X(\omega)$, 定义为

$$L_X(\omega) = \lim_{t \to 0} \frac{1}{t} \left[(e_t^X)^* \omega(e_t^X(x)) - \omega(x) \right]. \tag{A.6.15}$$

命题 A.6.3　在局部坐标下 (A.6.15) 所定义的李导数可表示为

$$L_X(\omega) = (J_\omega X)^{\mathrm{T}} + \omega J_X. \tag{A.6.16}$$

A.7　李群与李代数

关于李群的基本概念与性质可参考文献 [75, 109], 关于李代数的基本性质可参考文献 [15, 79].

A.7.1　李群

定义 A.7.1　一个集合 G 称为一个李群 (Lie group), 如果它满足

(i) G 是一个群;

(ii) G 是一个解析流形;

(iii) 群乘法算子 $\otimes: G \times G \to G$ 是解析的, 由 $g \mapsto g^{-1}$ 定义的逆元算子 $\mathrm{inv}: G \to G$ 是解析的.

例 A.7.1 考察 $n \times n$ 非奇异矩阵集合, 记为 $\mathrm{GL}(n, \mathbb{R}) \subset M_n$. 因为它是 M_n 的开子集, 故它是 n^2 维解析流形. 并且, 在其上的矩阵乘法和逆运算都是解析映射, 所以它是一个李群, 称为一般线性群 (general linear group).

定义 A.7.2 给定一个李群 G. 它的一个子集 $S \subset G$ 称为一个李子群 (Lie sub-group), 如果它满足

(i) S 是 G 的一个子群;

(ii) S 是 G 的一个正规子流形;

(iii) 在子群与子流形结构下, S 是一个李群.

定理 A.7.1 设 $H \subset G$ 是李群 G 的一个子群且为一正规子流形, 则

(i) H 自身也是一个李群;

(ii) H 是 G 的闭子群.

实际上, 结论 (ii) 的逆也成立.

定理 A.7.2[109] 李群的任一闭子群是李子群.

下面的例子给出一般线性群 $\mathrm{GL}(n, \mathbb{R})$ 的一些有用的子群.

例 A.7.2 (i) 特殊线性群 (special linear group): 令

$$\mathrm{SL}(n, \mathbb{R}) = \{A \in \mathrm{GL}(n, \mathbb{R}) \,|\, \det(A) = 1\}.$$

$\mathrm{SL}(n, \mathbb{R})$ 称为特殊线性群, 它是 $\mathrm{GL}(n, \mathbb{R})$ 的一个李子群.

(ii) 正交群 (orthogonal group): 令

$$\mathrm{O}(n, \mathbb{R}) = \{A \in \mathrm{GL}(n, \mathbb{R}) \,|\, A^{\mathrm{T}}A = I\}.$$

$\mathrm{O}(n, \mathbb{R})$ 称为正交群, 它是 $\mathrm{GL}(n, \mathbb{R})$ 的一个李子群.

(iii) 酉群: 令

$$\mathrm{U}(n, \mathbb{C}) = \{A \in \mathrm{GL}(n, \mathbb{C}) \,|\, A^{\mathrm{T}}A = I\}.$$

$\mathrm{U}(n, \mathbb{R})$ 称为酉群, 它是 $\mathrm{GL}(n, \mathbb{C})$ 的一个李子群.

(iv) 辛群 (symplectic group): 设

$$J = \begin{pmatrix} 0 & I_n \\ -I_n & 0 \end{pmatrix}.$$

令

$$\mathrm{Sp}(2n, \mathbb{R}) = \{A \in \mathrm{GL}(2n, \mathbb{R}) \,|\, A^{\mathrm{T}}JA = J\}.$$

$\mathrm{Sp}(2n, \mathbb{R})$ 称为辛群, 它是 $\mathrm{GL}(2n, \mathbb{R})$ 的一个李子群.

A.7.2　李代数

定义 A.7.3　设 V 为一个向量空间, 并且在 V 上有一个乘法 $[\cdot,\cdot]:V\times V\to V$, 称为李括号 (Lie bracket), 那么, V 称为一个李代数 (Lie algebra), 如果以下条件成立 $(X,Y,Z\in V,\ a,b\in\mathbb{R})$:

(i) (反对称)

$$[X,Y]=-[Y,X]. \tag{A.7.1}$$

(ii) (线性性)

$$[aX+bY,Z]=a[X,Z]+b[Y,Z]. \tag{A.7.2}$$

(iii) (Jacobi 等式)

$$[X,[Y,Z]]+[Y,[Z,X]]+[Z,[X,Y]]=0. \tag{A.7.3}$$

下面给几个例子.

例 A.7.3　(i) 记 $\mathrm{gl}(n,\mathbb{R})$ 为 $n\times n$ 实矩阵集合. 定义李括号为

$$[A,B]=AB-BA,\quad A,B\in\mathrm{gl}(n,\mathbb{R}). \tag{A.7.4}$$

那么, 容易验证 $\mathrm{gl}(n,\mathbb{R})$ 为一李代数, 称为一般线性代数 (general linear algebra).

(ii) 在 $\mathbb{R}^3$ 中定义叉积如下: 设 $X=x_1\mathbf{I}+x_2\mathbf{J}+x_3\mathbf{K}$, $Y=y_1\mathbf{I}+y_2\mathbf{J}+y_3\mathbf{K}$, 那么, X, Y 的叉积定义的

$$X\times Y=\det\begin{bmatrix}\mathbf{I} & \mathbf{J} & \mathbf{K}\\ x_1 & x_2 & x_3\\ y_1 & y_2 & y_3\end{bmatrix}.$$

容易验证, $\mathbb{R}^3$ 及其上的叉积构成一个李代数.

(iii) 设 M 为一微分流形. 在 M 上的向量场集合 $V(M)$ 上定义李括号如下 $(X,Y\in V(M))$:

$$[X,Y]:=L_XY-L_YX.$$

则 $V(M)$ 形成一个李代数.

定义 A.7.4　设 $\mathcal{L}$ 为一李代数, $\mathcal{V}\subset\mathcal{L}$ 为 $\mathcal{L}$ 的一个子空间, $\mathcal{V}$ 称为 $\mathcal{L}$ 的一个李子代数, 如果 $\mathcal{V}$ 对李括号运算是封闭的.

下面定义几个一般线性代数的子空间.

例 A.7.4 (i) 特殊线性代数 (special linear algebra)

$$\mathrm{sl}(n,\mathbb{R}) := \{X \in \mathrm{gl}(n,\mathbb{R}) \,|\, \mathrm{tr}(X) = 0\}. \tag{A.7.5}$$

(ii) 正交代数 (orthogonal algebra)

$$\mathrm{o}(n) := \{X \in \mathrm{gl}(n,\mathbb{R}) \,|\, X^{\mathrm{T}} = -X\}. \tag{A.7.6}$$

(iii) 酉代数 (unitary algebra)

$$\mathrm{u}(n) := \{X \in \mathrm{gl}(n,\mathbb{C}) \,|\, \bar{X}^{\mathrm{T}} = -X\}. \tag{A.7.7}$$

(iv) 辛代数 (symplectic algebra)

$$\mathrm{sp}(2n,\mathbb{R}) := \{X \in \mathrm{gl}(2n,\mathbb{R}) \,|\, X^{\mathrm{T}}J + JX = 0\}. \tag{A.7.8}$$

命题 A.7.1 (i) 考察 $\mathrm{sl}(n,\mathbb{R})$, $\mathrm{o}(n)$, 以及 $\mathrm{u}(n)$, 它们分别由 (A.7.5), (A.7.6), 以及 (A.7.7) 定义. 不难验证, 它们均为 $\mathrm{gl}(n,\mathbb{R})$ 的李子代数.

(ii) 考察由 (A.7.8) 定义的 $\mathrm{sp}(2n,\mathbb{R})$, 不难验证, 它是 $\mathrm{gl}(2n,\mathbb{R})$ 的李子代数.

定义 A.7.5 设 $\mathcal{L}_1$ 和 $\mathcal{L}_2$ 为两个李代数, $\phi : \mathcal{L}_1 \to \mathcal{L}_2$ 为一线性映射. ϕ 称为一个李代数同态, 如果

$$\phi([X,Y]) = [\phi(X), \phi(Y)], \quad X, Y \in \mathcal{L}_1.$$

一个一对一的双向同态称为李代数同构.

A.7.3 李群的李代数

给定一个李群 G 及 G 中的一个元素 $a \in G$. G 上关于 a 的左平移 $L_a : G \to G$ 定义为 $L_a : g \mapsto ag$, 它显然是一个微分同胚. 设 $X \in V(G)$, X 称为左不变向量场 (left invariant vector field), 如果

$$(L_a)_* X = X, \quad \forall a \in G.$$

用 $g(G)$ 表示 G 左不变向量场集合, 简记作 g, 即

$$g := \{X \in V(G) \,|\, (L_a)_* X = X, \, \forall a \in G\}. \tag{A.7.9}$$

则 g 为 $V(M)$ 的一个李子代数. 事实上, 如果 $X, Y \in g, \alpha, \beta \in \mathbb{R}, a \in G$. 那么

(i) $(L_a)_*(\alpha X + \beta Y) = \alpha(L_a)_* X + \beta(L_a)_* Y = \alpha X + \beta Y$;

(ii) $(L_a)_*[X,Y] = [(L_a)_* X, (L_a)_* Y] = [X,Y]$.

定义 A.7.6　　令 G 为一个李群. G 上所有左不变向量场 $g = g(G)$ 称为李群 G 的李代数.

命题 A.7.2　　设 $X \in g$. 定义一个映射 $\Psi : g \to T_e(G)$ 为 $X \mapsto X_e$. 那么, Ψ 是一个李代数同构.

例 A.7.5　　(i) 一般线性群 $\mathrm{GL}(n, \mathbb{R})$ 的李代数为一般线性代数 $\mathrm{gl}(n, \mathbb{R})$.

(ii) $\mathrm{SL}(n, \mathbb{R})$ 的李代数为 $\mathrm{sl}(n, \mathbb{R})$, 它由 (A.7.5) 定义.

(iii) $\mathrm{O}(n)$ 的李代数为 $\mathrm{o}(n)$, 它由 (A.7.6) 定义.

(iv) $\mathrm{U}(n)$ 的李代数为 $\mathrm{u}(n)$, 它由 (A.7.7) 定义.

(v) $\mathrm{Sp}(2n, \mathbb{R})$ 的李代数为 $\mathrm{sp}(2n, \mathbb{R})$, 它由 (A.7.8) 定义.

(vi) 注意到 $\mathrm{SO}(n) = \{A \in \mathrm{O}(n) \mid \det(A) = 1\}$ 为特殊正交群, 其李代数也是由 (A.7.6) 定义的 $\mathrm{o}(n)$. 于是 $\mathrm{O}(n)$ 和 $\mathrm{SO}(n)$ 有相同的李代数 $\mathrm{o}(n)$. 因此, 每个李群有其唯一的李代数, 但是, 一个李代数也许对应不止一个李群.

实际上, 所有有穷维李代数本质上都是某个 $\mathrm{gl}(n, \mathbb{R})$ 的一个李子代数:

定理 A.7.3 (Ado 定理[109])　　任意一个有穷维李代数都与某个 $\mathrm{gl}(n, \mathbb{R})$ 的一个李子代数同构.

参 考 文 献

[1] 程代展, 齐洪胜. 矩阵的半张量积——理论与应用. 北京: 科学出版社, 2007.

[2] 程代展, 齐洪胜, 贺风华. 有限集上的映射与动态过程——矩阵半张量积方法. 北京: 科学出版社, 2016.

[3] 程代展, 夏元清, 马宏宾, 闫莉萍. 矩阵代数、控制与博弈. 北京: 北京理工大学出版社, 2016.

[4] 程代展, 赵寅. 系统与控制中的近代数学基础. 2 版. 北京: 清华大学出版社, 2014.

[5] 方捷. 格论导引. 北京: 高等教育出版社, 2014.

[6] 葛爱冬, 王玉振, 魏爱荣, 刘红波. 多变量模糊系统控制设计及其在并行混合电动汽车中的应用. 控制理论与应用, 2013, 30(8): 998-1004.

[7] 关肇直. 泛函分析讲义. 北京: 高等教育出版社, 1959.

[8] 华罗庚. 数论导引. 北京: 科学出版社, 1957.

[9] 李文林. 数学史教程. 北京: 高等教育出版社, 2000.

[10] 刘仲奎, 乔虎生. 半群的 S-系理论. 2 版. 北京: 科学出版社, 2008.

[11] 罗铸楷, 胡谋, 陈廷槐. 多值逻辑的理论与应用. 北京: 科学出版社, 1992.

[12] 罗从文. De Morgan 代数. 北京: 北京理工大学出版社, 2005.

[13] 梅生伟, 刘锋, 薛安成. 电力系统暂态分析中的半张量积方法. 北京: 清华大学出版社, 2010.

[14] 欧阳城添, 江建慧. 基于概率转移矩阵的时序电路可靠度估计方法. 电子学报, 2013, 41(1): 171-177.

[15] 万哲先. 李代数. 2 版. 北京: 高等教育出版社, 2013.

[16] 王新洲. 非线性模型参数估计理论与应用. 武汉: 武汉大学出版社, 2002.

[17] 王元华, 刘挺, 程代展. 矩阵半张量积及换位矩阵的几点注解. 系统科学与数学, 2016, 36(9): 1367-1375.

[18] 翁梓华. 八元数描述的电磁场方程组. 现代物理, 2011, 1: 17-22.

[19] 张恭庆, 林源渠. 泛函分析讲义 (上册). 北京: 北京大学出版社, 1987.

[20] 张应山. 多边矩阵理论. 北京: 中国统计出版社, 1993.

[21] 张贤达. 矩阵分析与应用. 北京: 清华大学出版社, 2004.

[22] 章璞. 伽罗瓦理论——天才的激情. 北京: 高等教育出版社, 2013.

[23] Adler S L. Quaternionic Quantum Mechanics and Quantum Fields. New York: Oxford University Press, 1995.

[24] Ahsan J. Monoids characterized by their quasi-injective s-systems. Semigroup Forum, 1987, 36: 285-292.

[25] Bates D, Watts D. Relative curvature measures of nonlinearity. J. Royal Stat. Soc., Series B (Methodological), 1980, 42: 1-16.

[26] Bishop R L, Crittenden R J. Geometry of Manifolds. New York: Academic Press, 1964.

[27] Boole G. The Mathematical Analysis of Logic. New York: Philosophical Library, 1847.

[28] Boole G. An Investigation of the Laws of Thought on Which are Founded the Mathematical Theories of Logic and Probabilities. Londeon: Macmillan, 1854.

[29] Boothby W M. An Introduction to Differentiable Manifolds and Riemannian Geometry. Orlando: Academic Press, 1986.

[30] Burris S, Sankappanavar H. A Course in Universal Algebra. New York: Springer-Verlag, 1981.

[31] Carlet C. Boolean Functions for Cryptography and Error Correcting Codes. Cambridge: Cambridge University Press, 2010.

[32] Chanyal B C, Bisht P S, Negi O P S. Generalized octonion electrodynamics. Int. J. Theoretical Physics, 2010, 49(6): 1333-1343.

[33] Chen S, Tian Y. Note on "on the singular 'vectors' of the Lyapunov operator" by R. Byers and S. Nash. SIAM J. Matrix Anal. Appl., 2015, 36(3): 1069-1072.

[34] Cheng D. On Lyapunov mapping and its applications. Commu. Infor. Sys., 2001, 1(3): 255-272.

[35] Cheng D, Guo L, Huang J. On quadratic Lyapunov functions. IEEE Trams. Aut. Contr, 2003, 48(5): 885-890.

[36] Cheng D, Qi H. Controllability and observability of Boolean control networks. Automatica, 2009, 45(7): 1659-1667.

[37] Cheng D, Qi H, Li Z. Analysis and Control of Boolean Networks: A Semi-tensor Product Approach. London: Springer, 2011.

[38] Cheng D, Qi H, Zhao Y. An Introduction to Semi-tensor Product of Matrices and Its Applications. Singapore: World Scientific, 2012.

[39] Cheng D, Feng J, Lv H. Solving fuzzy relational equations via semitensor product. IEEE Trans. Fuzzy Systems, 2012, 20(2): 390-396.

[40] Cheng D, Xu X. Bi-decomposition of multi-valued logical functions and its applications. Automatica, 2003, 49(7): 1979-1985.

[41] Cheng D, Xu X, Qi H. Evolutionarily stable strategy of networked evolutionary games. IEEE Trans. Neur. Netwk. Learn. Sys., 2014, 25(7): 1335-1345.

[42] Cheng D. On finite potential games. Automatica, 2014, 50(7): 1793-1801.

[43] Cheng D, He F, Qi H, et al. Modeling, analysis and control of networked evolutionary games. IEEE Trans. Aut. Contr., 2015, 60(9): 2402-2415.

[44] Cheng D, Zhao Y, Xu T. Receding horizon based feedback optimization for mix-valued logical networks. IEEE Trans. Aut. Contr., 2015, 60(12): 3362-3366.

[45] Cheng D, Liu T, Zhang K, Qi H. On decomposed subspaces of finite games. IEEE Trans. Aut. Contr., 2016, 61(11): 3651-3656.

[46] Cheng D. From Dimension-Free Matrix Theory to Cross-Dimensional Dynamic Systems. Elsevire, UK, 2019.

[47] Cheng D. On equivalence of matrices. Asian J. Math., 2019, 23(2): 257-348.

[48] Cheng D, Liu Z. A new semi-tensor product of matrices. J. Contr. Theory & Tech., 2019, 17(1): 4-12.

[49] Cheng D, Liu Z, Qi H. Completeness and normal form of multi-valued logical functions. J. Franklin Institute. Online link: https://www.sciencedirect.com/science/article/pii/S0016003220304646.

[50] Choquet G. Topology. New York: Academic Press, 1966.

[51] Conway J B. A Course in Functional Analysis. New York: Springer-Verlag, 1985.

[52] Crilly T. 你不可不知的 50 个数学知识. 王悦译. 北京: 人民邮电出版社, 2012.

[53] Cuninghame-Green R A. The characteristic maxpolynomial of a matrix. J. Math. Annl. Appl., 1983, 95: 110-116.

[54] Curtis M L. Matrix Groups. 2nd ed. New York: Springer-Verlag, 1984.

[55] Dixon J D, Mortimer B. Permutation Groups. London: Springer-Verlag, 1996.

[56] Dubois D, Prade H. Fundamentals of Fuzzy Sets. Boston: Kluwer Academic Publishers, 2000.

[57] Dugundji J. Topology. Boston: Allyn and Bacon Inc., 1966.

[58] Farrow C, Heidel J, Maloney J, Rogers J. Scalar equations for synchronous Boolean networks with biological applications. IEEE Trans. Neural Netw.,2004, 15(2): 348-354.

[59] Feng J, Lv H, Cheng D. Multiple fuzzy relation and its application to coupled fuzzy control. Asian J. Contr., 2013, 15(5): 1313-1324.

[60] Feng J, Lam J, Yang G, Li Z. On a conjecture about the norm of Lyapunov mappings. Linear Algebra and Its Appl., 2015, 465: 88-103.

[61] Foster J, Nightingale J D. A Short Course in General Relativity. New York: Springer-Verlag, 1995.

[62] Gao B, Li L, Peng H, et al. Principle for performing attractor transits with single control in Boolean networks. Physical Review E, 2013, 88(6): 062706.

[63] Gao B, Peng H, Zhao D, et al. Attractor transformation by impulsive control in Boolean control network. Mathematical Problems in Engineering, 2013, 7(18): 1-8.

[64] Ghosh S. Matrices over semirings. Inform. Sci., 1996, 90: 221-230.

[65] Golan J S. The Theory of Semirings with Applications. Holland: Kluwer Acacemic Publibation, 1999.

[66] Goodwin B. Temporal Organization in Cells. San Diego: Academic Press, 1963.

[67] Gopalakrishnan R, Marden J R, Wierman A. An architectural view of game theoretic control. Perform. ACM Sigmetrics Performance Evaluation Review, 2011, 38(3): 31-

36.

[68] Gowers T. The Princeton Companion to Mathematics. Princeton: Princeton University Press, 2008.

[69] Greub W. Multilinear Algebra. 2nd ed. New York: Springer-Verlag, 1978.

[70] Greub W. Linear Algebra. 4th ed. New York: Springer-Verlag, 1981.

[71] Guo P, Wang Y, Li H. Algebraic formulation and strategy optimization for a class of evolutionary networked games via semi-tensor product method. Automatica, 2013, 49(11): 3384-3389.

[72] Hao Y, Cheng D. On skew-symmetric games. J. Franklin Institute, 2018, 355: 3196-3220.

[73] Hamilton A. Logic for Mathematicians. Cambrdge: Cambridge University Press, 1988.

[74] Heidel J, Maloney J, Farrow C, Rogers J. Finding cycles in synchronous Boolean networks with applications to biochemical systems. Int. J. Bifurc. Chaos, 2003, 13(3): 535-552.

[75] Hilgert J, Neeb K H. Structure and Geometry of Lie Groups. New York: Springer, 2011.

[76] Hochma G, Margaliot M, Fornasini E. Symbolic dynamics of Boolean control networks. Automatica, 2013, 49(8): 2525-2530.

[77] Horn R, Johnson C. Topics in Matrix Analysis. Cambridge: Cambridge University Press, 1991.

[78] Huang S, Ingber D. Shape-dependent control of cell growth, differentiation and apoptosis: Switching between attractors in cell regulatory networks. Exp. Cell Res., 2000, 261(1): 91-103.

[79] Humphreys J E. Introduction to Lie Algebras and Representation Theory. 2nd ed. New York: Springer-Verlag, 1972.

[80] Hungerford T W. Algebra. New York: Springer-Verlag, 1974.

[81] Husemoller D. Fiber Bundles. 3rd ed. New York: Springer, 1994.

[82] Katz V J. A History of Mathematics. Brief Version, New York: Addison-Wesley, 2004.

[83] Kauffman S A. At Home in the Universe. Oxford: Oxford University Press, 1995.

[84] Kelley J L. General Topology. New York: Springer-Verlag, 1955.

[85] 金基恒. 布尔矩阵理论及其应用. 何善堉, 孔德涌, 等译. 北京: 知识出版社, 1984.

[86] Lang S. Algebra. 3rd ed. New York: Springer, 2005.

[87] Ledley R S. Logic and Boolean algebra in medical science. Proc. of Conf. on Application of Undergraduate Math. Atlanta, GA, 1973.

[88] Ledley R S. Digital methods in symbolic logic. Proc. of US Nat. Acad. Sci., 1955, 41(7): 498-511.

[89] Li H, Wang Y. Boolean derivative calculation with application to fault detection of combinational circuits via the semi-tensor product method. Automatica, 2012, 48(4):

688-693.

[90] Li R, Yang M, Chu T. State feedback stabilization for Boolean control networks. IEEE Trans. Aut. Contr., 2013, 58(7): 1853-1857.

[91] Li H, Wang Y. Output feedback stabilization control design for Boolean control networks. Automatica, 2013, 49(12): 3641-3645.

[92] Li H, Zhao G, Guo P, Liu Z. Analysis and Control of Finite-valued Systems. CRC Press, UK, 2018.

[93] Liu S, Trenkler G. Hadamard, Khatri-Rao, Kronecker and other matrix products. Int. J. Inform. Sys. Sci., 2008, 4(1): 160-177.

[94] Liu Z, Wang Y, Li H. New approach to derivative calculation of multi-valued logical functions with application to fault detection of digital circuits. IET Contr. Theory Appl., 2014, 8(8): 554-560.

[95] Liu Z, Wang Y, Cheng D. Nonsingularity of feedback shift registers. Automatica, 2015, 55: 247-253.

[96] Ljung L, Söderström T. Theory and Practice of Recursive Identification. MIT Press, 1982.

[97] Meng M, Feng J. A matrix approach to hypergraph stable set and coloring problems with its application to storing problem. Journal of Applied Mathematics, 2014, 2014: 1–9.

[98] Morandi P. Field and Galois Theory. New York: Springer-Verlag, 1996.

[99] Ooba T, Funahashi Y. Two conditions concerning common quadratic Lyapunov functions for linear systems. IEEE Trans. Aut. Contr., 1997, 42(5): 719-722.

[100] Qiao Y, Qi H, Cheng D. Partition-based solutions of static logical networks with applications. IEEE Trans. Neur. Networks Lear. Sys., 2018, 29(4): 1252-1262.

[101] Råde L, Westergren B. Mathematics Handbook for Science and Engineering. Sweden: Studentlitteratur, 1998.

[102] Ross K A, Wright C R B. Discrete Mathematics. 5th ed. New Jersey: Prentice Hall, 2003.

[103] Beasley L B, Pullman N J. Operators that preserve semiring matrix functions. Lin. Alg. Appl., 1988, 99: 199-216.

[104] Sachs R K, Wu H. General Relativity fo Mathematicians. New York: Springer, 1977.

[105] Sagan B E. The Symmetric Group, Representations, Combinatorial, Algorithms, and Symmetric Functions. 2nd ed. New York: Springer-Verlag, 2001.

[106] Spivak M. A Comprehensive Introduction to Differential Geometry. 2nd ed. Delaware: Wilmington, 1979.

[107] Steen L A, Seebach J A. Counterexamples in Topology. 2nd ed. New York: Springer-Verlag, 1978.

[108] Tsai C. Contributions to the Design and Analysis of Nonlinear Models. Ph.D. Thesis,

University of Minisota, 1983.

[109]   Varadarajan V S. Lie Groups, Lie Algebras, and Their Representations. New York: Springer-Verlag, 1984.

[110]   Waldrop M M. Complexity: The Emerging Science at the Edge of Order and Chaos. New York: Touchstone, 1992.

[111]   Wang Y, Zhang C, Liu Z. A matrix approach to graph maximum stable set and coloring problems with application to multi-agent systems. Automatica, 2012, 48(7): 1227-1236.

[112]   Willems J L. Stability Theory of Dynamical Systems. New York: John Wiley & Sons Inc., 1970.

[113]   Wu Y, Shen T. An algebraic expression of finite horizon optimal control algorithm for stochastic logical dynamical systems. Sys. Contr. Lett., 2015, 82: 108-114.

[114]   Xiao H, Duan P, Lv H, et al. Design of fuzzy controller for air-conditioning systems based-on Semi-tensor Product. Proc. 26th Chinese Control And Decision Conference, Changsha, 2014: 3507-3512.

[115]   Xu X, Hong Y. Matrix expression and reachability analysis of finite automata. J. Contr. Theory & Appl., 2012, 10(2): 210-215.

[116]   Xu X, Hong Y. Matrix approach to model matching of asynchronous sequential machines. IEEE Trans. Aut. Contr., 2013, 58(11): 2974-2979.

[117]   Xu X, Hong Y. Observability analysis and observer design for finite automata via matrix approach. IET Contrl Theory Appl., 2013, 7(12): 1609-1615.

[118]   Xu M, Wang Y, Wei A. Robust graph coloring based on the matrix semi-tensor product with application to examination timetabling. Contr. Theory Technol., 2014, 12(2): 187-197.

[119]   Yan Y, Chen Z, Liu Z. Solving type-2 fuzzy relation equations via semi-tensor product of matrices. Control Theory and Technol., 2014, 12(2): 173-186.

[120]   Yan Y, Chen Z, Liu Z. Semi-tensor product of matrices approach to reachability of finite automata with application to language recognition. Front. Comput. Sci., 2014, 8(6): 948-957.

[121]   Yan Y, Chen Z, Liu Z. Semi-tensor product approach to controllability and stabilizability of finite automata. J. Syst. Engn. Electron., 2015, 26(1): 134-141.

[122]   Zadeh L A. Fuzzy sets. Information and Control, 1965, 8: 338-353.

[123]   Zhang G Q. Automata, Boolean matrices, and ultimate periodicity. Inform. Comput., 1999, 152: 138-154.

[124]   Zhao Y, Li Z, Cheng D. Optimal control of logical control networks. IEEE Trans. Aut. Contr., 2011, 56(8): 1766-1776.

[125]   Zhan J, Lu S, Yang G. Improved calculation scheme of structure matrix of Boolean network using semi-tensor product. Information Computing and Applications, Part 1,

Bool Series: Communications in Computer and Information Science (edited by Liu L, Wang C, Yang A), 2012, 307: 242-248.

[126] Zhao Y, Kim J, Filippone M. Aggregation algorithm towards large-scale Boolean network analysis. IEEE Trans. Aut. Contr., 2013, 58(8): 1976-1985.

[127] Zhan L, Feng J. Mix-valued logic-based formation control. Int. J. Contr., 2013, 86(6): 1191-1199.

[128] Zhao D, Peng H, Li L, et al. Novel way to research nonlinear feedback shift register. Science China F, Information Sciences, 2014, 57(9): 1-14.

[129] Zhong J, Lin D. A new linearization method for nonlinear feedback shift registers. Journal of Computer and System Sciences, 2015, 81: 783-796.

[130] Zhong J, Lin D. Stability of nonlinear feedback shift registers. Science China Information Sciences, 2016, 59(1): 1-12.

[131] Zimmermann U. Linear and Combinatorial Optimization in Ordered Algebraic Structures. Amsterdam: North Holland, 1981.

索　引